高等学校"十三五"规划教材

市政与环境工程系列丛书

环境工程施工技术

徐功娣　张百慧　王英伟　李永峰　著

刘瑞娜　审

U0222445

哈尔滨工业大学出版社

内 容 简 介

由于市政工程及环境工程施工技术涉及力学、电学等多个学科,知识面较广,所以本书本着实用、简明扼要的宗旨,重点阐述了环境工程施工的基本知识、施工流程以及基本施工技术等。全书分为两篇,共 15章。第一篇为环境工程施工资料,主要包括环境工程工艺图、环境工程建筑施工图、环境工程结构施工图。第二篇为环境工程施工阶段,主要包括环境工程施工管理及造价管理、环境工程施工准备阶段、环境工程施工组织设计、土方工程、钢筋混凝土工程、砖石砌体工程、防水工程、防腐工程、环境工程机械设备安装、环境工程建设项目的招投标以及水处理的自动化工程技术和信息化工程技术。

本书可作为环境工程、市政工程和土建等专业的教学用书,也可作为研究生和博士生的研究参考资料,同时还可供从事环境事业的科技、生产和管理人员参考使用。

图书在版编目(CIP)数据

环境工程施工技术/徐功娣等著.—哈尔滨:哈
尔滨工业大学出版社,2022.1(2025.1 重印)
　　ISBN　978-7-5603-9691-0

　　Ⅰ.①环…　Ⅱ.①徐…　Ⅲ.①环境工程-工程施工
Ⅳ.①X5

中国版本图书馆 CIP 数据核字(2021)第 197859 号

策划编辑　贾学斌　王桂芝
责任编辑　李青晏
出版发行　哈尔滨工业大学出版社
社　　址　哈尔滨市南岗区复华四道街 10 号　邮编 150006
传　　真　0451-86414749
网　　址　http://hitpress.hit.edu.cn
印　　刷　黑龙江艺德印刷有限责任公司
开　　本　787 mm×1 092 mm　1/16　印张 21.5　字数 540 千字
版　　次　2022 年 1 月第 1 版　2025 年 1 月第 2 次印刷
书　　号　ISBN 978-7-5603-9691-0
定　　价　59.80 元

(如因印装质量问题影响阅读,我社负责调换)

前　言

　　环境是人类社会赖以生存和发展的重要依靠。当前,随着人类经济、社会的快速发展,人类对环境问题越来越重视。因此,大量的环境工程被规划或者正在施工中,这些工程将缓解当前日益严重的环境问题,对发展循环经济具有十分重要的作用。但这些工程的施工涉及跨学科、跨领域等知识,很多施工人员和设计人员对此内容了解得不够深入。因此,汇总环境工程施工技术与管理过程中涉及的相关知识并编制本书刻不容缓。

　　环境工程施工技术是以环境工程建设项目的设计方案为基础,利用跨学科、跨领域等技术方法对建设项目进行施工。环境工程施工管理是以建设项目为基础,利用各种管理手段和技术方法将环境工程的施工决策转化为具体的环境保护工程手段,监督环境工程建设项目顺利进行,确保环境工程建设项目的质量。作为环境工程决策与实施的重要过程,它不仅是环境工程设施质量和运行维护安全的基础保障,还是环境工程项目进行成本控制的重要环节。

　　全书内容主要包含环境工程施工资料和环境工程施工阶段两篇,第一篇环境工程施工资料包括第1~3章,第二篇环境工程施工阶段包括第4~15章。本书内容上力求准确全面、系统完整、方便实用。全书图文并茂,内容翔实,既介绍了环境工程设计方案的理论基础,又注重环境工程施工技术的实际方法理论和实际操作过程,具有较强的实用性和可操作性。

　　本书是按照社会各界对环境工程建设项目所需的专业人才的要求进行撰写,注重理论知识与实践的结合,巧妙地将力学、电学、建筑学等知识融合到环境工程施工技术中,重点介绍环境工程设计中的基础设计学原理和理论,环境工程施工过程中的土方工程、钢筋混凝土工程和砖石砌体工程,以及环境工程施工管理中的重要管理理论等。针对高等教育的特点和培养目标,注重理论和实践相结合,突出对环境工程施工人才专业素质和技能的培养。

　　本书由徐功娣、张百慧、王英伟、李永峰等共同撰写,具体分工如下:徐功娣(海南热带海洋学院)负责第1、2章;胡晓洁(南京大学)、应杉(东北林业大学)负责第3、4章;王英伟(东北林业大学)负责第5~7章;张百慧(国环绿洲(固安)环境科技有限公司)负责第8~10章;冯军宝、杨涛(海南热带海洋学院)、池也(东北林业大学)负责第11章;张颖(东北农业大学)、池也、李永峰(东北林业大学)负责第12章;李传慧(四川大学华西医院)负责第13~15章。

　　诚望各位读者在使用过程中提出宝贵的意见,同时使用本书的学校可免费获取电子课件,可与李永峰教授联系(dr_lyf@163.com)。本书的出版得到黑龙江省自然科学基金(No. E201354)技术成果和资金的支持,特此感谢!

由于作者水平有限,书中不足之处在所难免,真诚希望有关专家和广大读者批评指正。也希望此书的出版能够起到"抛砖引玉"的作用,更好地促进我国环境工程建设事业更好、更快地发展。

作　者
2021 年 10 月

目　　录

第一篇　环境工程施工资料

第二篇　环境工程施工阶段

目　录

第一篇　环境工程施工资料

环境工程主要是研究防治环境污染和提高环境质量的科学技术。环境工程施工过程中最基本的是了解和读懂环境工程工艺图、环境工程建筑施工图和环境工程结构施工图。这几部分相辅相成,只有将这几种施工图结合在一起才能够详细地表达出所绘制构件的详细结构,无论是环境工程的施工人员还是设计人员都需要熟练掌握这三种施工图纸。

第1章　环境工程工艺图

工程图主要是用来表达房屋、道路、给水排水、环境污染治理等相关工程的图样,它是工程设计不可或缺的资料,同时还是施工建造中不可或缺的依据。它可以作为设计者和施工者之间表达和交流技术思想的工具。所谓"工程界的语言"指的就是工程图。它的表达方式主要是设计者用图样的形式将最初的设想呈现出来,施工者则通过阅读设计者的图样来了解设计者当时的想法和意图,然后通过图样将设计者的想法转化成建筑物或者构筑物。本章将主要介绍制图的基本原则、表示方法,环境工程构筑物工艺图的表示方法。

1.1　基本制图

设定制图的规则主要是为了使图样的表达方式和形式能够统一,这样可以形成一套完整的系统,便于读取和施工,有利于提高制图的效率,以满足设计、施工、存档等要求,目前我国已经制定了相应的国家标准,简称"国标"。相对于环境工程这类构筑物的施工主要是按照土建工程图标准执行,相关标准主要有国家计划委员会重新修订和颁布的《房屋建筑制图统一标准》(GB/T 50001—2017)。在学习画图和读图时,也必须严格根据《房屋建筑制图统一标准》(以下简称《标准》)来进行。

1.1.1　图纸幅面

对于图纸幅面的规定主要分为 A0、A1、A2、A3、A4 号共五种,各种图纸的规格见表1-1,表中基本幅面以及代号如图1-1所示,单位为毫米(mm)。图1-2主要是五种图幅之间的关系。

表 1 - 1　　图纸幅面以及图框的尺寸　　　　　　　　　　mm

尺寸	图　纸				
	A0	A1	A2	A3	A4
$b \times l$	841 × 1 189	594 × 841	420 × 594	297 × 420	210 × 297
c	10			5	
a	25				

注:b、l、a、c 所指尺寸如图 1 - 1、图 1 - 2 所示。

　　在工程实践中经常遇到需要加大图纸的情况,因此国标规定,在需要时允许按照相关规定进行修改,但图纸中较短的一边一般不进行加长,主要对长边进行加长,相应规定见表1 - 2。

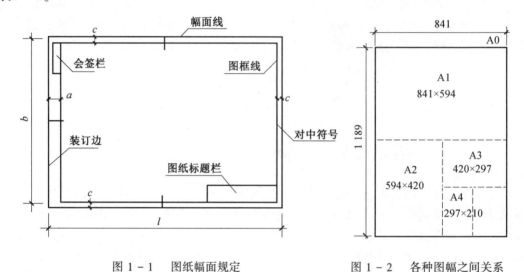

图 1 - 1　　图纸幅面规定　　　　　　　图 1 - 2　　各种图幅之间关系

表 1 - 2　　图纸长边加长后尺寸　　　　　　　　　　mm

幅面尺寸	长边尺寸	长边加长后尺寸								
A0	1 189	1 486	1 635	1 783	1 932	2 080	2 230	2 378		
A1	841	1 051	1 261	1 471	1 682	1 892	2 102			
A2	594	743	891	1 041	1 189	1 338	1 486	1 635	1 783	1 932	2 080
A3	420	630	841	1 051	1 261	1 471	1 682	1 892		

1.1.2　图纸使用的基本格式

　　图纸的使用主要分为横式和立式两种格式。图纸以短边作为垂直边的为横式,以短边作为水平边的为立式。对中标志应画在图纸各边长的中点处,线宽应为 0.35 mm,伸入框内应为 5 mm。一般情况下 A0 ~ A3 图纸使用横式,其余使用立式。

1.1.3　图纸标题栏与会签栏

图纸标题栏位于图纸的右下角,如图 1 - 1 所示。图纸标题栏中应标明工程名称,本张图纸的内容与专业类别及设计单位名称、图名、图号、设计号,以及留有设计人、绘图人、审核人等的签名和日期等。因此,图纸标题栏的作用不仅仅是说明工程名称和本张图纸的内容,同时,其签字区域也是为保证设计质量而规定的一种技术岗位责任制。此外,它还具有便于查找图纸的作用。图纸标题栏也可称为图标,见表 1 - 3。会签栏是各工种负责人签字用的表格(表 1 - 4)。

表 1 - 3　标题栏格式

设计单位名称区域		
签字区域	工程名称区域	图号区域
	图名区域	

表 1 - 4　会签栏格式

专业	实名	签名	日期

1.1.4　图线

在环境工程施工中,为了表示图中的不同内容,使图样的层次比较清晰,必须使用不同的线型和不同粗细的图线来表达相应的内容。因此,国标从线型和线宽两个方面对图线进行了规定。常用的线型主要包括实线、虚线、单点长画线、双点长画线、折断线、波浪线等 6 种。并且每种线型还可以分为粗、中、细 3 种不同的线宽(除折断线和波浪线),粗、中、细 3 种线宽的比率一般情况下为 4∶2∶1(表 1 - 5)。

表 1 - 5　线宽组

线宽比	线宽组					
b	0.35	0.5	0.7	1.0	1.4	2.0
0.5	0.18	0.258	0.35	0.5	0.7	1.0
0.25			0.18	0.25	0.35	0.5

在进行绘图时,要根据图样的复杂程度以及比例的大小选择不同的宽度,一般情况下粗线的宽度 b 可取 0.35 mm、0.5 mm、0.7 mm、1.0 mm、1.4 mm、2.0 mm,常用 b 值的范围为 0.35 ~ 1.0 mm。在选择线宽时先选取粗线的宽度,其他的线宽在粗线宽度基础上减小相应的比例。选择 b 值时还应该注意到所用图纸的尺寸,如果图纸比较大,b 值可以选得更大一些;如果图纸的尺寸较小,b 值应该选得更小一些。总之,b 值的尺寸是根据图幅的大小,以及使最终的图纸图线比较清晰。

图纸的图框以及标题栏、会签栏等线宽也有相应的规定(表 1 - 6)。

表 1-6　　图框、标题栏的线宽要求

图纸幅面	图框线	标题栏线		会签栏线
		标题栏外框线	标题栏分隔线	
A0、A1	1.4	0.7	0.35	0.35
A2、A3、A4	1.0	0.7	0.35	0.35

1.1.5　字体

环境工程施工图样中的字体主要包含汉字、字母和数字。字体的书写应该做到字体端正、排列整齐等。标点符号应该正确清晰。在工程施工图中字体的大小不是平时所说的大小，而主要是用高度进行表示。字体的高度主要有以下几种形式：2.5 mm、3.5 mm、5 mm、7 mm、10 mm、14 mm、20 mm，对于汉字来说，其高度一般情况下不能小于3.5 mm；字母和数字的高度一般情况下不能小于2 mm。

在环境工程施工图中汉字的字体一般情况下采用仿宋字体，高度与宽度的关系主要按表 1-7 中的规定进行设定。但是图纸的大标题、图样的封面等也可以用其他字体进行书写，前提是必须保证字体清晰、易于辨认。

表 1-7　　字体的高度关系

字高	20	14	10	7	5	3.5
字宽	14	10	7	5	3.5	2.5

在环境工程施工图中字母和数字一般情况下采用拉丁字母、阿拉伯数字和罗马数字。数字和字母字体分为两种形式，即直体和斜体，数字和拉丁字母书写可以使用斜体，斜体字字头向右倾斜，与水平基准线成75°。

拉丁字母、阿拉伯数字以及罗马数字的书写和排列按照表 1-8 的规定书写。在同一图样中，只允许选择一种字体。

表 1-8　　拉丁字母、阿拉伯数字和罗马数字的书写

书写格式	一般字体	窄字体
大写字母高度	h	h
小写字母高度(上下均无延伸)	$7/10h$	$10/14h$
小写字母伸出的头部或尾部	$3/10h$	$4/14h$
笔画宽度	$1/10h$	$1/14h$
字母间距	$2/10h$	$2/14h$
上下行基准线最小间距	$15/10h$	$21/14h$
词间距	$6/10h$	$6/14h$

1.1.6　比例

在进行实际的工程图样设计时，不可能将设想构筑物大小按最初的比例呈现出来，必须进行一定程度的放大或者缩小处理才能够使其比较规范、清晰地呈现。此时需要用到比例，所谓比例就是将图形与实物通过相对应的线型尺寸呈现出来。例如：1 m 长的构件，在图纸

上画成 10 mm 长,即为原长的 1/100,相应的比例是1：100。

比例的标注在图形中也是有规定的,一般情况下,比例标注的位置在图形下面的图名右侧或者详图编号的右侧,如

平面图 1：100　　⑦1：100

1.1.7　定位轴线

定位轴线是用来确定房屋主要结构或构件的位置及其尺寸的,因此,凡是在承重墙、柱、梁、屋架等主要承重构件的位置处均应画上定位轴线,并进行编号,以此作为设计与施工放线的依据。《标准》中规定,编号主要以平面图为主,在水平方向进行编号主要是采用阿拉伯数字,书写的顺序为从左到右。对于垂直方向的编号主要用大写的拉丁字母进行书写,其书写的顺序主要是从下往上,其中I、O、Z三个字母不得用作编号,以免与数字 1、0、2 混淆。在进行编号时,如果字母的数量不够用,可以根据具体的情况进行双字母或者加数字注脚等方式进行书写。对于附加轴的编号,一般情况下采用分数的形式进行注写。有关定位轴线的布置以及结构构件与定位轴线的联系原则,在《建筑模数协调标准》(GB/T 50002—2013)中有统一规定。此规定主要是由国家计委颁布的国家标准,它的主要目的是设定相应的行业规范,使得设计人员的设计规范化、生产人员的生产规范化、施工机械化等,以此来提升建筑工业化水平。

1.1.8　尺寸标注法

图样中,图形只能表示形体的形状,而形体的大小以及各组成部分的相对位置则需要通过标注图样的尺寸来进行确定(图1-3)。尺寸标注是回执工程制图的重要内容,涉及图样是否准确、是否能够呈现设计者的思想,应该做到标注正确、齐全以及清晰。

尺寸界线主要是表示被标注物的范围。它的特点是用细实线进行绘制,并且与被标注的长度方向垂直。绘制尺寸界线时应该注意其一端离开图样的轮廓线不小于 2 mm,另一端不能超过尺寸线 2 ~ 3 mm。

尺寸线主要是用来表示被注线段的长度,和尺寸界线一样,尺寸线也是用细实线进行绘制,并与所标注的线段平行,和尺寸界线垂直相交,但不能超过尺寸界线。尺寸线不能用其他的图线代替,必须单独画出,也不得与其他图线重合或者画在延长线上。图样轮廓线以外尺寸标注的位置离被标注对象的距离应该大于 10 mm。

尺寸数字主要用来表示被标注物体的实际大小,它与绘图时所选的比例无关,这也是初学者常常混淆的地方。图样中尺寸的大小必须以数字为准,而不能通过测量获得。尺寸数字使用阿拉伯数字进行书写,其高度一般为 3.5 mm,单位一般是 m 或者 mm,在进行标注时不用书写单位,在同一图样中数字大小应该保持一致。尺寸数字的标准位置应该标注在尺寸线的上方,离尺寸线 1 mm 左右。

尺寸应该标注在轮廓线以外,不宜与其他文字或符号相交。在进行尺寸线排列时,对于相互平行的尺寸线,应该从内向外进行排列,小尺寸放在里面,大尺寸放在外面。对于平行排列的尺寸,各个尺寸之间的间距要均匀,间隔一般为 7 ~ 10 mm。总尺寸的尺寸界线应该靠近所指的部位,各个尺寸之间的长度应该相等。

整个圆或者大于半圆的圆弧都应该标注直径,半圆或者小于半圆的圆弧应该标注半

径。半径数字前标注半径时,其符号为"R",直径数字前标注直径时,其符号为"φ"。

在环境工程施工图中,标注半径尺寸时,应该以圆周为尺寸界线,尺寸线的一端从圆心开始,另一端画一个箭头指向圆弧。有时在进行标注时,圆弧的半径过大或者图纸的大小无法显示所标注半径的圆心位置,可以采用折线的形式进行标注,这样就不用明确指示出圆心的位置,并且尺寸线可以画在靠近箭头的一端,所标注的尺寸界线可以在圆弧内,也可以在圆弧外。

在环境工程施工图中,标注直径的尺寸时,要以圆周为尺寸界线,尺寸线必须通过圆心,两端的箭头均指向圆弧,较小的圆的直径可以标注在外面,箭头均从外部指向圆弧,但是两个箭头的连线也必须通过圆心。

在环境工程施工图中,标注角度的尺寸时,角度的尺寸线应该用圆弧进行表示,而被标注物的顶点应该是所形成圆弧的圆心,形成角度的两条边正好是所标注圆弧的尺寸界线,和标注半径或者直径一样,标注角度时的起止线也是用箭头进行表示。

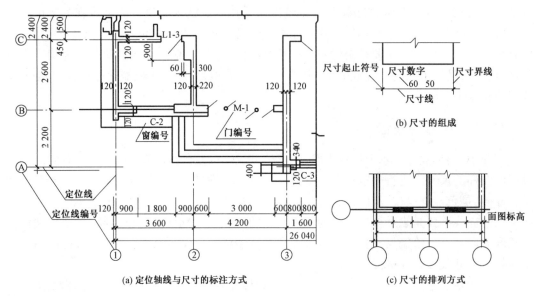

图 1-3   平面图中的尺寸标注

1.1.9   标高

标高主要是选定一个平面后,用标高所呈现的数值来表示设计者设想的各个构筑物之间高度的标注方法。根据所需标注物的要求不一样,标高可以分为相对标高和绝对标高,一般情况下使用较多的是相对标高。标高数字的单位和尺寸数字的单位不一样,其一般以 m 为单位,一般需要标注到小数点后第三位,总平面图中标高一般是标注至小数点后第二位,并且国家还规定了相应的标高符号。

标高符号一般是在剖面图或者立面图中出现,在总平面图中也有,标高符号的尖端部分应该指向被标注构筑物的高度,指向时,带三角的尖端部分可以朝上也可以朝下。一般在总平面图中针对楼层之间的楼顶时用朝上的箭头,指向屋面时用朝下的箭头。需要强调的是,在剖面图或者立面图中出现标高符号时一般是中空的三角,而在进行总平面图的标高时出现的三角是被涂黑的。

对于标高的两种表示方法，我国是这样规定的，将青岛的黄海平均海平面定为绝对标高的零点，其他各地的标高都是以此为基准，这种标注方法一般是在需要明确知道相对高度时才使用的。在环境工程施工图中所采用的标高一般都是相对标高，因为它使用起来更方便快捷、一目了然。相对标高主要是以首层构筑物内的地面高度为相对标高的零点，其他标高都以此为基准，相对标高主要用"±"加数字进行表示，比相对标高零点低的用"−"进行表示，比相对标高零点高的用"+"表示，相对标高的数字前面必须书写"±"，不管是"−"还是"+"都必须书写。

1.1.10　索引标志与详图标志

一套完整的图纸包括的内容很多，而放大的详图又往往不能与有关的图纸布置在一起，为了便于相互查找，《标准》规定了索引标志与详图标志，分别注明在放大引出部位和详图处。当图样中某一局部或构件需要放大比例，画成"局部详图"时，应在该处标明"索引标志"，即用索引符号索引出详图，如图 1－4 所示；当需要作"剖面图"时，局部剖面的详图索引标志如图 1－5 所示。而对于图 1－4 和图 1－5 所引出的详图还需要注明相应的"详图标志"，如图 1－6 所示，其主要是需要在所引出的图上写上与索引标志相同的编号，需要注意的是其详图的符号直径为 14 mm，以粗实线画出，而索引符号的直径为 10 mm，以细实线画出。

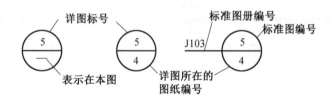

图 1－4　局部放大的详图索引标志

图 1－5　局部剖面的详图索引标志

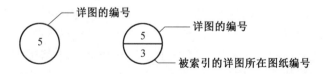

图 1－6　详图标志

1.2　环境工程工艺构筑物工程图

环境工程施工过程中,最重要的是保证各个构筑物之间能够进行合理的协调,排水工程的基本任务是保证外部的各种废水能够通过相应的管道或者渠道进入污水处理厂里面的构筑物内,而废水在经过污水处理厂的构筑物达到国家相应的标准后再通过管道或者渠道排放到相应的水体中,使排出的水体不会影响到天然的水体。

环境工程工艺中构筑物最简单的应该是贮水池,它是污水处理厂必须有的构筑物,也是最简单、最实用的构筑物之一,理解了它就能够对其他构筑物有大致的了解。在城市生活污水处理的工艺流程中,污水的一级处理一般为物理处理,该过程主要采用的贮水池形式为沉砂池和初沉池,作用是去除一些悬浮的固体颗粒物;而污水的二级处理为生物处理,该过程主要采用的贮水池形式为曝气池或者二沉池等。污泥的处理主要采用的贮水池形式有污泥浓缩池和消化池等。

在环境工程施工过程中,所要面对的构筑物的形式虽然不同于平时所接触的房屋建筑等形式,但是也有和平时接触的房屋建筑相似的地方,那就是环境工程工艺构筑物中池体大多数采用的也是钢筋混凝土的形式,只有少部分采用砖砌体的形式,这也是将在后面讲到的环境施工技术所设涉及的土方建设、钢筋混凝土以及砖砌体建设等部分。环境工程工艺构筑物的内部主要由一些工艺涉及的管道或者设备等组成,内部涉及较多的是给排水工程的工艺特点以及专业的管道知识。因此在进行环境工程施工图纸的读取时,不但需要掌握环境工程工艺的流程特点,还需要掌握给水排水工程的专业知识。在绘制环境工程施工工艺图时,需要按照池体、管道以及相应的附属设备进行绘制,并且在图纸中还需要准确标注出工艺构筑物的尺寸等数值。

1.2.1　池体

贮水池中最重要的部分是池体,池体大多数是钢筋混凝土结构,这部分的施工主要由土建人员绘制施工图,其中主要包含表示池体大小、形状、池壁厚度、池体高度、底部基础、墙体材料、钢筋的配置等内容,专供土建施工用图。如图1-7所示的构筑物工艺图中,则只需按结构尺寸画出池体轮廓线及池壁厚度,细部结构可略去不画,但如果没有结构尺寸数据时,可按工艺图的内净尺寸及假设或估计的池壁厚度尺寸来画。

如图1-7所示,其主要是滤池的示意图以及相应部分的剖面图,从图中可以看到1—1剖面图主要是显示了池底的配水管道;2—2、3—3剖面图主要是显示滤池底部的填料等,包含砂层厚度、砾石层的厚度、水渠的构造以及配水主干道等构件的相应尺寸大小。在1—1剖面图中,除了显示池底的配水管道外,还应该配上相应的钢筋混凝土的剖面材料的符号示意图,叠层的构造主要使用分层剖面图来进行表达,这样就可以清晰地呈现出滤池底部的构造、相应管道以及材料的大小,施工的位置示意图以及施工时需要注意的地方等。通过叠层逐渐地表达和解释出内部的结构,这样一个清晰的施工过程就展现在了我们的眼前,而且这样的清晰、准确的施工图是环境施工过程所必需的。表1-9主要是环境工程施工过程中滤池涉及的相应的量表以及构件详单。

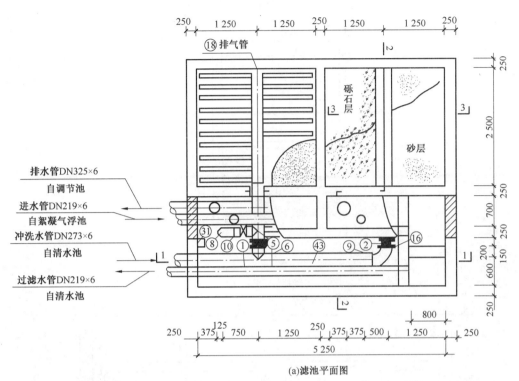

排水管DN325×6
自调节池
进水管DN219×6
自絮凝气浮池
冲洗水管DN273×6
自清水池
过滤水管DN219×6
自清水池

(a)滤池平面图

说明:1.本图主要是以构筑物内的地面为水平参考面,标高为±0.00 mm,相当于绝对标高为127.776 m,平面尺寸以mm计,高程以m计。

2.图中所有的管道等钢材全部进行了防腐处理,在地面的管道全部用红丹漆进行两遍以上的粉刷,在地里面的管道全部采用特强级别的防腐进行处理。

3.排水管道的底部坡度不小于0.005,主要为了使水分能够很顺畅地排出,滤料选择石英砂。

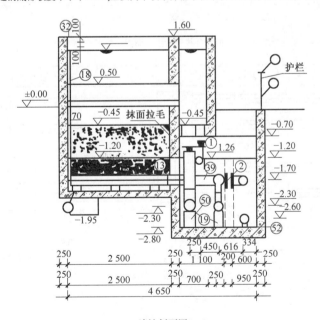

(b) 滤池剖面图2—2

图 1 - 7 滤池图示

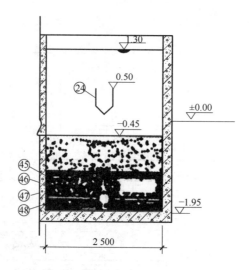

(c) 滤池剖面图3—3

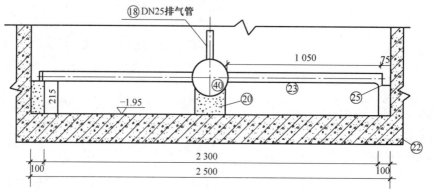

(d) 滤池排气管道剖面图

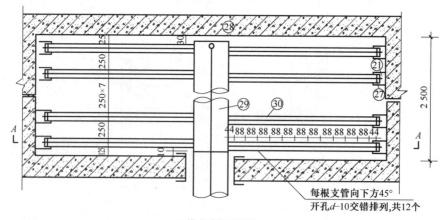

(e) 排水系统平面图

续图 1－7

表 1 - 9　滤池工程量表

编号	名称	规格	材料	单位	数量	备注
1	蜗杆转动对夹式蝶阀	D371X - 0.6DN250	—	个	2	—
2	蜗杆转动对夹式蝶阀	D371X - 0.6DN159	—	个	4	—
3	蜗杆转动对夹式蝶阀	D371X - 0.6DN300	—	个	2	—
4	三通	DN200 × 19	钢	个	2	见 S311/32 - 16
5	三通	DN200 × 150	钢	个	2	见 S311/32 - 17
6	三通	DN200 × 250	钢	个	1	见 S311/32 - 17
7	三通	DN200 × 300	钢	个	1	见 S311/32 - 17
8	90° 弯头	DN150	钢	个	2	见 S311/32 - 3
9	90° 弯头	DN250	钢	个	1	见 S311/32 - 3
10	90° 弯头	DN300	钢	个	1	见 S311/32 - 3
11	90° 弯头	DN200 × 150	钢	个	2	见 S311/32 - 10
12	Ⅳ 型防水管	DN150	钢	个	2	见 S312/8 - 8
13	Ⅳ 型防水管	DN250	钢	个	2	见 S312/8 - 8
14	Ⅳ 型防水管	DN300	钢	个	2	见 S312/8 - 8
15	法兰	DN150, $p = 0.6$ MPa	钢	个	8	见 S311/32 - 29
16	法兰	DN250, $p = 0.6$ MPa	钢	个	4	见 S311/32 - 29
17	法兰	DN300, $p = 0.6$ MPa	钢	个	4	见 S311/32 - 29
18	镀锌钢管	DN25	钢	m	4	见 S311/32 - 29
19	混凝土支墩	200 × 200 × 400	—	个	6.5	—
20	混凝土支墩	250 × 250 × 125	—	个	3	—
21	混凝土支墩	100 × 100 × 125	—	个	4	—
22	钢筋	$\Phi 10, L = 800$	钢	个	28	冷拉圆钢
23	钢管	DN25	钢	—	6.6	镀锌钢管
24	排水箱	—	钢	个	2	—
25	角钢	75 × 75 × 8, $L = 250$	钢	根	4	—
26	带帽螺栓	M20, $L = 80$	钢	个	8	—
27	堵板	DN250, $d = 6$	钢	个	40	—
28	堵板	DN250, $d = 6$	钢	个	2	—
29	钢管	DN250, $L = 2 380$	钢	根	2	—
30	穿孔管	DN70, $L = 1 050$	钢	根	40	—
31	单管立式支架	DN25	钢	个	2	—
32	钢管	DN325 × 6, $L = 365$	钢	根	2	直缝卷焊
33	钢管	DN219 × 6, $L = 475$	钢	根	1	直缝卷焊
34	钢管	DN325 × 6, $L = 2 195$	钢	根	1	直缝卷焊
35	钢管	DN325 × 6, $L = 949$	钢	根	1	直缝卷焊
36	钢管	DN273 × 6, $L = 2 390$	钢	根	2	直缝卷焊
37	钢管	DN219 × 6, $L = 1 399$	钢	根	1	直缝卷焊

　　从以上工艺图以及剖面图可以看到滤池的工艺图主要有排水槽、砂层、配水管等,其构件均为上下叠层构造,这样的工艺图可以使各个构筑物的构件清晰明了。

　　换一个角度可以这样来理解图 1 - 7 所示的滤池示意图中剖面图的意义,从图 1 - 7(a)不能够看到滤池内部的组成状况和结构,因为其主要是采用了平剖面图,只能看到滤池的底部,这种剖面的方法只能够表达池表面一层的构筑物的详图,如果想要知道其内部的结构,就需要将里面的叠层构件分别进行剖面才能够得到相应构件详图或者相应的结构图。如图 1 - 7(a) 中平面图是两个滤池一组,右边的滤池中画出了最上面的排水槽、中间的砂层以及砾石层,一般用波浪线分开,并用建筑材料符号示意图表示出来。左格滤池中将上部件全部移去,使池底的配水管系统全部都能够呈现出来,这种叠层剖面图的表示方法使每格滤池中的不同部分都能够清晰地表达出来。如果想要直观地看到池底底部的全部构造情况,还可以采用立面剖面图,这样的剖面图主要是能够反映出池底部的各个叠层之间厚度,但是不能够反映出池底叠层之间的平面布置情况,只能够看到空间上的一个分布。

1.2.2　管廊

　　管道是环境工程施工中的重要部分,是市政工程中必不可少的部分,管道的布置关系到工程后期运行是否正常,如何布置管道是施工设计的重要内容之一。

　　如图 1 - 7(a) 所示,过滤池在进行过滤或者冲洗的过程中,有多种进水管道与池体相接,除此之外还有很多出水管道以及路过的管道与其交叉相连接。管廊是这些管道交汇最多的地方,也是各种管道布置最复杂的地方。由于管道之间往往会出现连接、交叉以及重叠等情况,各种管道的管径大小又不一样,因此在进行实际处理的时候不宜在图样中画出。因此,规定管径大小相同的管道尽量布置到一起,管径不相同的管道尽量不要布置到一起,这样可以使设计者在绘制施工图时容易绘制,也使在进行施工的工人可以比较清晰准确地读取图中的位置和大小。除此之外,还要求在绘制大比例池体工艺设计施工图的过程中,不能画出符号性的单线管道,要求设计者必须要准确表达每一种管道的连接和位置图,管径的大小一定要用规定的比例用双线画出。管道上相应的各类阀门也需要用相应的详图进行表示,这样施工人员才能够准确地进行施工,做到万无一失,具体的各种阀门图例可以参考表 1 - 10,管道各类接头处的详细图例可以参见表 1 - 11 中的连接方式画出。

表 1 - 10 阀门图例及其说明

序号	名称	图例	说明
1	阀门		用于一张图内只有一种阀门
2	闸门		—
3	截止阀		在系统图中用得较多
4	旋塞阀		在系统图中用得较多
5	球阀		—
6	止回阀	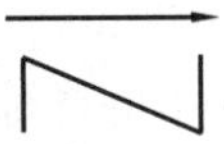	箭头表示水流方向

表 1 - 11 管道连接方式

种类	连接方式	单线示意图	双线投影画法
承插连接	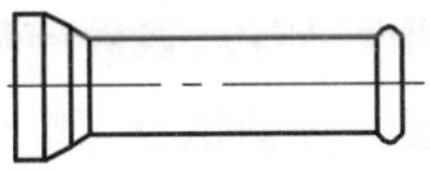		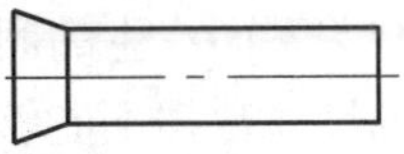
法兰连接	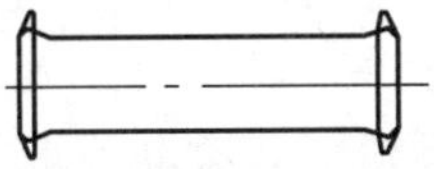		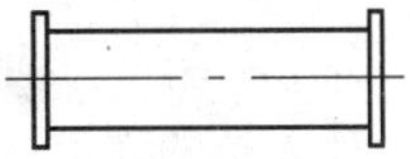
螺纹连接	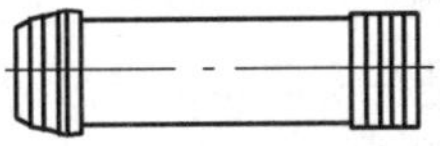		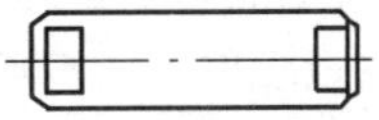

在绘制环境工程施工图中管道时,还应该对管道中的每个设备、构件、管道进行相应的编号以及整理,这样有利于在绘图和概预算以及施工时的备料。在绘制管道时主要在管道的管配件、构件以及设备的旁边,用指引线引出一个直径为 6 mm 的细实线小圆,圆内需要用阿拉伯数字进行编号,相同的管配件、构件以及设备等可以用同一个数字进行表示,这样在进行相应管配件清算时可以很快得到相应的预算数据。然后根据其编号罗列出相应的工程量表,将其相应的规格、材料和数量进行汇总,再根据市场的价格进行相应材料的预算,然后对施工所需的材料进行备料。在环境工程施工图绘制的过程中,对于各种管道的绘制,特别是在各种管道的总干管的旁边,必须注明相应的管道名称,以便在最后的工艺校准、预算以及最后的审核能够通过,同时还需要画出箭头,表示出相应水流的流向。这种管道、构件的编号方法使绘制出来的环境工程施工图更加清晰准确。针对管廊中的各种管道的重叠问题,可以采用截断画法来解决,即在重叠的地方,将前面的管道在适当的位置予以截断,断面处用"8"字形表示,从而使后面被挡住的管道可以显现出来,达到视图的目的。

1.3　工艺构筑物的尺寸标注

在环境工程施工图纸中,尺寸的标注是否准确关系到施工过程中能否按照设计者最初的想法进行施工,更重要的是施工图纸的准确与否关系到后期建筑物建好后,进入调试阶段或者运行阶段能否使得整个工艺正常运行。其中能否准确地进行施工主要在于标注在图纸上面的尺寸是否准确。

1.3.1　工艺构筑物尺寸的性质和要求

环境工程施工图纸中构筑物的尺寸不是直接用作图软件画上去的,因为它主要表示贮水池构筑物的大小、形状、厚度,以及各个工艺构筑物部分的内径形体的大小,而这些构筑物主要使用钢筋混凝土浇筑而成,它们的尺寸标注主要由本专业技术人员在设计时通过相应的理论知识进行计算而得到的。在环境工程施工图纸中,工艺图的视图、平面剖面图或者立式剖面图只能显示出设备、相应构筑物或者相应构件的相对空间位置,只能显示出各组成部分之间的关系和形状,其大小主要由标注尺寸中的数值所决定的,而不能通过比例尺按照图样中的比例来进行量取,这也是初学者在进行图样的绘制以及图样的读取时常犯的一个错误。不能用比例尺进行量取的另外一个原因是在一些较小比例的图样中,用比例尺进行量取时,其分度值不能够满足所需要量取的精度,一般的比例尺误差太大,并且有些尺寸是由集合关系而产生的间接联系,用比例尺无法进行量取。所以,量取而得到的环境工程施工图中的尺寸数据不能够作为建筑施工人员安装或者施工时的依据,施工人员使用的数据必须是在施工图样中标注尺寸的数值,只有这些数值才是精准的,才能够反映出各个部件的大小、形状等特征。因此,环境工程施工图样中的尺寸一旦经过设计人员标注出图后,除非得到设计人员的许可,进行相应的修改,其他人员都不得随意改动或者修改,特别是建筑施工人员,不能为了在施工过程中达到某些便捷而修改施工图纸中尺寸的数值。因为在最终的验收阶段也需要按照相应尺寸数字进行验收。但是在实际的环境工程施工过程中或者在审核方案以及安装施工的过程中,需要了解某些构筑物的定位和形状大小,可以按照图纸中的比例,用相应的比例尺进行度量某个部分的间接或者连接部位的尺寸,然后用所得到的度量乘以相应的比例得到间接或者连接部位的实际值,但是这些数值只能够作为环境工程施工过程中的参考,不能用于施工的具体尺寸大小,因为它不一定能够表示构筑物部件的实际大小,所使用度量尺的最小刻度不一定能够达到所需要的要求。

环境工程施工的相关工艺图纸主要用于设计人员在正式施工之前的最后审核,或者作为承建方在进行施工之前的审核以及结构设计与机械电器设备设计的依据,也是现场施工人员必须熟悉和了解的重要部分。在进行施工时,环境工程施工图纸还可以作为施工人员进行设备以及管道安装的主要依据,也是最后在施工的检查或者验收阶段的主要依据。土建施工需要以另外的结构图来作为依据。因此,在进行环境工程施工图纸设计时,设计人员需要标注出土建的模板尺寸,而不需要标注出结构的细部尺寸。

在进行环境工程施工图设计时,对相应的构筑物进行标注,所标注的尺寸要能够准确反映出构筑物部件的特点,能够反映出构筑物的视图或者剖面图,也就是说环境工程施工图纸中的工艺构筑物尺寸要尽可能标注在能够反映其形体特征的视图或者剖面图上。在进行环境工程施工图尺寸标注时,应注意同类性质的尺寸要尽可能标注在一起,或使用相同的规定符号,并将其合并在一起,而且还应该把尺寸位置标注在清晰悦目的地方,因为不仅需要使设计的图纸能够清晰地表达出设计者的最初想法和相应的构筑物部件的形态大小特征,还需要使图纸看起来清晰明了、赏心悦目。在进行尺寸标注时不要与视图有过多的重叠和交叉,严格来说是不允许重叠或者交叉标注,对于一些不必要的尺寸不用过多标注,而对于同一类别的标注,如果有相应的说明,标注一个,然后做出相应的说明。更重要的是,不要漏掉每个重要的有关联的几何尺寸,否则这样可能使建筑施工人员在进行施工换算时出现一些疏漏而导致施工过程中出现严重的错误。有一些分段或者分部的尺寸,不应将其散落地标注,而应该将其串联起来进行统一的标注,并同时标注其相应的外包总尺寸。定位尺寸可以按照底板、池壁、池角、轴线、圆的中心线等作为定位基准线。

1.3.2　环境施工图的标高

环境工程施工图中构筑物尺寸只能反映出构筑物部件的形状、大小、形态特征、视图以及剖面图之间的结构特征,而不能显示其相对于构筑物零点的相对高度,也就是说其不能表示出构筑物相应部件的高度。而这个高度可以通过标高来进行表示,应该在构筑物的主要部位,特别是在环境工程工艺构筑物的池体、池底以及相关构件和设备等进行标注,这些部分能够反映出构筑物高程的位置。对于管道的标高,在环境工程施工图中主要是在管道的中心线进行标注。除此之外,还需要对地坪以及水面进行标高。

1.3.3　管径尺寸

管道的直径分为管道的内径和管道的外径,在环境施工图的图纸中,管道直径指的一般为管道的内径,有的时候也称之为公称直径,用"DN"表示。在环境施工图中涉及不同的管道类型和管道直径,因此在进行环境施工图设计时一般需要在工艺上明确标明各种管道的名称和公称直径,有利于施工人员在进行环境施工图纸预读时明确地分辨出不同管道的性质和管道的类型,保证施工能够正常进行,并按照设计者的初衷进行建造和安装。除此之外,还需要在施工图管道的旁边对各种管道进行标注,标注需要能够充分显示在该系统的视图上,如图 1 - 7 中平、剖面图中所注。图 1 - 7 中对构筑物的附属配件,如每节管、配件等,用指引线以及小圆圈进行编号,并在最后罗列了工程量表,这样能使施工的人员在进行图纸预读时从图中清楚地读出设计者的初衷,并且使施工方在施工的前期进行材料准备的过程中有所依据、有所参照。这样做的另一个好处就是它还能够使设计图纸清晰明了,具有较强的可读性。

1.3.4　定位尺寸

通过图中表示的物件进行工程量表的统计时,注意工程量表需要包含每个编号的名称、规格大小(直径和长度等)、材料的类型、数量和相应的参考标准(国家标准、地方标准和行业标准)。管道定位可以通过池壁或者池角来进行定位,确定出管道的位置和离地面的高度,定位尺寸均需以管道的中心线为准。

1.3.5　附属设备

进行环境施工图纸的设计时,有很多附属设备以及部件是无法在设计图纸中一一罗列的,这也是很多行业在进行设计时所面临的问题,而且这种问题主要发生在工艺总图的设计中,因为它需要系统地表示出工艺的流程以及工艺的特点,但是对其附属的设备无法完全画出。例如:贮水池中的附属设备以及构件等构造是不能详尽地表达清晰的,因此在进行环境工程工艺总图的设计时只需要画出它们的简明形体轮廓。在进行环境工程工艺总图的设计时,经常会遇到需要的附属设备以及相应部件不是同一种类型或者同一种规格的情况,这时不能用同一种符号或者标准进行套用,需要在标准图中另行画详图进行表达,并且必须对该种附属设备以及相应的构部件进行索引符号的标志,这样便于工艺总图与详图之间的相互查阅和对照。对于土建的细部构造,如爬梯、踏步、护栏等,也同样需要用土建结构详图来进行表达。构筑物中的有关部件设备则需要用专门的部件装配图来进行表达。

总之,在进行环境施工图纸的设计时,需要将不同类型的构筑物或者部件用不同的索引符号进行区分,对于不同图纸中涉及的构配件需要建立同一类型的索引符号,这样便于不同图纸之间的相互读取和相互查阅参考等。

第 2 章　环境工程建筑施工图

2.1　概　述

2.1.1　建筑构筑物的设计程序

一般来说,在进行建筑构筑物的设计过程中,可以根据建筑物的规模和相应建筑物的复杂程度,对建筑物的设计进行分类,总体来说分为两个阶段的设计和三个阶段的设计两种形式。在实际的建筑物设计程序时,一些大型的、重要的、复杂的建筑物,必须经过三个阶段的设计,这三个阶段分别是方案的初步设计、技术设计(扩大初步设计)和施工图设计;而对于一些规模较小、技术比较简单的建筑物一般采用两个阶段的设计即可,这种两个阶段的设计主要包含初步设计(方案设计)和施工图设计。它与三个阶段的设计的主要区别在于减少了中间的技术设计,而在实际的工程施工图的设计时,具体选择何种建筑物设计程序需要根据当时的具体情况进行分析,确定出相应的设计程序。因此需要了解工程的实际需要和初步设计、技术设计和施工图设计所包含的具体内容。

初步设计主要设计方案的最初样图,主要包含建筑物的总平面图,各楼层的平面图,主要的立面图、剖面图以及各图纸的简要说明等,还包含主要的结构方案以及主要的技术经济指标、工程概算书、工程量表等,这些主要作为有关部分进行分析、研究以及材料的审批时的重要参考材料。它是进行工程的申请或者工程审批阶段的依据,也是在审查时的主要参考来源。

技术设计又称初步扩大设计,它主要是在初步设计的基础上(在获得批准的基础上),对各个构筑物进行比较详细的对比和设计,主要是进一步确定各个专业工种之间的技术问题,确定相应的处理措施和处理方法,了解不同工种和不同行业的设计标准和施工特点,为接下来的施工图设计做好充足的准备。

施工图设计是建筑设计的最后阶段,它的任务是在初步设计或者技术设计的基础上,对施工过程中涉及的过程进行全面的绘图,需要绘制出能够满足施工要求的全套图纸,包括总的工艺流程图和相应的构配件详图,并且在此基础上进行工程说明书、结构计算书和工程预算书的详细编制,这些都是作为施工方在进行费用的预算或者施工前材料准备的重要参考材料。

2.1.2　建筑物的分类

建筑物按照不同的分类方式可以分为不同的种类。一般来说,按照建筑物的性质进行分类,可以分为生产性建筑和非生产性建筑,而生产性建筑主要包含工业建筑和农业建筑等,非生产性建筑主要指民用建筑和民用住房建筑等。其中民用建筑一般还可以根据建筑的使用功能进行进一步的划分,分为居住建筑和公共建筑。居住建筑主要指提供人们进行生活起居所用到的建筑物,如住宅、宿舍、公寓和旅馆等建筑物;而公共建筑主要指能够提供人们进行日常生活以及各项社会活动的建筑物,如商场、学校、医院、办公楼、汽车站或者影院等场所。

建筑物除了按照建筑物的性质进行分类外,还可以按照其数量和规模进行分类,主要分为大量性建筑和大型性建筑。其中大量性建筑主要是指建造数量比较多,建筑的结构或者设计要求都差不多、比较相似,这类建筑主要包含住宅、商店、医院或者学校等;而大型性建筑主要指其在建造数量上比较少,但是其单栋建筑物的量比较大,结构比较复杂等,这类建筑物主要包含一些大型的体育馆、影剧院、航空站或者火车站等。

2.1.3 建筑物的组成

虽然建筑物按照不同的性质、规模、复杂程度等可以分为不同的种类,但是它们都有一个相同的特点,即它们的基本构造是相似的,尽管它们各自的使用要求、主要用图、空间组合、外形特点、结构形式或者规模和复杂程度不一样,但是它们最初的地基基础或者相应的构配件是一样的。不管这种建筑物的用途是什么,都主要由地基基础、墙、地面、楼梯、屋顶和门窗组成。这些构筑物在整栋建筑物中发挥的作用是相同的。除此之外,一般建筑物还有一些其他的配件和设施等也是一样的,例如建筑物的通风道、垃圾道、雨篷、给排水管道等。

因此,不管建筑物是什么用途,它们的构造有多复杂、结构特点有多么的不同,但是它们的地基基础和一些常用的配件和附属物却是相同的。总之,建筑物之间虽然有所不同,但是它们的基础施工阶段还是一样的,这使我们在进行环境工程施工图设计和环境工程施工的过程中可以参看相应的行业标准以及借鉴相应的经验来完成施工。

2.1.4 建筑物施工图的主要内容

建筑物施工图的类型很多,图纸的数量也比较多,一般情况下建筑物施工图按照其专业的不同可以分为建筑施工图、结构施工图、设备施工图和装饰施工图等几部分。在进行施工图的绘制之前需要详细了解这几大类施工图的具体内容,只有这样才能获得比较准确的施工图。

建筑施工图在行业里简称为建施,它主要用来表达建筑物的建筑群体的总体布局、建筑物的外部造型、内部布置、固定设施、构造手法和所用的材料等内容,其中主要包含建筑的总平面图、建筑平面图、建筑立面图、建筑剖面图、建筑详图等。建筑施工图是表达所建建筑物的总体结构,总体的外观或者总体的构造特点等,它不能够完全满足建筑施工的要求,因为一些详细的零部件或者相应的部件位置和大小无法在建筑施工图中详细地表达。

结构施工图在行业里简称为结施,结构施工图主要用来表达建筑物承重构件的布置、类型、规格及其所用的材料、配筋形式以及施工要求等内容,包括结构布置图、构件详图和节点详图等。根据结构施工图,可以了解到相应构配件的大小以及其安装的位置,按结构施工图进行正确施工可以保证施工建筑物的质量或者承重位置的精准,进而保证建筑物最基本的结构稳固。

设备施工图在行业里简称为设施,设备施工图主要表达室内给排水、采暖通风、电气照明等设备的布置、安装要求和线路铺设等内容。其相应的图纸主要包含给排水、采暖通风、电气设备等平面布置图、系统图、构造和安装详图等。通过设备施工图的图纸,施工人员可以确定相应给排水管道的安装位置和安装特点,能够对采暖通风和电气设备的安装进行比较详细的了解,这些图纸都是施工人员在进行施工时的重要参考资料,没有这些设备施工图纸,施工人员就无法确定出相应的给排水管道或者采暖通风设备的安装特点和安装位置等。

装饰施工图在行业里简称为装施,装饰施工图主要为了表达室内设施的平面布置以及地面、墙面、顶棚等的造型,细部结构、装修材料与做法等内容,包括装饰平面图、装饰立面图、装饰剖面图和装饰详图等。通过装饰施工图施工人员可以了解到建筑物最后的装饰特点,以及相应部位的装饰位置和装饰材料等内容,装饰施工图是施工人员进行装饰的主要参考依据。

无论是建筑施工图、结构施工图、设备施工图还是装饰施工图,它们在设计时都需要按照同一种标准进行绘制,并且对于不同型号或者规格的构配件需要建立不同的索引标志,这样便于施工人员和审批人员工作时参考。除此之外,在绘制完相应的施工图后,都需要进行工程量表的统计,这样才能确定在进行实际施工时的工程预算以及材料的准备,保证施工的正常进行。

由以上可以看出,要想设计出一套完整的建筑施工图,其内容和数量是很多的。而且由于工程的规模和复杂程度的不同,使工程的标准化程度不同,这些都可能使在进行施工图绘制过程中其图样的数量和主要的内容存在差异,最终导致工作量的不同。为了能够比较准确地表达出建筑物的形状、设计时图样的数量和内容的完整性,应该比较详细地画出各个构筑件的图纸,但是在进行施工图的绘制过程中,需要按照建筑物的特点,在尽量满足施工要求的基础上,减少施工图的复杂程度和数量,这样有利于施工人员比较快速地掌握相应建筑物的施工特点和施工位置等,也能够帮助施工人员比较准确地掌握好施工的进度。

2.1.5　建筑施工图绘制标准

环境施工图的标准和建筑施工行业的标准一样,包括市政工程的施工技术和施工图的设计也是按照建筑施工行业的标准来进行设计的。因此,建筑施工图应该按照正投影原理及视图、剖面图和断面等的基本图示方法进行绘制。为了保证绘制出来的环境施工图的设计图纸的质量,提高效率,并且表达统一和便于识读,需要按照国家的标准《建筑制图标准》(GB/T 50104—2001),在绘制施工图时,要严格按照标准中的规定进行绘制。环境工程建筑施工图绘制要点如下。

(1) 对于不同的建筑物,其形体、大小不一样,要求不一样,这使我们必须采用不同的比例来进行绘制。因为要将建筑物的总体构造在图上表示出来,能够在图上看出构筑物的外形等特点,所以需要将构筑物按照一定的比例进行缩放。除此之外,有些构筑物配件还需要进行放大才能画出,特别是一些特殊细小的线脚等需要放大才能够画出。表 2 - 1 罗列了常用的环境建筑施工图设计比例。

表 2 - 1　环境工程施工图比例

图名	常用比例	备注
总平面图	1：500,1：1 000,1：2 000	
平面图、立面图、剖面图	1：50,1：100,1：200	
次要平面图	1：300,1：400	次要平面图指屋面平面图、构筑物的地面平面图
详图	1：1,1：2,1：5,1：10,1：20	1：20 仅适用于结构构件详图

（2）图线和图层的设定。在绘制环境工程施工图时,不同的线型和线宽应该用来表示不同的构配件。例如:贮存池的池壁应该用粗实线来进行绘制,贮存池中间的一些隔墙等应该用中实线来行绘制;而管道的中心线等应该用点划线进行绘制。因此,在进行环境工程施工图的绘制前,一定要首先掌握线型和线宽分别用来表示构筑物的哪些构配件,只有这样绘制出来的环境工程施工图纸才能够层次分明,让施工人员在最短的时间里,用最快的速度了解设计者的初衷。表 2 - 2 为环境工程施工图中常用的线型、线宽以及用途。

表 2 - 2　环境工程施工图线型、线宽和用途

名称	线宽	用途
粗实线	b	(1) 平、剖面图中被剖切的主要建筑构造物的轮廓线 (2) 构筑物立面图或者内部立面图的外轮廓线 (3) 构筑物的构造详图中被剖切的主要部分的轮廓线 (4) 构筑物构配件详图中的外轮廓线 (5) 平、立、剖面图的剖切符号
中实线	$0.5b$	(1) 平、剖面图中被剖切的次要构筑物构造的轮廓线 (2) 构筑物平、立、剖面图中构筑物构配件的轮廓线 (3) 构筑物的构造详图及构筑物构配件详图中的一般轮廓线
细实线	$0.25b$	小于 $0.5b$ 的图形线、尺寸线、尺寸界线、图例线、索引符号、标高符号
中虚线	$0.5b$	(1) 构筑物构造详图及构筑物构配件不可见的轮廓线 (2) 平面图中起重机的轮廓线位置
粗单点长划线	b	起重机(吊车) 轨道线
细单线长划线	$0.25b$	中心线、对称线、定位轴线
折断线	$0.25b$	不需画完全的断开界线
波浪线	$0.25b$	不需画完全的断开界线,构筑物构造层次的断开界线

（3）定位轴线及相应轴线的编号。在环境工程施工图的绘制中,定位轴线非常重要,它的存在不仅可以使我们比较快捷清楚地看出施工图所要表达的意思,也能够使所在位置的图纸简明清晰,同时还可以从很大程度上减少设计者的工作量,如利用对称的结构,设计者在设计时能够减少大量的工作量。建筑施工图中的定位轴线是施工定位、施工放线的重要依据。凡是承重墙、柱子等主要的承重构配件,都需要在其中心位置画出相应的轴线,以此来确定其承重墙的位置和宽度、大小、厚度等特征。对于一些非承重构配件的分割墙、次要的局部承重构配件等,有时还需要在两种主要的定位轴线的中间或者两者的某个位置画出相应的分轴线定位,有时也可以通过注明与其附近轴线的相关尺寸来进行确定。

在环境工程施工图中定位轴线采用细单点长划线来进行表示,这种线一般画在构筑物

墙面的中心位置,并且其应该伸入墙内 10 cm 左右。定位轴线的端部用细实线画出直径为 10 cm 的圆圈。同时对轴线进行编号,定位轴线圆圈内的数字应该按照相应的建筑施工的数字和字母的要求进行编写。水平定位轴线进行编号时,一般采用的是阿拉伯数字,从左到右进行编号,这一类定位轴线的编号称为横向轴线;而对于垂直方向的定位轴线的编号一般采用大写的拉丁字母进行编写,其编写的顺序为从下往上进行编写,定位轴线中的字母和横向定位轴线的要求一样,都是按照建筑施工行业的定位轴线的编号编写要求进行编写,通常称这种定位轴线为纵向定位轴线。

上面提到的只是环境工程施工图中一般的定位轴线的基本要求或者说是最基本的标注方法,在进行实际的环境工程施工图的绘制过程中,可能需要在某两个定位轴线之间进行分定位轴的编写,这时用分数来表示附加的分定位轴线。这种分数中的分母表示分定位轴线的前一定位轴线的编号,分子表示附加分定位轴线的编号,例如:3/5 定位轴线表示的是 5 号定位轴线后的所附加的第 3 条分定位轴线。在进行环境施工图纸绘制时,除了需要了解分定位轴线的画法和标注外,还需要注意在用大写拉丁字母对纵向定位轴线进行编写时,大写拉丁字母中的 I、O 及 Z 三个字母不得用于环境工程施工图中的定位轴线编号,防止设计人员设计时与数字 1、0、2 混淆,也同样防止施工人员在进行施工时,将施工图中的字母与数字混淆而影响环境工程施工的进度和最终的质量安全保证。

(4)在环境工程施工图的绘制过程中尺寸、标高、图名尺寸单位除标高及建筑总平面图以米(m)为单位外,其余一律以毫米(mm)为单位。

① 绝对标高。我国把青岛附近某处黄海的平均海平面确定为绝对标高的零点,其他各地标高都以它作为基准。

② 相对标高。在建筑物的施工图上要注明许多标高,如果全用绝对标高,不但数字烦琐,而且不容易得出各部分的高差。

2.1.6　阅读建筑工程图的方法

作为环境工程或者市政工程人员,学会环境工程施工图的绘制和图纸信息的读取是最基本的要求之一。作为环境工程施工人员或者建筑行业的施工人员,了解施工图纸读取时的注意事项也是其职业中最基本的要求之一。

1.图纸阅读注意问题

(1)环境工程施工图的绘制原理。环境工程施工图的绘制原理和建筑行业施工图的绘制原理一样,都是按照构筑物的正投影原理进行绘制的,用相应的图样来表示环境工程工艺过程中所涉及的构筑物的构造方法。因此,作为一个环境工程施工图纸的设计人员或者作为环境工程的施工人员首先需要比较熟练地掌握正投影原理和熟悉相关构筑物的建造的基本构造特点。

(2)掌握图例符号。任何一个工程都不可能仅由一张简单的施工图就能够完成的,它需要一整套的施工图来进行组合才能够清晰地表明其使用的情况,而图样与图样之间的连接就需要我们用一些相同的图例符号来进行连接和关联。例如:索引符号等,只有掌握了索引符号的意义,才能够在图样与图样之间进行相应构配件的查阅和读取。因为在环境工程施工图中会经常用到一些图例以及一些必要的文字说明,只有通过这些图例和相应的文字说明才能够将设计者的最初想法清晰简明地表达在图纸中。所以,作为环境工程施工图纸的设计人员或者环境工程施工人员,必须熟记环境工程施工图纸设计中经常用到的一些图例和文字说明的意义。

(3) 在进行环境工程施工图的信息读取时,要有一定的顺序。根据环境工程施工图的特点,在进行环境工程施工图的信息读取时,一般是从粗到细,从大到小。这里的从粗到细,不是所谓的从粗实线到细实线来进行环境工程施工图的信息读取,而是先粗略地看一遍图纸,大致了解一些图样中反映的信息,对环境工程的施工过程或者施工阶段有一个大致的工程概貌,然后再仔细看相应的图纸,在细看环境工程施工图时,需要先看总的说明和基本的图样,这样才能够由浅入深、循序渐进地了解环境工程施工的过程,然后再深入地看环境工程施工工艺中的构配件的详图图纸。只有做到了由粗到细,由大到小,逐步深入地了解工艺过程,才能够做到对图纸中信息的全面掌握。

(4) 一套完整的施工图不是由一个工种完成的,因此在读取和绘制施工图时需要将各个图样中的信息结合起来。图样的绘制大体是按照施工过程中不同的工种、工序分成一定的层次和部位进行的,因此要有联系地、综合地看图。并且在看图之前尽量对各个工种的施工特点与施工要求进行了解,这样才能够使各个工种之间的工作密切联系,更加协调。也只有这样才能够保证环境工程的施工能够顺利地进行。

(5) 在进行环境工程施工图的信息读取时,需要结合当时的实际情况进行看图,不能一味地按照理论知识进行信息的读取。要根据实践、认识、再实践、再认识的规律,联系生产实践,就能较快地掌握图样的内容。

2.标准图的阅读方法

在设计环境工程施工图时,有些构配件和构造做法应采用标准图集,这样可以使施工人员在阅读时比较方便,因此阅读施工图前要查阅本工程所采用的是何种标准图集,因为不同的标准图集所涉及的标准不一样,这也是作为环境工程施工人员在施工前阅读图纸的注意事项之一。

对于环境工程施工图中涉及的标准图集主要按照国际编制的标准图集进行核实,标准图集按照其编制的单位和使用的范围情况大体上可以分为三大类:

(1) 经国家批准的标准图集,供全国范围内使用,也可以将之称为国标。

(2) 经各省、市、地区或者自治区等地方批准的通用的标准图集,供本地区使用。

(3) 各个设计单位编制的标准图集,供本单位设计的工程使用,不适用于其他单位或者行业。

从以上三种分类可以了解到,相关的标准图集主要分为国家、地方和行业或者单位等标准图集,因此在进行环境工程施工图的设计时,首先要考虑设计的图纸最终是什么单位来进行审批,如果是国家单位进行审批,就需要按照国家的标准图集进行绘制;如果是某个地方政府单位来审批或者来进行审查,就应该按照该地区认可的标准图集来进行施工图纸的绘制;如果最终的审批是某个单位或者行业,那么在绘制时也可以采用某个行业的标准来进行绘制。但是一般情况下,是采用国家或者地方的标准来进行环境工程施工图的绘制,因为这样便于审批部分工作程序的顺利进行,同时施工人员在进行施工图纸的读取时能够较快地掌握,并且标准图集的信息也便于查询。

对于标准图集,全国比较通用的图集,通常采用的是"J×××"或者"×××"代号表示建筑标准配件类的图集,用"G×××"或者"结×××"代号表示结构标准构件类的图集。

3.标准图的查阅方法

学会标准图集的查阅是作为一个环境工程施工人员所必须具备的技能之一,因为,如果施工人员不熟悉图纸所采用的标准图集的标注,就没有办法十分清楚地知道图集中一些图例或者符号的意义,也就无法准确捕捉到设计者在设计相应工艺时的最初想法。以下为查阅工程施工图的方法。

(1) 根据施工图中注明的标准图集名称和编号及编制单位,查找相应的图集。在施工图中一般都会注明该图集采用的标准是什么标准,施工人员可以根据相应的国家标准、地方标准或者行业标准进行查阅,了解其标准中涉及的图例和符号的意义,避免在实际施工过程中出现误差。

(2) 阅读标准图集时,应先阅读总说明,了解编制该标准图集的设计依据和使用范围、施工要求及注意事项等。在查阅环境工程施工图的标准图集时,不要盲目地看,应该对其进行分类,找出重点的地方,例如该标准图集设计的主要依据和使用范围等,了解到这些后再结合实际的情况去了解阅读该图集的注意事项,做到细中求精。因此,在进行标准图集的阅查时,要先粗后细、先大后小,做到细中求精、有条不紊地逐步了解标准图集的意义,这样既可以使施工人员比较快速地熟悉标准图集的内容,并将其结合到实际的施工过程中,还可以使施工人员在比较短的时间里用较快的速度准确掌握好该标准图集。

(3) 根据施工图中的详图索引编号查阅详图,核对有关尺寸及套用部位等要求,以防差错。在阅读或查阅环境工程施工图标准图集时,要综合考虑所有的图集,以此来对图中的相应尺寸和相应的部件进行进一步的核对,以防出现差错,导致施工无法正确进行。

4.阅读建筑工程图的方法

只有按照正确的顺序才能够比较快速和准确地掌握相关的信息,各个行业有各自的做事原则和做事方法。在环境工程施工图的读取过程中也有相应阅读图样的顺序。

(1) 先读取首页图纸,包括图纸目录、设计总说明、门窗表以及经济技术指标等。在进行环境工程施工图纸的阅读时,首先要查看图集的总目录和总设计,通过图集的总目录和设计总说明我们可以掌握该图集的设计标准和设计要点以及该图集中所包含的内容,能够对该图集轮廓有一个比较清晰的了解。然后在此基础上进行构筑物表单和经济技术指标等阅读,可以了解到该环境工程施工工艺过程中设计的指标和要点,能够比较快速地掌握该工艺的特点和该工艺施工过程中需要注意以及需要达到的指标。

(2) 读取总平面图,包括地形地势特点、周围环境、坐标、道路等情况。在读完总说明和总设计依据以及相关的技术指标后,需要对平面图中的地形特点和周围环境进行了解,因为地形特点是环境工程工艺中的一个重要特点,有利的地形可以减少能耗。除此之外,通过对地形地势和周围环境的了解,可以知道当地的施工环境和当地的土质等特点,这些将作为施工前期地基处理的重要依据。坐标和道路则能够反映出施工现场的材料以及在进行地基处理阶段产生的一些泥土垃圾能否及时运出而不影响到施工现场的进度。

(3) 读取建筑施工图应该首先从标题栏开始,依次读平面形状及尺寸和内部组成,建筑物的内部构造形式、分层情况及各部位连接情况等,了解立面造型、装修、标高等,了解细部构造、大小、材料、尺寸等。在了解和掌握图中的总说明和相关的地形后,就需要对具体的图纸内容进行了解,这部分主要需要施工人员根据图纸熟悉图中各种配件的具体结构和施工特点,特别需要对一些构部件的连接部位以及构部件的具体位置和大小进行充分的了解。只有在了解完大致的图纸信息后,对各个部件的连接做到清晰地掌握才能使施工过程中不出现错误,才能使施工过程中不因施工人员对图纸信息的了解不够而导致施工出现问题,致使最终的审核验收阶段无法达到验收标准。

(4) 读取结构施工图从结构设计说明开始,包括结构设计的依据、材料标号及要求、施工要求、标准图集选用等。读取基础平面图,包括基础的平面布置及基础与墙、柱轴线的相对位置关系,以及基础的断面形状、大小、基底标高、基础材料及其他构造做法,还要读懂梁、板等的布置以及构造配筋及屋面结构布置等,乃至梁、板、柱、基础、楼梯的构造做法。在掌握了前面三条的信息后,接下来需要施工人员比较详细地掌握各种图纸中的具体信息,在读取结构施工图、平面图和剖面图时,需要对其中详细的构造结构和材料等要求进行充分的了解。这部分主要在前面的基础上,对施工图中的详图进行了解,需要掌握环境工程工艺施工中的一些连接细节和一些关键的节点,因为这些节点关系到环境工程施工结束后进入调试阶段,工艺能否正常运行或者能够达到预想的目标。如果这些节点的连接出现问题,将会使一些关键的技术指标达不到相应的要求。

(5) 读取设备施工图时主要是要读取包括管道平面布置图、管道系统图、设备安装图、工艺设备图等信息。因为环境工程中的设备施工图不只是一张或者同一类型的设备施工图,它涉及不同的工种,比如涉及管道安装、采暖等安装、电气设备安装等,所以它是一个交叉综合的设备施工图,涉及不同的工种。因此,在进行设备施工图的信息读取时除了了解自己所属工种的信息外,还需要对其他工种的信息进行了解,做到与其他工种之间的协调和紧密的联系,以便在施工的过程中做到心中有数、有据可依等。这样能使在施工过程中做到各个工种之间的协调,使施工的进度和施工的速度能够较快,并且这样不容易出错,能够做到较好的精准度,使施工过程得到较好的安全和质量保证。

2.2 环境工程施工总平面图

2.2.1 总平面图的定义

总平面图在建筑工程施工行业中的定义为将新建工程四周一定范围内的新建、拟建、原有和拆除的建筑物、构筑物连同其周围的地形、地物状况用水平投影方法和相应的图例所画出的工程图样。

2.2.2 总平面图的用途

建筑工程施工总平面图的主要用途是用来表示新建房屋的位置、朝向以及新建房屋与原有建筑物的关系,以及周围道路、绿化和给水、排水供电条件等方面的情况。除此之外总平面图还可以作为新建房屋施工定位、土方施工、设备管网平面布置,在施工时进入现场的材料和构件、配件堆放场地,构件预制的场地以及运输道路的安排依据。一张好的工程总平面图除了各种图线清晰简明外,读图者除了获得总平面图外观优美的观感外,还能够从中得到大量的信息,这些信息能使施工人员对整个工程有大体的了解。

2.2.3　总平面图的图示方法

在前面的章节已经提到过环境工程施工图的设计主要根据构筑物正投影的原理进行绘制,其中包括总平面图的绘制原理。总平面图中的图形主要用在前面章节提到过的一些标准图集或者图例的形式来进行组合的。在环境工程施工图中的总平面图采用《总图制图标准》(GB/T 50103—2010)规定的图例。在进行环境工程施工总平面图绘制时,如果在总平面图中涉及个别的图例不是总平面图中标准图集中的图例,设计者应该在总平面图的下面进行详细的说明。总平面的单位主要以米(m)为单位,如总平面图中涉及的坐标、标高以及距离等,除此之外,在进行构筑物的单位表示时还需要将数据至少取至小数点的后两位。

2.2.4　总平面图的图示内容

上面提到了环境工程施工总平面图的形成及用途、图示方法,接下来将要着重介绍环境工程施工总平面图中的图示内容。总平面图中的图示内容可以清晰地让我们知道设计者的想法和整个工程的总体施工量。其主要包含以下内容。

(1)建筑地域的环境状况包括地理位置、基地范围、地形地貌,原有建筑物、构筑物、道路等。通过在总平面图中表示出所建构筑物的环境状况和地理位置,可以让施工人员和审核人员了解工程所处的环境以及施工的难度等情况。通过构筑物以及道路在总平面图中的位置,可以使环境工程施工人员了解工程的大体轮廓,做到心中有数。

(2)新建(扩建、改建)区域的总体布置包括新建构筑物、管道以及新建构筑物与扩建前的构筑物的相对位置和关系。在总平面图中表示出这些内容后,可以对工程的施工难度和工程量进行预估。除此之外,通过总平面图中新建的构筑物与原有构筑物的位置关系,可以让施工方在进行施工时,对工程地的使用范围做出预判,使得工程的扩建或者改建不会对工厂或者单位的正常生产造成影响。

(3)新建工程的具体定位。对于小型工程或在已有建筑群中的新建工程,一般根据地域内或邻近的永久性固定设施(建筑物、道路等)定位。对于包括工程项目较多的大型工程,往往占地广阔,地形复杂,为保证定位放线的准确,常采用坐标网格来确定它们的位置。一些中小型工程,不能用永久性固定设施定位时,也采用坐标网格定位。总之,环境工程施工总平面图在进行新建工程的具体定位时,要根据其具体的工程量以及工程规模进行综合的考虑。

(4)新建建筑物首层室内地坪、室外设计地坪和道路的标高,新建建筑物、构筑物、道路、管网等之间有关的距离尺寸,总平面图中的标高、距离均以米(m)为单位(图中不标明),精度取至小数点后两位。在进行这部分的图示表示时,设计者一定要注意各构筑物之间的协调性,一定要使得管网和构筑物之间的位置关系做到清晰简明。

(5)指北针或风向频率玫瑰图。在大多数的行业施工图中一般都采用带有指北针的风向频率玫瑰图(风玫瑰),用来表示该地区常年的风向频率和房屋的朝向。在环境工程的施工图中同样采用风玫瑰来表示工程所在地的地区常年的风向频率和房屋的朝向。风玫瑰图不是设计者根据实验数据获得的百分比数据图,其主要是通过当地的气象部门或者相关单位的检测数据来进行绘制相应的风玫瑰图。风玫瑰图主要根据当地多年的平均统计的各个方向吹风次数的百分比并且按照一定的比例进行绘制的,风的吹向主要从外吹向中心。这也是初学者在进行风向玫瑰图的读取时常常不了解的地方,也是初学者将风向玫瑰图内容读错的关键所在。风向玫瑰图的主要图示说明为其中的虚线是表示全面的风向频率,虚线主要是按照从1月到12月各个月的风向频率统计。风向玫瑰图是设计者在进行总平面图绘制时所必须完成的工作之一,而环境工程施工人员在通过总平面图中的风向玫瑰图可以明确所在施工时间段的风向情况,这将有利于环境工程施工人员在进行构筑物工程的建筑时将相应的材料进行保存或者堆场,如有粉尘污染的材料应堆放在下风位。

除此之外,设计者在设计时还可以知道将加热装置产生的烟气放在工程中的相应位置,而不会使得烟气通过风而吹向厂区里,对厂区造成二次污染,同时也指明了厂区里烟囱可能放置的位置等。

2.2.5　总平面图的阅读

环境工程设计人员将工程施工总平面图设计出来后,施工人员需要对图纸中的内容进行阅读,当施工人员或者审核人员在拿到一张环境工程施工图时,其需要做的第一件事就是需要了解如何读懂这张图纸中的内容。在前面已经提到过设计图纸阅读的总体方法,下面来对环境工程建筑总平面图的阅读步骤进行详细的说明。

1.总平面图的阅读步骤

(1)阅读标题栏,了解新建工程的名称。施工人员或者审核人员在拿到工程施工图时,首先应该看图集中的总平面图中的标题栏,通过标题栏可以了解到工程的名称、施工单位、施工时间、设计者、设计者单位以及设计时间等有关工程的基本信息。

(2)然后看指北针、风向频率玫瑰图,了解新建构筑物的地理位置和朝向以及与当地的常年主导风向的关系。让施工人员和审核人员看指北针、风向玫瑰等信息主要是让审核人员在进行审核时通过图中的指北针了解新建工程所在位置和方位,通过风向频率玫瑰图来对常年的风向进行了解,再结合实际的工程,审查该工程所产生的废气会不会对附近的居民区或者厂区内部造成污染。施工人员则可以通过风向频率玫瑰图来进行材料的保存和在施工过程中的背风施工,这样可以减小由风向对工程施工造成的难度和对工程施工进度造成一定的拖延。

(3)了解新建建筑物的定位、形状、层数、室内外标高等,以及道路、绿地、原有建筑物、构筑物等周边环境。在对施工单位和风向进行一定的了解后,再对工程的实际外观和外形进行核实,审核该工程最后所形成的工程建筑物与周围环境的和谐度,以及道路规划是否合理等内容。

2.总平面图读图实例

上面已经详细介绍了环境工程施工图的阅读步骤,下面来看实际的环境工程总平面图实例。图2-1所示为一张污水处理厂生活区中的建筑总平面图,在进行阅读时应该注意以下几个问题。

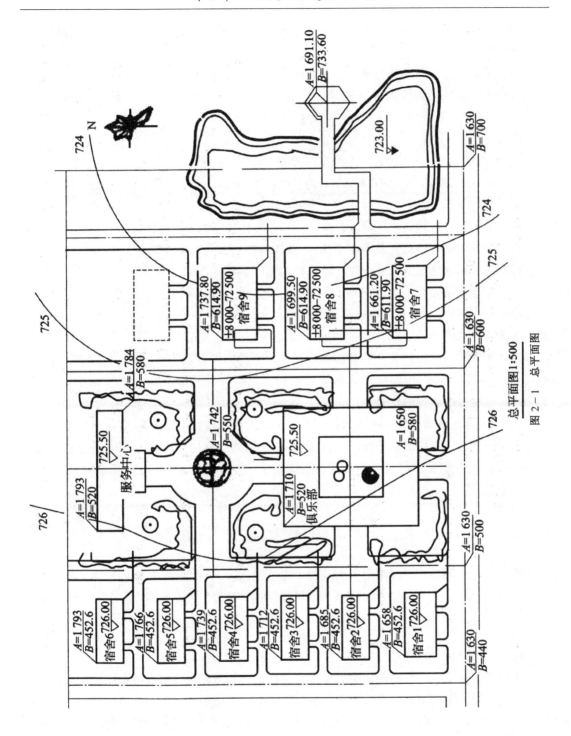

总平面图 1:500

图 2-1　总平面图

（1）了解图名、比例。从图 2-1 的总平面图中可以知道该施工图为总平面图，比例1∶500。

（2）了解工程性质、用地范围、地形地貌和周围环境情况。从图 2-1 中可知，此工程主要是进行 3 栋住宅楼的新建（粗实线表示），这 3 栋新建住宅楼在总平面图中的位置分别用编号进行了表示，其编号分别是 7、8、9，位于一住宅小区，建造层数都为 6 层。新建建筑右面是一小池塘，池塘上有一座小桥，过桥后有一六边形的小厅。新建建筑左面为俱乐部（已建建筑，细实线表示），一层，俱乐部中间有一天井。俱乐部后面是服务中心，服务中心和俱乐部之间有一花池，花池中心的坐标 $A = 1\,742$ m，$B = 550$ m。俱乐部左面是已建成的 6 栋 6 层住宅楼。新建建筑后面计划扩建一栋住宅楼（虚线表示）。

（3）了解建筑的朝向和风向。在图 2-1 的右上方，有指北针的风玫瑰图，表示该地区全年以东南风为主导风向。从图中可知，新建建筑物的方向为坐北朝南。

（4）了解新建建筑的准确位置。该工程的总平面图主要采用了建筑坐标定位方法，坐标的网格为 100 m × 100 m，并且所有的建筑对应的两个角全部采用建筑坐标来进行定位，让整个图非常清晰简明，在图中能够直观读出。例如服务中心的坐标分别是 $A = 1\,793$、$B = 520$ 和 $A = 1\,784$、$B = 580$，表示服务中心的长度为 $(580 - 520)$ m $= 60$ m，宽度为 $(1\,793 - 1\,784)$ m $= 9$ m；再如新建建筑中 7 号宿舍的坐标分别为 $A = 1\,661.20$、$B = 611.90$ 和 $A = 1\,646$、$B = 649.60$，表示本次新建建筑的 7 号宿舍的长度为 $(1\,661.20 - 1\,646)$ m $= 15.20$ m，宽度为 $(649.60 - 611.90)$ m $= 37.70$ m。

总之，不管是环境工程的施工人员还是对工程进行审核的审核人员，在拿到图集的第一时间一定要先看图集中的总平面图，这样能够在较短的时间内对工程的总体情况有大致的了解。除此之外，还需要按照总平面图的总体要求对图进行阅读，这样能够逐步、快速地掌握主要信息。

2.3　环境工程施工分平面图

前面已经讲到环境工程施工中涉及的工程总平面图，下面将着重介绍环境工程施工图集中的构筑物平面图。通过构筑物平面图我们能够看到构筑物内部的构造情况和构造特点，可以让施工人员在施工前了解构筑物的内部结构，便于施工人员制订相应的施工顺序。

2.3.1　构筑物平面图的定义

环境工程施工中的平面图是完全按照建筑行业的平面图设计原理进行绘制的。因此环境工程施工设计中的平面图原理为用一个假想的水平平面沿略高于窗台的位置对房屋进行剖切，然后再移去上面部分，并将剩余部分向水平面做正投影，所得的水平剖面图，简称为环境工程平面图。

2.3.2　构筑物平面图的作用

环境工程施工平面图主要反映新建构筑物的平面形状、构筑物的位置、大小和相互之间的关系，除此之外，还能够通过环境工程施工平面图了解到构筑物墙壁的位置、厚度以及夹层之间所用的材料、柱的截面形状与尺寸大小等,这些都是环境工程施工人员在进行现场施工时放线、砌墙以及装饰工程中所必需的重要依据,是构筑物施工过程中的重要图样。如果缺少了环境工程施工平面图,施工人员将不知从施工工程的何处进行动工和安排施工。

2.3.3　构筑物平面图的图示方法

一般情况下构筑物中如果涉及多层就需要画出多个平面图,在环境工程施工设计图纸中一般涉及两类平面图。

一种是工程涉及的办公区或者生活区涉及建筑物时,一般是需要画出每一层具体的平面图,并且需要在平面图的下方注明相应的图名,如底层平面图、二层平面图等。但是当部分建筑的二层或者中间的某一层与其他楼层之间的构造情况、布置情况都基本相同时,可以对其进行说明,然后只画出一个平面图即可,将这种平面图称为中间层(或者标准层)平面图;如果在进行设计时发现中间有个别的层平面布置不同,可以单独补画出相应的平面图。因此,多层建筑的平面图一般是按照从底层平面图开始,然后进行标准层平面图的绘制,最后进行顶层平面图的绘制。除了这些以外,有时还会涉及屋顶平面图,屋顶一般和标准层不一样,屋顶平面图主要是从建筑的上方向下方所做的平面投影,主要表明建筑物屋顶上的布置情况和屋顶排水方式。

另一种是具体的工艺处理构筑物,例如贮存池等构筑物单元,这样的单元在对其进行平面图的绘制时,一般情况下只需要画出一张平面图,因为这些单元主要是一些简单的处理单元,它的平面图并不复杂,它的复杂之处在于其内部个别位置的节点构造以及墙壁的夹层结构等,这些需要另外用剖面图或者立面图来进行画出。

从另外一个角度来进行思考,可以将平面图理解为构筑物单元的剖面图,因此在环境工程施工图纸的平面图设计时,主要按照剖面图的图示方法进行绘制,即被剖切到的平面为剖切到的墙。柱等轮廓线用粗实线进行表示,未被剖切到的部分如室外台阶、散水、楼梯以及尺寸线等用细实线进行表示,而门的开启以及构筑物处理单元中的节点位置一般用中粗实线进行表示。

在前面的章节也提到过环境工程施工平面图的常用比例有 1:50、1:100 或 1:200 等,其中 1:100 是环境工程施工过程中绘制平面图最常用的比例。这里具体说明一下各种比例的图示表示方法和表示范围。比例小于 1:50 的平面图、剖面图可补画出抹灰层,但一般需要画出楼层的地面、屋顶等面层线;比例大于 1:50 的平面图和剖面图应该画出抹灰层,楼地面、层面的面层线,并应该画出材料的图例等;比例等于 1:50 的平面图、剖面图应该画出楼地面、屋面的面层线,抹灰层的面层线应该根据需要而定;对于比例在 1:100 ~ 1:200 的平面图、剖面图可以简化材料的图例(如砌墙的颜色、钢筋混凝土涂黑等),但应该画出楼地面、层面的面层线。

2.3.4　建筑平面图的图示内容

上面讲到环境工程施工图集中平面图的定义、用途以及图示方法,但是如果想要画出一张完整的环境工程施工平面图,还需要了解平面图中具体的图示内容。

(1)表示所有轴线及其编号以及墙、柱、墩的位置和尺寸。在环境工程施工平面图中,需要详细标注出生活区或者办公区建筑物的墙体、柱和墩的位置,还需要详细标注出工艺构筑物中每个工艺单元的墙体位置和厚度等。

（2）表示出生活区或者办公区的建筑物的名称以及门窗的位置、编号与大小，还需要表示出工艺构筑物中各个具体工艺单元的进入单元上面的位置。

（3）表示出生活区或者办公区的建筑物的有关尺寸以及室内楼地面的标高，还需要表示出工艺构筑物中各个具体工艺单元的池底、池顶以及水位位置等标高。

（4）表示出生活区或者办公区的电梯、楼道的位置以及楼梯上下行方向以及主要的尺寸，还需要表示出构筑物中各个具体工艺单元廊道的位置、安全操作的楼梯位置、廊道扶手等位置以及主要的尺寸。

（5）表示出生活区或者办公区的阳台、雨篷、台阶、斜坡、烟道、通风道、管井、消防梯、雨水管、散水、排水沟、花池等位置及尺寸，还需要表示出构筑物中各个具体工艺单元的给水排水管道、池中的管道走向、进水管道和出水管道的相对位置，每个管道的具体作用等信息以及和管道有关的主要的尺寸信息。

（6）不但需要画出生活区或者办公区的室内设备，如卫生器具、水池、工作台、隔断及重要设备的位置、形状，还需要画出构筑物中各个具体工艺单元的安全操作位置、物品存放区、维护工艺正常运行操作的范围以及主要的尺寸。

（7）表示出生活区或者办公区的地下室、地坑、地沟、墙上预留洞、高窗等位置尺寸，还需要表示出构筑物中各个具体工艺单元池底部的沟槽结构、池的内部的排水孔位置、进水孔位置、加药或者投放物品等位置、水位溢出等位置以及主要的尺寸信息。

（8）在生活区或者办公区的底层平面图上还应该画出剖面图所涉及的被剖切到的剖切面的符号及编号，同时还需要表示出构筑物中各个具体工艺单元中构筑物单元被剖切到的位置、剖切面符号以及主要的尺寸信息，特别是对构筑物单元中的主要节点位置以及池的底部中各夹层之间涉及的剖面图的剖切符号、编号和主要的尺寸信息。

（9）需要标注出生活区、办公区和构筑物各个具体工艺单元中涉及的有关部位的详图索引符号，这样将有利于使设计出来的图纸简单明了，便于通过相应的图例进行参照查询相关信息。

（10）在生活区、办公区和构筑物各个具体的工艺单元的底层平面图的左下方或者右下方需要画出指北针，并和总平面图中的指北针一样。

（11）在生活区、办公区需要表示出屋顶平面图中的女儿墙、檐沟、屋面坡度、分水线与雨水口、变形缝、楼梯间、消防通道等以及相应的索引符号，在构筑物的各个具体工艺单元中也同样需要表示防火等消防通道的位置、工艺应急处理通道等位置和主要的尺寸。

2.4　构筑物立面图

在环境工程施工设计图集中，生活区、办公区以及构筑物各个具体工艺单元中涉及的立面图将会比较直观地表示出设计人员设计出的建筑物或者构筑物与周围环境的协调程度等信息。它将作为审核部门判断工程与周边环境的协调度的重要依据。因此，环境工程施工图集中的立面图对于工程的审核具有不可替代的作用。

2.4.1　立面图的作用

环境工程施工中,不管是生活区、办公区还是工艺构筑物中涉及的立面图都是按照建筑行业的立面图设计原理进行绘制的。其定义为在与建筑立面平行的铅直投影面上所做的正投影图称为建筑立面图,简称立面图。建筑物或者构筑物的在立面图上的艺术处理效果在很大程度上决定了该工程所建造的建筑物或者构筑物的美观程度、与周围环境的协调程度等。立面图主要从以下几个方面来对建筑物或者构筑物进行描述,包含建筑物或构筑物的外观造型与尺度、装饰材料的选用、色彩的选用等内容,在环境工程施工图中立面图主要反映了生活区或者办公区房屋各个部位的高度、外貌以及装修的要求,同时也反映出了构筑物中各个具体工艺单元的高度、外观形状以及整个工艺的美观程度,这些都是工程外部装修的主要依据。

根据建筑行业立面图的绘制原理,可以知道对一栋建筑物进行立面图的绘制时,至少需要对其三个不同方位进行绘制,这就使每栋建筑物的立面图至少有三个,而每个立面图都有自己相应的名称。这是总体上对立面图的说明,应用到环境工程中,可以将立面图进行分类,主要分为生活区、办公区和构筑物工艺单元区,因为生活区和办公区的立面图是和建筑行业完全一样的,所以需要至少有三个立面图才能够表示出该栋建筑的外观情况。而在构筑物的工艺单元中,因为有很多的构筑物单元是对称的或者各个方面的外观是一样的,所以设计人员在进行设计时可以只画出一个或者两个立面图就可以表示出其整个外观情况。

2.4.2　立面图的命名方式

立面图的命名方式主要有三种方式,这三种方式分别用朝向进行命名、按照外貌特征进行命名、用建筑物中的首尾轴线进行命名。

(1) 用朝向进行命名。这种命名方式比较简单,但是需要设计人员和施工人员有比较强的方向感,它主要按照建筑物或者构筑物的某个立面面向哪个方向,就称之为哪个方向的立面图,如建筑物或者构筑物的里面面向北面,就称该立面图为北立面图;面向南面,就称该立面图为南立面图等。这种命名方式有利于设计人员在设计时对施工图的绘制,但是对于施工人员了解图中的信息并且对比起来就比较麻烦,需要有较强的方向感和总体意识。

(2) 按照外貌特征命名。这种命名方式在环境工程施工图的立面图命名中用得比较少,其主要是将建筑物或者构筑物反映主要的出入口或者比较显著地反映地貌特征的那一面称为正立面图,其余立面图依次被称之为背立面图、左立面图和右立面图。这种命名方式需要设计人员对施工现场的所在位置有比较清晰的了解,否则绘制出来的立面图拿到施工现场很可能让施工人员找不到具体的位置信息。

(3) 用建筑平面图中的首尾轴线命名。这种方法是很多行业在进行绘制时比较常用的方法之一,因为它在识图方面比较简单,能够较快地掌握相关信息,其命名主要按照观察者面向建筑物从左到右的轴线顺序命名,如①～⑦立面图、⑦～①立面图等。

总体来说,在进行环境工程施工图中立面图的命名时,这三种命名方式都可以使用,但是有一个要求是每套施工图的图集中立面图只能采用一种命名方式,不能多种命名方式进行混用,那样将会使设计人员设计出来的施工立面图杂乱无章。并且无论设计人员采用哪种命名方式进行命名,其画出的第一个平面图必须能够反映出该建筑或者构筑物的外貌特征。

2.4.3　立面图的图示内容

　　和环境工程施工图中的总平面图、平面图一样,无论是设计人员还是施工人员都需要了解立面图的图示主要内容,这样有利于设计人员在设计时不会漏掉应该绘制出来的主要信息,同时还有利于施工人员在进行立面图信息的读取时,能够明白需要掌握和了解的信息内容。下面罗列出了具体立面图的图示内容。

　　(1) 建筑物或者工艺构筑物的立面图的外轮廓和地面线。外轮廓线用粗实线表示,地面线也用粗实线。

　　(2) 需要表示出办公区和生活区投影可见的外墙、柱、梁、挑檐、雨篷、遮阳板、阳台、室外楼梯、门、窗及外墙面上的装饰线、雨水管等;门窗等构配件的外轮廓线用中实线绘制,其他线用细实线绘制。同时还需要表示出构筑物中各个具体工艺单元投影可见的廊道、安全通道、外观形状等,构筑物外部的空洞等构配件的外轮廓线用中实线进行绘制,而其他的线则需要用细实线进行绘制。

　　(3) 在进行生活区、办公区等建筑物的外墙面装修材料和做法的文字说明及表示需另见详图的索引符号。在进行构筑物各个工艺单元的立面图的绘制时,需要绘制出其构筑物的池的墙面的外观材料和外观色彩以及相应的施工要求,并且用文字等进行详细的说明,比如墙面需要粉刷几次,用什么材料,这些都需要在立面图中进行详细的说明,除此之外还需要加上详图的索引符号。

　　(4) 需要注明生活区、办公区的各个建筑物主要部位的标高,如室外地坪、台阶、窗台、门窗洞口顶面、阳台、腰线、线脚、雨篷、挑檐、女儿墙等处的完成面标高。还需要注明构筑物中各个具体工艺单元的管道标高、池顶设备位置的标高、池底设备的位置标高以及池中部一些孔洞的位置标高。

　　(5) 需要详细标出生活区、办公区以及构筑物中各个具体工艺单元立面图两端的轴线,并标注所对应的编号,需要时还需要用文字进行详细的说明。

　　(6) 无论是绘制的生活区、办公区还是构筑物中各个具体工艺单元的立面图,都需要在所绘制的立面图的下方标注出详细的图名以及比例,并且注明其图纸序号,以便于以后查询和参考。

2.4.4　立面图的读图步骤

　　掌握了环境工程施工立面图的图示表示方法和图示主要内容后,就需要了解环境工程施工立面图的读图步骤,因为恰当的读图步骤有利于施工人员或者是读图人员在较快的时间内充分了解到图中的内容,并且做到心中有数。有序的读图方法不但可以使施工人员较快地对立面图的主要内容形成主要轮廓,而且还可以使施工人员较快地设计出施工的步骤并标注出施工时应该注意的要点。以下为环境工程施工立面图的读图步骤。

　　(1) 首先要读取所拿到立面图的名称和比例,其位置在立面图的左下方或者右下方,在阅读时需要根据立面图中的名称和相应的图纸编号与该建筑物或者构筑物对应的平面图进行参照和对比,以此来确定出设计者想要表达的主要意思,主要可以根据立面图与相应的平面图的对照,确定出设计者所表达的是哪个建筑物或者构筑物的立面图的哪个方向的立面。因此,读取立面图的第一步需要从立面图和平面图的标题栏中找到手中拿到的立面图表示的是哪个建筑物的哪一个立面。

(2) 接下来需要分析立面图图形的外轮廓,了解建筑物或者构筑物的立面形状,外轮廓线在立面图中主要使用粗实线进行表示的,通过查看和了解图中粗实线的位置和粗实线所表达的图形形状就可以了解建筑物或者构筑物的立面形状。通过读取建筑物的标高来了解建筑物的总高、室外地坪、门窗洞口、屋檐等有关部位的标高,从而对立面图的形状结构进行更深层次的了解。如果立面图标高的是构筑物中某个工艺单元的立面图,就需要读取池底、池顶、池中某些孔洞以及池顶部设备位置等标高,来了解构筑物的外形特点和特征。

(3) 对于生活区、办公区等建筑物的立面图,可以直接参照平面图及门窗表,综合分析外墙上门窗的种类、形式、数量、位置。而对于构筑物中各个具体工艺单元的立面图,需要参考平面图中管道的位置、相应孔洞的位置,对立面图进行综合分析,了解其池壁外部的孔洞形式、数量和位置等信息。

(4) 对于生活区、办公区等建筑物的立面图,可以直接在立面图中了解到其所表达的建筑物的细部构造,如台阶、雨篷、阳台等。而对于构筑物中各个具体工艺单元的立面图,就需要和平面图进行对照,了解到构筑物单元的周围的廊道位置情况、构筑物单元外壁上的台阶和安全通道等位置情况以及构筑物单元顶部的通道和操作平台的位置情况。

(5) 最后需要根据建筑物或者构筑物的立面图中的文字说明和符号,了解外装修的材料、外装修施工的具体做法和要求,对索引符号的标注以及部位进行仔细的对照,确认没有出现差错,除此之外,还需要配合相应的详图进行阅读。

2.5　环境工程施工中的剖面图

环境工程施工中的剖面图主要按照建筑行业的剖面图设计原理进行设计和绘制的,主要用来表示生活区、办公区等建筑物和构筑物各个工艺单元在竖直方向上的建筑构造和空间布局特点,它与环境工程施工中的平面、立面图配合使用,能够反映出生活区、办公区等建筑物和构筑物中各个工艺单元的整体情况,同时也是指导环境工程施工的主要技术文件之一。

2.5.1　剖面图的图示内容

环境工程施工中的剖面图需要画出生活区、办公区或者构筑物各个具体工艺单元中被剖切后的全部断面实形以及投射方向可见的建筑构造和构配件等。在进行绘制时,其他基础的部分可以不画出,因为这些信息主要是由后面将会讲到的环境工程施工中的结构图来进行表达的。环境工程施工中剖面图的主要内容包括以下几方面。

(1) 对于生活区、办公区等建筑物的楼板层、内外地坪层、屋面层,被剖切到的砌体、投射方向可见的构配件和固定设施等。表明分层情况、各建筑部位的高度、房间的进深(或开间)、走廊的宽度(或长度)、楼梯的类型、楼梯分段与分级等。对于构筑物各个具体工艺单元中构筑物单元外壁被剖切到的夹层和每个夹层的厚度和宽度,构筑物单元底部被剖切到的夹层和每个夹层的厚度和宽度,构筑物单元外壁的楼梯类型、楼梯分段以及楼梯分级等,构筑物单元的顶部的安全通道和操作通道的宽度和长度。

(2)对于生活区、办公区等建筑物,主要包含楼面、屋面的梁表示、板与墙的位置和相互关系。在1:100或1:200的剖视图中,墙的断面轮廓线用粗实线表示,钢筋混凝土梁、板的断面需要涂黑。而对于构筑物中各个具体的工艺单元,主要包含构筑物单元柱、梁等与构筑物单元壁的位置和相互之间的关系。在1:100或者1:50的剖视图中,这些被剖切到的位置的断面的外轮廓线主要用粗实线进行表示,而对于其中涉及的钢筋混凝土浇筑的柱子、断面等需要涂黑。

(3)对于生活区、办公区等建筑物,需要用文字注明地坪层、楼板层、屋盖层的分层构造和工程做法,这些内容也可以在详图中注明或在设计说明中说明。而对于构筑物中各个具体的工艺单元,需要用文字说明构筑物单元的池壁的建造工程做法、构筑物单元底部各个夹层之间的施工方法、构筑物单元顶部各安全通道以及构筑物单元内部的孔洞等的施工方法和工程要求。

(4)对于生活区、办公区等建筑物,主要包含被剖切到的室外地坪、室内地面、楼面、楼梯平台面、阳台、台阶等处的完整面标高,门窗、挑檐和雨篷等相关部位的标高和尺寸。而对于构筑物中各个具体的工艺单元,主要包含被剖切到的构筑物单元孔洞的标高以及尺寸、构筑物单元各夹层的标高和尺寸、构筑物单元设备安装位置的标高以及构筑物单元中管道的标高位置和尺寸。

(5)对于生活区、办公区等建筑物,主要包含被剖切到的墙体或者柱的轴线以及距离位置关系。而对于构筑物中各个具体的工艺单元,主要包含构筑物单元的外壁墙与柱的轴线关系、构筑物单元的长宽尺寸以及构筑物单元的直径或半径等。

(6)不管是对生活区、办公区的建筑物,还是对构筑物中各个具体工艺单元进行剖切平面图绘制时,如果需要在其他的图中进行相互核对和参照,都应该对相应的构配件标注出索引符号。

(7)和环境工程施工总平面图、平面图一样,环境工程施工的剖面图,不管是生活区、办公区的建筑物还是构筑物中各个具体的工艺单元进行剖切,都需要在剖面图的左下方或者右下方注写出相应的图名、标注相应的比例,并且标写其在整个图集中的图序号,以便查阅和参考。

2.5.2　环境工程剖面图的阅读步骤

和环境工程施工总面图、平面图的阅读步骤一样,环境工程施工剖面图也有一定的阅读顺序,而不是拿到图纸就随便地读取图中的信息,这样只可能浪费更多的时间和精力,并且还极有可能漏到图中的重要信息,也不便于参照平面图、立面图和结构图进行相应的对比,确认信息的正确性。

环境工程施工剖面图的阅读步骤主要包含四个步骤,以下为四个步骤的阅读顺序和详细的内容。

(1)和环境工程施工的总平面图、平面图一样,拿到图纸的第一时间应该是去看图中的标题栏。因为标题栏中有这张剖面图的基本信息,通过标题栏可以查阅到底层平面图上剖视图的标注符号,通过对照可以明确这张剖视图所剖切的位置和投影的方向。

(2) 对于生活区、办公区等建筑物,主要根据剖视图的位置和内容具体分析建筑物的内部的空间组合与布局情况,了解建筑物内部的分层情况和构造特点。而对于构筑物中各个具体的工艺单元,其主要包含对构筑物单元中设备安装位置、构筑物单元底部和墙的夹层之间的空间组合和布局特点,以此来了解构筑物单元内部的构造特点。

(3) 对于生活区、办公区等建筑物,主要了解建筑物的结构与构造形式,墙、柱等之间的相互关系以及建筑材料和做法。而对于构筑物中各个具体的工艺单元,主要要了解其构筑物单元墙的做法和构造特点、构筑物单元中涉及的柱子或者梁的做法和构造特点。除此之外,还需要通过剖切图来了解相应夹层的特点,夹层内部所用材料的选择与铺设要点,这些都需要用相应的文字进行说明。

(4) 对于生活区、办公区等建筑物,主要阅读标高和尺寸,了解建筑物的层高和楼地面的标高及其他部位的标高和有关尺寸。而对于构筑物中各个具体的工艺单元,主要阅读构筑物单元中夹层之间的标高、构筑物单元中孔洞以及顶部设施等标高和有关尺寸。

2.6　环境工程施工详图

与环境工程施工的总平面图、立面图和剖面图不同,环境工程施工中的详图主要反映平面图或者剖面图中涉及的某个部位构配件的详细图集,通过环境工程施工详图,施工人员可以清晰地了解详图所表达部位的构配件的构造特点,并能够通过施工将其转化为实际的物体,特别是施工过程中涉及的一些关键节点等,都是通过施工详图来进行表达的。

2.6.1　施工详图的特点与分类

1.施工详图的特点

环境工程施工详图主要有三个方面的特点,可以将这三个特点用九个字来进行概括,为大比例、全尺寸、详说明。

(1) 大比例。环境工程施工中的详图主要是说对一些构配件或者关键的节点进行放大,因此其使用的比例一般都比总平面图、立面图或者剖面图的比例尺寸要大,这样才能够清晰地表达出构配件或者关键节点的主要信息。环境工程施工详图中的大比例常采用 1:30、1:20、1:10、1:5 等。因此,在进行施工详图的绘制时,详图上应该画出施工材料的图例符号以及各构造层次,如抹灰线等。

(2) 全尺寸。所谓的全尺寸就是说施工详图中涉及的构配件或者关键的节点,除了对其所需的文字或者索引做出详细的标注说明外,所有的部位都需要详细地标注出尺寸。在施工详图中,每画一条线,就需要标注出这条线的尺寸信息。无论是生活区、办公区还是构筑物中各个具体工艺单元中的构配件都需要详细地说明每条线的尺寸位置、尺寸大小等,不能漏掉任何一条在详图中的尺寸标注,但是对于一些相同的线,可以只标注一次,但必须进行说明。

（3）详说明。在绘制环境工程施工图时会涉及图集中的图纸相互交叉等情况，尽管施工详图的比例比较大，但是在对于某些结构做法复杂、无法用图来进行清晰表达时，就需要用文字来进行补充说明，或者引用标准图集（凡引用标准图集的部位，均需要用索引符号来进行注明，标注图集的名称和图号，其构造以及尺寸无须详细注写），这样的详图才能够满足施工的要求。总之，施工详图中所说的详说明，就是让施工人员在进行图纸信息的读取时，对详图中的任何信息有理可依，有据可查。

2. 施工详图的分类

一般情况下，可以将环境工程施工详图分成两个部分，一部分为生活区、办公区的建筑物，另一部分为构筑物的各个具体的工艺单元。

（1）节点详图。节点详图是用来详细表达某一个节点部位的构造、尺寸、做法、材料以及施工要求等。在生活区、办公区等建筑物的节点详图中，最常见的节点详图是外墙身剖面详图，它是将外墙的檐口、屋顶、窗过梁、窗台、楼地面、勒脚、散水等部位的节点详图，按其位置集中画在一起构成的局部剖面图。而在构筑物各个具体工艺单元的节点详图中，最常见的节点详图是构筑物单元孔洞的平面及剖面详图，它主要包括构筑物单元壁上的设备安装点、孔洞大小、孔洞位置以及排水管、进水管位置等关键部位的节点详图；构筑物单元底部夹层剖面详图，它主要是将底部的分层表示出来，将底部各层的构造特点、底部给排水管道、底部孔洞等部位的节点详图，按照其相应的位置集中画在一起构成局部的剖面图。

（2）构配件详图。构配件详图主要是表达某一构配件的形式、构造、尺寸、材料、做法的详图。在生活区、办公区等建筑中的构配件详图，其主要涉及的内容有门窗详图、雨篷详图、阳台详图、壁柜详图等。而在构筑物各个具体工艺单元中的构配件详图，其主要涉及的内容有构筑物单元顶部的廊道详图、安全通道详图、安全操作平台详图和扶手详图等，构筑物单元外壁的楼梯详图等。

（3）房间详图。房间详图主要是将某一房间用更大的比例绘制出来的图样，如房间中楼梯间的详图、厨房的详图、浴室的详图、厕所的详图、实验室的详图等。一般情况下，当这些房间的构造比较固定或者其构造特点比较复杂、设备安装较复杂时，都需要用相应的详图来进行表达。

（4）构筑物单元详图。构筑物单元详图主要是说工程中涉及的工艺单元的某个部位的详图。因为各个构筑物单元中都会铺设较多的管道、有较多的孔洞、顶部有较多的设备、底部有较多的夹层等。所以，需要画出这些管道的详图、孔洞的详图、设备安装点的详图等。

为了提高环境工程详图的绘图效率，国家及某些地区都编制了相应建筑构筑物的构造和构配件的标准图集，设计人员在进行设计时如果选用这些标准图集中的详图图例，只需要在图纸中用索引符号注明，不用另画详图。但是，有一点设计人员必须注意，那就是设计人员在进行设计时，只要是同一类型的详图，都必须使用相同的标准图集图例，但在遇到需要表示不同行业的构配件的详图时，可以选用不同的标准图集。

为了使读者更好地了解施工详图中的内容，以房间详图中的楼梯间详图为例进行说明。楼梯是房屋上下交通的主要设施，目前对于楼梯的设计主要为钢筋混凝土楼梯，其组成主要包括楼梯板、休息平台、扶手栏杆（或栏板）、楼梯梁。楼梯的构造比较复杂，一般需要用楼梯平面图、剖视图和节点详图（如踏步节点、扶手安装节点详图等）来表示楼梯的形式、各部位的尺寸和装修做法。楼梯详图分为建筑详图和结构详图。对构造和装修简单的楼梯,其建筑详图和结构详图常合并绘制,编入"建施"或"结施"。楼梯建筑详图中的平面图和剖视图,实际上就是建筑平面图和剖视图中楼梯间的放大图,一般用 1 : 50 或更大的比例绘制,图示和标注更加详细。在此,对楼梯详图不再做详细介绍。

2.6.2　外墙身详图定义

外墙身详图在建筑行业也称为外墙大样图,是建筑外墙剖面图的放大图样,在环境工程施工中的外墙身详图主要包含两个部分,分别是生活区、办公区的建筑物外墙身和构筑物各个具体工艺单元外壁的详图。生活区、办公区的建筑物外墙身详图,主要是表达外墙与地面、楼面、屋面的构造连接情况以及檐口、门窗顶、窗台、踢脚、防潮层、散水、明沟的尺寸、材料、做法等构造情况,是砌墙、室内外装修、门窗安装、编制施工预算以及材料估算等的重要依据。

2.6.3　外墙身详图作用

在构筑物各个具体的工艺单元中,外墙身详图主要是表达构筑物单元外壁的地面、中部、顶部的构造连接情况以及外壁上的一些孔洞、楼梯、给排水管道、明沟的尺寸,外壁所用装饰材料以及装饰材料的做法等情况。生活区、办公区的建筑物外墙身详图,如果涉及多层房屋时,各层构造情况基本相同,可只画墙脚、檐口和中间部分三个节点。门窗一般采用标准图集,为了简化作图,通常采用省略方法画,即门窗在洞口处断开。同样,在构筑物各个具体的工艺单元中,如果需要相似或者相同的节点,只需要画出主要的一些节点位置和节点构造特点就行。

2.6.4　外墙身详图内容

(1)生活区、办公区的建筑物外墙身详图中,外墙墙脚主要是指一层窗台及以下部分,包括散水(或明沟)、防潮层、踢脚、一层地面、勒脚等部分的形状、大小、材料及其构造情况。构筑物各个具体工艺单元的地面和外壁主要是指构筑物单元的底部夹层结构,主要包含底部的防渗透层、防水层、明沟、排水管道等部位的形状、大小、材料及其构造情况。

(2)生活区、办公区的建筑物外墙身详图中,中间部分主要包括楼板层、门窗过梁、圈梁的形状、大小、材料及其构造情况,还应表示出楼板与外墙的关系。构筑物各个具体工艺单元的中间部分主要是指外壁的楼梯、孔洞、给排水管道、设备安装、溢水堰等的形状、大小、材料及其构造情况等特点,同时也应该表达出其在整个外墙中的位置关系。

(3)生活区、办公区的建筑物外墙身详图中,应表示出屋顶、檐口、女儿墙、屋顶圈梁的形状、大小、材料及其构造情况。构筑物各个具体的工艺单元中,应该表示出构筑物顶部的安全廊道、施工平台檐口、防雨棚的形状、大小、材料及其构造情况。

2.6.5　外墙身详图阅读步骤

环境工程施工详图中外墙身详图的阅读步骤和前面提到的总平面图、平面图、剖面图的阅读顺序大同小异,其详细的阅读步骤如下:

（1）了解外墙身详图的图名和比例。读取外墙身详图的标题栏和相应的索引图例，了解其所用比例、图例名称，与平面图进行对照，了解其主要是表达哪栋建筑或者哪个构筑物单元的外壁的详图，以此进行定位。

（2）了解外墙身的墙脚特点。这个部分主要是对详图中的墙脚特点、墙脚构造进行了解。对于生活区、办公区的建筑物，主要是了解其防水层、管道的铺设情况，所用材料以及做法等情况。对于构筑物各个具体的工艺单元，主要是了解其构筑物单元底部的夹层与地面的特点，了解夹层的防水层、防渗透层的做法、所用材料以及构造等情况。

（3）了解中间节点情况。对于生活区、办公区等建筑物，主要是了解外墙身中的各个楼层的标高、楼梯的标高以及屋顶等尺寸大小、材料和做法等。对于构筑物各个具体的工艺单元，主要是了解构筑物单元外壁上的孔洞、设备安装点、给排水管道等尺寸大小、材料和做法等。

（4）了解檐口、通道等情况。对于生活区、办公区等建筑物，主要是了解屋顶的檐口或者中间部位的阳台檐口的形状、装饰材料、做法以及构造特点等。对于构筑物各个具体的工艺单元，主要是了解构筑物单元顶部的操作平台檐口、防雨棚檐口的形状、色彩、材料以及做法等构造特点。

2.6.6　外墙身详图的阅读举例

此举例主要是结合图2－2所示的某工程宿舍楼外墙身详图来说明外墙身详图的读图要点和读图顺序。

（1）了解外墙身详图的图名和比例。图2－2为住宅楼F轴线的大样图，比例为1∶20。

（2）了解墙脚的构造特点。从图中看到，该楼墙脚防潮层采用20 mm厚1∶2.5水泥砂浆（质量比，余同），内掺质量分数为30%防水粉。地下室地面与外墙相交处留10 mm宽缝，灌防水油膏。外墙外表面的防潮做法是：先抹20 mm厚1∶2.5水泥砂浆，水泥砂浆外刷1.0 mm厚聚氨酯防水涂膜，在涂膜固化前黏结粗砂，再抹20 mm厚1∶3水泥砂浆。地下室顶板贴聚苯保温板。由于目前通用标准图集中有散水、地面、楼面的做法，因此在墙身大样图中一般不再表示散水、楼面、地面的做法，而是将这部分做法放在工程做法表中具体反映。

（3）了解中间节点。从图2－2可知窗台的高度为900 mm，暖气槽的宽度为120 mm，楼梯与过梁浇注成整体。楼板的标高分别为3.000 m、6.000 m、9.000 m、12.000 m和15.000 m，说明每层楼的高度为3 m，表示该节点适用于二到六层楼相同部位的标高。

（4）了解檐口部位。从图2－2可知檐口的具体形状和尺寸，檐沟主要由保温层组成，檐沟处还附加了一层防水层。

对于生活区、办公区的建筑物外墙身详图主要是按照了解外墙身的图例和图名、了解外墙脚的构造特点、了解中间节点、了解檐口部位等顺序来进行外墙身详图的信息读取。对于构筑物各个具体工艺单元的外壁详图也是按照这个顺序进行信息的读取，只是其中涉及的具体内容不一样，这里不做详细介绍。

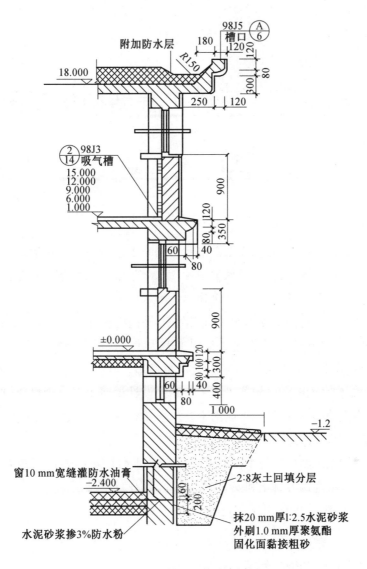

附加防水层

98J5 ⒶΞ6 槽口

2Ξ14 98J3 吸气槽

15.000
12.000
9.000
6.000
1.000

±0.000

窗 10 mm 宽缝灌防水油膏
−2.400

水泥砂浆掺 3% 防水粉

2:8 灰土回填分层

抹 20 mm 厚 1:2.5 水泥砂浆
外刷 1.0 mm 厚聚氨酯
固化面黏接粗砂

图 2−2 某工程外墙身详图

第3章　环境工程结构施工图

3.1　概　述

3.1.1　结构施工图内容

在环境工程建筑设计中,建筑施工图主要是用来表达房屋的外观形式、内部平面布置、剖面结构和内外装饰等内容,而房屋承重构件(如基础、梁、板、柱等)的布置是用来表达构筑物各个具体工艺单元的外观形式、构筑物单元的承重构件、外部装饰情况等。无论是在房屋等建筑施工图中还是在构筑物单元的施工图中,结构构造等内容是无法表达出来的。

环境工程施工中的结构施工图主要是用来表达建筑物或者构筑物承重构配件的布置、形状、大小、材料、构造以及相互关系的图样,简称结施。其内容主要包含三个方面,分别是结构设计说明、结构平面图和结构施工详图。结构设计说明主要包含材料、地基、施工要求等需要进行文字说明的部分;结构平面图主要包含基础、楼板、屋面等平面图;结构施工详图主要是指基础、梁、板、柱等构配件的详图。

环境工程结构施工图主要是用作环境工程施工过程中施工放线、开挖基槽、支模板、绑扎钢筋、设置预埋件、浇捣混凝土和安装梁、板、柱等构件及编制预算与施工组织计划等的依据。有了结构施工图,才能够对工程进行开工,从结构施工图中可以知道某个部位怎么施工,怎么进行混凝土的浇筑等。

3.1.2　结构施工图分类

结构施工图一般分为三个方面的图纸,分别是基础图、结构平面布置图和结构施工详图。基础图主要是基础平面图和基础详图,基础图可以使施工人员了解施工现场的施工模型,能够使施工人员在施工时有图可依。结构平面布置图主要是表示建筑物各层之间、各承重物件平面布置的详图,是建筑施工中承重构配件布置与安装的主要依据,通过结构平面布置图,可以知道梁、柱等主要承重构配件的位置、结构特点和做法等。结构平面布置图包括楼层结构平面图和屋顶结构平面图。结构施工详图主要是表示单个构配件的形状、尺寸、材料、构造以及工艺的图样,可以使施工人员详细掌握某个构配件的特征特点,可以用来指导施工人员在施工时对主要构配件的安装和建造。

除此之外,结构施工图还可以按照房屋结构所用的材料进行分类,其可以分为钢筋混凝土结构图、钢结构图、木结构图以及砖石结构图等。

3.1.3　结构施工图的有关规定

环境工程设计人员在进行结构施工图的设计时,必须按照国家、地方或者行业的要求,选用统一的标准进行绘制,不能选用不同的标准进行绘制,那样将会使得绘制出来的结构施工图杂乱无章。设计人员需要按照所绘制结构施工图的具体内容判断出其归属于哪一个大类,所有的这个大类都采用同一种标准进行绘制。

其详细的有关规定如下。

(1) 绘制结构施工图时,应遵守《房屋建筑制图统一标准》(GB/T 50001—2010) 和《建筑结构制图标准》(GB/T 50105—2010) 的规定。结构施工图中的图线、线型以及线宽见表 3-1。

表 3-1　结构施工图图线、线型以及线宽说明

名称		线宽	主要用途
实线	粗	b	螺栓、主要钢筋线、平面结构图中的单线结构构建线、钢木支撑以及系杆线、图名下横线、剖切线等
	中	$0.5b$	结构平面图及详图中被剖到的或者可见的外墙身轮廓线、基础轮廓线、钢、木轮廓线、钢筋线、板钢筋线
	细	$0.25b$	可见的钢筋混凝土构配件轮廓线、尺寸线、标注引出线、标高标号、索引标号
虚线	粗	b	不可见的钢筋、螺栓线、结构平面图中不可见的单线结构配件以及钢、木支撑线
	中	$0.5b$	结构平面图中不可见的构件,墙身轮廓线以及钢、木轮廓线等
	细	$0.25b$	基础平面中的管沟轮廓线、不可见的钢筋混凝土构件轮廓线等
单点长划线	粗	b	柱间支撑、垂直支撑、设备基础轴线图中的中心线
	细	$0.25b$	定位轴线、对称线以及中心线
双长画线	粗	b	预应力钢筋线
	细	$0.25b$	原有结构轮廓线
折线	细	$0.25b$	断开界线
波浪线	细	$0.25b$	断开界线

(2) 绘制环境工程结构图时,针对不同图样需要选用不同的比例,选择的依据主要是工程的实际工程量、复杂程度、图样的用途和绘制复杂程度。一般情况下,环境工程结构图的比例为 1∶50、1∶100、1∶150、1∶200 等,但是在某些特殊情况下,也可以选择不常用的比例,如 1∶60、1∶70 等。应该特别注意的是,当绘制环境工程结构图中结构的纵横向断面尺寸相差悬殊时,也可以在同一个详图中选用不同的比例,但是这种情况需要用相应的引出线引出并做详细的说明,以便能够进行较快的查找和对照。环境工程结构图常用比例见表 3-2。

表 3-2 环境工程结构图常用比例

图名	常用比例	可用比例
结构平面图	1:50、1:100	1:60
基础平面图	1:150、1:200	—
圈梁平面图,总图中管沟、地下设施	1:200、1:500	1:300
详图	1:10、1:20	1:5、1:25、1:40

(3)绘制环境工程结构图时,结构图中构配件的名称宜用代号进行表示,代号后面应该用阿拉伯数字标注该构件的型号或者编号。在绘制结构图结束后,还应该在环境工程的结构图中列一张说明相应构配件的代号,以便施工人员和审查人员在阅读结构图时,能够通过结构图中的具体代号与表单中的代号对应,了解其所表达的意思。国标规定常用构配件的代号见表 3-3。

表 3-3 环境工程结构图常用构配件代号

序号	名称	代号	序号	名称	代号	序号	名称	代号
1	板	B	19	圈梁	QL	37	承台	CT
2	屋面板	WB	20	过梁	GL	38	设备基础	SJ
3	空心板	KB	21	联系梁	LL	39	桩	ZH
4	槽形板	CB	22	基础梁	JL	40	挡土墙	DQ
5	折板	ZB	23	楼梯梁	LL	41	地沟	DG
6	密勒板	MB	24	框架梁	KL	42	柱间支撑	ZC
7	楼梯板	LB	25	框支梁	KZL	43	垂直支撑	CC
8	盖板	GB	26	屋面框架梁	WKL	44	水平支撑	SC
9	挡雨板	YB	27	镶条	XT	45	梯	T
10	吊车安全走道板	DB	28	屋架	WJ	46	雨篷	YP
11	墙板	QB	29	托架	TJ	47	阳台	YT
12	天沟板	TB	30	天窗架	CJ	48	梁垫	YD
13	梁	L	31	框架	KJ	49	预埋件	M
14	屋面梁	WL	32	钢架	GJ	50	天窗端壁	TD
15	吊车梁	DL	33	支架	ZJ	51	钢筋网	W
16	单轨吊车梁	DDL	34	柱	Z	52	钢筋骨架	G
17	轨道连接	DGL	35	框架柱	KZ	53	基础	JC
18	车挡	CD	36	构造柱	GZ	54	暗柱	AZ

(4)绘制环境工程结构图时,结构图中涉及的柱体或者梁所用的轴线以及编号,不能根据结构图的情况而随意编写,结构图中涉及的编号和轴线必须与环境工程施工图集中的施工图保持一致,只有这样所绘制的结构图才具有实际意义,否则绘制出来的结构图不能和平面图、立面图、剖面图结合使用,其将失去应有的意义。

(5) 绘制环境工程结构图时,结构图上的尺寸标注应该和环境工程平面图、立面图以及剖面图等施工图中所选用的尺寸标准一样,这样才具有实际的参考意义,才能够进行互相的参考和比较。但是结构图中所标注的尺寸是构件的实际尺寸,也就是不包括结构表层粉刷或者面层的厚度,去除了装修材料为壁厚带来的厚度。在桁架式结构的单线图中,其集合尺寸可以直接注写在杆件的一侧,而不需要在单独画出相应的尺寸界线,对称的桁架可在左半边标注尺寸,右半边标注内力,如图 3 - 1 所示。

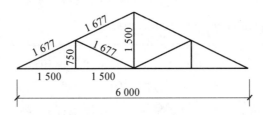

图 3 - 1　桁架标注

(6) 绘制环境工程结构图时,结构图应该用正投影法进行绘制,这和建筑行业结构图的绘制原理一样,也即通过将构配件正投影而得到其相应的线条,然后通过不同的线宽等进行表示。特殊的情况下也可以采用仰视等投影的方法。

3.1.4　环境工程结构施工图的识读

在进行环境工程结构施工图的识读前,需要对结构施工图的阅读顺序有大致的了解,此过程与识读环境工程施工图中的总平面图、平面图、立面图和剖面图时大同小异。进行结构图的识读时,首先是了解结构图的文字以及标题栏,然后了解其属于结构图中的哪种图,再对其构件的详图进行分析。其详细的识读步骤如图 3 - 2 所示。

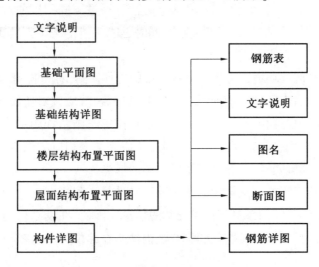

图 3 - 2　环境工程结构图识读步骤

3.1.5　环境工程结构施工图的绘制

在绘制环境工程结构施工图时,首先应判断所绘制结构图的类型,确定好类型后就可以进入环境工程结构施工图的绘制阶段。针对生活区、办公区等建筑物的结构施工图,应该先画结构图中的轴线,然后再画墙体轮廓线,梁、柱、板的布置以及配钢筋详图等,然后再注写尺寸数字、文字说明。针对构筑物中各个工艺单元中涉及的结构施工图时,应该先画出所画部位或者构配件的主要轴线,轴线应该和平面图或立面图中的轴线相吻合。然后再绘制相应构筑物单元的夹层和墙体轮廓线、柱以及钢筋详图等,最后根据构筑物单元的实际情况,标注相应的数字和文字说明,其标准和总平面图中的标准一样。

3.1.6 环境工程结构施工图的读图要点

环境工程结构施工图中读图要点和立面图的读图要点相近,只是涉及图中具体的部分有所不同。以下是环境工程结构施工图读图时的注意事项:

(1)作为施工人员或者审查人员在拿到一张环境工程结构施工图时,首先需要看结构图中的文字说明,而且阅读文字说明需要按照先基础平面图,再基础结构详图的顺序。这样的阅读顺序,主要是能够使得基础结构详图作为基础平面图的补充,而基础平面图中的信息又能够反映出基础结构详图的信息。

(2)然后再读取相应的结构布置平面图等。针对生活区、办公区等建筑物的结构图时,除了阅读楼层的结构布置平面图外,还需要阅读屋面的结构布置平面图。针对构筑物的各个具体工艺单元的结构图时,应该阅读工艺单元夹层结构布置平面图和工艺单元顶部以及底部等结构布置平面图。

(3)阅读环境工程施工结构图时,需要结合图集中的立面图、断面图、垂直系统图等。这部分的要点主要是,在进行环境工程施工结构图的阅读时,需要找到所阅读部分在不同图纸中的位置,在不同图纸中的形状、大小和表示方法。通过不同图纸的对比参照,不但可以检验图集中的相应图纸信息是否一致和准确,同时也能够使得阅读人员比较全面地了解所阅读结构图详细的结构特点。

(4)最后主要是阅读环境工程施工结构图中的构件详图,看图名、看立面、看断面、看钢筋图和钢筋表。阅读者在阅读完前面三点提到的信息后,就应该对所阅读的结构施工图进行总结和归纳,主要是根据相应的文字说明、结构详图等与结构详图中附属的钢筋图、钢筋表等进行总结核对,看信息是否完全一样。同时还应该结合相应的图纸,如结构图的立面、断面等,与结构图形成鲜明对照,充分了解结构图的情况。

以上提到的环境工程施工结构图的阅读要点是计算工程量度的主要依据,特别是上面提到的第四点,它能够为编制预决算提供详细的信息。因此,在读结构施工图时,需要反复多次熟读、相互对照、摘抄要点,理解空间形状、构件所在部位,反复核对数量、材料,才能精益求精。

3.1.7 环境工程结构施工图的解读

环境工程结构施工图的解读主要分为三部分,分别是结构说明、结构布置平面图、构件详图。

（1）结构说明。结构说明主要是解释结构的形式、地基与基础、施工技术要求及注意事项和选用的标准图集四部分。其中结构的形式主要包含结构的材料、类型及规格、所需建造的结构强度等级，这些信息在相应的图标以及文字说明中都可以找到，同时其也是施工人员进行预决算编制以及施工材料准备的主要依据。地基与基础是工程质量和工程安全的基础，如果地基和基础没有按照相应的要求进行设计，或者在设计时没有详细了解工程现场的情况，将会使得工程质量和工程安全受到严重的威胁，地基与基础主要包括地基土的地耐力等方面。

（2）结构布置平面图。针对生活区、办公区等建筑物的结构布置平面图，其主要包含基础平面、楼层结构平面布置图和屋面结构平面布置图。针对构筑物的各个具体工艺单元的结构布置平面图，其主要包括工艺单元的基础平面图、夹层结构平面布置图、构筑物单元顶部及底部结构平面布置图等。阅读人员通过这些详图能够详细了解和读懂结构布置平面图，是其在施工过程能够按照设计人员设计初衷顺利施工的关键。

（3）构件详图。针对生活区、办公区等建筑物的构件详图，主要包含梁、板、柱、基础结构详图，楼梯结构详图，屋架（屋面）结构详图，其他详图（如天沟、雨篷、圈梁、过梁、门窗过梁、阳台、管道井、烟道井等详图）。针对构筑物各个具体工艺单元的构件详图，主要包含工艺单元中梁、板、柱以及基础结构详图，夹层结构详图，构筑物单元底部结构详图，构筑物单元顶部结构详图，构筑物单元安全通道、施工通道等结构详图，构筑物单元雨篷、暗（明）沟、孔洞、管道等结构详图。

在环境工程施工结构图中的构件详图比较复杂，同时也是环境工程施工的关键所在，因为它反映了某些重要节点的做法以及在总平面图、立面图中没有反应出来的尺寸、位置和大小等信息。因此，在阅读环境工程结构施工图中的构件详图时，阅读人员需要掌握以下四点内容：

①阅读人员在进行生活区、办公区等建筑物中涉及的构件详图阅读时，需要掌握沿房屋防潮层的水平剖切面用来表示基础平面图，沿每层楼板面的水平剖切面用来表示各层楼层结构平面图，沿屋面承重层的水平剖切面用来表示屋面的结构平面图。

②用单个构件的正投影来表达构件详图，以其平面、立面及断面来表达出材料明细表，有的要出模板图、预埋件图。但这种图重复多，易出差错。

③用两种比例绘制出的构件详图，构件轴线是按照一种比例绘制的，而构件局部用放大比例出图，便于更清晰地表达节点的施工尺寸与搭接关系。

④在结构施工图中，构件的立面、断面轮廓线用细线或中实线表示，而构件内部钢筋配置则用粗实线和黑点表示。

除此之外，还需要阅读人员熟悉环境工程施工图中常用的图例表达。

3.2　钢筋混凝土结构基本知识

3.2.1　钢筋混凝土构件概述

1.混凝土的强度等级

混凝土是由水泥、石子、砂和水,按照不同的比例组合,然后通过搅拌机搅拌而成的,将搅拌好的混凝土通过相应的设备浇灌入事先准备好的定形模板,然后经过振捣、密实、养护、凝固形成混凝土构件。建筑行业混凝土构件的一大特点就是抗压强度较高,而在建筑行业通常所说的强度主要是指其抗压强度,其定义为采用立方体试件,标准尺寸为 150 mm × 150 mm ×150 mm,在温度(20 ± 3) ℃、湿度 90% 以上、养护 28 天所测得的抗压强度(N/mm^2)。

常用的混凝土强度等级有 C7.5、C10、C15、C20、C25、C30、C40、C45、C50、C60、C70、C80,C20 代表立方体强度标准值为 20 N/mm^2。

2.钢筋混凝土构件组成

从物理学的角度,抗压强度与抗拉强度是成反比的,也就是说一个构配件如果它的抗压强度比较大,则其抗拉强度就较小。对于混凝土来说也是这样的,混凝土的抗压能力比较大,因此,其抗拉强度就比较小。一般情况下,混凝土的抗压强度是其抗拉强度的 10 ~ 20 倍。混凝土能够承受较大的压力,但是如果对其进行拉伸,其在较小的力下就可能会出现断裂。这个问题也是建筑行业施工中比较普遍的矛盾,比较棘手。

目前,为了缓解混凝土构件抗压能力和抗拉能力之间的矛盾,以便提高混凝土构配件的抗拉能力,常常在混凝土构配件的受力区域内配置一定数量的钢筋。因为钢筋相比混凝土而言,虽然其抗压能力不如混凝土强,但是其具有良好的抗拉强度。如果在混凝土浇灌成型之前就加入钢筋构件,其热膨胀系数与混凝土的热膨胀系数相近,混凝土具有良好的黏结力,这样可以使得混凝土与钢筋很好地结合在一起,成为一个整体,增加钢筋混凝土的抗拉能力,称这个组合为钢筋混凝土构件。

3.钢筋的保护层

建筑行业的钢筋需要做一定的防护措施,其不能够直接使用,因为钢筋容易被氧化而发生变化,影响其本身的质量。钢筋暴露在空气中等会使得钢筋生锈,从而影响钢筋内部的结构,严重时会影响到钢筋的抗压和抗拉能力。因此,需要对钢筋混凝土构配件中的钢筋采取一定的防护措施,主要是要保证其防锈、防火、防腐蚀等。而在建筑行业中,解决这一问题的主要方法就是不让钢筋混凝土中的钢筋裸露在钢筋混凝土构配件的外面,而是将其包裹在配件内部,这样就在钢筋的外部或者边缘形成了一定的保护层,防止了钢筋与空气、氧气、水分等的直接接触。

在环境工程施工技术规范中,要求对钢筋混凝土构配件中的钢筋保护层进行标准的制定。因为钢筋与不同的物质混合在一起,或者说钢筋与同一种物质混合,但其钢筋的组合方式不同、作用不同,这都使得钢筋混凝土外部保护层的厚度和强度不一样。表 3 - 4 为不同的钢筋种类在钢筋混凝土构配件的保护层情况。

表 3 - 4　钢筋混凝土构配件的保护层

钢筋种类	构件种类		保护层厚度 /mm
受力筋	板	厚度 ≤ 100 mm	10
		厚度 > 100 mm	15
	梁、柱		25
	基础	有垫层	35
		无垫层	70
灌筋	梁、柱		15
分布筋	板、墙		10

从表 3 - 4 可以看出,不同的钢筋种类在发挥不同作用时,其保护层的厚度不一样。当钢筋在钢筋混凝土中作为基础中的受力筋时,最需要保护,其保护层的厚度也最厚。因为基础和地基是一栋建筑质量的基本保证,而基础部分可能长期深埋在地下,长期与水分接触,如果不对钢筋做比较全面的保护,很有可能使得水分透过保护层而使钢筋生锈,影响其抗压和抗拉能力。

4.钢筋的弯钩

在浇灌钢筋混凝土之前,往往需要提前将钢筋做成我们需要的组合形式,其中对于钢筋最关键的阶段就是加工阶段。钢筋的加工主要是对钢筋的两段或者钢筋的中部某个位置进行弯曲处理。因为这样可以使得钢筋与混凝土具有更好的黏结力,同时还能够防止钢筋在浇筑成型之前受力滑动而影响整个工程的质量。在环境工程施工过程中,按表 3 - 5 中的规定对钢筋进行处理。

表 3 - 5　不同钢筋的弯钩要求

钢筋种类	弯钩要求
HPB235 钢筋	在构件内钢筋的两端做成半圆弯钩或直弯钩
带纹钢筋	钢筋两端可不做成弯钩

5.钢筋的标注

对钢筋混凝土中的钢筋进行标注时,不能像标注给排水管道那样,钢筋的标注需要标注出钢筋的直径、根数以及相邻钢筋的中心距离等内容,因此在环境工程施工技术中一般采用引出线的方式对钢筋进行标注,而其标注主要分为两种形式,分别为标注钢筋的根数和直径、标注钢筋的直径和相邻钢筋的中心距离。

针对标注钢筋的根数和直径这种情况,其具体的标注情况如图 3 - 3 所示,图例主要是用于表示梁的内部受力筋以及其相应架立筋的根数和直径大小。

针对标注钢筋直径和相邻钢筋中心距离,这种情况主要是用于表示梁的内箍筋、板内受力筋和分布筋的分布特点等。其具体的标注图例如图 3 - 4 所示。

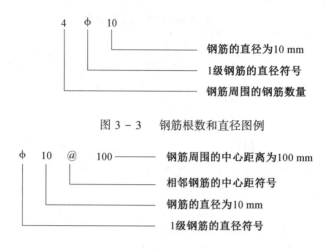

图 3 - 3　　钢筋根数和直径图例

图 3 - 4　　钢筋直径和相邻钢筋中心距离图例

6.钢筋的表示方式

在环境工程技术施工过程中,无论是设计人员还是施工人员都需要熟读环境工程中规定的钢筋的表示方法。设计人员只有熟悉了钢筋的表示图例才能够设计出合适的钢筋形状以保证工程质量的安全性。施工人员只有熟悉了钢筋的表示图例才能够读懂设计者的意思,才能够对钢筋进行正确的加工,然后进行钢筋混凝土的浇筑。在环境工程施工中,为了突出钢筋,配筋图中的钢筋用比构件轮廓线粗的单线画出,钢筋横断面用黑圆点表示。在进行钢筋设计时,主要需要熟悉钢筋的横断面、无弯钩的钢筋端部、带半圆形弯钩的钢筋端部、带直钩的钢筋端部、带丝状钩的钢筋端部、无弯钩的钢筋搭接、带半圆弯钩的钢筋搭接、带直钩的钢筋搭接、花篮螺丝的钢筋接头和机械连接的钢筋接头等图例。表3 - 6为环境施工过程中常用钢筋画法的详细说明。

表 3 - 6　　常用钢筋画法的详细说明

序号	说明
1	在结构平面图中配置双层钢筋时,底层钢筋的弯钩应该向上或者向左,顶层钢筋的弯钩向下或者向右
2	钢筋混凝土墙体配双层钢筋时,在配筋立面图中,远面的钢筋弯钩应该向上或者向左,而近面的钢筋弯钩应该向下或者向右
3	在断面图中不能清楚表达钢筋布置时,应该在断面图外增加钢筋的大小详图,如钢筋混凝土墙和楼梯等详图／断面图
4	图中所画的灌筋和环状筋特点比较复杂时,可以加画相应的大样图例,并加以相应的说明
5	每组相同的灌筋、环筋和钢筋可以用一根粗实线进行表示,同时用一条或者两条带有斜短线的横细线,表示其余钢筋及其起止范围

3.2.2　钢筋混凝土的结构图识读

用钢筋混凝土制成的梁、柱、楼板以及基础等构件组成的构筑物,称为钢筋混凝土结构。

1.构件中钢筋的形式及其作用

在前面的章节提到过钢筋的形式和种类,此节详细总结一下钢筋的形式,其主要包含受力钢筋、分布筋、箍筋以及架立筋构成梁的钢筋骨架等。

(1) 受力钢筋。受力钢筋在环境工程施工过程中主要是被配置在钢筋混凝土构件的受拉区域,主要在一些转角、柱等位置。简支梁的受拉钢筋在其下部,悬挑梁和雨篷的受拉筋在其上部,屋架的受拉筋在其下弦和受拉腹杆中。弯起钢筋梁受拉时在两端弯起,以承受斜向拉力,称为弯起钢筋,是受拉钢筋的一种变化形式。受压钢筋配在受压构件(如柱、桩、受压杆)中或者受力弯构件的受压区内。

(2) 分布筋。分布筋在钢筋混凝土中主要起辅助作用,但它是钢筋结构中不可缺少的部分。分布筋一般被配置在墙、板以及环形构件中,它的作用主要是将混凝土中所受的力均匀地分布在受力钢筋上,从而使得其不会因受力不均而引起质量或者变形等问题。除此之外,其还具有固定受力钢筋的位置和抵抗温度的变形等作用。

(3) 箍筋。在生活区、办公区等建筑物中,箍筋主要用于梁、屋和柱等构件中,而在构筑物的各个具体工艺单元中,箍筋主要用于构筑物单元柱、顶部结构、外壁结构等构件中。它的主要作用是固定受力钢筋位置和承受一部分斜拉应力。箍筋在建筑行业中又称为钢筋。

(4) 架立筋构成梁的钢筋骨架。它的作用主要是用于固定钢筋(箍筋)的位置。无论是在生活区、办公区等区域的建筑物中,还是在构筑物中各个具体的工艺单元中,其主要用于梁、柱等框架结构。

2.钢筋、钢箍的弯钩

钢筋弯钩有三种不同的形式,分别是半圆弯钩、直弯钩和斜弯钩。光圆面受力钢筋一般要在两端做弯钩,目的在于加强钢筋与混凝土的黏结力,避免钢筋在受拉时滑动。半圆弯钩主要是在钢筋的两端形成一个半圆的形式,其半圆的半径大小一般根据具体的梁、柱等情况而定。直弯钩主要是在钢筋的两端形成直角的弯钩,一般情况下直弯钩是对称的,而其长度一般为 10 cm 左右。斜弯钩主要是在钢筋的两端形成一个 45° 或者 135° 的角。

3.预埋构件

在建筑行业中规定预埋件的代号为"M –",它的主要用途是用于其他构件联结或其他用途,主要包括带有弯脚的钢板、型钢及钢筋等几大类预埋构件。

4.钢筋构件要点

(1) 钢筋混凝土结构图的主要作用是用于表示构配件内部的钢筋配置情况、数量、形状、大小、规格以及位置等,除此之外其还能够用于表示构配件本身的形状和大小。在环境工程施工过程中,规定钢筋必须用粗实线来进行表示,钢箍用中实线来进行表示,构配件的轮廓线主要用细实线表示。因此,施工人员在进行钢筋构件图的识别和阅读时也应该从粗实线看起,然后是中实线和细实线。由于构件中钢筋和混凝土"各尽所能""分工负责",因此钢筋在混凝土里的位置绝对不能搞错。

(2) 在环境工程施工过程中,钢筋的保护是至关重要的。钢筋的保护主要是要防止其暴露在空气中,因为空气中的氧气、湿度和温度会使得钢筋很容易生锈。在环境工程施工过程中,为了防止钢筋生锈,主要是在混凝土浇筑的过程中,留有一定厚度的保护层,使得钢筋不会暴露在环境中。而不同的环境工程钢筋混凝土中,钢筋所需的保护层不同。因此,施工人员在看图时,要特别留意保护层的厚度,以便达到工程所需的要求。

(3)光圆面钢筋两头要有弯钩,这样可以增强钢筋和混凝土的黏结力,可以使得钢筋在浇筑受力时,不会滑落变化位置;同时还可以防止浇筑完成定型阶段不会出现形状的变化等。而螺纹钢筋一般不需要弯钩,因为螺纹钢筋表面不是光滑的,它的表面可以增加钢筋与混凝土的结构情况,同时螺纹钢筋在混凝土浇灌时不会出现钢筋滑落或者变化位置等情况。

(4)在环境工程施工的过程中,混凝土的构配件一般都附有钢筋表,表中都注明了所需钢筋的种类、钢筋的根数、钢筋的直径以及钢筋与图中所对应的编号等信息。这些信息可以使得施工人员了解清楚混凝土中钢筋的构造情况。

3.2.3　钢筋详图中的尺寸标注

钢筋详图中的尺寸标注与前面章节提到的总平面图、剖视图、立面图等图纸的标注形式和标注标不同。通过图3-5中钢筋详图的尺寸标注来详细了解其尺寸标注的要点。

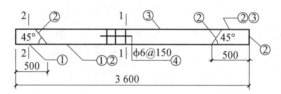

图3-5　钢筋详图中的尺寸标注

从图3-5可知,钢筋的构配件的外形尺寸、构配件轴线的定位尺寸、钢筋的定位尺寸等都采用普通的尺寸线标注方式进行标注。钢筋的编号一般不像轴线那样直接在图中标注出来,而是通过标准的引出线引出,然后进行标注,同时钢筋的数量、种类、直径以及均匀分布的钢筋间距等都是和钢筋的编号一起引出的。钢筋中涉及角度时,需要在详图中直接进行标注,如果角度大小一样,可以通过文字说明,只标注一个角度。钢筋成型的分段长度直接顺着钢筋写在一旁,不画尺寸线;钢筋的弯起角度常按分量形式注写,注出水平及竖直方向的分量长度。

3.2.4　配筋平面图的绘制

对于钢筋混凝土,通常只需要一个平面图就可以表示出相应配筋的情况。图3-6所示为钢筋混凝土的双向配筋。通过图3-6来详细了解配筋平面图的绘制。

从图3-6可知,①号、②号钢筋是受力钢筋,这两个钢筋主要是支座处的构造筋,其直径为8 mm,周边等间距的钢筋为200 mm,该两根钢筋被配置在楼板的上层,钢筋两端的弯钩都为90°的直钩向下弯曲;③号钢筋的直径为8 mm,其周围等间距的钢筋距离为200 mm,其钢筋两端的弯钩形式为半圆形弯钩;④号钢筋的直径为6 mm,周围等间距的钢筋距离为150 mm,其钢筋两端的弯钩形式为半圆形弯钩。在进行配筋平面图的绘制和阅读时,需要掌握的是平面图上弯曲方向上方或者左方表示钢筋位于底层,而平面图上弯曲方向下方或者右方表示钢筋位于表层。在进行配筋的标注时,还需要标注出配筋与实际的墙体或者与柱体实际的位置关系,也就是图中柱体边缘虚线与钢筋垂直的位置。

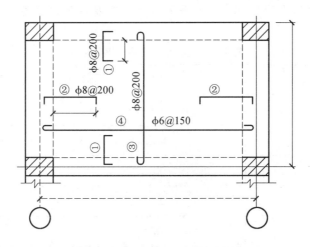

图 3 - 6　配筋平面图的绘制

　　如果在进行环境工程施工的过程中,需要的是现浇钢筋混凝土单向板,在绘制配筋平面图时,一般可以不画出分布筋的情况,因为分布筋一般都是直筋,它的作用主要是固定受力筋和构造筋的位置,在现场施工的过程中是不需要计算的,只需要在施工时根据现场的具体情况放置相应的直筋及分布筋。在环境工程中一般需要放置的分布筋其直径为 4 ~ 6 mm,其周围等间距的分布筋距离为 250 ~ 300 mm。

3.3　钢筋混凝土构件的表示

　　在环境工程施工中,钢筋混凝土的构件施工标准完全按照国家建筑设计标准进行施工,即《混凝土结构施工图平面整体表示方法制图规则和构造详图》图集,是目前我国唯一认可的钢筋混凝土构件的标准,在全国各个行业通用。

　　钢筋混凝土构件的平面表示方法又可以简单地称为平法,也就是说将结构构件的尺寸和配筋,按照平面整体表示方法的制图规则,直接表示在各类构配件的结构平面布置图上,然后再将其余标准的构造详图相配合使用,就构成了一套完整的结构施工图。对于环境工程钢筋混凝土构件中涉及较多的主要是柱和梁的构件平面图。

3.3.1　柱平面图的施工要点

　　环境工程中柱平面图的表示主要在柱平面布置图的基础上进行标注,其绘制或表达方式主要有两种方法,这两种针对柱的表示方法分别是对截面进行标注说明和用列表进行注写。

1.柱平面图的截面标注注写方式

　　(1) 柱平面图的截面标注注写方式,主要是在分标准层绘制的柱(包括框架柱、框支柱、梁上柱、剪力墙上柱) 平面布置图的柱截面上。需要注意的是,截面标注时需要分别在同一编号的柱中选择一个界面,只有这样才可以直接在截面上标注说明相应的配筋平面图的尺寸信息,其主要是通过配筋的数量和规格来进行柱平面整体配筋的标注。

　　(2) 柱平面图中钢筋的编号不是根据具体情况而定的,而是根据相应的标准统一进行

编写的,其编号主要是由代号和序号两部分组成,应该完全按照表 3 - 7 中的规定进行
编写。

表 3 - 7　　柱平面图中的编号标准

柱子类型	代号	序号
框架柱	KZ	××
框支柱	KZZ	××
芯柱	XZ	××
梁上柱	LZ	××
剪力墙柱	QZ	××

　　针对柱的钢筋详图或者配筋详图在按照表 3 - 6 中的规定进行编写后,需要从相同编号
的柱中选择一个截面,然后将这个截面进行放大,但是结构不能进行改变,绘制出这个截面
的配筋图,并在各个配筋图上标上相应的编号,然后在标注截面上标注出相应的尺寸。针对
不同的柱子时其放大绘制截面图的比例应该尽量一样,也可以不一样,但必须采用规定的比
例进行放大。在进行截面钢筋图的标注时需要将圆柱的截面尺寸改为圆柱的直径,图中的
角筋和纵筋如果采用的是同一的直径并且能够清楚表达时都应该进行标注,同时还需要标
注出箍筋的具体数量和相应规则。除此之外,还需要在柱的截面配筋图上标注出此截面与
轴线的关系。需要特别注意,在钢筋详图中,当其中绘制的纵筋是两种不同的直径时,需要
注写出截面各边中部纵筋的具体数字和位置,如果所采用的是对称的配筋情况,可以在一侧
进行注写。

　　(3) 在环境工程施工过程中,柱中的钢筋平面图的标注说明方法在涉及箍筋时,应该将
箍筋的钢筋种类、钢筋数量、钢筋代号、钢筋直径以及钢筋之间的间距都标注在详图上。

　　(4) 在环境工程施工过程中,有一种特殊的情况可以将其编号编写为同一柱号:在柱截
面的标注注写过程中,当所标注注写的柱的分段截面尺寸和配筋均相同,仅分段截面与轴线
关系不同时,可将其编为同一柱号。但此时应在未画配筋的柱截面上标注注写出该柱截面
与轴线关系的具体尺寸,如轴线与截面的位置关系等。

　　(5) 对于不同的标准层,如果采用截面的方式来标注注写柱的平面图时,可以具体情况
具体分析,在一个柱平面布置图上加一个小括号"(　　)"和尖括号"〈　　〉"来区分和表达不
同标准层的标注注写数值,但与柱标高要一一对应。

　　(6) 起止标高采用截面标注注写方式绘制的柱施工图中,图名应标注注写各段柱的起
止标高,至柱根部往上已变截面位置或截面未变但配筋改变处分段注写。框架柱和框支柱
的根部标高为基础顶面标高;芯柱的根部标高系指根据结构实际需要而定的起始位置标高;
梁上柱的根部标高为梁顶面标高;而剪力墙上柱的根部标高为墙顶部标高(柱筋在剪力墙
顶部时);当所标注注写的柱与剪力墙重叠一层时,其根部标高为墙顶往下一层的结构层楼
面标高。截面尺寸或配筋改变处常为结构层楼面标高处。

2.柱平面图的列表标注注写方式

　　(1) 列表标注注写方式。在柱平面布置图上,先对所标注注写的柱平面图中柱的数量

进行编号(图 3 - 7),然后分别在同一编号的柱中选择一个(当所标注注写柱的截面与轴线关系不同时),需选几个不同的截面标注注写几何参数代号(b_1、b_2;h_1、h_2);在柱的列表中标注注写的柱号、柱起止标高、几何尺寸(含所标注注写的柱截面与轴线的情况)与配筋的具体数值,并配以所标注的柱平面图中涉及柱的截面形状及其箍筋类型图的方式,来表达柱平面整体配筋。

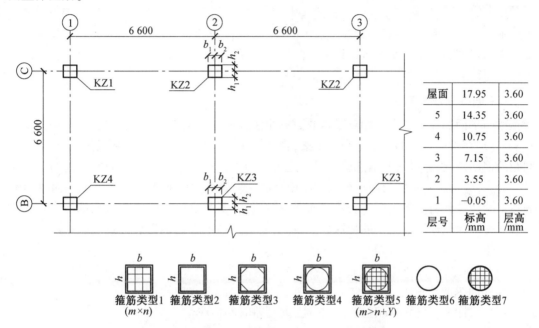

	屋面	17.95	3.60
	5	14.35	3.60
	4	10.75	3.60
	3	7.15	3.60
	2	3.55	3.60
	1	−0.05	3.60
	层号	标高/mm	层高/mm

箍筋类型1 ($m \times n$)　箍筋类型2　箍筋类型3　箍筋类型4　箍筋类型5 ($m>n+Y$)　箍筋类型6　箍筋类型7

图 3 - 7　柱平面图中的柱的特点以及标高情况

(2) 柱列表标注注写主要内容:

① 柱的编号。

② 起止标高。

③ 截面尺寸。对于矩形柱的标注注写柱截面尺寸 $b \times h$ 及与轴线关系的几何参数代号 b_1、b_2 和 h_1、h_2 的具体数值,须对应于柱平面图中的各段柱所标注注写的编号,其中 $b = b_1 + b_2$,$h = h_1 + h_2$。对于圆柱,截面尺寸改为圆柱的直径。

④ 纵筋。当所标注注写的柱的纵筋直径相同时,各边根数也相同(包括矩形柱、圆柱),将针对纵筋的标注注写在"全部纵筋"一栏中;除此之外,还需要将平面图中柱的纵筋标注注写分为角筋、截面 b 边中部筋和 h 边中部筋三项分别进行标注注写(对于采用对称配筋的矩形柱,可仅注一侧中部筋)。

⑤ 箍筋类型。在表中箍筋类型栏内标注注写箍筋类型和箍筋肢数。各种箍筋类型图以及箍筋复合的具体方式,根据具体工程由设计人员画在表的上部或图中的适当位置,并在其上标注与表中相应的 b、h 或编上类型号。

⑥ 箍筋直径和间距。在表中箍筋栏内标注注写箍筋,包括钢筋种类、直径和间距(间距表示方法以及纵筋搭接时加密的表达同截面标注注写方式)。

3.3.2　梁平法施工图的制图规则

环境工程施工技术中的梁平法施工图和建筑行业规定的标准一样,只是环境工程施工中除了涉及生活区、办公区等建筑物以外,还有构筑物等工艺单元的图纸。梁平法施工图是在平面布置图的基础上采用平面标注注写方式或者截面标注注写的方式来进行表达的施工图。

所谓的梁平面施工图,就是按照梁的不同结构或者梁的不同层次,将全部的梁和其他相关联的柱、墙和板一起采用适当的比例进行绘制,其中板的配筋应该单独绘制出平面图。在进行绘制时,一般情况下绘制的是轴线居中的梁,这样的梁绘制起来比较方便。但有时也会出现轴线不居中的梁,而对于轴线未居中的梁,除贴柱边的梁外,应标注其偏心定位尺寸。梁平面布置图和柱平面布置图一样也有两种标注注写方式,分别为平面标注注写方式和截面标注注写方式。

1.平面标注注写方式

梁的平面标注注写方式相对梁的截面标注注写方式要简单很多,它主要是在梁的平面图上,分别在不同编号的梁中选出一个梁,将其标注注写截面尺寸、配筋的具体数量、周围等间距的钢筋情况,通过这些信息就可以表达出梁的平面整体的配筋。平面标注注写还可以进行分类,分为集中标注与原位标注。集中标注主要是表达梁的通用数值,原位标注主要是表达梁的特殊数值。集中标注表达梁的通用数值,主要是需要在钢筋的周围标注出钢筋的所有数据。原位标注表达梁的特殊数值,它一般是一根或者几根钢筋集合在一起组合成的一个整体。

(1)梁的集中标注注写的主要内容。按照梁的编号、截面尺寸、箍筋、贯通钢筋(或架立筋)、梁侧面纵向构造钢筋或受力钢筋配置、梁面相对高差等内容依次进行标注注写。其中前五项必须标注,最后一项有高差时标注,无高差时不标注。

① 代号中带 A 的为一端悬挑,带 B 为两端悬挑,且悬挑处不计入梁总的跨数中。

② 截面尺寸。当为等截面梁时,用 $b \times h$ 表示;当为悬臂梁采用变截面高度时,用斜线分隔根部与端部的高度值,即 $b \times h_i/h_z$,h_i 为根部高度,h_z 为端部较小的高度。

③ 梁的钢筋,包括箍筋的钢筋种类、直径、间距和数量。当对梁的内部的箍筋为同一间距和数量直接进行标注注写时,钢筋的数量应该写在括号内。例如:A8 - 100/200(2)表示箍筋为 HPB235,直径为 A8,加密区间距为 100 mm,非加密区间距为 200 mm,均为双肢箍。

④ 梁的上部贯通钢筋或架立筋的根数。所注规格根数根据结构受力要求及箍筋的数量等构造要求确定。当同排纵筋中既有贯通筋又有架立筋时,应采用加号"+"将两者相连,标注注写时须将梁角部贯通筋写在加号的前面,架立筋写在加号后面的括号内。如 2820 + (2812) 常用于四肢箍时,2820 为梁的角部贯通筋,2812 为架立筋。针对非框架梁标注注写时,架立筋不必加括号。

⑤ 梁侧面纵向构造钢筋或受力钢筋配置。当梁腹板的高度 $h_w \geqslant 450$ mm 时,须配置纵向构造钢筋,所注规格与根数应符合规范规定。如 G4A10 表示每侧各配置 2A10 纵向构造钢筋;N4814 表示的是梁的每侧各配置 2814 受力纵筋。

⑥ 梁顶面标高相对于该结构楼面标高的高差值。(- 0.10)表示梁标高比该结构层标高低 0.10 m。

(2)梁原位标注内容为梁支座上部纵筋、下部纵筋、位修正信息等。有高差时,将其写入括号内。

① 梁支座上部纵筋指该部位含贯通筋在内的所有纵筋,标注在梁上方该支座处。如

2825 + 2822 表示支座上部纵筋上排为 2825,而下排为 2822。

② 梁的下部纵筋标注在梁下部跨的中间位置,其标注注写方法与梁的上部纵向钢筋标注注写方法一样。当下部纵筋均为贯通筋,且集中标注中已经进行标注注写时,则不需在梁下部重复做原位标注。如 4825,表示梁下部纵筋为 4825,全部伸入支座锚固。

③ 附加箍筋或吊筋的特点应该直接画在平面图中的主梁上,在引出线上注明其总配筋值(箍筋数量注在括号内)。当多数附加横向钢筋相同时,可在图纸上说明,仅对少数不同值在原位引注。

④ 对集中标注信息的修正。根据原位标注优先原则,当梁上集中标注的内容一项或几项不适用于跨筋或悬梁的承重部位时,则需要在跨筋或该悬臂部位原位标注注写出其实际的数值。

2.截面标注注写方式

梁的截面标注就注写在分标准层绘制的梁平面布置图上,截面的标注注写和平面标注注写一样,都是选择不同编号的梁中的一根,并且在对应剖切截面用相应的截面剖切符号引出配筋图,并在其上标注注写截面尺寸和配筋的具体数值和数量的方式来表达梁的平面整体配筋。在梁截面配筋详图上标注注写截面尺寸 $b \times h$、上部筋、下部筋、侧面构造筋或受扭筋和箍筋的具体数值时,表达方式同前。

截面标注注写方式常常可以与平面标注注写方式结合在一起使用,对于梁的布置过密的局部或者表达异型的截面梁的尺寸以及配筋常常采用截面标注注写的方式来进行表达。截面标注注写方式和平面标注注写方式最大的不同是截面标注注写方式既可以单独使用,也可以和平面标注注写方式混合使用。

3.4　基　础　图

3.4.1　基础施工图概述

在环境工程里,基础施工图主要包括基础平面图和基础详图以及有关的文字说明等信息。基础施工图属于结构施工图的基本内容。施工人员在阅读基础施工图时,必须先看结构设计总说明和相关的文字说明,了解了文字说明中的一些标准和注意事项后,再看基础平面图和基础详图。几种常见的独立基础结构形式如图 3 - 8 所示。

(1) 结构设计的总说明是环境工程施工设计的主要依据,它主要包含地质勘探报告等。地质勘探报告对工程的总体施工复杂程度、施工量以及施工安全等都非常重要。通过当地的自然条件等,如风、雪、雨等负荷,可以确定什么季节施工比较方便,工程的朝向等。材料标号和要求可以作为预算中的基本参考信息,也是施工准备阶段准备材料的重要依据。了解了标准图的使用说明后,可以将整个图纸集整合在一起进行使用:统一的构造做法等,相对标高和绝对标高、地耐力、材料标号、挖槽、验槽要求等相关内容。

(2) 基础平面图的形成与楼层建筑平面图相类似。它主要是通过基础平面图来表示基础平面的具体布置情况,基础平面图中涉及定位轴线、定位轴线的间距、基础的类型和基础的做法、管沟的平面位置和基础详图的剖切位置详图等内容。基础平面图一般情况下都需要使用和参照基础详图,基础平面图和基础详图结合起来可以作为放线、挖基槽和基坑、砌筑基础以及编制预算和施工进度计划的主要依据。

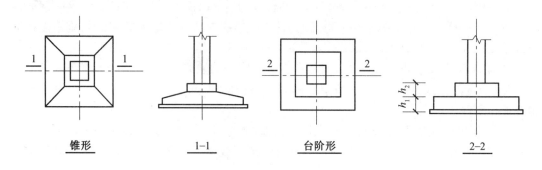

图 3 - 8 独立基础结构形式

3.4.2 基础平面图阅读

施工人员在拿到工程的基础平面图后,需要对基础平面图进行阅读,基础平面图的预读顺序和前面讲到的总平面图的阅读顺序相似,这里不再赘述,下面主要为阅读基础平面图时的具体注意要点:

(1)基础平面图的轴线编号。轴线之间的编号完全按照前面提到的环境工程中的定位轴的编号和定位轴的要求进行编写和绘制,主要有纵横轴线的总尺寸和轴线间距尺寸等。这些定位轴线的编号以及相应的定位尺寸线主要是用于施工现场放灰线以及各个部分的基础的位置,只有通过定位轴线的编号和尺寸才能够准确地决定各个基础部分的具体位置和相应的大小、形状等。

(2)基础平面布置图是基础平面图的主要内容。基础平面布置图主要是以基础平面图为依托,在基础平面图的基础上进行扩展,将基础平面图中具体的楼层平面图以及工艺单元中涉及的底部平面图详细绘制出来,基础平面布置图是基础平面图的进一步扩展。

(3)管沟是暖气工种要求的,还应阅读暖气施工图。作为设计人员,除了熟悉环境工程的基础绘制要求外,还需要将不同的工种结合在一起,了解不同工种之间的差异,这样才能够使得最后设计出来的图纸具有连贯性,才能使得最后设计出来的图纸和其他图纸整合起来具有一定的意义。同时,作为施工人员,除了熟悉自己工种的相关要求外,也需要熟悉其他工种的要求,这样才可以使得施工过程中工作协调顺利。

(4)表明基础墙留洞。在基础平面图或者基础平面布置图中需要注意基础墙留洞等情况,因为这些将会影响到工程的正常施工进度。针对生活区、办公区等建筑物,如果疏忽了基础墙的留洞情况还比较好处理。但是如果这个疏忽发生在构筑物单元中,就会非常严重,构筑物单元中对尺寸的大小和位置的定位非常重要,这将会影响到工程建成后的运行状况。

(5)凡是基础宽度、墙厚、大放脚、基底标高和管沟的做法不同时,均应画出不同的基础详图,并在相应的位置上标出剖面的符号。除此之外,根据绘制图纸和部位的要求,可以在图纸的旁边标注注写相应的文字说明。

(6)有时在基础平面图上注有必要的文字说明。基础平面图中的文字很重要,阅读人员或者施工人员在进行图纸的识读时,一定要注意相关文字说明,因为这些文字说明可以让阅读人员很好地了解工程的基础平面图的情况和相应的标准以及索引内容等。

3.4.3　基础详图概述

环境工程施工过程中基础详图的作用是表明基础各个组成部分的具体结构和构造等特点,它能够反映出构筑物中某个部分的具体结构特点和做法,通常环境工程中所说的基础详图都是采用垂直剖面图来进行表示的。基础详图按照其组成部分可以分为垫层、基础放大脚、基础墙和防潮层等所用的材料和尺寸。

在环境工程施工图纸集中,基础平面图只能表示出基础的平面布置情况,而且其绘制时采用的比例比较小,设计人员无法通过基础平面布置图来表达某个构配件的内部结构,无法表示出基础内部的详细构造和细部尺寸。而施工人员也无法通过基础平面图来了解某个构配件或者某个部位的具体做法和具体的构造。基础详图的作用则是表明基础各个组成部分的具体结构和构造,通常是采用垂直剖面图来表示。

通常情况下,如果是涉及不同的构造部分都需要单独绘制出详图,对于一些比较复杂的独立基础情况,有时还需要加上一个平面的局部剖面图。平面图的左下角一般采用局部剖面,一大部分表示基础外形,以一角表示基础的网状配筋情况。基础钢筋底下应有保护层。

3.5　钢结构图

钢结构图在建筑施工行业中非常重要,因为钢筋可以改变混凝土的抗拉伸能力,可以使承重力得到均匀的分散,钢结构的均匀分布和钢结构的良好设计可以使得建筑工程的质量得到保证。钢结构图主要是用钢板、热轧型钢或冷加工成型的薄壁型钢制造的结构,钢结构构件较小,质量较轻,便于运输和安装,具有强度高、耐高温、易锈蚀等特点,主要用于大跨度结构、重型厂房结构和高层建筑结构等。

3.5.1　型钢定义

型钢是一种有一定截面形状和尺寸的条型钢材,是钢材四大品种(板、管、型、丝)之一。

3.5.2　型钢分类

根据断面形状,型钢可以简单分为断面型钢和复杂断面型钢(异型钢)。前者指方钢、圆钢、扁钢、角钢、六角钢等;后者指工字钢、槽钢、钢轨、窗框钢、弯曲型钢等。

按照钢的冶炼质量不同,型钢可分为普通型钢和优质型钢。普通型钢按现行金属产品目录又分为大型型钢、中型型钢、小型型钢。普通型钢按其断面形状又可分为工字钢、槽钢、角钢、圆钢等。

(1) 大型型钢。大型型钢中工字钢、槽钢、角钢、扁钢都是热轧的,圆钢、方钢、六角钢除热轧外,还有锻制、冷拉等。工字钢、槽钢、角钢广泛应用于工业建筑和金属结构;扁钢在建筑工地中用于桥梁、房架、栅栏、输电船舶、车辆等;圆钢、方钢用于各种机械零件、农机配件、工具等。

(2) 中型型钢。中型型钢中工字钢、槽钢、角钢、圆钢、扁钢用途与大型型钢相似。

（3）小型型钢。小型型钢中角钢、圆钢、方钢、扁钢加工和用途与大型型钢相似,小直径圆钢常用作建筑钢筋。

3.5.3 型钢的表示方法

对于常用型钢的表示方法应符合国家相应标准中的规定,而环境工程中涉及的螺栓、孔和电焊纽丁的表示方法也同样应该符合国家的相关规定和要求。钢材的焊接技术要求非常重要,焊接技术好可以使得钢材的质量提高很多,如果焊接技术不好或者焊接技术没有达到国家相关的要求将会使得钢材的质量、气承重能力、抗拉伸能力和抗压能力受到很大的影响,特别是焊接的部位会出现断裂或者裂纹等情况。常用的焊接表示方法应该按照我国现行的国家标准《焊缝符号表示法》(GB/T 324—2008)中的规定,除此之外,在环境工程施工过程中的焊接技术还应该符合如下要求。

（1）单面焊接的标注方法。在环境工程施工图中,当箭头指向焊接所在的一面时,应该将图形的相应符号和相应的尺寸标注在横线的上方,如图3-9(a)所示;当箭头指向焊接所在的另一面时,也就是与前面所说相对应的面,应该将图形相应的符号和相应的尺寸标注在横线的下方,如图3-9(b)所示。表示环绕工作构件周围的焊缝时,其周围电焊焊缝的符号为圆圈,绘在引出线的转折处,并标注注写相应焊角尺寸[图3-9(c)]。

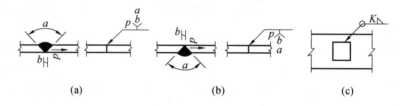

图3-9 单面焊接的标注图示

（2）双面焊接的标注方法。在环境工程中针对双面焊接的标注应该在横线的上、下都标注注写相应的标注符号和标注的尺寸。一般情况下,上方表示箭头一面的符号和尺寸,而下方主要是表示另一面的符号和尺寸,如图3-10(a)所示。这样该构件的两面所对应的符号都可以在图中表示出来,这样也有利于施工人员和阅读人员对其结构的理解和熟读。当所焊接部位正反两面的尺寸完全相同时,就只需要在横线的上方标注出焊接的符号和相应尺寸的图例,如图3-10(b)～(d)所示。

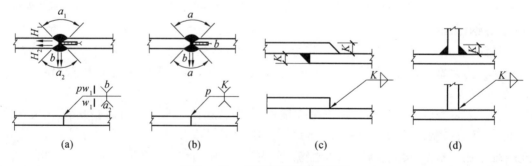

图3-10 双面焊接的标注图示

（3）对于三个或者三个以上的电焊焊接构件相互焊接,其焊接的焊缝不得作为双面焊接的焊缝标注,其焊接的焊缝所对应的符号和尺寸应该进行分别标注,从各个位置和角度进行标注,如图 3 - 11 所示。只有这样才能够清晰地反映出焊接的位置和焊缝的尺寸等信息,也只有这样才可以使得最后得到的图例能够表达出其焊接的具体情况。

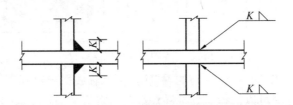

图 3 - 11　　多个焊接件的标注方法

(4) 相互焊接的两个焊件中,其中一个焊件如果是带有坡口的焊件,如单面 V 形等情况,应该用引出线箭头进行标注,并且引出线箭头务必指向电焊焊件中具有坡口的位置,如图 3 - 12 所示。

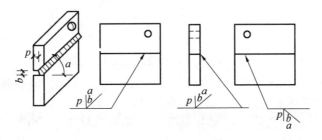

图 3 - 12　　一个焊件带坡口的标注注写方法

(5) 若焊接在一起的两个电焊焊件,当电焊焊件为带双边不对称坡口焊接时,也同样需要用引出线引出焊接坡口的位置,且引出线箭头必须指向较大坡口的焊件,如图 3 - 13 所示。

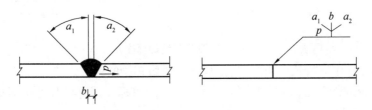

图 3 - 13　　相互焊件带双边不对称的标注注写方法

(6) 当焊接的焊缝不是均匀分布,而是无规则分布时,应该在标注焊接焊缝符号的同时,在焊缝处加上相应的中实线,以此来表示可见的焊缝或者是加上一些细栅线来表示一些不可见的焊缝,如图 3 - 14 所示。

(7) 相同焊接处焊缝的符号和相应的标注应该标注在同一图形上,当焊缝的形式、断面的尺寸以及辅助要求都相同时,可以只选择一处进行标注焊缝的符号和尺寸,但是在相应的位置需要加注"相同的焊缝符号"等文字信息,这样才能使得阅读人员在进行阅读时知道哪些是相同的焊缝。如图 3 - 15(a) 所示为 3/4 圆弧相同焊缝符号,并且其符号绘在了引出线的转折处。

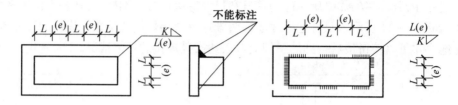

图 3 – 14　不规则焊缝的标注注写方法

　　在同一种图形上,如果有数种相同的焊缝时,可像轴线那样对其进行分类编号然后进行注写,在同一类的焊缝中可以选择一处标注焊缝符号和尺寸,这个与之前章节提到的是完全一样的,而分类编号在环境工程施工图中一般采用大写的拉丁字母 A、B、C 等,如图 3 – 15(b) 所示。

(a)　　　　　　　　　　　　　　(b)

图 3 – 15　相同焊缝的标注注写方法

　　(8) 需要在施工现场进行焊接的焊件的焊缝,应该在绘制图例时在旁边特别标注出"现场焊缝"等符号,这样施工人员和阅读人员在阅读图纸时就可以将其特意标出,以便施工过程中进行处理。在环境工程施工过程中,规定现场焊缝的符号为涂黑的三角形旗号,并且需要将其绘制在引出线的转折处,如图 3 – 16 所示。

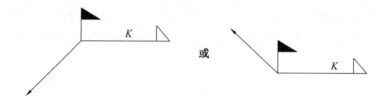

图 3 – 16　现场焊缝的标注方法

　　(9) 如果图样中有较长的角焊缝,如焊接接受腹钢梁的翼缘焊缝,在进行其焊缝标注时可以不用引出线进行标注,其可以直接在角焊缝的旁边标注焊缝的尺寸以及焊缝的符号等信息,如图 3 – 17 所示。

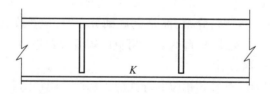

图 3 – 17　较长角焊缝的标注注写方法

　　(10) 熔透角焊缝的符号在进行标注时应该将其表示为涂黑的圆圈,并且需要将其绘制在引出线的转折处,如图 3 – 18 所示。

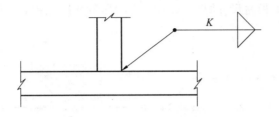

图 3 - 18 熔透角焊缝的标注注写方法

（11）局部焊缝的标注方式同样需要绘制引出线，与其他焊缝的标注方法不一样的地方在于，它可以不用箭头指向，如图 3 - 19 所示。

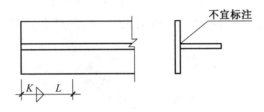

图 3 - 19 局部焊缝的标注注写方法

3.5.4 型钢的尺寸标注

上面章节主要讲的是型钢中涉及的一些焊接的标注方法和引出线的标注方法，而接下来的章节主要是讲解型钢的尺寸标注，因为任何一个部件在施工过程中如果没有尺寸大小和相应的位置关系，它都是无意义的，施工人员无法按照相应的图纸进行施工。以下为型钢尺寸标注的注意事项。

（1）当两个构件的两条很近的重心线要重合但未重合时，应该在其交汇的地方将其各自向外错开，这样能使施工人员了解其具体的位置和布置情况，如图 3 - 20 所示。

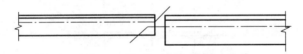

图 3 - 20 两构件重心线不重合的尺寸标注

（2）当标注弯曲构件的尺寸时，应该沿着其弧度的曲线标注弧的轴线长度，如图3 - 21所示。

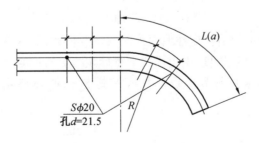

图 3 - 21 弯曲构件的尺寸标注

（3）当标注切割的板材尺寸时，应该标注各线段的长度和相应的位置关系，如图 3 - 22 所示。

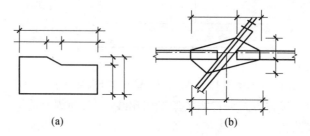

图 3 - 22　切割板材的尺寸标注

（4）针对不等边角钢的构件，必须标注出角钢一边的尺寸，如图 3 - 23 所示。

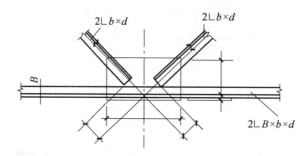

图 3 - 23　不等边角钢构件的节点尺寸及标注方法

（5）节点尺寸应该注明节点板的尺寸和各种杆件螺栓孔中心或者中心距离，以及杆件端部至集合中心线的交点距离，如图 3 - 23 和图 3 - 24 所示。

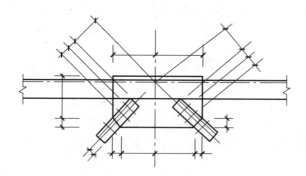

图 3 - 24　节点的尺寸标注

（6）双型钢组合截面的构件，应注明缀板的数量及尺寸（图 3 - 25）。引出横线上方标注缀板的数量及缀板的宽度、厚度，引出横线下方标注缀板的长度尺寸。

（7）非焊接节点板应注明节点板的尺寸和螺栓孔中心与几何中心线交点的距离（图3 - 26）。

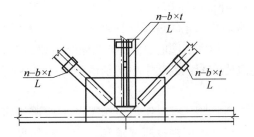

图 3 - 25　缀板的尺寸标注

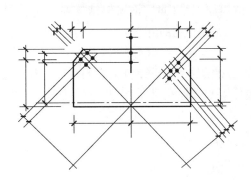

图 3 - 26　非焊接节点板的尺寸标注

3.5.5　钢屋架施工图

1.钢屋架施工图的作用

钢屋架施工图主要包括屋架正面详图、上弦和下弦平面图,必要数量的侧面图和零件图等。当屋架为对称时,也可绘制半屋架施工图,因为另一半的绘制是完全一样的。对于工艺中的构筑物单元来说,钢屋架施工图主要是工艺单元的顶部正面详图、防雨支架平面图以及必要数量的侧面图和相应构配件详图。钢屋架施工是建筑主体的最后部分,也是工程建成后能够正常运转并遮风挡雨的主要构筑物。

2.钢屋架施工图的主要内容和基本要求

(1) 需要在所绘制的环境工程施工图的钢屋架图纸的左上角绘制整个钢屋架的简图,左半跨注明屋架的几何尺寸,右半跨注明杆件的设计内力。

(2) 在环境工程施工图纸中绘制钢屋架结构时,需要在图纸的正中间绘制屋架的详图以及上、下弦平面图,必要时还需要补充一定数量的侧面图和零件图,特别是在绘制构筑物工艺单元时,需要补充更多的侧面图和零件图,因为钢屋架的正确施工和表达是工艺能正常运行的重要原因。

(3) 在绘制环境工程施工图时,需要在钢屋架结构图的右上角绘制材料表,对钢屋架中涉及的所有杆件以及相应的零件进行编号,使审核人员以及施工人员在进行图纸的识读过程中能够与相应的表格进行参照阅读,除此之外,右上角的表格中还需要注明所用到的零配件的规格、数量、大小、质量等。

(4) 在建筑行业中钢屋架的施工图可以采用两种不同的比例进行绘制,屋架轴线一般用1：20～1：30的比例尺,杆件截面和节点尺寸采用1：10～1：15的比例尺。但是在环境工程施工图中,由于构筑物工艺单元的重要性和复杂性,其在进行钢屋架结构施工设计时需要比较详细,因此在绘制钢屋架施工图时,应根据工程的需要,在这两种比例不能满足需要时可以采用其他比例,但需要在图纸的文字中特别说明。一般情况下,还是应该尽量采用这两种比例。

（5）与其他的施工图绘制过程一样,钢屋架施工图上应该注明相应的屋架和各主要构配件的主要几何尺寸,而其尺寸的标注注写要求和前面提到的尺寸标注注写要求是完全一样的。

（6）当绘制跨度较大的钢屋架结构时,钢屋架结构在自重及外荷载作用下将产生较大的挠度,特别当屋架下弦有吊平顶或悬挂吊车荷载时,其挠度更大,这将影响结构的使用和有损建筑的外观。

（7）施工图上应加注必要的文字说明,包括钢材钢号、焊条型号、加工精度和质量要求。同时还需要注明焊缝位置和螺栓孔尺寸,以及防锈处理要求等。

第二篇　环境工程施工阶段

第4章　环境工程施工管理及造价管理

4.1　工程施工组织设计概述

在环境工程施工中,要在一定的客观条件下,合理地、有计划地对人力、财力和物力进行综合使用,科学地组织施工,建立正常的施工秩序,充分利用时间、空间,用最少的人力、财力和物力取得最大的经济效益,就必须在施工前编制一个指导施工的技术经济文件,该技术经济文件的编制过程即为施工组织设计。

4.1.1　施工组织设计的分类

施工组织设计因基本建设各阶段的要求与施工对象不同,故其内容和深度也不同。一般而言,按施工对象的类别可将施工组织设计分为施工组织总设计、单位工程施工组织设计和分部(分项)工程作业设计三类。

(1)施工组织总设计是以大型建设项目或群体工程为对象而编制的,它是对整个建设项目或群体工程施工过程的全面规划和总体部署。所谓大型建设项目是指具有两个或两个以上同时施工的单位工程的建设项目。在有了获批的初步设计或技术设计后,以总承建单位为主,会同建设、设计和分包单位共同编制施工组织总设计,它是编制施工年度计划的重要依据。

(2)单位工程施工组织设计是以单位工程为研究对象,根据施工组织总设计的要求,由承包单位编制,它是指导单位工程施工的技术经济文件。

(3)分部(分项)工程作业设计是以工期较短的简单工程或规模较大、技术复杂的分部(分项)工程为研究对象,由施工基层单位编制的、较为详细的作业性设计。

按基本建设各阶段的不同要求,施工组织设计又可分为初步施工组织设计、指导性施工组织设计和实施性施工组织设计三类。

(1)初步施工组织设计是在工程设计阶段,由设计人员结合工程设计而编制的。这个阶段的施工组织设计不可能编制得非常具体、详尽,但它是把工程设计付诸实施的战略性决策,应力求切合实际。

(2)指导性施工组织设计是施工单位在参加投标时,根据工程招标文件的要求,结合本单位的具体条件而编制的。在中标以后,施工开始之前,施工单位还必须进一步审查、修订或重新编制。

(3)实施性施工组织设计是在施工过程中,施工基层单位根据各分部(分项)工程的具体情况,以及负责具体施工的工程队或班组的人力、机具等配备情况而编制的。它把施工前编制的指导性施工组织设计分期、分部付诸实施。

以上各类施工组织设计,其内容基本相同,只是繁简程度与广度、深度有所区别。本章主要讲述单位工程施工组织设计的编制。

4.1.2　施工组织设计的编制任务

编制施工组织设计的目的在于全面、合理地拟定施工方案,做到有计划地组织施工,按期、按质、按量完成施工任务,从而具体实现设计意图。因此,一个合理的施工组织设计,必须完成以下任务:

(1)确定工程开工前必须完成的各项准备工作。

(2)计算工程量并据此合理部署施工力量,确定劳动力、机械台班、各种材料和构件等资源的需求量及供应方案。

(3)确定施工方案,选择施工机具。

(4)安排施工顺序,编制施工进度计划。

(5)确定施工所需各种临时设施的平面位置和大小。

(6)制订确保工程质量及安全施工的技术措施和组织措施。

4.1.3　施工组织设计的编制原则

编制施工组织设计应根据不同的工程特点,重点解决施工中的主要矛盾。在编制过程中必须要贯彻以下原则:

(1)严格遵守上级规定或合同签订的工期,按期保质保量完成。对工期较长的大型工程项目,应根据施工情况,安排分期分批竣工和交付使用的期限。

(2)科学地安排施工顺序,在保证质量的前提下,尽量缩短工期。

(3)用科学的方法确定最合理的施工组织方式。

(4)采用工业化的施工方法,不断提高施工机械化、装配化程度和劳动生产率。

(5)全面平衡人力和物力,组织均衡施工。

(6)落实季节性施工措施,确保连续施工。

(7)精打细算,充分利用现有设施,尽量减少临时设施,以降低成本,提高效益。

(8)要妥善安排施工现场,做到文明施工。

4.1.4　施工组织设计的编制依据

1.施工组织设计依据

编制施工组织设计时,一般有以下依据:

(1)规划和设计方面的文件。

(2)施工地区及工程地点的自然条件资料。

(3)国家和上级有关建设的方针、政策和文件。

（4）施工地区的技术经济条件资料。

（5）施工单位对工程施工可能配备的人力、机械、技术力量。

（6）现行的有关规范、标准、规程、设计手册等。

2.施工组织设计内容

施工组织设计的内容,根据工程性质、结构特点、规模、施工的复杂程度和施工条件的不同而有所不同。但一般应包括以下内容:

（1）工程概况。

（2）施工方案。

（3）施工进度计划。

（4）施工准备工作计划和各项资源需要量计划。

（5）施工平面图。

（6）主要技术组织措施和技术经济指标。

3.施工组织设计程序

施工组织设计应按照施工过程中各种因素之间的相互影响和变化规律,运用科学的方法进行编制。其编制程序一般为:

（1）审查图纸,熟悉各种原始资料。

（2）计算工程量。

（3）拟定施工方案。

（4）编制施工进度计划。

（5）编制劳动力、施工机具和各项资源需要量计划。

（6）确定临时生产、生活设施。

（7）确定临时供水、供电设施和临时道路。

（8）编制运输计划。

（9）编制施工准备工作计划。

（10）确定主要技术、组织措施和主要技术经济指标。

以上程序是相互关联的,绝不能将彼此孤立起来。只有全面考虑、统筹规划,才能编制出符合客观实际,切实可行的施工组织设计。

4.2　环境工程施工计划管理

计划管理是施工管理工作的中心内容,其他一切管理工作都要围绕计划管理来开展。计划管理是通过编制计划、检查和调整计划等环节,反复循环进行的。

4.2.1　编制计划

施工工作中主要是按计划期来编制计划,一般有年度计划、月度计划、短期作业计划、施工任务书四种。

1.年度计划

年度计划是确定施工单位所承担工程项目的年度施工任务和指导该项目全年经济活动

的文件,也是检查和考核该项目全年施工进度的重要依据。

(1) 年度计划的内容包括:生产计划、劳动工资计划、技术组织措施计划、质量计划、成本计划、物资供应计划、财务计划七个方面。

① 生产计划。生产计划主要是规定在计划年度内应完成的生产任务。确定生产任务,要根据需要和可能,充分考虑到物资来源和材料供应的可能性。制订计划时,要考虑到生产能力和生产任务的平衡,由计划部门编制完成。

② 劳动工资计划。劳动工资计划主要是规定在计划期内劳动生产率应达到的水平,为完成生产任务所需各类人员的数量,以及各类人员的工资总额和平均工资水平等。它由劳动工资部门编制完成。

③ 技术组织措施计划。技术组织措施计划主要是规定为完成施工任务所采取的各项技术措施与组织措施。它由生产技术部门编制完成。

④ 质量计划。质量计划主要是规定在计划期内,各项质量指标应达到的水平,同时规定年度工程质量提高的百分率。它由生产技术部门编制完成。

⑤ 成本计划。成本计划主要是规定为完成生产任务所需支付的费用。它一般由财务部门编制完成。

⑥ 物资供应计划。物资供应计划主要是规定为完成生产任务所需供应的各种物资的数量,以及为保证生产的正常进行,如何降低物资耗用量和提高设备利用率的措施。它由环境工程施工物资供应部门编制完成。

⑦ 财务计划。财务计划主要是以货币形式反映计划期内全部生产经营活动和成果的计划,包括固定资产折旧、流动资金及利润等。它由财务部门编制完成。

(2) 编制年度计划的依据是:

① 上级下达的指导性或指令性的计划指标和施工任务。

② 已确定施工任务的设计图纸、施工组织设计和有关技术文件,以及所需各项设备材料等的平衡落实情况。

③ 上年度的计划完成情况和自行承包的施工任务等。

(3) 年度计划的编制程序是:先由主管部门下达指标,其中少数是指令性指标,多数是指导性指标;再由企业根据经营的需要、自身的能力和具备的条件编制计划,上报备案。年度计划的编制一般分为准备阶段、试算平衡阶段和计划确定阶段三个阶段。

① 准备阶段主要负责调查研究、摸清情况与准备资料。

② 试算平衡阶段是在企业行政领导下,对上级下达的计划指标和自行承包的施工任务同本企业的生产能力、物资供应、劳动力、财务资金、工程成本等各方面进行综合试算平衡。

③ 计划确定阶段是发动群众参加制订计划的过程,让群众讨论、参与制订。通过上下综合平衡后,形成计划草案,上报主管单位。计划上报主管单位后,经审批合格后即作为正式计划贯彻执行。

年度计划的编制一般应在报告年度的第四季度计划编好以后进行,在12月份计划确定以后定案,以便及时安排计划年度的第一季度计划。

2.月度计划

年度计划是一种比较概括的控制性计划,其贯彻实施必须通过一种较短时间(一般以月为单位)的计划,将施工任务具体分配到下属施工单位及有关业务部门,使各单位明确每个月各自的工作内容和奋斗目标,并便于它们把任务落实到下属班组及有关人员。这种按月编制的计划称为月度计划。

　　月度计划的内容包括施工进度计划,劳动力、材料和机械需用量计划及技术组织措施计划等。月度计划一般以表 4-1~4-6 的形式体现。月度计划中计划完成的工程量及所需劳动力、材料、机械等应按施工预算进行计算。

表 4-1　月度施工计划进度

施工队　　　　　　　　　　　　　　　　　　　　　　　　　　　　　年　　月

序号	建设单位及单位工程	分部分项工程	单位	工程量	时间定额	合计工日	进度日期					
							1	2	3	…	30	31

表 4-2　月度施工材料需要量计划

月　　日

建设单位及单位工程	材料名称	型号规格	单位	数量	计划需要日期	平衡供应日期	备注

表 4-3　月度施工机械需要量计划

月　　日

机械名称	能力规格	使用单位工程名称	分部分项工程名称	数量	计划台班产量	计划台班数	需要机械数量	计划起止日期	平衡供应		备注
									数量	起止日期	

表 4 - 4   月度施工劳动力需要量计划

月　　　　日

工种	计划工日数	计划工作日	出勤率	计划人数	现有人数	余差人数（+）（−）	备注

表 4 - 5   月度施工预制构件需要量计划

月　　　　日

建设单位及建设工程	构件名称	型号规格	单位	数量	计划需要日期	平衡供应日期	备注

表 4 - 6   提高生产率及降低成本措施计划

月　　　　日

措施项目名称	措施涉及的工程项目及工程量	措施执行单位及负责人	措施的经济效果								降低成本合计	备注
			降低材料费			降低人工费		降低其他直接费	降低管理费			
			钢材	水泥	木材	其他材料	小计	减少日数	金额			

3.短期作业计划

短期作业计划是基层施工单位为了更具体地贯彻月度计划所做的短期工作安排,一般以十天或半个月为计划周期,也有的称为分旬施工进度计划。由于作业时间短,对客观情况掌握得较为准确,因此制订的计划比较切合实际。

短期作业计划应根据月度计划及企业定额编制。计划中只列出工程量,进度按日历日程计算,可用指示图形式绘出,其格式见表 4 - 7。

表 4 - 7 施工进度计划

建设单位及建设工程	分部分项工程名称	单位	工程量			时间定额	合计工日	旬前两天	本旬分日进度	旬后两天
			月计划量	至上旬完成量	本旬计划					

4.施工任务书

工程队将短期作业计划中安排给每个班组完成的任务,以任务书的形式签发给有关班组,它是将施工任务具体贯彻到工人班组中去的最有效方式。

签发任务书的同时,还应签发限额领料单。单中填写完成任务所必需的材料限额,既作为工人班组领料的凭证,也是考核工人班组用料节约或超耗的一个依据。

班组在完成施工任务的过程中,还要填写记工单,作为班组考勤和计算报酬的依据。

施工任务书、限额领料单和记工单都应在施工任务完成并经验收合格之后,交还工程队,以作为结算工资或支付内部承报价款的依据。

施工计划的实施应由年度计划到短期计划,最后以任务书的形式签发到施工班组。施工任务书是计划由远及近、由粗到细的最后一关。只要每份任务书的施工工作都能按期、按质、按量完成,就能保证整个计划任务圆满完成。所以,做好任务书的签发、执行、检查、督促工作,是计划管理工作中最重要的一个环节。施工任务书的形式见表 4 - 8 。

表 4 - 8 施工任务书

序号	工程地点或部位	工程项目及细目	定额编号	计量单位	计划			实际			用工统计（按工作日统计）			
					工程量	时间定额	合计工日	验收工程量	共用工日	完成工程量/%	完成定额/%			
施工方法、技术措施、质量标准及安全注意事项								签发人	工长		质量员		安全员
								施工队长	记工员		材料员		财会员

限额领料单的形式见表 4 - 9。

表 4 - 9　　限额领料单

材料名称	规格	单位	数量	领料记录						退料数量	执行情况		
				第一次		第二次		第三次			实际耗用量	节约或浪费量	其中返工损失
				日/月	数量	日/月	数量	日/月	数量				

4.2.2　执行计划

1.执行计划的要求

执行计划时,首先要保证全面地完成计划,即完成的工程数量、质量、进度、定额、节约指标、降低成本指标、利润指标及安全生产等,都要符合计划要求;其次是要均衡地完成计划,尽量避免施工过程中出现时松时紧和抢工窝工现象。

2.执行计划的方法

执行计划要充分发动群众,依靠群众,把计划向职工层层交底,使计划被广大群众所熟知和掌握,成为全体职工的行动纲领和奋斗目标。为了调动职工的生产积极性,要实行按劳分配和各种奖惩制度,使职工的工资福利与计划的完成情况紧密结合在一起。同时,党群系统要做好深入细致的思想政治工作,提高群众的主人翁意识,充分发挥其主观能动作用,自觉地为完成计划而竭尽全力。

此外,还要采取实行生产责任制、开展劳动竞赛等措施,为完成和超额完成计划任务创造条件。

3.检查和监督计划的执行情况

为了保证完成或超额完成计划任务,在计划的执行过程中,还要加强检查和监督工作。检查和监督的目的在于随时发现问题并解决问题,以保证计划的顺利完成,一般通过工程曲线进行工程进度的管理。

(1) 工程曲线的绘制。工程曲线是以横坐标表示工期(或以计划工期为 100%,各阶段工期按百分率计),纵坐标表示累计完成工作量数(以百分率计) 所绘制的曲线。把计划的工程进度曲线与实际完成的工程曲线绘制在同一张图纸上,并进行对比分析,就可以检查计划完成情况。如发现问题,应进行分析研究,采取必要的措施,使整个工程能按计划工期完成。

(2) 工程曲线的性质和形状。图 4 - 1 所示为某环境工程的工程曲线。图中粗实线 Oa_1a_2A 表示该工程的计划工程曲线,其累计完成工作量 y 与工期 x 的关系,可用函数 $y = f(x)$ 表示,则曲线的斜率就表示施工速度。

如果施工是以均匀的同一速度进行的,则 dy/dx 为常数,工程曲线为一条与 x 轴成一定倾斜角的直线。但在实际工程中,这种情况是很难实现的。

一般情况下,工程施工初期需要进行一些准备工作,劳动力和机具是逐步增加的,所以

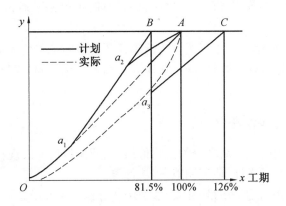

图 4 - 1　工程曲线

每天完成的工作量也是逐步增多的,因而工程曲线的斜率是逐步增大的,曲线呈凹形。当施工工作全面展开,劳动力和机具增加到全部需要量时,如果无意外的时间损失且施工效率正常,则每日完成的工作量将大致相等,这时的工程曲线将为斜率不变的直线或接近直线。施工后期,主要工程大部分完成,剩下收尾清理工作,劳动力和机具将逐步退离施工现场,每天完成的工程量也相应地减小,此时工程曲线将变成斜率逐步减小的凸形曲线。图 4 - 1 中曲线 Oa_1a_2A 清楚地显示了此种情况,说明此计划的工程曲线符合施工的一般规律,计划比较合理。

　　从计划工程曲线的反方向的弯曲交点 a_2 作切线,与过 A 点平行于 x 轴的横线相交于 B 点,B 点落在计划竣工期 A 点的左边,说明如果以施工中期的施工速度(最大施工速度)一直施工下去,则该工程的实际工期为计划工期的 81.5%。但这样做很不经济,因而是不可取的。通过 A 点作直线与曲线 Oa_1A 相切于 a_1,表示如果按 a_1 处的施工速度一直进行下去,正好能按计划工期完工。直线 a_1A 是保证按计划工期完成施工任务的施工速度的下限,如果累计完成工作量低于此线,就要采取措施加快施工速度,才能按计划工期完成或提前完成施工任务。

　　假设实际施工的工程曲线如图 4 - 1 中的虚线所示,说明从开工之后实际完成情况一直低于计划要求。从 a_3 点绘切线与过 A 点平行于 x 轴的横线相交于 C 点,C 点落在 A 点右侧,表示如果按 a_3 处的施工速度一直进行下去,工程将比计划工期滞后 26% 完成。如果要争取在计划工期完工,则过 a_3 点后应突击赶工,才能如曲线 a_3A 的情况,在计划工期内完成施工任务。

　　通过以上分析可以看出,用计划与实际的工程曲线进行对比检查,可以较全面地了解计划的完成情况和存在的问题,从而采取措施,保证工程按计划完成。

4.3　环境工程施工全面质量管理

4.3.1　全面质量管理的含义

　　全面质量管理(Total Quality Control,TQC)就是对生产企业、全体人员及生产的全过程进行质量管理。对工程施工的全面质量管理,主要是把对工程质量的管理归结为对施工单位所有部门及全体人员在施工过程中工作质量的管理,也就是要通过管理好工作质量来保证工程质量。

实行全面质量管理,就是把工程质量的管理任务交给施工单位的全体人员,使管理好质量成为全体人员的共同责任。这样,经过全体人员和各个部门的共同努力,就一定能保证工程质量。

4.3.2 全面质量管理的产生

工程质量是指工程竣工以后本身的使用价值,而使用价值又表现在质量的许多特性上,如工程的性能、安全性、可靠性、使用期限、经济性等。

为了保证环境工程的施工质量,在4.4.3节中将介绍"工程质量检查和验收制度",它是在施工过程中对正在施工的工程和已完工工程进行质量检查,做到质量不合格的工程不予验收,或令其修补重做,达到为质量把关的目的。很显然,对于一个工程项目来说,单靠这种事后把关的检查制度是远远不够的,要想保证工程质量,就必须研究影响质量的所有因素,弄清产生质量事故的根源,针对存在的问题采取措施,消除和防止质量事故的发生,做到防患于未然,从各个方面都关注和保证质量。于是就产生了"全面质量管理"这一科学的管理方法。

全面质量管理方法的产生、应用和发展,在国外经历了几十年的时间,国内于20世纪末用于环境工程的施工管理中,使工程质量得到了保证和提高,同时也提高了管理水平,为该方法的推广和应用奠定了基础。

4.3.3 全面质量管理的任务

全面质量管理的基本任务是组织全体职工认真执行国家的有关规定,组织协调各部门贯彻"预防为主"的方针,加强调查研究,及时总结经验,使工程质量不断得到提高,达到多、快、好、省地完成施工任务。为此,必须做好以下几方面的工作。

(1) 对全体职工进行"百年大计、质量第一"的思想教育,开展技术培训,以不断提高全体职工的思想觉悟、操作技术和管理水平。

(2) 贯彻执行国家的技术规范、质量检验评定标准和其他相关规定,对每项工程都严把质量关。

(3) 组织各部门,对影响工程质量的各种因素和各个环节,事先进行分析研究,采取有效的防范措施,并实施有效的协作和控制。

(4) 积累有关质量方面的资料,及时研究、分析和处理施工过程中所产生的影响质量的问题。

(5) 对已交工使用的工程,要定期组织回访,了解在使用过程中所产生的质量问题,作为以后改进施工质量的参考。

(6) 经常开展调查研究,搜索和积累质量管理的资料,不断改进施工单位的质量管理工作。

4.3.4 全面质量管理的方法

全面质量管理是一种科学的管理方法,必须采用科学的方法才能做好。它的基本方法是 P,D,C,A(Plan,Do,Check,Action) 循环法。P,D,C,A 循环法就是计划、实施、检查、处理四个阶段的循环,它把对一项工程的质量管理归结为先制订控制质量的计划,然后加以实施,实施的过程中随时检查控制计划的执行情况和存在的问题,再对问题进行研究处理,这样形成一个质量管理循环。随着工程的进展,再重复进行 P,D,C,A 循环,反复进行下去。每次循环检查出来的问题都要加以处理,这样就会使质量不断有所提高,对不能解决的问题,转入下一循环去解决。

各级各部门的质量管理,都有 P,D,C,A 这四个管理阶段,它们彼此之间要形成大环套小环、环环相扣、没有缺口和空白点的状况,才能真正实现全面质量管理。

全面质量管理是利用数理统计方法提供数据标准的。质量的科学管理就是以这些数据为依据,搜集、整理和分析大量的实测数据,借以发现问题,解决问题,使管理工作建立在科学的基础之上。

利用数理统计方法管理产品质量,主要是通过数据整理分析,研究产品质量误差的现状和内在的发展规律,据此来推断产品质量存在的问题和将要发生的问题,为管理工作提供质量情报。所以,统计方法本身就是一种工具,只能通过它准确、及时地反映质量问题,而不能直接处理和解决质量问题。

使用数理统计方法有两个先决条件:一是有相当稳定的、严格按操作规程办事的施工过程;二是要有连续且大批量的生产对象。只有同时具备这两个条件才能找出一定的规律,对于数量少或工艺多变的工程则不宜采用。

在全面质量管理中,常用的统计方法有排列图法、因果分析法、直方图法和控制图法,请参阅有关文献。

4.4　环境工程施工技术管理

4.4.1　技术管理的任务

技术管理是施工单位对施工技术工作进行一系列的组织、指挥、调节和控制等活动的总称。

技术管理的任务是:正确贯彻党和国家的各项方针政策;科学地组织各项技术工作;建立正常的施工秩序;充分发挥设备的作用和技术力量,不断采用新技术和进行技术革新;提高机械化水平;保证工程质量,提高劳动生产率、降低工程成本,按期、按质、按量完成施工任务。

4.4.2　技术管理的内容

技术管理的内容包括:工程质量管理、施工工艺管理、施工技术措施计划、技术革新和技术改造、安全生产技术措施、技术文件管理等。

实现上述各项技术管理工作,关键是建立并严格执行各种技术管理制度,否则,就会流于形式,使技术工作难于改进和提高。

4.4.3 技术管理制度

技术管理制度是把整个施工单位的技术工作科学地组织起来,有目的地、有条不紊地开展技术工作,以保证顺利完成技术管理的任务。在环境工程的施工活动当中,一般包含六种技术管理制度,它们分别是图纸会审制度、技术责任制、技术交底制度、材料检验制度、工程质量检查和验收制度和施工技术档案管理制度。

1.图纸会审制度

图纸会审是一项极其严肃和重要的技术工作,认真做好图纸会审工作是为了减少图纸中的差错,并使施工单位的技术人员及有关职能部门充分了解和掌握施工图纸的内容和要求,以便正确无误地组织施工,确保施工的顺利进行和工程质量良好。

图纸会审一般由建设单位组织设计、施工及其他有关单位的技术人员参加,共同对施工图纸进行会审。

图纸会审前,参加人员应认真学习和研究图纸及有关的技术规程、技术标准和质量检验标准。

图纸会审时,应着重研究施工方法、施工程序、质量标准和安全措施,提出进一步改进设计、加快施工速度和其他一些合理化的建议。

图纸会审后,应由组织会审的单位(建设单位),将会审中提出的问题和解决办法,详细记录并编写成正式文件(必要时由设计部门另出参考图纸)列入工程档案并责成有关单位执行。

施工过程中,有时需要设计单位对原图纸中的某些内容进行变更,设计变更必须经建设单位、设计单位、施工单位三方同意后方能进行施工。如设计变更的内容较多,对投资的影响较大,必须报请原批准单位同意。所有的变更资料均应有文字记录,并纳入工程档案,作为施工及竣工结算的依据。

2.技术责任制

在一个施工单位的技术工作系统中,对各级技术人员规定明确的职责范围,使其各司其职,各负其责,把整个施工技术活动有节奏地、和谐地组织起来。

技术责任制是技术管理的基础,它对调动各级技术人员的积极性和创造性,认真贯彻国家的技术政策,促进施工技术的发展和保证工程质量,都有着极其重要的作用。

技术责任制应根据施工单位的组织机构分级制定。上级技术负责人应向下级技术负责人进行技术指导和技术交底,监督下级的施工,处理下级请示的技术问题。下级技术负责人应接受上级技术负责人的技术指导和监督,完成自己岗位上的技术任务。各级技术负责人应负的具体责任都要明确规定在技术责任制中。

3.技术交底制度

工程开工之前,为了使参与施工的技术人员和工人对所承担工程任务的技术特点、施工方法、施工工艺、质量标准、安全措施等有所了解,做到心中有数,以便于有组织、有计划地开展和完成施工任务,必须实行技术交底制度,认真做好技术交底工作。

技术交底的目的是把技术交给所有从事施工技术的广大群众,提高他们自觉研究技术问题的主动性和积极性,为更好地完成施工任务和提高技术水平创造条件。

技术交底应按技术责任制的分工,分级进行。施工单位的技术总负责人应向施工队的技术负责人及有关职能部门进行技术交底;施工队的技术负责人应向各个施工员(或工长)进行技术交底;施工员应对施工班组进行技术交底。每次交底时都应该做好记录,作为检查施工技术执行情况和技术责任制的一项依据。

4.材料检验制度

工程中所用材料、预制构件和半成品的质量直接影响到工程的质量,因此必须做好材料的检验工作,设立适当的材料检验机构,制定完善的材料检验制度。

凡用于施工的原材料、半成品、成品、预制构件等,都应由供应部门提出合格证明文件和检验单;凡是现场配制的各种材料,都应按规范要求进行必要的试验,经试验合格后才能正式配制。

对于施工中采用的新材料、新产品,只有在对其做出技术鉴定、制定出质量标准和操作规程后,才能在工程上使用。

为了做好材料检验工作,施工单位应建立健全检验机构,配备必要的人员和设备。检验机构应在技术部门的领导下,严格遵守国家的技术标准、规范和设计要求,并按照试验操作规程,以严肃认真的态度进行操作,确保检验工作的质量。

5.工程质量检查和验收制度

工程质量的检查和验收工作,建设单位和施工单位都要认真进行。建设单位为了得到质量符合要求的合格产品,应对工程进行检查和验收。施工单位一方面应履行合同规定,接受建设单位对工程质量的监督、检查及验收;另一方面为了确保工程质量要在本施工单位内部,建立健全自己的检查验收制度。

制定施工单位内部的检查验收制度应当贯彻专业检查和群众检查相结合的原则。专业检查应在技术责任制中明确各级技术负责人应负的质量检查责任,同时要设专职的质量检查员进行具体的检查工作,工作内容包括对质量的量测、监督、试验及做出原始记录,检查的结果应交有关技术负责人审查签字。群众检查一般指班组检查、班组互检及建立交接检查制度。

质量检查中最重要的是对施工操作过程的检查,不论是专业检查还是群众检查,都要紧紧抓住这个环节,把质量事故消灭在萌芽时期。

对于环境工程中的隐蔽工程,应在下道工序开始之前进行检查,并应会同建设单位共同检查验收,检查后立即办理验收签证手续。

环境工程施工完成后,应进行一次综合性的检查验收,并借以评定工程的质量等级。

6.施工技术档案管理制度

施工中的一切原始记录、技术文件、试验检测记录、各种技术总结及其他有关技术资料,是了解工程施工情况、质量情况以及施工中遇到的问题和解决情况的重要资料;是以后提高施工技术水平、改进施工方法、制订施工方案的参考资料;是今后养护、整修和改造的依据。因此,对这些资料必须分类整理,作为技术档案妥善保存。

施工单位保留的技术档案资料,主要有施工组织设计、施工图、竣工图、施工经验总结、材料试验研究资料、各种原始记录和统计资料、重大质量事故和安全事故的原因分析和补救措施等。

技术档案资料的收集和整理工作应从准备工作开始,直至竣工结束。整个过程中要有专人负责,千万不可马虎从事。

4.5　环境工程施工安全控制

由于自然或人为,在环境工程施工过程中往往会发生安全事故,不但会严重影响施工项目进度和工程质量,而且还会造成人民生命财产不可挽回的损失。为了规避风险、杜绝事故,必须对施工项目进行有效控制,以实现施工过程中的安全生产。施工安全控制是施工项目管理的重要内容,也是衡量施工管理水平的重要标志,是实现施工目标的根本保障。

4.5.1　环境工程施工安全控制概述

1.安全的基本概念

安全是指规避了不可接受的损害风险的状态,不可接受的损害风险主要是指超出了法律法规、方针政策和人们普遍意愿要求的状态。

2.安全生产的基本概念

安全生产是指使生产过程处于避免人身伤害、设备损坏以及其他不可接受损失的状态。安全生产的基本方针是"安全第一,预防为主"。"安全第一"是指在生产过程中把人身安全放在首位,当生产和安全相冲突时,应首先保证人身安全,坚持以人为本的理念;"预防为主"是指应采取正确的预防措施,防止和消除事故发生的可能性,争取零事故。

3.安全控制的基本概念

安全控制是指为了满足安全生产、避免生产过程中的风险所采取的计划、监督检查、协调和改进等一系列技术措施和管理活动。

4.施工安全控制的含义与目标

施工安全控制是指为了保证施工过程的安全生产,避免施工过程中可能发生的事故风险,对施工过程进行计划、监控、组织、调节和改进的一系列技术措施和管理活动。施工安全控制的基本目标有:

(1)降低或避免施工过程中施工人员和管理人员的不安全行为。

(2)保证施工人员职业健康和实现施工环境保护。

(3)减少或消除施工设备和材料的不安全状态。

(4)强化安全管理。

5.施工安全控制的特点

由于工程施工工序复杂,影响因素较多且不断变化,并受外界自然和社会环境变化影响,所以施工安全控制具有控制面广、动态性和交叉性等特点。

4.5.2　环境工程施工安全控制的程序与要求

1.施工安全控制的程序

为实现对施工过程的安全控制,必须遵循一定操作程序,如图4-2所示。

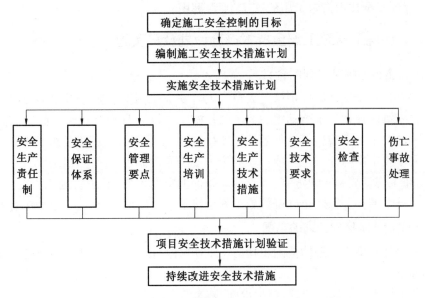

图 4 - 2 施工安全控制基本程序

（1）确定施工安全控制目标。根据施工项目组织方式对施工安全控制目标进行分解，确定岗位安全职责，实施全员安全控制。

（2）编制施工安全技术措施计划。对施工过程的安全风险进行辨识和预测，对不安全因素应采用相应的技术手段加以控制和消除，形成施工安全技术措施计划，对施工安全控制进行指导。

（3）实施安全技术措施计划。包括建立健全安全生产责任制、进行安全教育和培训、设置安全生产设施、安全生产作业等。

（4）验证施工安全技术措施计划。包括安全计划实施的监督、检查，根据实际情况纠正不安全情况，修改和调整安全技术措施，并进行记录。

（5）持续改进安全技术措施。根据项目条件变化不断评价和修正安全控制技术措施，直至项目竣工为止。

2.施工安全控制的基本要求

在上述安全控制程序中，必须坚持如下要求：

（1）施工单位在取得安全主管部门颁发的"安全施工许可证"后方可开工。

（2）各类作业人员和管理人员必须具备相应的职业资格才能上岗。

（3）总承包单位和每一分包单位都应经过安全资格审查认可。

（4）特殊工种作业人员必须持有特殊作业操作证，并严格按规定进行复查。

（5）所有新员工必须经过三级安全教育，即进场、进车间和进班组安全教育。

（6）对查出的安全隐患要做到"五定"：定整改责任人、定整改措施、定整改完成时间、定整改完成人、定整改验收人。

（7）必须把好安全生产的"六关"：教育关、措施关、交底关、防护关、检查关、改进关。

（8）施工机械必须经过安全检查合格后方可使用。

（9）施工现场安全设施齐全，符合国家及地方有关规定。

（10）保证安全技术措施费用的落实,不得挪用。

4.5.3　环境工程施工安全技术措施计划及其实施

1.施工安全技术措施计划的含义

施工安全技术措施是以保护施工人员的人身安全和职业健康为目标的一切技术措施。施工安全技术措施计划施工劳动组织为了保护施工人员人身安全和职业健康而制订,针对施工过程中的安全技术措施而进行的计划安排,是施工管理计划的重要组成部分。

施工安全技术措施计划是一项重要的施工安全管理制度,是施工组织设计的重要内容之一,是防止工伤事故和职业危害、改善劳动条件的重要保障,是进行施工安全控制的重要措施,因此,施工准备过程应正确制订施工安全技术措施计划,并在施工过程中有效实施。

2.施工安全技术措施计划的范围

施工安全技术措施计划的范围包括防止工伤事故、预防职业危害和改善劳工条件等,其主要内容如下。

（1）安全技术。如保险装置、防护设施、防暴装置和信号装置等。

（2）职业卫生。如防尘、防毒、噪声预防、照明、通风、取暖、降温等。

（3）辅助设施。如休息室、厕所、更衣室、消毒室、冬季作业取暖设施等。

（4）宣传教育资料与设施。如职业健康教育资料、安全生产规章制度、安全操作方法训练设施、劳动保护设施和安全技术研究试验设施等。

3.施工安全技术措施计划的制订

施工安全技术措施计划的制订,可参照如图 4-3 所示的程序进行,每步的具体内容如下。

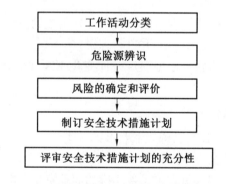

图 4-3　施工安全技术措施计划的制订程序

（1）工作活动分类。首先应该根据工作活动分类来编制工作活动表,这是制订安全技术措施计划的必要准备,其内容包括施工设备、施工现场、施工人员和程序等相关信息。在制订工作活动表时,应采取简单而合理的方式对所有工作活动进行分组,并收集各类工作活动的相关必要信息。

（2）危险源的辨识。危险源是指可能导致危险或损害的根源或状态。危险源辨识就是要找出与各项工作活动相关的所有危险源,并考虑其危害及如何防止危害等。为了做好危险源辨识工作,可以按专业将危险源分为物资类、电气类、机械类、辐射类、火灾和爆炸类危险源等,然后采用危险源提示表的方法进行危险源辨识。

（3）风险的确定与评价。风险是某一特定危险情况发生的可能性及其后果的组合,应该根据所辨识的危险源来确定施工过程的风险,并对风险进行判断,确定风险大小和是否为施工过程所容许。

（4）制订安全技术措施计划。针对风险评价中发现的问题,根据风险评价结果,对不可容许的风险采取预防和控制措施,形成安全技术措施计划。施工安全技术措施计划的制订应按照风险评价结果的优先顺序,并列出安全技术措施清单,清单中应包含持续改进的技术措施。

（5）评审安全技术措施计划的充分性。施工安全技术措施计划应在实施前进行详细评审,以保证施工安全技术措施在实施过程中的适用性。

4.施工安全技术措施计划的实施

为了有效实施业已制订的施工安全技术措施计划,必须完成如下任务:

（1）进行安全教育与培训。应对施工组织全员进行安全教育,使其真正认识到安全生产的重要性,自觉遵守安全法规;并应针对各个岗位人员进行安全技术培训,使其掌握安全生产技术措施,达到安全生产要求。

（2）建立安全生产责任制。安全生产责任制指的是施工单位为施工组织及其施工人员所规定的,在其各自职责范围内对安全生产负责的制度,它是施工安全技术措施计划实施的重要保障。

（3）安全技术交底。施工前应逐级、逐层进行安全技术交底,使全体作业人员了解施工风险、掌握安全防范技术措施和操作规程。

（4）施工现场安全管理。主要是在施工现场按照国家和地方相关法律法规,建设安全和劳动卫生防护设施,规范施工现场消防、用电安全,强化施工现场安全纪律和个人劳动保护等。

4.6　施工成本管理

4.6.1　成本管理的任务

工程成本管理是施工单位为降低工程成本而进行的各项管理工作的总称。它主要包括成本的计划、控制和分析。

工程成本管理的基本任务是:保证降低工程成本,增加利润,为国家提供更多的积累,使企业及其职工获得更大的利益,以促进施工企业顺利完成施工任务。

4.6.2　成本管理的计划

降低工程成本,不断提高劳动生产率,是社会主义市场经济的客观要求。为了有计划、有步骤地降低工程成本,必须做好成本管理工作。编制成本计划是成本管理的前提,没有成本计划,就不可能有效地控制成本和分析成本。

要编制好成本计划,首先应以定额为基础,以施工进度计划、材料供应计划和其他技术组织措施计划等为依据,使成本计划达到合理先进,并能综合反映按计划预期产生的经济效果的目的。

　　编制成本计划要从降低工程成本的角度,对各个方面提出增产节约的要求。同时,要将成本开支严格控制在范围之内,注意成本计划与成本核算的一致性,从而正确考核和分析成本计划的完成情况。

　　施工企业成本计划的内容包括降低成本计划和管理费用计划。降低成本计划是综合反映施工企业在计划期内工程预算成本、计划成本、成本计划降低额和成本计划降低率的文件,其格式见表4－10。

表4－10　　降低成本计划表

成本项目	预算成本	计划成本	成本计划降低额	成本计划降低率/%
	（1）	（2）	（3）＝（1）－（2）	（4）＝（3）/（1）

　　管理费用计划是指根据费用控制指标、施工任务和组织状况,由各归口管理部门按施工管理费的明细项目,结合采取的节约措施,分别计算各个项目的计划支出数,然后经汇总而成。它反映了企业在计划期内管理费的支出水平。

4.6.3　成本控制过程

　　工程成本控制是施工企业在施工过程中按照一定的控制标准,对实际成本支出进行管理和监督,并及时采取有效措施消除不正常损耗,纠正脱离标准的偏差,使各种费用的实际支出控制在预定的标准范围内,从而保证企业成本计划的完成和目标成本的实现。

1.成本控制的三个阶段

　　成本控制按工程成本发生的时间顺序,可分为事前控制、过程控制和事后控制三个阶段。

　　（1）成本的事前控制。成本的事前控制主要指的是施工前对影响成本的有关因素进行事前的规划,这是成本形成前的成本控制。

　　事前控制的具体做法:制定成本控制标准,实行目标成本管理;建立健全成本控制责任制,在保证完成企业降低成本总目标的前提下,制订各责任单位的具体目标,分清经济责任。

　　（2）成本的过程控制。成本的过程控制指的是在施工过程中,对成本的形成和偏离成本目标的差异进行日常控制。

　　过程控制的具体做法:严格按照成本计划和各项费用消耗定额进行开支,随时随地进行审核,消灭各种损失和浪费的苗头;建立健全信息反馈体系,随时把成本形成过程中出现的偏差反馈给责任部门,责任部门及时采取措施进行纠正。

　　（3）成本的事后控制。成本的事后控制指在施工部分或全部结束以后,对成本计划的执行情况加以总结,对成本控制情况进行综合分析与考核,以便采取措施改进成本管理工作。成本事后控制的主要工作是成本分析。

2.成本控制的管理体系

　　成本控制要根据"统一领导、分级管理"和"业务归口、责权结合"的原则,按指标性质和成本指标所属范围,分别下达给各级单位和各个职能部门。同时,建立各部门的成本责任制,使各部门明确自己的成本责任,便于从不同角度进行成本控制,保证整个成本计划的实现。此外,还要建立健全成本管理信息系统,通过反馈的信息,预测和分析成本变化趋势以及成本降低计划的完成程度。

4.6.4　成本分析

工程成本分析是成本管理工作的一项重要内容,它的任务是通过成本核算、报表及其他有关资料,全面地了解和掌握成本的变动情况及其变化规律,系统地研究影响成本升降的各种因素及其形成的原因,借以发现经营中的主要矛盾,挖掘企业的潜力,并提出降低成本的具体措施。

通过成本分析,可以对成本计划的执行情况进行有效的控制,对执行结果进行评价,从而为下一阶段的成本计划提供重要依据,以保证成本的不断降低,促进生产不断发展。

工程成本分析一般有综合分析和单项分析两种方法。工程成本的综合分析是对企业降低成本计划执行情况的概括性分析和总体评价,同时也为成本的单项分析指出方向。

(1)综合分析一般采用如下方法进行:

① 将实际成本与预算成本进行对比,以检查企业是否完成降低成本目标以及各个成本项目的节约或超支情况,从而分析工程成本升降的主要原因。

② 将实际成本与计划成本进行对比,以检查计划成本指标的完成情况。

③ 将本期实际指标与上期或历史先进水平的指标进行比较,以便掌握企业经营管理的发展变化情况。

④ 对企业下属的各施工单位进行分析,比较和检查其各自完成降低成本任务的情况,以便查找成本提高的原因和总结成本降低的经验。

(2)工程单项分析。工程成本的单项分析是在综合分析的基础上,为进一步了解成本升降的详细情况及影响成本的具体因素,而进行的每个成本项目的深入分析。

单项分析一般要对材料费、人工费、机械费和施工管理费进行深入细致的分析。

① 材料费的分析目的是寻找实际用料与预算用料两者之间的量差和价差,进而找出造成量差与价差的原因,从而进一步挖掘节约材料的潜力,降低材料费。材料费在环境工程中占的比重最大,节约材料费是降低工程成本的重要途径,因此应重点进行材料费的分析。

② 人工费的分析目的是寻找实际用工数与预算用工数的差别,从而进一步分析人工费节约或超支的原因,据此寻找节约人工费的途径。

③ 机械费的分析目的是找出实际机械台班数与预算机械台班数两者的差,进而分析其原因,找出节约机械费的措施。其中,还要考虑到租赁机械的台班数与实际是否相符合,尽量节约机械租赁费。

④ 施工管理费的分析目的是寻找降低工程成本的另一重要途径。分析时应把管理费的实际发生数与计划支出数进行比较,进而详细了解管理费节约或超支的原因,以降低工程成本。管理费中的管理人员工资和办公费用占的比重较大,而且它们和工期成正比,所以降低管理费最大的潜力就是缩短工期,但必须进行工期 - 费用优化。

4.7　工程造价管理

4.7.1　工程造价管理的目标和任务

造价管理的目标主要是利用科学管理方法和先进管理手段,合理地确定造价和有效地控制造价,以提高投资效益和环境工程企业的经营效果。

造价管理的任务主要是指加强工程造价的全过程动态管理,强化约束机制,维护相关各方面的经济利益,规范价格行为,合理地确立工程概预算。

4.7.2　环境工程造价管理的基本内容

环境工程造价管理的基本内容是合理确定和有效控制工程造价。

1.合理确定工程造价

工程造价的合理确定是在建设程序的各个阶段中,合理确定投资估算、概算造价、预算造价、结算价、承包合同价、竣工决算价等。

2.有效控制工程造价

工程造价的有效控制是在优化设计方案、建设方案的基础上,在建设程序的各个阶段,采取一定的方法和措施把造价控制在合理的范围和核定的造价限额内。具体就是用投资估算价控制设计方案选择的初步设计概算造价,用概算造价控制技术设计和修正概算造价,用修正概算造价控制施工图设计和预算造价,从而合理使用人力、财力和物力,控制好环境工程项目的投资。

有效控制工程造价应当体现以设计阶段为重点的建设全过程造价控制的原则。工程造价控制的关键在于施工前的投资决策和设计阶段的设计质量控制。据有关数据统计,一般情况下,设计费仅占相当于建设工程全寿命费用的1%以下,但正是这少于1%的费用对工程造价的影响程度达到75%以上,设计质量对整个工程建设的效益是至关重要的。然而施工阶段,对施工图预算的审核,建设工程的决算价款审核也很重要。实践证明:技术与经济相结合控制工程造价是最有效的手段。要有效地控制工程造价,应从技术、组织、经济等多方面采取措施。从技术上采取措施,包括重视设计多方案选择,严格审查初步设计、技术设计、工图设计、施工组织设计,深入技术领域,研究节约投资的策略;从组织上采取的措施,包括明确项目组织结构,明确造价控制者及其任务,明确管职能分工;从经济上采取措施,包括动态地比较造价的计划值和实际值,严格审核各项费用支出,最大可能地降低造价。其具体的工作要素归纳为以下几种:

(1)可行性研究阶段对环境工程建设方案认真优选,编好、定好投资估算,同时考虑风险,打足投资。

(2)从优选择建设项目的设计单位、承建单位、监理单位,搞好相应的招投标。

(3)贯彻国家的建设方针,合理选定和执行建设标准、设计标准。

(4)按估算对初步设计、施工组织设计推行量财设计,积极、合理地采用新工艺、新技术、新材料,优化设计方案,编好、定好概算。

（5）针对环境工程的特点择优选定建筑安装施工单位，搞好招标工作。

（6）对设备、主材进行择优采购，抓好相应的招标工作。

（7）认真控制施工图设计，推行"限额设计"，尽可能采用环境工程的定型图。

（8）协调好与各有关方面的关系，合理处理好对环境工程和配套的工作（包括拆迁、征地、城建等）中的经济关系。

（9）严格按概算对造价实行控制。

（10）严格合理管理，做好工程索赔价款结算。

（11）用好、管好建设资金，保证资金合理有效使用。

（12）各造价管理部门要强化服务意识，强化基础工作（定额、指标、工程量计算规则、价格指数、造价信息等资料）的建设，为合理确定工程造价提供可靠依据。

4.7.3　工程造价的依据

在研究工程造价依据时，必须首先对定额和工程建设定额的基本原理有一个基本的认识。

1.工程定额

定额是一种规定的额度，从广义上来说，也是一种标准，是指在一定生产条件下，生产质量合格的单位产品所需要消耗的材料、人工、机械台班和资金的数量标准。

定额是管理科学的基础，也是现代化管理科学中的基本环节和重要内容。它是节约社会劳动、提高劳动生产率的重要手段，是组织和协调社会化大生产的重要工具，也是宏观调控的依据。在社会主义市场经济条件下工程建设定额具有以下重要的作用：

（1）定额具有节约社会劳动和提高生产效率的作用。一方面，企业以定额作为促进工人节约社会劳动（工作时间、原材料等）和提高劳动效率、加快工作进度的手段，来增加市场竞争力，获取更多的利润；另一方面，作为工程造价计算依据的各类定额又促使企业加强管理，把社会劳动的消耗控制在合理的限度之内。

（2）定额有利于建筑市场公平竞争。定额所提供的准确信息为市场需求主体和供给主体之间的竞争以及供给主体和供给主体之间的公平竞争提供了良好条件。

（3）定额是对市场行为的一种规范。定额既是投资决算的依据，又是价格决策的依据。对于投资者来说，他可以利用定额权衡自己的财务状况和支付能力，预测资金投入的预期回报，还可以充分利用固有定额的大量信息，有效地提高环境工程项目决策的科学性，优化其投资行为。对于建筑来说，企业在投标报价时，只有充分考虑定额要求，才能确定正确的报价价格，也才能占有市场竞争优势。可见定额在上述两个方面规范了市场主体的经济行为，它是市场经济条件下不可缺少的管理手段。

2.定额分类

按定额反映的物质消耗内容分类可以把工程建设定额分为机械消耗定额、劳动消耗定额和材料消耗定额三种。

（1）机械消耗定额。在中国机械消耗定额是以一台机械一个工作班为计量单位，所以又称它为台班定额。机械消耗定额是指为完成一定合格产品（工程实体或劳务）规定的施工机械消耗的数量标准。机械消耗定额的主要表现形式是机械时间定额，但同时也表现为产量定额。

（2）劳动消耗定额。简称劳动定额，是完成一定的合格产品（工程实体或劳务）、决定劳动消耗的数量标准。劳动定额大多采用工作时间消耗量来计算劳动消耗的数量。所以，劳动定额的主要表现形式是时间定额，但同时也表现为产量定额。

（3）材料消耗定额。简称材料定额，是指完成一定合格产品需消耗材料的数量标准。材料是工程建设中使用的原材料、半成品、成品、构配件、燃料及水、电等动力资源的统称。材料作为劳动对象构成工程实体，需用种类繁多，数量很大。所以，材料消耗多少，消耗是否合理，不仅关系到资源的有效利用，对市场供求状况影响，而且对建设工程的项目投资、建设产品的成本控制都起着决定性影响。

按照定额编制程序和用途来分类可以把工程建设定额分为预算定额、施工定额、概算定额、概算指标、投资估算指标等五种。

（1）预算定额是在编制施工图预算时，计算工程造价和计算工程中劳动机械台班、材料需要量使用的一种定额。预算定额是一种计价性的定额，在工程建设定额中占有很重要的地位。预算定额是编制概算定额的基础。

（2）施工定额是施工企业（建筑安装企业）组织生产和加强管理，在企业内部使用的一种定额。它属于企业生产定额的性质，由劳动定额、材料定额和机械定额三个相对独立的部分组成。为了适应组织生产和管理的需要，施工定额的项目划分很细，是工程建设定额中分项最细、定额子目最多的一种定额，它也是建设定额中的基础性定额。在预算定额的编制过程中，施工定额的劳动、材料、机械消耗的数量标准，是计算预算定额中劳动、材料、机械消耗数量标准的重要依据。

（3）概算定额是编制扩大初步设计概算时，计算和确定工程概算造价，计算劳动、机械台班、材料需要量所使用的定额。它的项目划分粗细与扩大初步设计的深度相适应。它一般是预算定额的综合扩大。

（4）概算指标是在三阶段设计的初步设计阶段，编制工程概算，计算机确定工程的初步设计概算造价，计算劳动、机械台班、材料需要量时所采用的。这种定额的设定和初步设计的深度要相适应。一般是在概算定额和预算定额的基础上编制的，此概算定额更加综合扩大。概算指标是控制项目投资的有效工具，它所提供的数据也是编制计划的重要依据和参考指标。

（5）投资估算指标是在项目建议书和可行性研究阶段编制投资估算、计算投资需要量时使用的一种定额。投资估算指标非常概略，往往以独立的单项工程或完整的工程项目为计算对象，概略程度与可行性研究阶段相适应。投资估算指标往往根据历史的预决算资料和价格变动等资料编制，但其编制基础仍然离不开预算定额、概算定额。

与环境工程相适应的定额也是建筑工程定额，具体包括一般土建工程、卫生技术工程（水处理、消防水池等）、电气工程（动力、照明）、工业管道工程、特殊构筑物等工程。

设备安装定额是安装工程施工定额、预算定额、概算定额和概算指标的统称。

3.建筑安装工程费用定额

建筑安装工程费用定额一般包括以下三部分内容：

（1）其他直接费用定额是指预算定额分项内容以外，与建筑安装施工生产直接有关的各项费用开支标准。

（2）现场经费定额是指与现场施工直接有关，是施工准备、组织施工生产和管理所需的费用定额。

（3）间接费定额是指与建筑安装施工生产、个别产品无关，而为企业生产全部产品所必需，为维持企业的经营管理活动所必需发生的各项费用开支的标准。

4.工程建设其他费用定额

工程建设其他费用定额主要是独立于建筑安装工程、设备和施工器具购置之外的其他费用开支标准。工程建设的其他费用的发生和整个项目的建设密切相关。它一般占项目总投资的 10% 左右。

5.工程建设定额的特点

（1）科学性。工程建设定额的科学性包括两重含义：第一重含义是指工程建设定额和生产力发展水平相适应，反映出工程建设中生产消费的客观规律。第二重含义是指工程建设定额在理论、方法和手段上要适应现代科学技术和信息社会发展的需要。

（2）系统性。工程建设定额是相对独立的系统，是由多种定额结合而成的有机整体。它的结构复杂，有鲜明的层次和明确的目标。

（3）统一性。工程建设定额主要是由国家对经济发展的有计划的宏观调控职能决定的。为了使国民经济按照既定的目标发展，就需要借助于某些标准、定额、参数等，对工程建设进行规划、组织、调节和控制。

（4）权威性。工程建设定额的基础是定额的科学性，只有科学的定额，才具有权威性。这种权威性在一些情况下具有经济法规性质。

（5）稳定性和时效性。工程建设定额中的任何一种都是一定时期技术发展和管理水平的反映，因而在一段时间内都表现出稳定的状态。但稳定性是相对的，当生产力向前发展了，定额就会与已经发展了的生产力不相适应。这样，它原有的作用就会逐步减弱乃至消失。

4.7.4　预算定额

1.预算定额的用途及其编制原则

预算定额的用途预算定额是规定消耗在单位的工程基本构造要素上的劳动力、材料和机械的数量标准。

预算定额的编制原则：

（1）简明适用。

（2）按社会平均水平确定预算定额。

（3）坚持统一性和差别性相结合。

2.预算定额编制方法

预算定额编制方法主要分为以下五个部分：

（1）确定预算定额的计量单位。

（2）按典型设计用纸和资料计算工程数量。

（3）确定人工工日消耗量的计算方法。人工工日消耗量的测定方法有两种：一种是以施工定额的劳动定额为基础确定；另一种是采用计量观察法测定，其内容如下：

① 以劳动定额为基础计算人工工日数的方法。以劳动定额为基础计算人工工日数的方法包括:基本工、辅助工、其他工、超运距用工、人工幅度差。人工幅度差计算公式为

$$人工幅度差 = (基本用工 + 超运距用工) \times 人工幅度差系数$$

② 以现场测定资料为基础计算人工工日数的方法。以现场测定资料为基础计算人工工日数的方法可采用现场工作日写实等测时方法查定和计算定额的人工耗用量。

(4) 材料消耗指标的计算方法。

① 有标准规格材料的。凡是有标准规格材料的按规范要求计算定额计量单位耗用量,如防水卷材、红砖、块料石层等。

② 设计图纸标准尺寸及下料要求的。凡是设计图纸标准尺寸及下料要求的,按设计图纸尺寸计算材料净用量。

③ 测定法。测定法包括实验室试验法和现场观察法。

$$材料损耗量 = 材料净用量 \times 损耗率$$

$$材料消耗量 = 材料净用量 + 损耗量 或 材料消耗量 = 材料净用量 \times (1 + 损耗率)$$

④ 换算法。换算法指根据要求条件换算,得出材料用量。

(5) 机械台班消耗指标的确定方法,其步骤如下所示:

① 根据施工定额确定机械台班消耗量的计算。

$$预算定额机械耗用台班 = 施工定额机械耗用台班 \times (1 + 机械幅度差率)$$

② 以现场测定资料为基础确定机械台班消耗量。如遇施工定额缺项者,则需依单位时间完成的产量来测定。

3.预算定额的组成内容

不同时期、不同专业和不同地区的定额,在内容上虽不完全相同,但其基本内容变化不大。主要包括:总说明、分章(分部工程)说明、分项工程说明、定额项目表、分章附录和总附录。有些预算定额为方便使用,把工程量计算规则编入内容,但工程量计算规则并不是预算定额必备的内容。

4.8 工程投资估算

4.8.1 投资估算的概念、阶段划分及作用

1.投资估算的概念

投资估算是指建设项目在整个投资决策的过程中,依据已有资料,运用一定的方法和手段,对拟建项目的全部投资费用进行的预测和粗略估算。

2.投资估算的阶段划分

与投资决策过程中的各个工作阶段相对应,投资估算也要按相应阶段进行编制。投资估算贯穿于整个建设项目投资决策过程中,由于投资决策过程可划分为项目规划阶段、项目建议书阶段、初步可行性阶段和详细可行性阶段,因此投资估算工作也可划分为相应的四个阶段。各个不同阶段所具备的条件和掌握的资料不同,对投资估算的要求也各不相同,因此投资估算的准确程度在不同阶段也不尽相同,每个阶段投资估算所起的作用也不一样。投

资估算各阶段划分见表 4 - 11。

表 4 - 11　投资估算的阶段划分

序号	投资估算各阶段划分	投资估算误差幅度	各阶段投资估算的作用
1	项目规划阶段投资估算	> ±30%	按照建设项目规划的要求和内容,粗略估算建设项目所需要的投资额
2	项目建议书阶段投资估算	±30% 以内	判断一个项目是否需要进行下一步阶段的工作
3	初步可行性阶段投资估算	±20% 以内	确定是否进行详细的可行性研究
4	详细可行性阶段投资估算	±10% 以内	作为对可行性研究结果进行最后评价的依据。该阶段经批准的投资估算作为该项目的投资限额

3.投资估算的作用

投资估算是项目建议书和可行性研究报告的重要组成部分,是项目决策的重要依据之一。其准确性直接影响到建设工程规模、项目的决策、投资效果等诸多方面。因此,全面准确地估算建设项目的工程造价是可行性研究乃至整个决策阶段造价管理的重要任务。投资估算具有如下作用:

(1) 项目建议书阶段的投资估算是项目主管部门审批项目建议书的重要依据之一,并对项目的规划、规模起参考作用。

(2) 项目可行性研究阶段的投资估算是项目投资决策的重要依据,也是研究分析和计算项目投资经济效果的重要条件。当可行性研究报告被批准后,其按资估算额就作为设计任务书中下达的投资限额,即作为建设项目投资的最高限额不得随意突破。

(3) 项目投资估算对工程设计概算起到控制作用,设计概算不得突破经有关部门批准的投资估算,并应控制在投资估算额以内。

(4) 项目投资估算可作为项目资金筹措及制订建设贷款计划的依据,建设单位可根据批准的项目投资估算额进行资金筹措和向银行申请贷款。

(5) 项目投资估算是核算建设项目固定资产投资需要额和编制固定资产投资计划的重要依据。

(6) 项目投资估算是进行工程设计招标、优选设计方案的依据之一,同时也是实行工程限额设计的依据。

4.8.2　投资估算编制依据、内容及步骤

1.投资估算编制依据

投资估算编制的依据在环境工程施工主要分为六个部分,其详细内容如下:

(1) 主管机构发布的建设工程造价费用构成、概算指标、估算指标、概预算定额、各类工程造价指数及计算方法,以及其他有关计算工程造价的文件。

(2) 主管机构发布的工程建设其他费用计算办法和费用标准,以及政府部门发布的物

价指数。

（3）拟建项目的项目特征及工程量,它包括拟建项目的规模、类型、建设地点、时间、施工方案、总体建筑结构、主要设备类型、建设标准等。

（4）可行性研究报告(或设计任务书)、项目建议书、建设方案。

（5）设计参数,包括各种建筑面积指标、能源消耗指标等。

（6）现场情况,如地质条件、地理位置、交通、供水、供电条件等。

2.投资估算编制内容

根据国家规定,从满足建设项目投资规模和投资设计的角度,建设项目投资估算包括固定资产投资估算和流动资金估算两部分。

固定资产投资估算的内容按照费用的性质划分,包括建筑安装工程费、设备及工器具购置费、基本预备费、涨价预备费、工程建设其他费用、建设期贷款利息、固定资产投资方向调节税等。固定资产投资可分为静态部分和动态部分。涨价预备费、建设期贷款利息和固定资产投资方向调节税构成动态投资部分,其余部分为静态投资部分。

流动资金是指生产经营性项目投产后,用于购买原材料、燃料、支付工资及其他经营费用等所需的周转资金。

一份完整的投资估算,应包括投资估算编制说明、投资估算编制依据和投资估算总表,其中投资估算总表是核心内容,它主要包括建设项目总投资的构成。建设项目投资估算构成如图4-4所示。

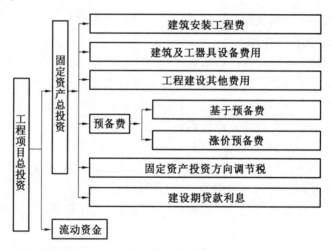

图4-4　建设项目投资估算构成

3.投资估算编制步骤

投资估算的编制要严格按照规定的内容,并且按照一定的顺序进行编写,这样可以防止一些不必要的内容的遗漏,其详细的编制步骤如下:

（1）分别估算各单项工程所需的设备及工器具购置费、建筑工程费、安装工程费。

（2）在汇总各单项工程费用的基础上,估算工程建设其他费用和基本预备费。

（3）估算涨价预备费和建设期贷款利息。

（4）估算流动资金。

（5）汇总得到建设项目总投资估算。

编制投资估算首先应分清项目类型，然后根据该类项目的投资构成列出项目费用名称，进而依据有关规定、数据资料选用一定的估算方法对各项费用进行估算。具体估算时，一般可分为动态、静态及铺底流动资金三部分估算，其中静态投资部分的估算，又因民用建设项目与工业生产项目的出发点及具体方法的不同而有显著的区别，在一般情况下，工业生产项目的投资估算从设备费用入手，而民用建设项目则往往从建筑工程投资估算入手。

4.8.3　投资估算指标

1.投资估算指标概念

投资估算指标是建设前期阶段编制项目建议书、可行性研究报告时用作投资估算的参考指标。投资估算指标是一种扩大的材料消耗量指标，可以作为计算建设项目主要材料消耗量的基础。正确编制估算指标对于提高投资估算的准确度，对建设项目的合理评估、正确决策具有很重要的意义。

2.投资估算指标的编制原则

投资估算指标要反映项目建设前期、实施阶段和交付使用期内发生的建设的全部投资额，这就要求投资估算指标比其他各种计价定额具有更大的综合性和概括性。因此投资估算指标的编制工作应遵循如下原则：

（1）投资估算指标的分类、项目内容、项目划分、表现形式等要结合各专业的特点，并且要与项目建议书、可行性研究报告的编制深度相适应。

（2）投资估算指标的编制内容、典型工程的选择必须能反映正常建设条件下的造价水平，同时也能适应今后若干年的科技发展水平。

（3）投资估算指标的编制要贯彻有粗有细、细算粗编、能分能合的原则，使投资估算指标既能满足项目建议书和可行性研究各阶段的要求，又能反映一个建设项目的全部投资及其构成，既要有组成建设项目投资的各个单项工程投资，做到能综合使用，又能个别分解使用。

（4）投资估算指标的编制要贯彻静态和动态相结合的原则，充分考虑建设期的动态因素，即价格、建设期利息、固定资产投资方向调节税及涉外工程的汇率等因素的变动，导致指标的价差、量差、利息差、费用差等"动态"因素对投资估算产生的影响。

3.投资估算指标的内容

投资估算指标是确定和控制建设项目全过程各项投资支出的技术经济指标，一般可以分为建设项目综合指标、单项工程指标和单位工程指标三个层次。

（1）建设项目综合指标。建设项目综合指标指按规定应列入建设项目总投资的从立项筹建开始至竣工验收交付使用的全部投资额，包括单项工程投资、预备费和工程建设其他费用等。建设项目综合指标一般以项目的综合生产能力单位投资表示，如元/t、元/kW，或以使用功能表示，如医院床位：元/床。

（2）单项工程指标。单项工程指标指按规定应列入能独立发挥生产能力或使用效益的单项工程内的全部投资额，包括建筑工程费、设备、工器具及生产家具购置费、安装工程费和其他费用。单项工程指标一般以单项工程生产能力单位投资，如元/t或其他单位表示。如变配电站"元/(kV·A)"，供水站"元/m²"，锅炉房"元/蒸汽吨"，办公室、宿舍、仓库、住宅等房屋则区别不同结构形式以"元/m²"表示。

（3）单位工程指标。单位工程指标指按规定应列入能独立设计、施工的工程项目的费用，即建筑安装工程费用。单位工程指标一般以如下方式表示：如道路区别于不同结构层、面层以"元/群"表示；房屋区别于不同结构形式以"元/m"表示；水塔区别不同结构层，容积以"元/座"表示；管道区别不同材质、管径以"元/m"表示。

4.投资估算指标的编制方法

投资估算指标的编制工作涉及建设项目的产品规模、工艺流程、产品方案、设备选型、工程设计和技术经济等各个方面，既要考虑到现阶段技术状况，又要展望近期技术发展趋势和设计动向，从而可以指导以后建设项目的实践。投资估算指标的编制一般按以下三个阶段进行：

（1）收集整理资料阶段。收集整理已建成或正在建设的，符合现行技术政策和技术发展方向、有代表性的工程设计施工图，有可能重复采用的标准设计以及相应的竣工决算或施工图预算资料等，这些资料是编制工作的基础，资料收集得越广泛，反映出来的问题就越多，编制工作考虑得越全面，就越有利于提高投资估算指标的实用性和覆盖面。

（2）平衡调整阶段。调查收集的资料来源不同，虽然经过一定的分析整理，但难免会由于设计方案、建设条件和建设时间上的差异带来某些影响，使数据失准或漏项等，必须对有关资料进行综合平衡调整。

（3）测算审查阶段。测算是将新编的指标和选定工程的概预算，在同一价格条件下进行比较，检验其"量差"的偏离程度是否在允许偏差的范围内，如偏差过大，则要查找原因，进行修正，以保证指标的确切实用。

4.8.4 投资估算的常用编制方法

1.固定资产静态投资部分的估算

（1）生产能力指数法。

根据已建成项目的投资额或其设备投资额，估算同类而不同生产规模的项目投资或其设备投资。计算公式为

$$C_2 = C_1 \left(\frac{Q_2}{Q_1} \right)^n f$$

式中，C_2 为拟建项目或装置的投资额；C_1 为已建类似项目或装置的投资额；Q_1 为已建类似项目或装置的生产能力；Q_2 为拟建项目或装置的生产能力；f 为不同时期、不同地点的定额、单价、费用变更等的综合调整系数；n 为生产规模指数（$0 \leq n \leq 1$）。若已建类似项目或装置的规模和拟建项目或装置的规模相差不大，生产规模比值在 0.5～2 之间，则指数 n 取值近似值1；若已建类似项目或装置与拟建项目或装置的规模相差不大于50倍，且拟建项目的扩大只能够依靠增大设备规格来达到时，则指数 n 取值在 0.6～0.7 之间；若是靠增加相同规格设备的数量达到时，则 n 的取值在 0.8～0.9 之间。

采用这种方法，计算简单，速度较快；但要求类似工程的资料可靠，条件基本相同，否则就会增大误差。

（2）比例估算法。

① 分项比例估算法。该法是将项目的固定资产投资分为设备投资、建筑物与构筑物投资、其他投资三部分,先估算出设备的投资额,然后再按一定比例估算出建筑物与构筑物的投资及其他投资,最后将三部分投资加在一起计算。

a.设备投资估算。设备投资按其出厂价格加上运输费、安装费等,其估算公式如下：

$$K_1 = \sum_{i=1}^{n} Q_i \times P_i \times (1 + L_i)$$

式中,K_1 为设备的投资估算值；Q_i 为第 i 种估算设备所需要的数量；P_i 为第 i 种估算设备的出厂价格；L_i 为同类项目同类设备的运输；n 为所需设备的种数。

b.建筑物与构筑物投资估算。估算公式如下：

$$K_2 = K_1 \times L_b$$

式中,K_2 为建筑物与构筑物的投资估算值；L_b 为同类项目中建筑物与构筑物投资占设备投资的比例,露天工程取 0.1 ~ 0.2,室内工程取 0.6 ~ 1.0。

c.其他投资估算。估算公式如下：

$$K_3 = K_1 \times L_\omega$$

式中,K_3 为其他投资的估算值；L_ω 为同类项目其他投资占设备投资的比例。

则项目固定资产投资总额的估算值 K 的计算公式如下：

$$K = (K_1 + K_2 + K_3) \times (1 + S\%)$$

式中,$S\%$ 为考虑不可预见因素而设定的费用系数,一般为 10% ~ 15%。

② 以拟建项目或装置的设备费为基数,根据已建成的同类项目或装置的建筑安装费和其他工程费用等占设备价值的百分比,求出相应的建筑安装费及其他工程费用等,再加上拟建项目的其他有关费用,其总和就是项目或装置的投资。公式如下：

$$C = E(1 + f_1 P_1 + f_2 P_2 + f_3 P_3) + I$$

式中,C 为拟建项目或装置的投资额；E 为根据拟建项目或装置的设备清单按当地当时价格计算的设备费(包括运杂费)的总和；P_1、P_2、P_3 分别为已建项目中建筑、安装及其他工程费用占设备费百分比；f_1、f_2、f_3 分别为由时间因素引起的定额、价格、费用标准等变化的综合调整系数。

③ 以拟建项目中的最主要、投资比重较大并且与生产规模直接相关的工艺设备的投资(包括运杂费及安装费)为基数,根据同类型的已建项目的有关统计资料,计算出拟建项目的各专业工程(土建、总图、暖通、管道、给排水、电气及电信、自控及其他工程费用等)占工艺设备投资的百分比,据以求出各专业的投资,然后把各部分投资费用(包括工艺设备费)相加求和,再加上工程其他有关费用,即为项目的总费用。公式如下：

$$C = E'(1 + f_1 P_1' + f_2 P_2' + f_3 P_3' + L) + I$$

式中,E' 为拟建项目中最主要、投资比重较大并且与生产规模直接相关的工艺设备的投资(包括运杂费及安装费)；P_1'、P_2'、P_3' 为各专业工程费用占工艺设备费用的百分比。

（3）指标估算法。

根据有关部门编制的各种具体的投资估算指标,进行单位工程投资的估算。投资估算指标的表示形式较多,可用元/t、元/m、元/m²、元/m³、元/(kV·A)等单位来表示。利用这些投资估算指标,乘以所需的长度、质量、面积、体积、容量等,就可以求出相应的土建工程、照明工程、给排水土程、采暖工程、变配电工程等各种单位工程的投资额。在此基础上,可汇总成某一单项工程的投资额,再估算工程建设其他费用等,即求得投资总额。

在实际工作中,要根据国家有关规定、投资主管部门或地区主管部门颁布的估算指标,结合工程的具体情况编制。若套用的指标与具体工程之间的标准或条件有差异时,应加以必要的调整或换算;使用的指标单位应密切结合每个单位工程的特点,能正确反映其设计参数。

指标估算法简便易行,但由于项目相关数据的确定性较差,投资估算的精度不高。

(4) 朗格系数法。

这种方法以设备费为基础,乘以适当系数来推算项目的建设费用。计算式为

$$D = C(1 + \sum K_i)K_c$$

式中,D 为总建设费用;C 为主要设备费用;K_i 为管线、仪表、建筑物等项费用的估算系数;K_c 为包括合同费、管理费、应急费等间接费在内的总估算系数。

总建设费用与设备费用之比为朗格系数 K_L,即

$$K_L = (1 + \sum K_i)K_c$$

这种方法比较简单,但没有考虑设备规格、材质的差异,所以计算的精确度不高。

2.固定资产动态投资部分的估算

动态投资估算主要包括由价格变动可能增加的投资额,即涨价预备费和建设期贷款利息,对于涉外项目还应考虑汇率的变化对投资的影响。

(1) 涨价预备费的估算。

涨价预备费用的估算一般按下式进行估算:

$$P_C = \sum_{i=1}^{n} K_t [(1 + i)^t - 1]$$

式中,P_C 为涨价预备费估算额;K_t 为建设期中第 t 年的投资计划数;n 为项目的建设期年数;i 为平均价格预计上涨指数;t 为施工年度。

(2) 建设期贷款利息估算。

建设期贷款的利息估算一般按下式进行计算:

建设期每年应计利息 = (年初借款累计 + 1/2 × 当年贷款额) × 年利率

注:当年贷款额 × 考虑贷款在年中支付,计息为半年。

例　某工程项目估算的静态投资为 31 240 万元,根据项目实施进度规划,项目建设期为 3 年,3 年的投资分年使用比例分别为 30%、50%、20%,其中各年投资中贷款比例为年投资的 20%,预计建设期中 3 年的贷款利率分别为 5%、6%、6.5%,试求该项目建设期内的贷款利息。

解: 第一年利息 = (0 + 31 240 × 30% × 20% × 1/2) × 5% = 46.86(万元)

第二年利息 = (31 240 × 30% × 20% + 46.86 + 31 240 × 50% × 20% × 1/2) × 6% = 187.44(万元)

第三年利息 = (31 240 × 80% × 20% + 46.86 + 187.44 + 31 240 × 20% × 20% × 1/2) × 6.5% = 380.74(万元)

建设期贷款利息合计为:46.86 + 187.44 + 380.74 = 615.04(万元)

3.流动资金估算

流动资金是保证项目投产后,能正常生产经营所需要的最基本的周转资金数额。流动资金是项目总投资中流动资金的一部分,在项目决策阶段,这部分资金就要求落实。流动资金的计算公式为

$$流动资金 = 总投资中流动资金 \times 30\%$$

该部分流动资金是指项目建成后,为保证项目正常生产或服务运营所必需的周转资金。它的估算对于项目规模不大且同类资料齐全的可采用分项估算法,其中包括原材料、劳动工资、燃料动力等部分;对于大项目及设计深度浅的项目可采用指标估算法。一般有以下几种方法:

(1) 扩大指标估算法。

① 按产值(或销售收入)资金率估算。一般加工工业项目大多采用产值(或销售收入)资金率进行估算。

$$流动资金额 = 年产值(年销售收入额) \times 产值(销售收入)资金率$$

② 按固定资产价值资金率估算。有些项目如火电厂可按固定资产价值资金率估算流动资金。

$$流动资金额 = 固定资产价值总额 \times 固定资产价值资金率$$

固定资产价值资金率是流动资金占固定资产价值总额的百分比。

③ 按经营成本(或总成本)资金率估算。由于经营成本(或总成本)是一项综合性指标,能够反映项目的生产技术、物资消耗和经营管理水平以及自然资源条件的差异等实际状况,一些采掘工业项目常采用经营成本(或总成本)资金率估算流动资金。

$$流动资金额 = 年经营成本(年总成本) \times 经营成本(总成本)资金率$$

④ 按单位产量资金率估算。有些项目如煤矿,按吨煤资金率估算流动资金。

$$流动资金额 = 年生产能力 \times 单位产量资金率$$

(2) 分项详细估算法。

分项详细估算法是根据周转额与周转速度之间的关系,对构成流动资金的各项流动资产和流动负债分别进行估算。在可行性研究中,为简化计算,仅对存货、现金、应收账款和应付账款四项内容进行估算,计算公式为

$$流动资金 = 流动资产 - 流动负债$$

式中,流动资产 = 现金 + 存货 + 应收账款;流动负债 = 应付账款。

式中的现金、存货、应收账款、应付账款的计算分别如下所述:

① 现金的估算。

$$现金 = \frac{年工资 + 年福利费 + 年其他费}{年现金周转次数}$$

式中,年其他费 = 管理费用 + 制造费用 + 销售费用 - (前三项中所含的工资及福利费、折旧费、摊销费、维简费、修理费)。

② 存货的估算。

$$存货 = 外购原材料 + 外购燃料 + 在产品 + 产成品$$

$$外购原材料 = \frac{年外购原材料费用}{年原材料周转次数}$$

$$外购燃料 = \frac{年外购燃料费用}{年燃料周转次数}$$

$$在产品 = \frac{年外购原材料 + 年工资福利 + 年修理费 + 年其他费}{年在产品周转次数}$$

$$产成品 = \frac{年经营成本}{年产成品周转次数}$$

③ 应收账款的估算。

$$应收账款 = \frac{年销售收入}{年应收账款周转次数}$$

④ 应付账款的估算。

$$应付账款 = \frac{外购原料、燃料及其他材料年费用}{年应付账款周转次数}$$

流动资金估算应注意以下问题:

第一,在采用分项详细估算法时,需要分别确定现金、存货、应收账款和应付账款的最低周转天数。在确定周转天数时要根据实际情况,并考虑一定的保险系数。对于存货中的外购原材料、燃料要根据不同品种和来源,考虑运输方式和运输距离等因素确定。

第二,不同生产负荷下的流动资金是按照相应负荷时的各项费用金额和给定的公式计算出来的,而不能按 100% 负荷下的流动资金乘以负荷百分数来求得。

第三,流动资金属于长期性(永久性)资金,流动资金的筹措可通过长期负债和资本金(权益融资)方式解决。流动资金借款部分的利息应计入财务费用。项目计算期末应当收回全部流动资金。

4.9　设计概算

4.9.1　设计概算的含义、作用和内容

1.设计概算的含义

建设项目设计概算是初步设计文件的重要组成部分,它是在投资估算的控制下,由设计单位根据初步设计或扩大初步设计的图纸及说明,利用国家或地区颁发的概算定额、概算指标或综合指标预算定额、设备材料预算价格等资料,按照设计要求,概略地计算建筑物或构筑物造价的文件。其特点是编制工作相对简略,无须达到施工图预算的准确程度。采用两阶段设计的建设项目,初步设计阶段必须编制设计概算;采用三阶段设计的建设项目,扩大初步设计阶段必须编制修正概算。

2.设计概算的作用

在环境工程建设项目中,工程的设计概算具有很大的作用,通过设计概算可以知道该建设项目的投资计划、项目建设依据。除此之外,设计概算还是环境工程施工过程中相关图纸中涉及的构配件的预算主要依据,如果一个建设项目缺少了设计概算,就好比有工程项目不知道怎么去安排计划实施一样。环境工程中设计概算的主要内容包括以下几个方面:

(1) 设计概算是编制建设项目投资计划、确定和控制建设项目投资的依据。国家规定,

编制年度固定资产投资计划,确定计划投资总额及其构成数额,要以批准的初步设计概算为主要依据,没有批准的初步设计文件及其概算,建设工程就不能列入年度固定资产投资计划。设计概算一经批准,将作为控制建设项目投资的最高限额。竣工结算不能突破施工图预算,施工图预算不能突破设计概算。如果由于设计变更等原因建设费用超过概算,必须重新审查批准。

(2) 设计概算是控制施工图设计和施工图预算的依据。设计单位必须按照批准的初步设计和总概算进行施工图设计,施工图预算不得突破设计概算,如确需突破总概算时,应按规定程序报批。

(3) 设计概算是签订建设工程合同和贷款合同的依据。在国家颁布的合同法中明确规定,建设工程合同价款以设计概算价为依据,且总承包合同不得超过设计总概算的投资额。银行贷款或各单项工程的拨款累计总额不能超过设计概算,如果项目投资计划所列支投资额与贷款突破设计概算时,必须查明其原因,之后由建设单位报请上级主管部门调整或追加设计概算总投资,凡未批准之前,银行对其超支部分不予拨付。

(4) 设计概算是衡量设计方案技术经济合理性和选择最佳设计方案的依据。设计部门在初步设计阶段要选择最佳设计方案,设计概算是从经济角度衡量设计方案经济合理性的重要依据。

(5) 设计概算是考核建设项目投资效果的依据。通过设计概算与竣工决算对比,可以分析和考核投资效果的好坏,同时还可以验证设计概算的准确性,有利于加强设计概算管理以及建设项目的造价管理工作。

3.设计概算的内容

设计概算可分为单位工程概算、单项工程综合概算和建设项目总概算三级。各级概算之间的相互关系如图 4 - 5 所示。

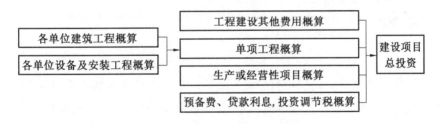

图 4 - 5　设计概算的三级概算关系

(1) 单位工程概算。单位工程是指具有单独设计文件,在环境工程建设的过程中能够独立进行组织施工的工程。单位工程概算是单项工程的一个重要组成的部分,缺少了单位工程的概算,该工程在进行施工预算和施工计划的过程中可能会引起严重的后果,如施工过程中断,无法保证施工质量。单位工程概算是确定各单位工程建设费用的文件,是编制单项工程综合概算的依据,是单项工程综合概算的组成部分。单位工程概算按照其工程性质一般可以分为建筑工程概算和设备及安装工程概算两大类。建筑工程概算包括土建工程概算,给排水、采暖工程概算,电气、照明工程概算,通风、空调工程概算,弱电工程概算,特殊构筑物工程概算等;设备及安装工程概算包括电气设备及安装工程概算,机械设备及安装工程概算,热力设备及安装工程概算,工具、器具及生产家具购置费概算等。

（2）单项工程综合概算。单项工程是指在一个建设项目的过程中，该单项建设工程具有独立的设计文件，建成后可以独立发挥生产能力或工程效益的项目。它是建设项目的重要组成部分，如生产车间、办公楼、图书馆、食堂、学生宿舍、住宅楼、一个配水厂等等。单项工程是一个比较复杂的综合体，是具有独立存在意义的一个完整工程，如净水厂工程、输水工程、配水工程等。单项工程概算是确定一个单项工程所需建设费用的文件，它由单项工程中各单位工程概算汇总编制而成，是建设项目总概算的组成部分。单项工程综合概算组成内容如图 4 - 6 所示。

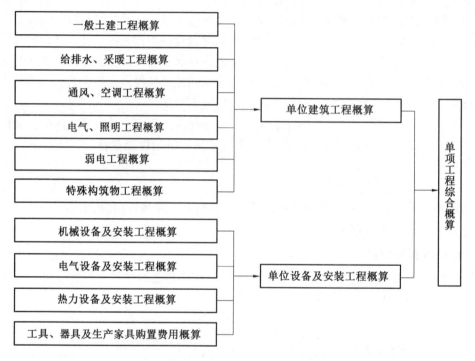

图 4 - 6　单项工程综合概算的组成内容

（3）建设项目总概算。建设项目总概算是确定整个建设项目从筹建到竣工验收所需全部费用的文件，它是由单项工程综合概算、工程建设其他费用概算、预备费概算、建设期贷款利息概算和生产或经营性项目铺底流动资金概算汇总编制而成的，如图 4 - 7 所示。

若干个单位工程概算汇总后成为单项工程概算，若干个单项工程概算和工程建设其他费用、预备费、建设期利息等概算文件就汇总成为建设项目总概算。单项工程概算和建设项目总概算仅是一种归纳、汇总性文件，因此，最基本的计算文件是单位工程概算书。建设项目若是一个独立单项工程，则建设项目总概算书与单项工程综合概算书可以合并编制。

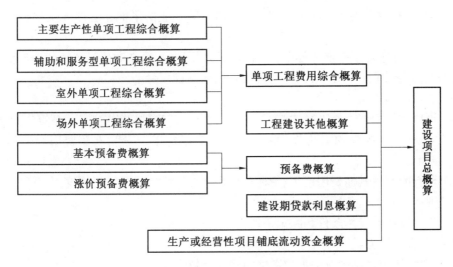

图 4 - 7   建设项目总概算的组成内容

4.9.2   设计概算的编制原则和依据

1.设计概算的编制原则

在环境工程施工的过程中,要严格按照工程的设计要求进行设计概算的编制,在进行工程设计概算的编制的过程中,要遵循以下原则:

(1)完整、准确地反映设计内容的原则。编制设计概算时,要认真了解设计意图,根据文件、图纸准确计算工程量,避免重算和漏算。设计修改后,要及时修正概算。

(2)严格执行国家的建设方针和经济政策的原则。设计概算是一项重要的技术经济,严格按照党和国家的方针、政策来办事,坚决执行勤俭节约的方针,严格执行规定的设计标准。

(3)坚持结合拟建工程的实际,反映工程所在地当时价格水平的原则。为提高设计概算准确性,要求实事求是地对工程所在地的建设条件、可能影响造价的各种因素进行认真的研究分析,在此基础上正确使用指标、定额、费率和价格等各项编制依据,按照现行工程造价的构成,根据有关部门发布的价格信息及价格调整指数,考虑建设期的价格变化因素,使概算尽可能地反映设计内容、施工条件和实际价格。

2.设计概算的编制依据

在环境工程施工的过程中,要严格按照工程的设计要求进行设计概算的编制;在进行工程设计概算的编制的过程中,要严格按照设计概算的编制依据,以下为编制依据:

(1)国家、行业和地方政府有关建设和造价管理的法律、法规、规定。

(2)批准的建设项目的设计任务书(或批准的可行性研究文件)和主管部门的有关规定。

(3)初步设计项目一览表。

(4)能满足编制设计概算的各专业设计图纸、文字说明和主要设备表,其中包括:

① 土建工程中建筑专业提交的建筑平、立、剖面图和初步设计文字说明(应说明或注明装修标准、门窗尺寸);结构专业提交的构件截面尺寸、结构平面布置图、特殊构件配筋率。

②给水排水、采暖通风、电气、空气调节、动力等专业的平面布置图或文字说明和主要设备表。

③室外工程有关各专业提交的平面布置图;总图专业提交的建设场地的地形图和场地设计标高及道路、挡土墙、排水沟、围墙等构筑物的断面尺寸。

(5)通常的施工组织设计。

(6)当地和主管部门的现行建筑工程和专业安装工程的概算定额(或预算定额、综合预算定额)、材料及构配件预算价格、单位估价表工程费用定额和有关费用规定的文件等资料。

(7)现行的有关其他费用定额、指标和价格。

(8)现行的有关设备原价及运杂费率。

(9)建设场地的自然条件和施工条件。

(10)资金筹措方式。

(11)建设单位提供的有关工程造价的其他资料。

(12)类似工程的概、预算及技术经济指标。

(13)有关合同、协议等其他资料。

4.9.3　设计概算的编制方法

建设项目设计概算的编制一般首先编制单位工程的设计概算,然后再逐级汇总,形成单位工程综合概算及建设项目总概算。下面分别介绍单位工程概算、单项工程综合概算和建设项目总概算的编制方法。

1.单位工程概算的编制方法

单位工程概算在环境工程的设计概算中是最基本的一个概算单位,它可以单独存在,也可以存在于大的概算中。环境工程单位工程概算的编制有多种方法,根据不同的编制方法编制出来的单位工程概算的侧重点不同。

(1)单位工程概算的内容。单位工程概算书是计算一个独立建筑物或构筑物(即单项工程)中每个专业工程所需工程费用的文件,可分为建筑工程概算书和设备及安装工程概算书。单位工程概算文件应包括建筑(安装)工程直接工程费计算表,建筑(安装)工程人工、材料、机械台班价差表,建筑(安装)工程费用构成表。

建筑工程概算的编制方法有概算指标法、概算定额法、类似工程预算法等;设备及安装工程概算的编制方法有扩大单价法、预算单价法、设备价值百分比法和综合吨位指标法等。单位工程概算投资由直接费、间接费、利润和税金组成。

(2)建筑工程概算的编制方法与实例。

①概算定额法。概算定额法又称为扩大单价法或扩大结构定额法。它是采用概算定额编制建筑工程概算的方法。根据初步设计图纸资料和概算定额的项目划分计算出工程量,然后套用概算定额期价(基价)、计算汇总后,再计取有关费用,就可得出单位工程概算造价。

概算定额法要求初步设计达到一定深度,建筑结构比较明确,能按照初步设计的平面、立面、剖面图纸计算出楼地面、墙身、门窗和屋面等分部工程(或扩大结构件)项目的工程量时,才可以采用。

a.列出单位工程中分项工程或扩大分项工程的项目名称,并计算其工程量。

b.确定各分部分项工程项目的概算定额单价。

c.按照有关规定标准计算措施费,合计得到单位工程直接费。

d.计算分部分项工程的直接工程费,合计得到单位工程直接工程费总和。

e.按照一定的取费标准和计算基础计算间接费和利税。

f.计算单位工程概算造价。

g.计算单位建筑工程经济技术指标。

②概算指标法。概算指标法是用拟建的厂房、住宅的建筑面积(或体积)乘以技术条件相同或基本相同工程的概算指标,得出直接工程费,然后按规定计算间接费、措施费、利润和税金等,编制出单位工程概算的方法。

当初步设计深度不够,不能准确计算出工程量,而工程设计技术比较成熟而又有类似工程概算指标可以利用时,可采用概算指标法。由于拟建工程(设计对象)往往与类似工程的概算指标的技术条件不尽相同,而且概算指标编制年份的材料、设备、人工等价格与拟建工程当时当地的价格也不会一样,因此,必须对其进行调整。其调整方法是:

a.设计对象的结构特征与概算指标有局部差异时的调整。

$$结构变化修正概算指标(元/m^2) = J + Q_1P_1 + Q_2P_2$$

式中,J 为原概算指标;Q_1 为换入新结构的数量;Q_2 为换出旧结构的数量;P_1 为换入新结构的单价;P_2 为换出旧结构的单价。

b.设备、材料、人工、机械台班费用的调整。

$$设备、人工、材料、机械修正概算费用 = 原概算指标的设备、人工、材料、机$$
$$械费用 \times \sum (换入设备、人工、材料、机械消耗量 \times 拟建地区相应单价)$$
$$- \sum (换出设备、人工、材料、机械消耗量 \times 原概算指标单价)$$

③类似工程预算法。类似工程预算法是利用技术条件与设计对象相类似的已完成工程或在建工程的工程造价资料来编制拟建工程设计概算的方法。

类似工程预算法在拟建工程初步设计与已完成工程或在建工程的设计相类似而又没有可用的概算指标时采用,但必须对建筑结构差异和价差进行调整。建筑结构差异的调整方法与概算指标法的调整方法相同。类似工程造价的价差调整常用的两种方法是:

a.类似工程造价资料有具体的人工、材料、机械台班用量时可按类似工程预算造价资料中的主要工日数量、材料用量、机械台班单价,计算出直接工程费,再乘以当地的综合费率,即可得出所需的造价指标。

b.类似工程造价资料只有材料、人工、机械台班费用和措施费、间接费时,可按下面公式调整:

$$D = A \cdot K$$
$$K = a\%K_1 + b\%K_2 + c\%K_3 + d\%K_4 + e\%K_5$$

式中,D 为拟建工程单方概算造价;A 为类似工程单方预算造价;K 为综合调整系数;$a\%$、$b\%$、$c\%$、$d\%$、$e\%$ 为类似工程预算的人工费、材料费、机械台班费、措施费、间接费占预算造价的比重,如 $a\%$ = 类似工程人工费(或工资标准)/ 类似工程预算造价 × 100%,$b\%$、$c\%$、$d\%$、$e\%$ 类同;K_1、K_2、K_3、K_4、K_5 为拟建工程地区与类似工程预算造价在人工费、材料费、机械台班费、措施费和间接费之间的差异系数,如:K_1 = 拟建工程概算的人工费(或工资标准)/类似工程预算人工费(或地区工资标准),K_2、K_3、K_4、K_5 类同。

(3)设备及安装工程概算的编制方法。

设备及安装工程概算包括设备购置费用概算和设备安装工程费用概算两大部分。

① 设备购置费用概算。设备购置费用是根据初步设计的设备清单来计算出设备原价,并汇总求出设备总原价,然后按有关规定的设备运杂费率乘以设备总原价,两项相加即为设备购置费用概算。

② 设备安装工程费用概算的编制方法。设备安装工程费用概算的编制方法应根据初步设计深度和要求所明确的程度而采用。其主要编制方法有:

a.扩大单价法。当初步设计深度不够,设备清单不完备,只有主体设备或仅有成套设备质量时,可采用主体设备、成套设备的综合扩大安装单价来编制概算。

b.预算单价法。当初步设计较深,有详细的设备清单时,可直接按安装工程预算定额单价编制安装工程概算,概算编制程序基本与安装工程施工图预算类同。该法具有计算比较具体、精确性较高的优点。上述两种方法的具体操作与建筑工程概算相类似。

c.设备价值百分比法(安装设备百分比法)。当初步设计深度不够,只有设备出厂价而无详细规格、质量时,安装费可按占设备费的百分比计算。其百分比值(即安装费率)由相关管理部门制定或由设计单位根据已完类似工程确定。该法常用于价格波动不大的定型产品和通用设备产品。其数学表达式为

$$设备安装费 = 设备原价 \times 安装费率(\%)$$

d.综合吨位指标法。当初步设计提供的设备清单有规格和设备质量时,可采用综合吨位指标编制概算,其综合吨位指标由相关主管部门或由设计院根据已完类似工程资料确定。该法常用于设备的价格波动较大的非标准设备和引进设备的安装工程概算。数学表达式为

$$设备安装费 = 设备吨重 \times 每吨设备安装费指标(元/吨)$$

2.单项工程综合概算的编制方法

单项工程综合概算的含义:单项工程综合概算是确定单项工程建设费用的综合性文件,它由该单项工程各专业单位工程概算汇总而成,是建设项目总概算的组成部分。

单项工程综合概算的内容:单项工程综合概算文件一般包括编制说明(不编制总概算时列入)和综合概算表(含其所附的单位工程概算表和建筑材料表)两大部分。当建设项目只有一个单项工程时,此时综合概算文件(实为总概算)除包括上述两大部分外,还应包括建设期贷款利息、工程建设其他费用和预备费的概算。

(1)编制说明。编制说明应列在综合概算表的前面,其内容为:

① 工程概况:简述建设项目性质、特点、建设周期、生产规模、建设地点等主要情况。

② 编制依据:包括国家和有关部门的规定、设计文件,现行概算定额或概算指标、设备料的预算价格和费用指标等。

③ 编制方法:说明设计概算是采用概算定额法,还是采用概算指标法或其他方法。

④ 其他必要的说明。

(2)综合概算表(表4-12)。综合概算表是根据单项工程所管辖范围内的各单位工程概算等基础资料,按照国家或部委所规定的统一表格进行编制。

① 综合概算表的项目组成。工业建设项目综合概算表是由建筑工程和设备及安装工程两大部分组成的;民用工程项目综合概算表仅有建筑工程一项。

② 综合概算的费用组成。一般包括建筑工程费用、设备购置及工器具生产家具购置费、安装工程费用。当不编制总概算时,还应包括建设期贷款利息、工程建设其他费用以及预备费等费用项目。

表 4 - 12　综合概算表

建设项目名称:

单项工程名称:　　　　　　　　　　　　　　　　　　　　　　概算价值:×××元

序号	综合概算编号	工程项目或费用名称	概算价值 / 万元						技术经济指标			占投资总额 /%	备注
			建筑工程费	安装工程费	设备购置费	工器具生产家具购置费	其他费用	合计	单位	数量	单位价值 / 元		
1	2	3	4	5	6	7	8	9	10	11	12	13	14

审核人:　　　核对:　　　编制:　　　年　月　日

3.建设项目总概算的编制方法

要想进行建设项目总概算的编制,首先需要明确总概算的具体含义,因为总概算在环境工程设计施工中占有很重要的作用和意义,施工人员根据图纸中的总概算就可以直观地知道工程项目中的总体情况、总投资数额、每个子项目所分担或者需要的资金投入,它可以具体到工程项目中的每一个要点,就好比环境工程施工过程中预算及资金投入的眼睛一样,可以清楚地看到每一个细节和要点。

(1) 总概算的含义。建设项目总概算是设计文件的重要组成部分,是确定整个建设项目从筹建到竣工交付使用所预计花费的全部费用的文件。它是由各单项工程综合概算、建设期贷款利息、工程建设其他费用、预备费和经营性项目的铺底流动资金概算组成,按照主管部门规定的统一表格进行编制而成的。

(2) 总概算的内容。设计总概算文件一般应包括编制说明、各单项工程综合概算书、总概算表、工程建设其他费用概算表、主要建筑安装材料汇总表。独立装订成册的总概算文件宜加封面、签署页(扉页) 和目录。

① 编制说明。编制说明的内容与单项工程综合概算文件相同。

② 总概算表。

③ 工程建设其他费用概算表。

④ 主要建筑安装材料汇总表。

4.9.4 设计概算的审查

1.审查设计概算的意义

在环境工程建设中,建设项目的审查设计概算具有很重要的作用,通过审查设计概算可以对工程进行核实,可以对工程进行纵向或者横向的比较,这样可以使得设计人员或者施工人员在设计或者施工的过程中知道该工程的核算是否正确;同时通过纵向和横向的比较,对施工人员或者施工方来说,在原材料的准备过程中可以清楚地看到何种材料好,且对预算有利。总体来说,建设项目的审查设计概算具有以下几个方面的意义:

(1)审查设计概算有利于合理分配投资资金、加强投资计划管理,有助于有效控制和合理确定工程造价。设计概算编制偏高或偏低,不仅影响工程造价的控制,也会影响投资计划的真实性,影响投资资金的合理分配。

(2)审查设计概算有利于促进设计的技术先进性与经济合理性。概算中的技术经济指标是概算的综合反映,与同类工程对比,便可看出它的先进与合理程度。

(3)审查设计概算有利于促进概算编制单位严格执行国家有关概算的编制规定和费用标准,从而提高概算的编制质量。

(4)审查设计概算有利于核定建设项目的投资规模,可以使建设项目总投资力求做到准确、完整,防止任意扩大投资规模或出现漏项,从而缩小概算与预算之间的差距,减少投资缺口,避免故意压低概算投资,搞钓鱼项目,最后导致实际造价大幅度地突破概算。

(5)经审查的概算有利于为建设项目投资的落实提供可靠的依据。打足投资,不留缺口,有助于提高建设项目的投资效益。

2.审查设计概算的内容

在进行建设项目设计概算的审查前,首先需要了解和掌握的是建设项目的审查设计概算的编制依据,因为建设项目的审查设计概算的编制依据是审查设计概算内容的核心,只有通过其编制的依据才可以知道其审查设计的内容包含哪些方面或者哪些内容。总体来说,审查设计概算编制内容的主要依据有以下几个方面:

(1)审查编制依据的合法性。采用的各种编制依据必须经过国家和授权机关的批准,符合国家的编制规定,未经批准的不能采用。不能以情况特殊为由,擅自提高概算定额、指标或费用标准。

(2)审查编制依据的时效性。各种依据,如定额、价格、指标、取费标准等,都应根据国家有关部门的现行规定进行,注意有无调整和新的规定,如有,则应按新的调整办法和规定执行。

(3)审查编制依据的适用范围。各种编制依据都有规定的适用范围,如各主管部门规定的各种专业定额及其取费标准,只适用于该部门的专业工程;各地区规定的各种定额及其取费标准,只适用于该地区范围内,特别是地区的材料预算价格区域性更强。

3.审查设计概算编制深度

在进行环境工程建设项目的审查设计概算前,需要了解和掌握环境工程建设项目的深度编制要求和依据,只有掌握了这些深度编制的要点,才可以使得环境工程的设计审查概算能够正常进行,其主要的设计审查概算编制要求有以下几个方面:

（1）审查编制说明。审查编制说明可以检查概算的编制方法、深度和编制依据等重大原则问题，若编制说明有差错，具体概算必然会有差错。

（2）审查概算编制的完整性。一般大中型项目的设计概算应有完整的编制说明和"三级概算（即总概算表、单项工程综合概算表、单位工程概算表）"，并按有关规定的深度进行编制。审查是否有符合规定的"三级概算"，各级概算的编制、核对、审核是否按规定进行签署，有无随意简化，有无把"三级概算"简化为"二级概算"，甚至"一级概算"。

（3）审查概算的编制范围。审查概算编制范围及具体内容是否与主管部门批准的建设项目范围及具体工程内容一致；审查分期建设项目的建筑范围及具体工程内容有无重复或交叉，是否重复计算或漏算；审查其他费用应列的项目是否符合规定，静态投资、动态投资和经营性项目铺底流动资金是否分别列出等等。

4.审查工程概算的内容

审查工程概算的内容主要是工程涉及的相应指标内容，国家、地方或者行业有关的标准等法律法规。在环境工程施工管理中，审查工程概算的主要内容可以总结为以下十三个方面：

（1）审查概算的编制是否符合党的政策、方针，是否根据工程所在地的自然条件进行编制。

（2）审查建设标准（用地指标、建筑标准等）、建设规模（投资规模、生产能力等）、配套程、设计定员等是否符合原批准的可行性研究报告或立项批文的标准。对总概算投资超过准投资估算 10% 以上的，应查明原因，重新上报进行审批。

（3）审查编制方法、计价依据和程序是否符合现行规定，包括定额或指标的适用范围和调整方法是否正确。进行定额或指标的补充时，要求补充定额或指标的内容组成、项目划分、编制原则等要与现行的规定相一致等。

（4）审查材料用量和价格。审查主要材料（钢材、水泥、木材、砖）的用量数据是否正确，材料预算价格是否符合工程所在地的价格水平，材料价差调整是否符合现行规定及其计算是否正确等。

（5）审查工程量是否正确。工程量的计算是否是根据初步设计图纸、概算定额、工程量计算规则和施工组织设计的要求进行，有无多算、重算或漏算，尤其对工程量大、造价高的项目要重点审查。

（6）审查设备规格、数量和配置是否符合设计要求，是否与设备清单相一致，设备预算价格是否真实可信，设备原价和运杂费的计算是否正确，非标准设备原价的计价方法是否符合规定；进口设备的各项费用的组成及其计算程序、方法是否符合国家主管部门的规定。

（7）审查综合概算、总概算的编制内容、方法是否符合现行规定和设计文件的要求，有无设计文件外项目，有无将非生产性项目以生产性项目列入。

（8）审查建筑安装工程各项费用的计取是否符合国家或地方有关部门的现行规定，计算程序和取费标准是否正确。

（9）审查总概算文件的组成内容，是否完整地包括建设项目从筹建到竣工投产为止的全部费用组成。

（10）审查工程建设其他各项费用。这部分费用内容多、弹性大，而它的投资约占项目总投资 25% 以上，要按国家和地区规定逐项审查，不属于总概算范围的费用项目不能列入概算,具体费率或计取标准是否按国家、行业有关部门规定计算,有无随意列项,有无多列、交叉计列和漏项等。

(11)审查项目的"三废"治理。拟建项目必须同时安排"三废"(废气、废水、废渣)的治理方案和投资,对于未做安排或漏项或多算、重算的项目,要按国家有关规定核实投资,以满足"三废"排放达到国家标准。

(12)审查技术经济指标。技术经济指标计算方法和程序是否正确,综合指标和单项指标与同类型工程指标相比,是偏低还是偏高,其原因是什么并予以纠正。

(13)审查投资经济效果。设计概算是初步设计经济效果的反映,要按照工艺流程、生产规模、产品品种和质量,从企业的投资效益和投产后的运营效益全面分析,是否达到了先进可靠、经济合理的要求。

5.审查设计概算的方法

在环境工程施工管理中,有关审查设计概算的方法有多种,每一种方法有相应的侧重点,这就使得施工人员或者设计人员在从事环境工程施工管理过程中,需要对每一种方法有比较熟悉的掌握,了解并掌握每种方法的重要内容,以便我们在遇到实际工程的施工能够找到采用某种方法来对设计概算进行审查。采用适当方法审查设计概算是确保审查质量、提高审查效率的关键。在环境工程施工管理中,比较常见的审查设计概算的方法有:

(1)对比分析法。对比分析法主要有建设规模、标准与立项批文对比,综合范围、内容与编制方法、规定对比,工程数量与设计图纸对比,各项取费与规定标准对比,引进设备、技术投资与报价要求对比,材料、人工单价与市场信息对比,技术经济指标与同类工程对比等。通过以上对比,容易发现设计概算存在的主要问题和偏差。

(2)查询核实法。查询核实法是对一些关键设备和设施、重要装置、引进工程图纸不全、难以核算的较大投资进行多方查询核对、逐项落实的方法。

(3)联合会审法。联合会审前,可先采取多种形式分头审查,包括审计单位自审,建设、主管、承包单位初审,工程造价咨询公司评审,邀请同行专家预审,审批部门复审等,经层层审查把关后,由有关单位和专家进行联合会审,在会审会上,由设计单位介绍概算编制情况及相关问题,各有关单位、专家汇报初审和预审意见。然后进行认真分析讨论,结合对各专业技术方案的审查意见所产生的投资增减,逐一审核原概算出现的问题。经过充分协商,认真听取设计单位意见后,实事求是地进行处理、调整。

通过以上复审后,对审查中发现的问题和偏差,按照单项、单位工程的顺序,先按设备费、建筑费、安装费和工程建设其他费用分类整理。然后按照静态投资部分、动态投资部分和铺底流动资金三大类,汇总核增或核减的项目及其投资。最后将具体审核数据,按照"原编概算""审核结果""增减投资""增减幅度"四栏列表,并按照原总概算表汇总顺序,将各个增减项目逐一列出,相应调整所属项目投资合计数,再依次汇总审核后的总投资及增减投资额。对于差错较多、问题较大或不能满足要求的,责成按会审意见修改返工后,重新报批;对于无重大原则问题,深度基本满足要求,投资增减不多的,当场核定概算投资额,并提交审批部门复核后,正式下达审批概算。

4.10　施工图预算

4.10.1　施工图预算的含义、内容和编制模式

1.施工图预算的含义

施工图预算是在施工图设计完成之后,工程开工之前,根据已批准的施工图纸、现行的预算定额、费用定额和地区人工、材料、设备与机械台班等资源价格,在施工方案或施工组织设计已经确定的前提下,按照规定的计算程序计算直接工程费、措施费,并计取间接费、利润、税金等费用,确定单位工程造价的技术经济文件。

按照以上施工图预算的概念,只要是按照工程施工图以及计价所需的各种依据,在工程实施前所计算的工程价格,均可以称为施工图预算价格。该施工图预算价格既可以是按照政府统一规定的取费标准、预算单价、计价程序计算而得到的属于计划或预期性质的施工图预算价格,也可以是通过招标投标法定程序后施工企业根据自身的实力即企业定额、资源市场单价以及市场供求及竞争状况计算得到的反映市场性质的施工图预算价格。

2.施工图预算的内容

施工图预算有单位工程预算、单项工程预算和建设项目总预算。单位工程预算是根据施工图设计文件、现行预算定额、材料、设备、费用标准以及人工、机械台班等预算价格资料,以一定方法编制单位工程的施工图预算。然后汇总所有各单位工程施工图预算,成为单项工程施工图预算。再汇总所有各单项工程施工图预算,便是一个建设项目建筑安装工程的总预算。

单位工程预算包括建筑工程预算和设备安装工程预算。建筑工程预算按其工程性质分为一般土建工程预算、卫生工程预算(包括采暖通风工程、室内外给排水工程、煤气工程等)、电气照明工程预算、特殊构筑物(如各类贮水池、炉窑、烟囱、泵房、水塔等)工程预算和工业管道工程预算等。设备安装工程预算可分为机械设备安装工程预算、电气设备安装工程预算和化工设备安装工程预算、热力设备安装工程预算等。

3.施工图预算编制的两种模式

在环境工程施工管理中,针对施工图预算编制有两种不同的模式,这两种施工图预算模式分别是传统定额计价模式和工程量清单计价模式,它们的侧重点不用,在环境工程施工管理过程中,具体采用哪种施工图预算编制模式需要根据具体的建设项目内容、建设项目工程量以及建设项目复杂程度进行综合分析。

(1)传统定额计价模式。我国传统定额计价模式是采用国家、部门或地区统一规定的预算定额、取费标准、单位估价表、计价程序进行工程造价计价的模式,通常也称为定额计价模式。由于清单计价模式中也要用到消耗量定额,为避免歧义,此处称为传统定额计价模式,它是我国长期使用的一种施工图预算的编制方法。

在传统定额计价模式下,国家或地方主管部门颁布工程预算定额,并且规定了相关取费标准,发布有关资源价格信息。建设单位与施工单位均先根据预算定额中规定的工程量计算规则、定额单价计算直接工程费,再按照规定的费率和取费程序计取间接费、利润及税金,

汇总后便可得到工程造价。

在预算定额从指令性走向指导性的过程中,虽然预算定额中的一些因素可以按市场变化做出一些调整,但其调整(包括人工、材料和机械价格的调整)也都是按造价管理部门发布的造价信息进行,造价管理部门不可能把握市场价格的随时变化,其公布的造价信息与市场实际价格信息总有一定的滞后与偏离,这就决定了定额计价模式有一定的局限性。

(2)工程量清单计价模式。工程量清单计价模式是招标人按照国家统一的工程量清单计价规范中的工程量计算规则提供工程量清单以及技术说明,由投标人依据企业自身的条件和市场价格对工程量清单自主报价的工程造价计价模式。

工程量清单计价模式是一种国际通行的计价方法,为了使我国工程造价管理与国际接轨,逐步向市场化过渡,我国于2003年7月1日开始实施国家标准《建设工程工程量清单计价规范》(GB 50500—2003)。近年来,由于工程建设管理法律、法规的不断完善,建筑市场的不断发展,新问题的不断出现、不断解决,住房和城乡建设部发布了《建设工程工程量清单计价规范》(GB 50500—2008),自2008年12月1日起实施。

4.10.2　施工图预算的作用和编制依据

1.施工图预算的作用

在环境工程施工管理中,施工图预算作为建设工程建设程序中一个重要的技术经济文件,在工程建设实施过程中具有十分重要的作用,可以归纳为以下几个方面:

(1)施工图预算是设计阶段控制工程造价的重要环节,是控制施工图设计不突破设计概算的重要措施。

(2)施工图预算是编制或调整固定资产投资计划的依据。

(3)对于实行施工招标的工程,施工图预算是编制标底的依据,也是承包企业投标报价的基础。

(4)对于不宜实行招标的工程,采用施工图预算加调整价结算的工程,施工图预算可以作为确定合同价款的基础或作为审查施工企业提出的施工图预算的依据。

2.施工图预算的编制依据

在环境工程施工管理中,施工图预算的编制依据是施工图预算的主要支撑点,通过编制的依据使得制订出来的施工图预算有法有理可依,同时按照相应的标准可以使得施工或者设计人员能够比较快速和清晰地了解到预算的主要内容。总体来说,环境工程中施工图预算编制的依据主要有以下几个方面:

(1)施工图纸及说明书和标准图集。经审定的许多图纸、说明书和标准图集,完整地反映了工程的具体内容和部分具体做法、结构尺寸、技术特征以及施工方法,是编制施工图预算的重要依据。

(2)现行预算定额及单位估价表。国家和地区颁发的现行建筑、安装工程预算定额及单位估价表和相应的工程量计划规则,建筑安装工程费用定额是编制施工图预算确定分项工程子目、计算工程量,选用单位估价表和计算直接工程费的主要依据。

(3)施工组织设计或施工方案。施工组织设计或施工方案中包括与编制施工图预算必不可少的相关资料,如建设地点的土质、地质情况,土石方开挖的施工方法及余土外运方式与距离,施工机械使用情况,结构件预制加工方法及运距,重要的梁板柱的施工方案,重要或特殊机械设备的安装方案等等。

(4) 人工、材料、机械台班预算价格及调价规定。人工、材料、机械台班预算价格是预算定额的三要素,是构成直接工程费的主要因素,尤其是材料费在工程成本中占的比例很大,而且在市场经济条件下,人工、材料、机械台班的价格是随市场而变化的。为使预算造价尽可能地接近实际,各地区对比都有明确的调价规定、发造价信息等。因此,合理确定人工、材料、机械台班预算价格及其调价规定是编制施工图预算的重要依据。

(5) 预算工作手册及有关计算各种结构构件面积和体积公式,钢材、木材等各种材料的规格、型号及用量数据,各种换算比例,特殊断口、结构件、工程量计算方法,金属材料质量表等等。以上这些资料、公式、数据是施工图预算必不可少的依据。

4.10.3　施工图预算的编制方法

施工图预算由单位工程施工图预算、单项工程施工图预算和建设项目施工图预算三级逐级编制综合汇总而成。由于施工图预算是以单位工程为单位编制的,按单项工程汇总而成,所以施工图预算编制的关键在于编制好单位工程施工图预算,本节重点讲解单位工程施工图预算的编制方法。

《建筑工程施工发包与承包计价管理办法》(建设部令第 107 号) 规定,施工图预算、投标报价、招标底(相当于现招标控制价) 由成本、利润和税金构成。其编制可以采用工料单价法和综合单价法两种计价方法,工料单价法是传统的定额计价模式下的施工图预算编制方法,而综合单价法是适应市场经济条件的工程量清单计价模式下的施工图预算编制方法。

1.工料单价法

工料单价法是指分部分项工程的单价为直接工程费单价,以分部分项工程量乘以对应分部分项工程单价后的合计为单位直接工程费,直接工程费汇总后另加间接费、措施费、利润、税金生成施工图预算造价。

按照分部分项工程单价产生的方法不同,工料单价法又可以分为预算单价法和实物法。

(1) 预算单价法。预算单价法就是采用地区统一单位估价表中的各分项工程工料预算单价(基价) 乘以相应的各分项工程的工程量,求和后得到包括材料费、人工费和施工机械使用费在内的单位工程直接工程费,间接费、措施费、利润和税金可根据统一规定的费率乘以相应的计费基数得到,将上述费用汇总后得到该单位工程的施工图预算造价。

预算单价法编制施工图预算的基本步骤如下:

① 编制前的准备工作。编制施工图预算的过程是具体确定建筑安装工程预算造价的过程。编制施工图预算不仅要严格遵守国家计价法规和相关政策,严格按图纸计量,而且还要考虑施工现场条件因素,这是一项复杂而细致的工作,也是一项政策性和技术性都很强的工作,因此,必须事前做好充分准备。准备工作主要包括两大方面:一是组织准备;二是资料的收集和现场情况调查。

② 熟悉图纸和预算定额以及单位估价表。图纸是编制施工图预算的基本依据。熟悉图纸不但要弄清图纸的内容,而且要对图纸进行审核:图纸间相关尺寸是否有误,设备与材

料表上的规格、数量是否与图示相符;说明、详图、尺寸和其他符号是否正确等。若发现错误要及时纠正。另外,还要熟悉标准图以及设计更改通知(或类似文件),这些都是图纸的组成部分,不可遗漏。通过对图纸的熟悉,要了解工程的性质、系统的组成、设备和材料的规格型号和品种,以及有无新材料、新工艺的采用。预算定额和单位估价表是编制施工图预算的计价标准,对其适用范围、工程量计算规则及定额系数等都要有一个充分了解,做到心中有数,这样才能使预算编制准确、迅速。

③ 了解施工组织设计和施工现场情况。编制施工图预算前,应了解施工组织设计中影响工程造价的有关内容。例如,各分部分项工程的施工方法,土方工程中余土外运使用的工具、运距,施工平面图对建筑材料、构件等堆放点到施工操作地点的距离等等,以便能正确计算工程量和正确套用或确定某些分项工程的基价。这对于正确计算工程造价,提高施工图预算质量,具有重要意义。

④ 划分工程项目和计算工程量。首先需要划分工程项目,划分的工程项目必须和定额规定的项目一致,这样才能正确地套用定额。不能漏项少算,也不能重复列项计算。然后要计算并整理工程量。必须按定额规定的工程量计算规则进行计算,该扣除部分要扣除,不该扣除的部分要保留。当按照工程项目将工程量全部计算完以后,要对工程项目和工程量进行整理,即合并同类项和按序排列,为套用定额、计算直接工程费和进行工料分析打下基础。

⑤ 套单价(计算定额基价)。即将定额子项中的基价填于预算表单价栏内,并将单价乘数工程量得出合计价,将结果填入合计价一栏。

⑥ 工料分析。工料分析即按分项工程项目,依据定额或单位估价表,计算人工和各种材料的实物耗量,并将主要材料汇总成表。工料分析的方法是:首先从定额项目表中分别将各分项工程消耗的每项材料和人工的定额消耗量查出;再分别乘以该工程项目的工程量,得到分项工程的工料消耗量;最后将各分项工程工料消耗量加以汇总,便可得出单位工程人工、材料的消耗数量。

⑦ 计算主材费(未计价材料费)。许多定额项目基价为不完全价格,即未包括主材费用在内,计算所在地定额基价费(基价合计)之后,还应计算出主材费,以便计算工程造价。

⑧ 按费用定额取费。即按有关规定计取措施费,以及按当地费用定额的取费规定计取措施费、间接费、利润、税金等。

⑨ 计算汇总工程造价。将直接费、间接费、利润和税金相加即为工程预算造价。

预算单价法编制施工图预算的步骤如图 4 - 8 所示。

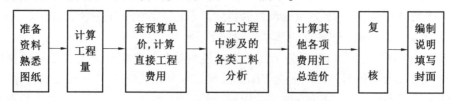

图 4 - 8　预算单价法编制施工图预算的步骤

(2) 实物法。用实物法编制单位工程施工图预算,就是根据施工图计算的各分项工程量分别乘以地区定额中材料、人工、施工机械台班的定额消耗量,分类汇总得出该单位工程所需的全部材料、人工、施工机械台班消耗数量,然后再乘以当时当地人工工日单价、各种材料单价、施工机械台班单价,求出相应的材料费、人工费、机械使用费,再加上措施费,就可以求出该工程的直接费。间接费、利润及税金等费用计取方法与预算单价法相同。单位工程直接工程费可以按照以下公式计算:

$$材料费 = \sum(各种材料消耗量 \times 相应材料单价)$$

$$人工费 = 综合工日消耗量 \times 综合工日单价$$

$$机械费 = \sum(各种机械消耗量 \times 相应机械台班单价)$$

$$单位工程直接工程费 = 材料费 + 人工费 + 机械费$$

实物法的优点是能比较及时地将反映各种材料、人工、机械市场情况的当时当地市场单价计入预算价格,无须调价,反映当时当地的工程价格水平。

实物法编制施工图预算的基本步骤如下:

① 编制的前期准备工作。具体工作内容同预算单价法相应步骤的内容。但此时要全面收集各种材料、人工、机械台班的当时当地的市场价格,应包括不同品种、规格的材料单价;不同工种、等级的人工工日单价;不同种类、型号的施工机械台班单价等。要求获得的各种价格应全面、真实、可靠。

② 熟悉图纸和预算定额。

③ 了解施工组织设计和施工现场情况。

④ 划分工程项目和计算工程量。

⑤ 套用定额消耗量,计算材料、人工、机械台班消耗量。根据地区定额中材料、人工、施工机械台班的定额消耗量,乘以各分项工程的工程量,分别计算出各分项工程所需的各类人工工日数量、各类材料消耗数量和各类施工机械台班数量。

⑥ 计算并汇总单位工程的材料费、人工费和施工机械使用费。在计算出各部分项目工程的各类人工工日数量、材料消耗数量和施工机械台班数量后,先按类别相加汇总求出该单位工程所需的各种材料、人工、施工机械台班的消耗数量,分别乘以当时当地相应材料、人工、施工机械台班的实际市场单价,即可求出单位工程的材料费、人工费、机械使用费,再汇总计算出单位工程直接工程费。计算公式为

$$单位工程直接工程费 = \sum(工程量 \times 定额人工消耗量 \times 市场工日单价) +$$

$$\sum(工程量 \times 定额材料消耗量 \times 市场材料单价) +$$

$$\sum(工程量 \times 定额机械台班消耗量 \times 市场机械台班单价)$$

⑦ 计算其他费用,汇总工程造价。对于间接费、措施费、利润和税金等费用的计算,可以采用与预算单价法相似的计算程序,只是有关费率需根据当时当地建设市场的供求情况确定。将上述直接费、间接费、利润和税金等汇总即为单位工程预算造价。

⑧ 复核。

⑨ 编制说明、填写封面。

实物法编制施工图预算的步骤如图 4 - 9 所示。

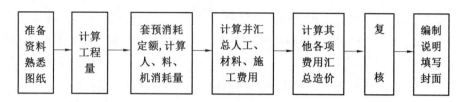

图 4 - 9 实物法编制施工图预算的步骤

实物法编制施工图预算的步骤与预算单价法基本相同,但在具体计算人工费、材料费和机械使用费及汇总三种费用之和方面有一定区别。实物法编制施工图预算所用材料、人工和机械台班的单价都是当地的实际价格,编制出的预算可较准确地反映实际水平,误差较小,适用于市场经济条件波动较大的情况。由于采用该方法需要统计材料、人工、机械台班的消耗量,还需搜集相应的实际价格,因此工作量较大、计算过程烦琐。

2.综合单价法

综合单价法是指分项工程单价综合了直接工程费及以外的多项费用,按照单价综合的内容不同,综合单价法可分为全部费用综合单价和工程量清单综合单价。

(1) 全部费用综合单价。全部费用综合单价,即单价中综合了分项工程材料费、人工费、机械费,管理费、利润、规费以及有关文件规定的调价、税金以及一定范围的风险等全部费用。以各分项工程量乘以全部费用单价的合价汇总后,再加上措施项目的完全价格,就生成了单位工程施工图造价。公式如下:

$$建筑安装工程预算造价 = \left(\sum 分项工程量 \times 分项工程全部费用单价 \right) +$$
$$措施项目完全价格$$

(2) 工程量清单综合单价。按照《建设工程工程量清单计价规范》(GB 50500—2008)的规定,工程量清单综合单价中综合了材料费、人工费、施工机械使用费、企业管理费、利润,并考虑了一定范围的风险费用,但并未包括措施费、规费和税金,因此它是一种不完全单价。以各分部分项工程量乘以该综合单价的合价汇总后,再加上措施项目费、规费和税金后,就是单位工程的造价。公式为

$$建筑安装工程预算造价 = \left(\sum 分项工程量 \times 分项工程不完全单价 \right) +$$
$$措施项目不完全价格 + 规费 + 税金$$

4.10.4 施工图预算的审查

1.审查施工图预算的意义

审查施工图预算有利于控制工程造价,克服和防止预算超概算;有利于施工承包合同的合理确定和控制;有利于加强固定资产投资管理,节约建设资金。施工图预算书对招标工程而言是编制标底的依据,对于不招标工程,又是合同价款结算的基础。审查施工图预算还有利于积累和分析各项技术经济指标,为积累和分析技术经济指标能提供准确依据,进而通过有关指标的比较,找出设计中的薄弱环节。

2.审查施工图预算的内容

审查施工图预算的重点应该放在工程量计算以及预算单价套用是否正确、各项费用标

准是否符合现行规定等方面。

（1）审查工程量。

① 审查土方工程量。平整场地，挖地坑、挖地槽、挖土方工程量的计算是否符合现行定额计算规定和施工图纸标注尺寸，有无重算和漏算，回填土工程量和余土外运计算是否正确。

② 砖石工程量。墙身和墙基划分是否符合规定，不同厚度的内、外墙是否分别计算，应扣除的门窗洞口及埋入墙体各种钢筋混凝土梁柱等是否已扣除，不同砂浆标号的墙体和定额规定是否相应，有无混淆、错算或漏算。

③ 审查混凝土及钢筋混凝土工程量。现浇与预制构件有无混淆，是否分别计算，现浇柱与梁、主梁与次梁，以及各种构件计算有无重算或漏算，是否符合规定，有筋与无筋构件是否按设计规定分别计算，有无混淆混凝土的含钢材量与预算定额的含钢材量发生差异时，应按规定予以增减调整。

④ 审查楼地面工程量。楼梯抹面是否按踏步和休息平台部分的水平投影面积计算，细石混凝土地面找平层的设计厚度与定额厚度不同时，是否按其厚度进行换算。

⑤ 审查构筑物的工程量。当烟囱和水塔定额量以面编制时，地下部分已经包括在定额内，按规定不能再另行计算。

⑥ 审查金属构件制作工程量金属构件制作工程量多数以吨为单位。

⑦ 审查水暖工程量室内外排水管道、暖气管的划分是否符合规定；室内给水管道不应扣除阀门、接头零件所占的长度，但应扣除卫生设备本身附带的管道长度，审查是否符合要求，有无重算；室内排水工程采用承插铸铁管，不应扣除异形管及检查口所占长度，室外排水管道是否已扣除了检查井与连接井所占的长度；各种管道的长度、口径是否按设计规定和定额计算。

（2）审查预算单价的套用。

① 预算中所列各分项工程预算单价是否与现行预算定额的预算单价相符，其名称、规格、单位和所包括的工程内容是否与单位估价表相一致。

② 审查换算的单价，是否是定额允许换算的，换算是否正确。

③ 审查补充定额和单位估价表的编制是否符合编制原则，单位估价表计算是否正确。

（3）审查其他有关费用和其他直接费包括的内容，由于各地不一，具体计算时，应按当地的现行规定执行。审查时要注意是否符合规定和定额要求；其他直接费和现场经费及间接费的计取基础是否符合现行规定；是否不能作为计费基础的费用列入计费的基础；预算外调增的材料差价是否计取了间接费。

3.审查施工图预算的方法

审查施工图预算方法较多，主要有标准预算审查法、全面审查法、分组计算审查法、筛选审查法、对比审查法、重点抽查法、分解对比审查法等几种。

（1）标准预算审查法。对于利用标准图纸或通用图纸施工的工程，先集中力量，编制标准预算，以此为标准审查预算的方法按标准图纸设计或通用图纸施工的工程一般上部结构和做法相同，可集中力量细审一份预算，作为这种标准图纸的标准预算，或用这种标准图纸的工程量为标准，对照审查，而对局部不同部分做单独审查即可。这种方法的优点是时间短、效果好，比较适应环境工程，如贮水池、化粪池、水塔等。

（2）全面审查法，又叫逐项审查法。全面审查法是按预算定额顺序或施工的先后顺序，逐一地进行全面审查。其优点是细致、全面，经审查的工程预算差错比较少，质量比较高；缺点是工作量大。

（3）分组计算审查法。分组计算审查法是一种加快审查工程量速度的方法，在预算中的基础上划分为若干组，并把相邻且有一定相关项目编为一组，审查或计算同一组中某个分项工程量，利用工程量间的相同或相似计算基础关系，判断同组中其他几个分项工程量计算的准确度。

（4）筛选审查法。建筑工程虽然有建筑面积和高度不同，但是它们的各个分部分项工程的造价、工程量、用工量在每个单位面积上的数值变化不大，把这些数据加以汇集、优选，归纳为造价、工程量、用工三个单方基本值，用来筛选各分部分项工程，分明哪些项目重点审查。

（5）对比审查法。对比审查法是用已建成工程的预算或虽未建成但已审查修正的工程预算对比审查拟建的类似工程预算。

（6）重点抽查法。重点抽查法是指抓住工程预算中的重点进行审查。通常的重点是工程量大或造价比较高、工程结构复杂的工程，补充单位估价表，计取的各项费用。

（7）分解对比审查法。按单位工程的直接费与间接费进行分解；然后再把直接费按工种和分部工程进行分解，分别与审定的标准预算进行对比分析。

4.施工图预算审查步骤

在环境工程施工管理中，施工图的预算审查步骤主要包含审查前的内容、审查时采用方法以及审查后的相关分析等几个方面的内容，其具体内容如下所示：

（1）做好审查前准备工作。

①熟悉施工图纸。施工图是编审预算分项数量的一个重要依据，必须全面熟悉了解，核对所有图纸，清点无误后，依次识读。

②了解预算包括的范围。根据预算编制说明，了解预算包括的工程内容，如环境工程及配套设施以及会审图纸后的设计变更等等。

③弄清预算采用的单位估价表。任何单位估价表或预算定额都有一定的适用范围，应根据工程性质，收集并熟悉相应的单价、定额资料。

（2）选择合适的审查方法，按相应内容审查由于工程规模及繁简程度不同，施工方法和施工企业情况不一样，工程预算繁简和质量也不同，因此需选择适当的审查方法进行审查。

（3）调整预算，综合整理审查资料，然后与编制单位交换意见，定案后编制调整预算。

第5章　环境工程施工准备阶段

5.1　环境工程施工准备阶段的意义

5.1.1　施工准备阶段的意义

系统取决于人们对客观事物的观察方式：一个企业、一个学校、一个科研项目或一个建设项目都可以视作为一个系统，但上述不同系统的目标不同，从而形成的组织观念、组织方法和组织手段也就不会相同，上述各种系统的运行方式也不同。建设工程项目作为一个系统，它与一般的系统相比，有其明显的特征，如：

（1）建设项目都是一次性的，没有两个完全相同的项目。

（2）建设项目全寿命周期一般由决策阶段、实施阶段和运营阶段组成，各阶段的工作任务和工作目标不同，参与或涉及的单位也不同，它的全寿命周期持续时间长。

（3）一个建设项目的任务往往由多个，甚至许多个单位共同完成，他们的合作关系多数不是固定的，并且这些参与单位的利益不尽相同，甚至相对立。

因此在考虑一个建设工程项目的组织问题或进行项目管理的组织设计时，应充分考虑上述特征。

施工准备工作是为拟建工程的施工创造必要的技术、物资条件，统筹安排施工力量和部署施工现场，确保工程施工顺利进行。认真做好施工准备工作，对于发挥企业优势，强化科学管理，实现质量、工期、成本、安全四大目标的控制，提高企业的综合经济效益，赢得企业社会信誉等方面，均具有极其重要的意义。

施工准备工作必须有计划、有步骤、分期和分阶段地进行，贯穿于整个建设过程的始终。其内容包括基础工作准备，全工地性施工准备，单位工程施工条件准备，分部、分项工程作业条件准备等四个方面。

5.1.2　施工准备阶段的原则

在进行施工组织时，一般应遵循以下基本原则：

（1）贯彻执行《建筑法》，坚持建设程序。《建筑法》是规范建筑活动的大法，它将我国多年来的改革与管理实践中一些行之有效的重要制度，诸如：施工许可制度、从业资格管理制度、招标投标制度、总承包制度、承包合同制度、工程监理制度、建筑安全生产管理制度、工程质量责任制度、竣工验收制度等给予了法律肯定，这对建立和完善建筑市场的运行机制，加强建筑活动的实施与管理，提供了重要的法律依据。为此，在进行施工组织时，必须认真地学习《建筑法》，充分理解《建筑法》，严格贯彻执行《建筑法》，以《建筑法》作为指导建设活动的准绳。建设程序是指建设项目从决策、设计、施工到竣工验收整个建设过程中各个阶段及其先后顺序。上一阶段的工作为开展下一阶段创造条件,而下一阶段的实践又检验上一阶段的设想;前后、左右、上下之间有着不容分割的联系,但不同的阶段有着不同的内容,既不能相互代替,也不许颠倒或跳跃。如没有计划,设计就失去了设计的课题;而没有设计,施工就失去了技术依据;不经过竣工验收,就无法保证整个建设项目的成套投产和工程质量。实践证明,凡是坚持建设程序,基本建设就能顺利进行,就能充分发挥投资的经济效益;反之,违背了建设程序,就会造成施工混乱,影响质量、进度和成本,甚至对建设工作带来严重的危害。因此,坚持建设程序是工程建设顺利进行的有力保证。

(2) 合理安排施工顺序。施工顺序的安排应符合施工工艺,满足技术要求,有利于组织立体交叉、平行流水作业,有利于对后续工程施工创造良好的条件,有利于充分利用空间、争取时间。例如,先准备工作,后正式工程施工;准备工作应从全场性工程开始,应先场外,后场内;先地下工程,后地上工程又应先深后浅;先基础,后主体;先主体,后装饰灯。这些施工顺序均反映了施工本身的客观规律,必须予以遵守。

(3) 流水作业法和网络计划技术组织施工流水作业法,是组织建筑施工的有效方法,可使施工连续地、均衡地、有节奏地进行,以达到合理地使用资源,充分利用空间、争取时间的目的。网络计划技术是当代计划管理的有效方法,具有逻辑严密、层次清晰、关键问题明确,可进行计划方案优化、控制和调整,有利于电子计算机在计划管理中的应用等优点。

(4) 加强季节性施工措施,确保全年连续施工。为了确保全年连续施工,减少季节性施工的技术措施费用,在组织施工时,应充分了解当地的气象条件和水文地质条件。尽量避免把土方工程、地下工程、水下工程安排在雨季和洪水期施工,把混凝土现浇结构安排在冬季施工,高空作业、结构吊装则应避免在风季施工。对那些必须在冬雨期施工的项目,则应采用相应的技术措施,既要确保全年连续施工、均衡施工,更要确保工程质量和施工安全。

(5) 贯彻工厂预制和现场预制相结合的方针,提高建筑工业化程度。建筑技术进步的和重要标志之一是建筑工业化,建筑工业化的前提条件是广泛采用预制装配式构件。在拟定构件预制方案时,应贯彻工厂预制和现场与之相结合的方针,把受到运输和起重机设备限制的大型、重型构件放在现场预制,将大量的中小型构件由工厂预制。这样,既可以发挥工厂批量生产的优势,又可以解决受运输、起重设备限制的主要矛盾。

(6) 充分发挥机械效能,提高机械化程度。机械化施工可加快工程进度,减轻劳动强度,提高劳动生产率。为此,在选择施工机械时,应充分发挥机械的效能,并使主导工程的大型机械,如土方机械、吊装机械能连续作业,以减少机械台班费用;同时,还应使大型机械与中小型机械相结合,机械化与半机械化相结合,扩大机械化施工范围,实现施工综合机械化,以提高机械化施工程度。

(7) 采用国内外先进的施工技术和科学管理方法。采用先进的施工技术和科学管理方法,是促进技术进步、提高企业素质、保证工程质量、加速工程进度、降低工程成本的有力措施。为此,在拟定施工方案时,应尽可能采用行之有效的新材料、新工艺、新技术和现代化管理方式。

(8) 合理地部署施工现场,尽可能地减少暂设工程。精心地进行施工总平面图的规划,合理地部署施工现场,是节约施工用地、实现文明施工、确保安全生产的重要环节。

尽量利用正式工程、原有建筑物、已有设施、地方资源为施工服务,是减少暂设工程费用、降低工程成本的重要途径。

5.2　施工准备阶段的内容

5.2.1　施工准备阶段的基本要求

当施工单位与业主签订承包合同、承接工程任务后,首先要做好一系列的基础工作,这些工作主要包括:

(1) 研究施工项目组织管理模式,筹建项目经理部,明确各部门的职责。

(2) 落实分包单位,审查分包单位的资质,签订分包合同。

(3) 分析掌握工程的特点及要求,抓住主要矛盾及管件问题,制订相应的对策、措施。

(4) 调查分析施工地区的自然条件、技术经济条件和社会生活条件,有哪些因素会对施工造成不利的影响,有哪些因素能充分利用,为施工服务。

(5) 取得工程施工的法律依据。因工程施工涉及面广,与城规、环卫、交通、电业、消防、市政、公用事业等部门都有直接关系,应事先与这些部门办理申请手续,取得有关部门批准的法律依据。

(6) 建立健全质量管理体系和各项管理制度,取得有关部门批准的法律依据。

(7) 规划施工力量的集结与任务安排,组织材料、设备的加工订货。

(8) 办理施工许可证,提交开工申请报告。充分进行施工准备的同时,应及时地向主管部门办理施工许可证,向社会建立单位提交开工申请报告。

1.施工现场自然条件

在环境工程中施工现场的自然条件非常的重要,这些关于气候、风速以及降雨量等参数对工程的施工进度有着较大的影响。比如我国的北方冬天天气比较寒冷,施工对于施工人员的作业比较困难,同时在较低的温度下使得各个构件连接处的准确精度也降低;而南方夏天的高温天气则使得施工人员可能中暑,而严重影响到施工人员的安全程度。因此,施工现场的自然条件比较重要,其大致可以总结为以下几个方面:

(1) 要注意防暑降温、冬季施工等工作的确定,应了解气温情况,即年平均气温、最高气温、最低气温、最冷、最热月平均气温。

(2) 为了保证雨季施工方便,应掌握降水情况。

(3) 为了保证基础施工和障碍物清除,以提高工程的安全性和寿命,应了解施工场地工程地质剖面图,各层土质类别和土层厚度,最大冰冻深度,以及防空洞、洞穴、古墓等。

(4) 在进行总平面图的布置和施工测量时,应掌握工程地形图和桩与水准点的位置。

另外要掌握地下水位、水质、水量,以便确定施工方案。还应掌握地面水情况,以便为施工提供方便。

2.社会劳动力和生活供应条件

了解社会劳动力数量、技术水平和来源及其工资价格,以便为施工提供工人。了解房屋设施以便为工地提供用房。还应了解其他服务条件如生活品、食品和蔬菜来源,邻近医疗情况等。

3.道路、用水、用电等条件

为保证用料等的运输,应调查公路、航运等的方便程度及运费等。还应了解用水、用电情况。

5.2.2　施工准备阶段的工作程序

在环境工程施工过程中,所有的工序都必须严格按照施工的程序进行,在施工准备阶段的程序对工程的组织以及工程后续的安排有较重要的作用。因此,在进行环境工程施工准备阶段时,一定要严格按照相应的工作程序进行,以保证不会遗漏下某些关键的材料。而施工准备阶段的工作程序大致可以分为以下几个方面:

(1) 施工组织计划。

(2) 施工进度计划。

(3) 确定施工方案和程序。

(4) 现场钻探和场地平整。

(5) 修建临时设施。

(6) 准备工程施工用料。

(7) 准备施工机具和设备。

(8) 做好测量控制。

(9) 组织劳动力进行技术培训。

(10) 试验。

(11) 编制施工预算。

5.2.3　施工现场的准备

在环境工程施工管理中,处理施工的前期准备需要比较细致外,在施工的现场更需要细致,施工人员在施工的现场根据设计人员设计的图纸,需要比较精确对施工现场进行前期处理,为后续的施工做准备。前期的施工现场准备主要包括了以下几个方面的内容:

(1) 做好施工测量控制网的复测和加密工作,铺设施工导线和水准点。

(2) 建立工地实验室,开展原材料检测和施工配合比确定工作。

(3) 施工现场的补充钻探。

(4) 三通一平,即通水、通电、通路、场地平整。

(5) 建造临时设施:按照施工总平面图的布置,建造三区分离的生产、生活、办公和储存等临时房屋,以及施工便道、便桥、码头、沥青混合料、路面基层(底基层)、结构层混合料、水泥混凝土搅拌站和构件预制场等大型临时设施。

(6) 安装调试施工机具。

(7) 原材料的储存堆放。

(8) 做好冬雨季施工安排。

(9) 落实消防和保安措施。

以上为施工现场前期准备的主要要点,其主要是针对一般的情况,而在进行环境施工的过程中,根据不同的工程量或者建设项目的复杂程度需要进行不同的调整,但是原则主要是按照一般的施工要点进行准备。而在针对一些比较大型的临时建设工程时,还需要特别对如下几个方面进行准备,以确保后续的施工能够正常进行。

(1) 大型临时工程一般指混凝土构件预制场、混凝土和沥青搅拌站、拼装式龙门吊和架桥机、现浇混凝土的挂篮、大型围堰、大型脚手架和模板、大型构件吊具、塔吊、施工便道和便桥等。

(2) 大型临时工程均应进行设计计算并出具施工图纸,编制相应的各类计划和制订相应的质量保证和安全劳保技术措施。

(3) 需要单独编制施工方案的大型临时设施工程,其设计前后均应由公司或项目经理部组织有关部门和人员对设计提出要求和进行评审。

5.3　施工技术资料的准备

5.3.1　施工图纸的设计与审查

组织施工人员进行图纸学习、审查、熟悉图纸内容,了解工程各部分构造。然后再组织各专业进行图纸综合会审,核对图纸尺寸、研究各工种的施工配合,同时由设计者交底,使人人熟悉施工对象、施工方案和所采取的技术措施、施工程序、方法要点,各工种间的配合关系,施工进度要求,安全技术和质量标准。

5.3.2　施工现场的调查

施工现场的调查是为了查明建设地区的自然条件,以便提供有关资料,作为设计和施工的依据,其内容有四个方面,分别为地形勘察、工程地质勘查、水文地质勘查和气象勘察。

1.地形勘察

地形勘察应提供的资料有:建设区域地形图和建设地点地形图,这是确保能够充分了解当地地形特点的基本图样材料。

(1) 建设区域地形图。建设区域地形图应标明邻近的居民区、工业企业、码头、铁路、河流湖泊、电力网络、采砂场、建筑材料基地等,以及其他公共福利设施的位置。主要用于规划施工现场,确定工人居住区、生产基地、各项临时设施的位置,确定道路、管网的引入及其布置。图的比例一般为 1 : 10 000 ～ 1 : 25 000,等高线的高差为 5 ～ 10 m。

(2) 建设地点地形图。建设地点地形图是设计施工平面图的重要依据,其比例为 1 : 2 000 或 1 : 1 000,等高线高差为 0.5 ～ 1 m。图上应标明主要水准点和坐标距为 100 m 或 200 m 的方格网,以便于测量放线、竖向布置、计算土方量。此外,还应标明现有的一切房屋,地上、地下管道、线路和构筑物,绿化地带,河流州界线及水面标高,最高洪水位境界线等。

2.工程地质勘查

工程地质勘查是为了查明建设地区的工程地质条件和特征。应提供的资料有:建设地区钻孔布置图,工程地质剖面图,土壤物理力学性质,土壤压缩试验和承载力的报告,古墓、溶洞的探测报告等。

勘查工作根据当地的具体情况可以采用探孔或钻孔等两种方法,勘探点的间距视地质复杂情况而定,简单的地质为 100～200 m,中等复杂的为 50～100 m,复杂的应小于 50 m。当对单个建筑物勘探时,每个建筑物范围内不得少于两个勘探点。勘探点的深度取决于低级受压层的深度和地质条件,或根据基础承受荷载的大小按规范决定。

3.水文地质勘查

水文地质勘查所提供的资料主要有如下两方面:

(1)地下水文资料。地下水位高度及变换范围,地下水的流向,流速计流量,地下水的水质分析,地下水对基础有无冲刷、浸蚀影响。

(2)地面水文资料。最高、最低水位,流量及流速,洪水期及山洪情况,水温及冰冻情况,航运及浮运情况湖泊的贮水量,水质分析等。

4.气象勘察

气象勘察的资料主要包括降雨、降水资料,气温资料,风向资料等三个方面的内容:

(1)降雨、降水资料。一日最大降雨量,雨季起止日期,年雷暴日数等。

(2)气温资料。年平均、最高、最低气温,最冷、最热月的逐月平均温度,冬夏室外计算温度,≤-3 ℃、0 ℃、5 ℃ 的天数及起止日期等。

(3)风向资料。主导风向、风速、风的频率;大于或等于 8 级风全年天数。并应将风向资料绘成风玫瑰图。

5.3.3 施工现场物资准备

全工地性施工准备是以整个建设群体项目为对象所进行的施工准备工作。它不仅要为全场性的施工活动创造有利条件,而且要兼顾单位工程施工条件的准备。其内容有:

(1)编制施工组织总设计,这是指导整个建设项目现场施工活动的战略总方案。

(2)进行场区的施工测量,设置永久性经纬坐标桩、水准基桩和工程测量控制网。

(3)搞好"三通一平",即水通、电通、道路通和场地平整。

(4)建设施工使用的生产基地和生活基地,包括附属企业、加工厂站、仓库堆场,以及办公、生活、福利用房等。

(5)组织物资、材料、机械、设备的采购、储备及进场。

(6)对所采用的施工新工艺、新材料、新技术进行试验、检验和技术鉴定。

(7)强化安全管理和安全教育,在施工现场要设安全纪律牌、施工公告牌、安全标志牌和安全标语牌。

(8)对工地的防火安全、施工公害、环境保护、冬雨期施工等均应制订相应的对策措施。

5.3.4 施工组织安排

施工组织安排在环境工程中具有重要的作用,它是现场施工的指挥棒,现场任务的分配、现场工程量以及工程难度的安排都通过施工组织安排来进行规划和设计。它主要包含施工组织设计大纲、施工组织总设计、单位工程施工组织设计、分部(分项)工程作业设计、施工组织设计的内容、施工组织设计的分类、施工组织设计的作用、确保工程质量的组织措施、确保工程质量的技术措施、确保安全施工的技术组织措施和确保工期的技术措施等方面的内容。

1.施工组织设计大纲

施工组织设计大纲是以一个投标工程项目为对象编制的,用以指导其投标全过程各项实施活动的技术、经济、组织、协调和控制的综合性文件。它是编制工程项目投标书的依据,其目的是中标。主要内容包括项目概况、施工目标、施工组织和施工方案、施工进度、施工质量、施工成本、施工安全、施工环保和施工平面等计划,以及施工风险防范。它是编制施工组织总设计的依据。

2.施工组织总设计

施工组织总设计是以整个建设项目或民用建筑群为对象编制的。它是对整个建设工程的施工过程和施工活动进行全面规划,统筹安排,据以确定建设总工期、各单位工程开展的顺序及工期、主要工程的施工方案、各种物质的供需计划、全工地性暂设工程及准备工作、施工现场的布置和编制年度施工计划。由此可见,施工组织总设计是总的战略部署,是指导全局性施工的技术、经济纲要。

3.单位工程施工组织设计

单位工程施工组织设计是以各个单位工程为对象编制的,用以直接指导单位工程的施工活动,是施工单位编制作业计划和制订季、月、旬施工计划的依据。

单位工程施工组织设计根据工程规模、技术复杂程度不同,其编制内容的深度和广度亦有所不同;对于简单单位工程,一般只编制施工方案并附以施工进度和施工平面图,即"一案、一图、一表"。

4.分部(分项)工程作业设计

分部(分项)工程作业设计(即施工设计)是针对某些特别重要的、技术复杂的,或采用新工艺、新技术施工的分部(分项)工程,如深基坑、无黏结预应力混凝土、特大构件的吊装、大量土石方工程、定向爆破或冬天、降雨期进行施工等为对象编制的,其内容具体、详细,可操作性强,是直接指导分部(分项)工程施工的依据。

5.施工组织设计的内容

施工组织设计的内容是施工组织设计的核心内容,其主要包含工程概况、施工方案选择、施工进度计划、施工平面图、施工主要技术经济指标以及质量、安全保障体系等方面的内容。

(1)工程概况。其主要包括该建设工程的性质、内容、建设地点、建设总期限、建设面积、分批交付生产或使用的期限、施工条件、地质气象条件、建设单位的要求。

(2)施工方案选择。根据工程概况,结合人力、材料、机械设备、资金、施工方法等条件,全面安排施工顺序,对拟建工程可能采用的几个施工方案,选择最佳方案。

(3)施工进度计划。施工进度计划反映了最佳施工方案在时间上的安排,采用先进的计划理论和计算方法,综合平衡进度计划,使工期、成本、资源等通过优化调整达到既定目标。在此基础上,编制相应的人力和时间安排计划、资源需要计划、施工准备计划。

(4)施工平面图。施工平面图是施工方案和进度在空间上的全面安排,它把投入的各项资源、材料、构件、机械、运输,工人的生产、生活活动场地及各种临时工程设施合理地布置在施工现场,使整个现场有组织地进行文明施工。

（5）施工主要技术经济指标。施工技术经济指标用以衡量组织施工的水平,它是对施工组织设计文件中的技术经济效益进行的全面评价。

（6）质量、安全保证体系。质量、安全保证体系是从组织、技术上采取切实可行的措施,确保施工顺利进行。

6.施工组织设计的分类

施工组织设计一般根据工程规模的大小,建筑结构的特点,技术、工艺的难易程度及施工现场的具体条件,可分为施工组织设计大纲、施工组织总设计、单位工程施工组织设计及分部或分项工程作业设计。

7.施工组织设计的作用

施工组织设计是用以指导施工组织与管理、施工准备于实施、施工控制与协调、资源的配置与使用等全面性的技术、经济文件,是对施工活动的全过程进行科学管理的重要手段。通过编制施工组织设计,可以针对工程的特点,根据施工环境的各种具体条件,按照客观的施工规律,制订拟建工程的施工方案,确定施工顺序、施工方法、劳动组织和技术组织措施;可以确定施工进度,控制工期;可以有序地组织材料、机具、设备、劳动力需要量的供应和使用;可以合理地利用和安排为施工服务的各项临时设施;可以合理地部署施工现场,确保文明施工、安全施工;可以分析施工中可能产生的风险和矛盾,以便及时研究解决问题的对策、措施;可以将工程的设计与施工、技术与经济、施工组织与施工管理、施工全局规律与施工局部规律、土建施工与设备安装、各部门之间、各专业之间有机的结合,相互配合,统一协调。

实践证明,在工程投标阶段编好施工组织设计,充分反映施工企业的综合实力,是实现中标、提高市场竞争力的重要途径;在工程施工阶段编好施工组织设计,是实现科学管理、提高工程质量、降低工程成本、加速工程进度、预防安全事故的可靠保证。

8.确保工程质量的组织措施

（1）建立以项目经理为首的质量岗位责任制,项目经理是工程质量的第一责任人,项目主任工程师是技术负责人,项目各部门有各自的质量职能。在质量责任制的基础上,签订质量保证书,明确岗位的质量职能、责任及权限,定期开展质量统计分析活动,掌握工程质量动态,全面控制各分部分项工程质量。

（2）树立全员质量意识,贯彻"谁管生产,谁管质量;谁施工,谁负责质量;谁操作,谁保证质量"的原则。实行质量"一票否决权"并采用风险工资制等经济手段来辅助工程质量岗位责任制的实施。

（3）建立健全各项管理制度。

9.确保工程质量的技术措施

在环境工程施工过程中,要想确保工程的技术措施,就需要设计人员对所绘制的图纸保证无差错,施工人员在将图纸信息转化为相应的工程实践的过程中,要保证严格按照相关的标准和规定执行,主要做好施工准备阶段和施工过程中的技术保证措施。

（1）施工准备阶段技术保证措施。

① 组织有关职能部门及主要施工技术人员熟悉图纸参加会审,接收设计院的设计交底,了解设计意图和业主需要,掌握工程结构特点和采用新材料、新工艺。

② 根据建筑物的平面和外形,结合现场条件,编制施工平面图。

③ 根据招标文件的规定和工程结构特点,结合企业技术水平、管理能力及机械设备、周转材料装备条件,按保证、方便施工进行统筹考虑,确定施工方案,编制施工组织设计。

④ 对主要施工部位,关键项目和特殊工序的质量控制,以及采用的新技术、新工艺、新材料及建筑物使用功能等编制施工工艺文件。

⑤ 由项目工程师进行一级技术交底,组织编写二级技术文件。

⑥ 编制外加工、外购件需用量计划,并协助编制工程材料(包括钢材、水泥、木材)、地方材料和市场采购物资的需用量计划。

⑦ 编制成型钢筋、各种构配件。现场混凝土需用量计划,并提出有关技术指标和质量标准。

⑧ 参与过程中质量控制复核。

(2) 施工过程中质量控制措施。

① 材料及设备的采购。对进场材料、构配件、设备严格按要求检查,并按规定取样复验,对材料的检验必须由一级实验室进行,检验合格后方能使用。

② 只将合格的材料运入施工现场,对进场后发现的不合格材料,要坚决清除出场,并追究责任。

(3) 施工班组的选择。主要是要选择有经验、有技术、敢于吃苦攻坚的施工班组作为一线施工队伍,及时对他们进行技术和安全交底,并组织足够的后备力量,特殊工程人员一律实行持证上岗。加强施工全过程的质量预控,加强工序交接,三检制度,使施工全过程处于受控状态,对不符合质量要求的施工内容不予验收。隐蔽工程未经业主、监理有关人员签字认可,不准进行下一道工序施工。

10.确保安全施工的技术组织措施

确保安全施工的技术组织措施主要包含安全保证体系、安全管理制度以及安全防护措施等内容。

(1) 安全保证体系。施工现场建立以项目经理为首的三级安全施工保证体系。

(2) 安全管理制度。根据国家有关安全的法律、法规,结合公司安全生产的要求,施工项目部必须制定和遵循以下安全管理制度:

① 坚决贯彻执行安全生产的方针、原则。

② 切实抓好安全生产教育。

③ 落实安全生产责任制。

④ 严格遵守工地安全作业纪律。

⑤ 加强安全检查。

⑥ 落实整改反馈。

(3) 安全防护措施。主要是要加强安全防护的设计。工程进入主体施工后,需要及时对工程施工面、施工通道及人员活动的场所进行安全防护,本工程拟采用水平、垂直两面交叉配合防护体系,平面防护包括安全通道、安全防护棚、悬挑平网防护、洞口防护、工作面防护等内容。立面防护包括立网防护、临边防护等内容。

安全防护所用的主要材料以钢管(用作防护栏杆时用黑、黄油漆刷警示标志)、安全网、安全带、缆风绳、竹笆、钢筋等工地常用材料为主,根据不同部位选择采用,原则是加大安全

投入,保证安全生产。施工临时用电设备等按《建筑安装工程安全技术规程》进行安全防护设计。相关的安全防护措施主要有:

① 本工程基坑的边沿全部采用钢管防护栏杆,每隔 4 m 左右设一钢管立杆,打入土内深度 70 cm,并离基坑的边沿距离 60 cm。防护栏杆上杆距地 1.2 m,下杆离地 0.6 m,水平搭设好扶手栏杆,挂好标牌,严禁任意拆除。

② 根据工程特点,主体一层施工完后在主要入口处设置施工安全通道,宽度为 5 m,采用钢管搭设铺双层竹笆,在安全通道醒目处,要悬挂各种安全标志牌及安全管理制度。

③ 楼梯施工中,没有安装正式栏杆之前,必须安装临时防护栏杆,栏杆用钢管警示杆搭设,顺楼层升高而延伸。

④ 接料平台两边搭设防护栏杆,并加设相应的立式网栏,平台口处必须设置安全门或活动栏杆。

⑤ 关于楼板预留孔。当楼板的边长在 1 500 mm 以内,采用楼板原有结构钢筋网片,或另用 φ8@200 双向钢筋网。当预留孔大于 1 500 mm 时,搭设扣件钢管网,再满铺架板,同时设栏杆,洞口下挂安全网。

⑥ 施工现场通道附近的坑槽、洞口、除防护栏杆与安全标志外,夜间设红灯示警。

⑦ 支撑用脚手架要经计算进行设计搭设。一般结构脚手架立杆间距不大于 2.0 m,大横杆间距不得大于 1.2 m,小横杆间距不得大于 1.4 m;一般装修脚手架立杆间距不得大于 1.8 m,小横杆间距不得大于 1.4 m。脚手架使用的钢管、扣件等材料必须是合格产品,有缺损的严禁使用。搭设的脚手架必须保证结构稳定和不变形,与主体结构拉结牢固。外脚手架外侧设置剪刀撑,间距控制在 15 ~ 20 m 一个。

⑧ 结构用的里、外脚手架,使用荷载不得超过 2.6 kN/m²。

⑨ 脚手架的操作面必须满铺脚手板,离墙面的缝隙不得大于 200 mm,不得有空隙和探头板、飞跳板。在作业层区内脚手板的下层必须设水平网。操作面外侧设一道防护栏杆,必须立式悬挂安全网。立面安全网下口封严。

⑩ 按规定和作业的程序来支撑相应的模板、绑扎钢筋和浇筑混凝土。模板未固定前不得进行下道工序。严禁上下同一垂直面上装拆模板,交叉作业。模板、脚手架待拆除时,下方禁止有人操作或行走,临时堆放处距楼层边缘不得小于 1 m,堆放高度不得高于 1 m。楼层的边口、通道口、脚手架边缘等处,严禁堆放任何拆下物件。钢筋半成品吊至工作面前,要提前确定悬吊平台中物品的堆放位置,不得放在未加固的架子上。

11.确保工期的技术措施

采取科学方法,编制施工计划,根据业主的使用要求及各工序施工周期,形成各分部、分项工程在时间、空间上的充分利用与紧凑搭接。加强全体施工人员的紧迫感和责任心,合理安排交叉作业,确保各控制点目标按期实现。发挥计划管理的龙头作用,采用施工进度总计划与月、周计划相结合的多级网络计划进行施工进度计划的控制与管理,并利用计算机技术进行动态管理。在施工生产中抓主导工序,找到关键矛盾,组织交叉作业,安排合理的施工程序,做好劳动力组织和协调工作,通过施工网络节点控制目标的实现保证各控制点工期目标的实现,从而进一步通过各控制点工期目标的实现确保总工期进度计划的实现。主体施工阶段,采用先进的施工方法和施工手段,充分发挥机械的高效率,保证主体施工工期顺利实现。砌体、装饰施工阶段,通过应用成熟的施工经验和施工措施,减少返工。在土建施阶段,安装施工必须及时穿插,对预留、预埋必须认真核对,确保安装施工顺利进行。推广实施新工艺、新技术、新材料,应用科技创新成果以缩短工期、提高工效。

确保工期的组织措施:

(1) 在公司方面,实行"三优先"。

① 人员调配优先。调集施工技术、管理方面的骨干人员参加工程的建设,群策群力建设好该工程。

② 机械设备优先。

③ 周转材料、主要材料的调用优先。

(2) 在项目部方面,建立施工工期保证体系,项目经理部根据项目法施工的要求,对工程行使计划、组织、指挥、协调、控制、监督六项职能。

(3) 建立生产例会制度,项目部实行每天生产例会制度,检查计划执行情况,布置下一步生产安排,组织协调和工种的交叉作业,保证生产有序进行。对于拖延进度计划要求的工作内容找出原因,并及时采取有效措施保证计划完成。

(4) 加强设备和材料的管理工作。材料要提前安计划准备好,及时供应,机械要严格维修保养制度,保证机械性能良好,运转正常。

(5) 做好施工配合及前期准备工作,拟定施工准备工作计划,逐项落实,保证后勤保障工作高质高效。

(6) 本着"抢主体、保装修" 的原则,在主体施工阶段合理安排工作时间,以确保主体工程按进度顺利结顶。砌筑、安装阶段,主要采取合理安排工作增加施工力量等措施。

(7) 在主体框架施工过程中,水、电等各专业密切配合,并及时安排封闭,适当插入内部装修。

(8) 劳动力调配,调集施工技术、管理方面的骨干人员参加工程的建设,对特殊的专业工种人员,要有足够的人员储备。农忙及节假日期间,也可确保该工程人员充足。

(9) 农忙及雨季施工安排、人员组织、雨季防排水计划。

5.4　施工物资的准备

5.4.1　施工物资准备的内容及程序

1.施工物资准备的内容

材料、构 (配) 件、制品、机具和设备是保证施工顺利进行的物资基础,这些物资的准备工作必须在工程开工之前完成。根据各种物资的需要量计划,分别落实货源,安排运输和储备,使其满足连续施工的要求。

施工物资准备工作主要包括建筑材料的准备,构 (配) 件和制品的加工准备,建筑安装机具的准备和生产工艺设备的准备。

(1) 建筑材料的准备。建筑材料的准备主要是根据施工预算进行分析,按照施工进度计划要求,按材料名称、规格、使用时的矿物材料储备定额和消耗定额进行汇总,编制出材料需要量计划,为组织备料、确定仓库、场地堆放所需的面积和组织运输等提供依据。

(2) 构(配) 件、制品的加工准备。根据施工预算提供的构(配) 件、制品的名称、规格、质量和消耗量,确定加工方案和供应渠道以及进场后的储存地点和方式,编制出其需要量计划,为组织备料、确定堆场面积等提供依据。

(3)建筑安装机具的准备。根据采用的施工方案,安排施工进度,确定施工机械的类型、数量和进场时间确定施工机具的供应办法和进场后的存放地点和方式,编制建筑安装机具的需要量计划,为组织运输、确定堆场面积等提供依据。

(4)生产工艺设备的准备。按照拟建工程生产工艺流程及工艺设备的布置图,提出工艺设备的名称、型号、生产能力和需要量,确定分期分批进场时间和保管方式,编制工艺设备需要量计划,为组织运输、确定堆场面积提供依据。

2.施工物资准备的程序

施工物资准备工作的程序是搞好物资准备的重要手段。通常按如下程序进行:

(1)根据施工预算、分部(项)工程施工方法和施工进度的安排,拟定的国拨材料、统配材料、地方材料、构(配)件及制品、施工机具和工艺设备等物资的需要量计划。

(2)根据各种物资需要量计划,组织货源,确定加工、供应地点和供应方式,签订物资供应合同。

(3)根据各种物资的需要量计划和合同,拟定运输计划和运输方案。

(4)按照施工总平面图的要求,组织物资按计划时间进场,在指定地点,按规定方式进行储存或堆放。

5.4.2　施工物资准备详单

施工物资计划准备的详细清单包含三方面的内容,分别为主要材料需要量的计划详单、构件和半成品需要量的计划详细清单以及施工机具需要量计划的详单。

(1)主要材料需要量计划。材料需要量计划表是作为备料、供料、确定仓库、堆放面积及组织运输的依据。其编制方法是根据施工预算的工料分析表、施工进度计划表,材料的储备和消耗定额,将施工中所需材料按品种、规格、数量、使用时间计算汇总,填入主要材料需要量计划表。

(2)构件和半成品需要量计划。构件和半成品需要量计划主要用于落实加工订货单位,并按照所需规格、数量、时间,组织加工,运输和确定仓库或堆场,可按施工图和施工进度计划编制。

(3)施工机具需要量计划。施工机具需要计划主要用于确定施工机具类型、数量、进场时间,以此落实机具来源和组织进场。其编制方法是将单位工程施工进度计划表中的每一个施工过程,每天所需的机具类型、数量和施工时间进行汇总,便得到施工机具需要量计划表。

5.4.3　施工物资准备注意事项

在进行施工物资的准备过程中主要要注意钢筋、钢管、模板、加工件、砖、各种装饰材料的特点以及其相应的存放要求等。

(1)钢筋。钢筋必须按施工日期提前15～20天进入现场,以留出时间做原材料和成型钢筋试验。经试验合格方能使用。所有钢筋堆放场地均铺设10 cm厚混凝土,并用钢管支架或道木架空放置,不同的规格应分堆,同时所有钢筋支架上应挂牌表示其试验状态(待检、合格、不合格)。

(2) 钢管、模板。钢管应按其长度分开架空堆放,便于机械吊装。所有木模板均应堆放在室内。木模板加工区也应在室内。

(3) 加工件。根据标准样的图纸和现场施工速度以及加工周期决定加工计划。加工件进场后统一堆放,对易锈或易损物资应室内储存。

(4) 砖。按进料计划进货,一般使用前提前一至二周进货。砖堆放场地应表面平整,有一定的承载力。堆置应整齐,高度不宜超过 1.5 m。

(5) 各种装饰材料。装饰材料原则上都应堆放在已建成的建筑物内,并设置围栏,以达到防雨、防碰撞、防污染的目的。重要的五金应收集进小仓库。

5.5　施工劳动力准备

5.5.1　施工管理结构设立

1.施工管理结构设立的要求

(1) 建立组织机构。确定组织机构应遵循的原则是根据工程项目的规模、结构特点和复杂程度来决定机构中各职能部门的设置,人员的配备应力求精干,以适应任务的需要。坚持合理分工与密切协作相结合,使之便于指挥和管理,分工明确,责权具体。

(2) 合理设置施工班组。施工班组的建立应认真考虑专业和工种之间的合理配置,技工和普工的比例要满足合理的劳动组织,并符合流水作业方式的要求,同时制订出该工程的劳动力需要量计划。

(3) 集结施工力工,组织劳动力进场。进场后应对工人进行技术、安全操作规程以及消防、文明施工等方面的培训教育。

(4) 施工组织设计、施工计划和施工技术的交底。在单位工程或分部分项工程开工之前,应将工程的设计内容、施工组织设计、施工计划和施工技术等要求,详尽地向施工班组和工人进行交底,以保证工程能严格按照设计图纸、施工组织设计、施工技术规范、安全操作规程和施工验收规范等要求进行施工。交底工作应按照管理系统自上而下逐级进行,交底的方式有书面、口头和现场示范等形式。

(5) 交底的主要内容。工程的施工进度计划、月(旬)作业计划;施工组织设计,尤其是施工工艺、安全技术措施、降低成本措施和施工验收规范的要求;新技术、新材料、新结构和新工艺的实施方案和保证措施;有关部位的设计变更和技术核定等事项。

2.施工管理制度内容

建立健全各项管理制度,通常有以下内容:技术质量责任制度、工程技术档案管理制度、施工图纸学习与会审制度、技术交底制度、各部门及各级人员的岗位责任制、工程材料和构件的检查验收制度、工程质量检查与验收制度、材料出入库制度、安全操作制度、机具使用保养制度等。

3.技术准备内容

技术准备主要包含:熟悉、审查施工图纸和有关的资料,了解设计意图、目的和图纸的内容;做好图纸自审、会审和现场签证工作;掌握施工现场的自然条件和技术经济条件;对建设单位交付的测量网点进行复测和验收,在施工现场引入自己的高程和坐标基准点;编制施工图预算和施工预算;编制单位工程施工组织设计或施工方案及分部分项工程施工方案,组织各级技术交底;、编制项目质量计划和关键工序作业指导书;及时计算制订好劳动力、机械设备、钢模、架料等周转材料及各种机具进场计划,由公司统一调配,逐一落实到位。组织安装施工人员做好岗前培训,使施工人员熟悉设计要求、规范规定、验收标准。对项目所需的规范、规程、标准图等和质量标准、所有记录表格向公司提出申请。

4.确保工程质量的技术组织措施

(1)工程质量保证体系。在工程施工中,项目部将把质量放在首位,要求每道工序必须是上道工序为下道工序提供精品,以过程精品确保总体工程达到预期目标。

(2)质量管理制度。

① 建立以项目经理为首的质量岗位责任制,项目经理是工程质量的第一责任人,项目主任工程师是技术负责人,项目各部门负有各自的质量职能。

② 在质量责任制的基础上,签订质量保证书,明确岗位的质量职能、责任及权限。

③ 定期开发质量统计分析活动,掌握工程质量动态,全面控制各分部分项工程质量。

④ 树立全员质量意识,贯彻"谁管生产,谁管质量";谁施工,谁负责质量;谁操作,谁保证质量的原则。

⑤ 实行质量"一票否决权"。

⑥ 采用风险工资制等经济手段来辅助工程质量岗位责任制的实施。

(3)建立健全各项技术管理制度。

① 技术交底制度。

② 取样见证制度。

③ 技术复核制度。

④ 质量检查验收制度。

⑤ 技术资料归档制度。

5.5.2 劳动力的技术培训

配齐施工各专业工种和劳动力数量,组织进场,并进行必要的短期培训,使其熟悉各专业施工技术操作,明确岗位责任制和各专业相互配合关系及安全技术要点。

项目部人员质量管理职责主要是针对项目经理、项目工程师、施工员、技术员、质检员、试验员、计量员、材料员、资料员、测量员和劳资员等。

1.项目经理的主要职责

(1)对承接项目的工程质量满足用户要求负责。

(2)对工程项目进行有效管理和控制负责。

(3)负责下达质量计划编制任务、批准和组织实施质量计划,组织确定能满足施工需要的人员、材料、设备、机具和技术措施等。

(4)负责建立项目管理岗位责任制。

2.项目工程师的主要职责

(1) 全面负责项目技术管理工作,确保工程质量达到预期目标。

(2) 负责编制项目质量计划,施工组织设计或施工方案,贯彻执行技术标准、验收规范。

(3) 负责竣工资料的汇总,并对技术资料的准确性、真实性、完整性负责。

(4) 负责组织业主、设计单位、监理进行基础及主体结构验收。

(5) 按照国家《建筑施工(安装)工程质量检验评定标准》和有关的行业标准组织进行分项、分部工程的质量检验评定。

(6) 负责施工过程中的一般不合格品的处置和参与严重不合格品的评审。

(7) 负责审批工程需用物资计划。

(8) 负责制订检验计划和组织实施。

(9) 负责审批防护措施。

3.施工员的主要职责

(1) 对项目工程质量达到预期目标负直接责任。

(2) 组织班组熟悉图纸,并按图施工。

(3) 参加上级组织的技术交底,并向班组进行分项工程技术交底,组织班组进行自检、交接检。

(4) 组织隐蔽工程验收,填写隐蔽工程验收单,组织分项工程质量评定,认真填写检查记录,参加分部工程、单位工程质量评定。

(5) 负责积累施工技术资料,并对其完整性负责。

4.技术员的主要职责

(1) 熟悉图纸,参加图纸会审,编制一般工程的施工组织设计或施工方案。

(2) 组织原材料试验、配合比申请,审检试验结果,发现问题及时上报。

(3) 参加新技术、新工艺、新材料、新设备的推广应用,贯彻执行保证工程质量的各项技术、安全措施。

(4) 负责对不合格品按要求具体处置并做好记录。

5.质检员的主要职责

(1) 对工程质量负有认真检查、正确核定、严格把关上报的责任。必要时提出暂停施工,并及时向上级反映。

(2) 熟悉图纸,领会设计意图,掌握技术要点。

(3) 负责过程质量控制计划的执行,抽检主要原材料、半成品、成品的标识工作,及时检查施工记录、试验记录和试验结果。

(4) 参加隐蔽工程验收并签证,参加分项工程质量评定,并签字确认。

(5) 负责分部工程质量评定,参加单位工程的质量评定。

(6) 参加质量事故调查,负责纠正措施的跟踪检查和验证。

(7) 负责施工过程中的轻微不合格品的处置和参与一般不合格品的评审。

6.试验员的主要职责

(1) 严格执行国家有关试件试验的标准规范、规程,做好试件取样、存放、养护工作。

（2）认真执行见证取样和送检制度，对试件的代表性、真实性负责。

（3）按控制规程认真进行各种试验。做好试验原始记录，准确填写试验报告，对试验数据的真实性负责。

（4）对试验中出现的不合格项应及时报告主管领导，防止不合格品流转下一过程。

（5）负责实施实验室的、实验室外的检验和试验。

（6）负责取样（样品）委托实验室试验，填写委托试验单。

7. 计量员的主要职责

（1）负责现场所需检验、测量、试验设备等计量器具的周期送检、标识、维修、封存、报废申请，确保施工现场所需计量器具处于合格状态。

（2）负责建立计量器具的台账，有关记录的填写、保管。

（3）负责所需检验、测量和试验设备的采购申请，周期送检、标识和维修、保养、封存和报废申请，负责建立计量器具的台账，并做到账物相符。

8. 材料员的主要职责

（1）负责所有进场物质包括业主提供的物资验收、标识、储存、保管和发放工作。

（2）负责所有物质的进场检验。

（3）对现场使用验证合格的物资负责，需紧急放行时必须经项目工程师批准，并做好标识和记录。

（4）负责进货物资的外观尺寸和产品质量合格证的检查验证。

9.资料员的主要职责

（1）负责工程项目施工技术资料（包括业主提供的文件）的收发管理工作。

（2）负责交工资料的收集、整理、汇总、编目工作，对交工资料的准确性、完整性负责。

10.测量员的主要职责

（1）负责工程项目定位、轴线、标高的测设工作，对测量成果符合设计及质量要求负责。

（2）对各种测量标志的埋设负责。

11.劳资员的主要职责

（1）负责对进场施工人员，特殊工种岗位的资格验证及岗前培训工作，确保各种岗位持证上岗。

（2）对选择合格分包方负责。

第6章 环境工程施工组织设计

6.1 施工组织设计概述

在环境工程施工中,要在一定的客观条件下,有计划地、合理地对人力、物力和财力进行综合使用,科学地组织施工,建立正常的施工秩序,充分利用空间和时间,用最少的人力、物力和财力取得最大的经济效益,就必须在施工前编制一个指导施工的技术经济文件,该技术经济文件即为施工组织设计。

它根据建筑产品及其生产的特点,按照产品生产规律,运用先进合理的施工技术和流水施工基本理论与方法,使建筑工程的施工得以实现有组织、有计划地连续均衡生产,从而达到工期短、质量好、成本低的效益目的。

6.2 单位工程施工组织设计与编制

6.2.1 单位工程组织设计

1.单位工程组织设计概述

《建筑施工组织设计规范》(GB/T 50502—2009)中对单位工程施工组织设计的概念进行了明确的定义:就是以单位(子单位)工程为主要对象编制的施工组织设计,对单位(子单位)工程的施工过程起指导和制约作用。

单位工程施工组织设计是一个工程的战略部署,是宏观定性的,体现指导性和原则性的,是一个将建筑物的蓝图转化为实物的指导组织各种活动的总文件,内容包括施工全过程的部署、选定技术方案、进度计划及相关资源计划安排、各种组织保障措施,是对项目施工全过程的管理性文件。各类建筑工程项目的施工均应编制施工组织设计,并按照批注的施工组织设计进行施工。

2.单位工程组织设计内容

施工组织设计包括编制依据、工程概况、施工部署、施工进度计划、施工准备与资源配置计划、主要施工方法、施工现场平面布置及主要施工管理计划等基本内容。

(1)编制、审批和交底。

① 单位工程施工组织设计编制与审批。单位工程施工组织设计由项目负责人主持编制,项目经理部全体管理人员参加,企业主管部门审核,企业技术负责人或其授权的技术人员审批。

② 单位工程施工组织设计经上级承包单位技术负责人或其授权人审批后,应在工程开

工前由项目负责人组织,对项目部全体管理人员及主要分包单位进行交底并做好交底记录。

（2）群体工程。

群体工程应编制施工组织总设计,并及时编制单位工程施工组织设计。

（3）过程检查与验收。

① 单位工程的施工组织设计在实施过程中应进行检查。过程检查可按照工程施工阶段进行。通常划分为地基基础、主体结构、装饰装修三个阶段。

② 过程检查由企业技术负责人或相关部门负责人主持,企业相关部门、项目经理部相关部门参加,检查施工部署、施工方法的落实和执行情况,如对工期、质量、效益有较大影响的应及时调整,并提出修改意见。

（4）修改与补充。

单位工程施工过程中,当其施工条件、总体施工部署、重大设计变更或主要施工方法发生变化时,项目负责人或项目技术负责人应组织相关人员对单位工程施工组织设计进行修改和补充,报送原审核人审核,原审批人审批后形成"施工组织设计修改记录表",并进行相关交底。

（5）发放与归档。

单位工程施工组织设计审批后加盖公章,由项目资料员报送及发放并登记记录,报送监理方及建设方,发放企业主管部门、项目相关部门、主要分包单位。

工程竣工后,项目经理部按照国家、地方有关工程竣工资料编制的要求,将"单位工程施工组织设计"整理归档。

（6）施工组织设计的动态管理。

项目施工过程中,如发生以下情况之一时,施工组织设计应及时进行修改或补充:

① 工程设计有重大修改。

② 有关法律、法规、规范和标准实施、修订和废止。

③ 主要施工方法有重大调整。

④ 主要施工资源配置有重大调整。

⑤ 施工环境有重大改变。

经修改或补充的施工组织设计应重新审批后才能实施。

6.2.2　施工组织设计编制

1.施工组织设计编制的依据

在环境工程施工过程中,施工组织设计编制的依据可以总结为以下几个方面:

（1）与工程建设有关的法律、法规和文件。

（2）国家现行有关标准和技术经济指标。

（3）工程所在地区行政主管部门的批准文件,建设单位对施工的要求。

（4）工程施工合同或招标投标文件。

（5）工程设计文件。

（6）工程施工范围内的现场条件;工程地质及水文地质、气象等自然条件。

（7）与工程有关的资源供应情况。

（8）施工企业的生产能力、机具设备状况、技术水平等。

2.施工组织设计编制的原则

施工组织设计编制的原则主要包含严格遵守工期定额和合同规定的工程竣工及交付使用期限、合理安排施工程序与顺序、工程施工组织编制方法、考虑季节安排施工、组织均衡施工、优化资源配置减少消耗和工程施工与施工项目管理相结合等方面的内容。

（1）严格遵守工期定额和合同规定的工程竣工及交付使用期限。总工期较长的大型建设项目，应根据生产的需要安排分期、分批建设，配套投产或交付使用，从实质上缩短工期，今早地发挥建设投资的经济效益。

（2）合理安排施工程序与顺序。建筑施工有其本身的客观规律，按照反映这种规律的程序组织施工，能够保证各种施工活动相互促进、紧密配合，避免不必要的重复工作，加快施工速度，缩短工期。在安排施工程序时通常应当考虑以下几点：

① 施工准备。及时完成施工准备工作，为正式施工创造良好条件，准备工作视施工要求可以一次完成，也可分期分批完成。

② 开始组织施工。正式施工开始时，应该先进行平整场地、铺设管理、修筑道路等全场性工程及可供施工使用的永久性建筑物，然后才能进行各工程项目的施工。

③ 建筑物的施工顺序。对于单个构筑物的施工顺序，既要考虑空间、时间顺序，也要考虑工种之间的顺序。

（3）工程施工组织编制方法。一般采用流水作业法和网络计划技术安排施工进度计划。

（4）考虑季节安排施工。恰当地安排冬季、雨季施工项目。对于那些必须进入冬季的降雨期才能够施工的工程，应落实季节性施工措施，以增加全年的施工日数，提高施工的连续性和均衡性。

（5）组织均衡施工。从实际出发，做好人力、物力的综合平衡，组织均衡施工。

（6）优化资源配置减少消耗。尽量利用当地资源，合理安排运输、装卸与储存作业，减少物资运输量，避免二次搬运；精心进行场地规划布置，节约施工用地，不占或少占农田，防止施工事故，做到文明施工。

（7）工程施工与施工项目管理相结合。进行施工项目管理，必须事先进行规划，使管理工作按规划有序地进行。施工项目管理规划的内容应在施工组织设计的基础上进行，使施工组织设计不仅服务于施工和施工准备，而且还要服务于经营管理和施工管理。

3.施工组织设计编制的步骤

在环境工程施工过程中，施工组织设计编制的步骤可以总结为以下几个方面：

（1）研究施工图纸和有关资料及施工条件。

（2）划分施工项目，计算实际工程量。

（3）确定合理的施工顺序并选择施工方法。

（4）计算各工序的劳动量。

（5）确定各工序的劳动力需要量和机械台班数量及规格。

（6）设计并绘制施工进度图。

（7）检查并调整施工进度。

6.3 流水施工组织原理

6.3.1 流水施工组织原则

流水作业法是一种科学的施工组织方法,它建立在合理分工、紧密协作和大批量生产的基础之上。在环境工程中,将每个施工过程(工序)分别分配给不同的专业队组一次去完成,每个专业队组沿着一定的方向,在不同的时间相继对各施工段进行相同的施工,由此形成了专业队组、机械及材料的转移路线,称为流水线。这种施工组织方法不仅使得每个专业队都能连续进行其熟练的专业工作,而且由各施工段构成的工作面也尽可能得到充分利用。因此使得工程施工具有鲜明的节奏性、均衡性和连续性。同时,也会大大地提高劳动生产率和经济效益。下面通过对 3 个水处理构筑物基础工程的不同施工组织方法的比较,来充分说明这一点。

设有 3 个相同的水处理构筑物基础工程进行施工安排。以每个基础工程作为一个施工段,将这 3 个基础工程划分为 3 个施工段,完成每个施工段都包括如下 4 道工序:① 准备工作;② 开挖基坑;③ 绑扎钢筋;④ 浇筑混凝土。

根据这 4 道工序建立 4 个专业队,每道工序按 2 天的作业时间配备专业队劳动力和机具。此项基础工程的施工,有下述 3 种不同的作业方法进行安排。

(1)顺序作业法。顺序作业法是将拟建工程项目划分成若干个施工段,将全部施工过程分为若干道工序,前一道工序完成后,下一道工序才能开始;一个施工段全部完成后,下一个施工段再开始施工,以此类推直至全部工程施工完毕为止。

(2)平行作业法。平行作业法是将几个相同的施工过程,分为组织几个相同的工作队,在同一时间、不同的空间上平行进行施工;或将几幢建筑物同时开工,平行地进行施工。这种施工组织方式具有以下特点:

① 充分利用了空间,争取了时间,可以缩短工期。

② 适用于组织综合工作队施工,不能实现专业化生产,不利于提高工程质量和劳动生产率。

③ 如采用专业工作队施工,则工作队不能连续作业。

④ 单位时间投入施工的资源量成倍增加,现场各项临时设施也相应增加。

⑤ 现场施工组织、管理、协调、调度复杂。

(3)流水作业法。流水作业法是将拟建工程划分为若干个施工段,每个施工段都划分为若干个相同的工序,按照施工的工艺顺序,各工序在不同的施工段上相继投入施工,最后投入施工的施工段上的最后一道工序完成后,则全部工程的施工也就随之完毕。

显然,流水作业法的专业对数及其劳动力、机具配备与顺序作业法相同,专业对数为平行作业法的 $1/n$;各专业队的工作是连续的和有节奏的;各工作面也得到合理的利用;工期只比平行作业法稍长,而比顺序作业法大大缩短了时间和工序。

可以看出,流水作业法是平行作业法和顺序作业法相结合的一种搭接施工方法,它保留了平行作业和顺序作业的优点,消除了它们的缺点,实现了生产的连续性和均衡性,从而也保证了劳动力、机具和材料供应的连续性和均衡性。在工序相同的多个施工段的施工安排中,其优越性是显而易见的。

6.3.2　流水施工的组织方法

全等节拍流水是流水施工中常用的组织方法,全等节拍流水也称固定节拍流水。它是在各个施工过程的流水节拍全部相等(为一个固定值)的条件下,组织流水施工的一种方式。

1.全等节拍流水的形式

全等节拍流水的形式可以分为多个阶段实施,如某工程有 3 个施工过程(甲、乙、丙 3 个过程),分为 ① ~ ④ 四个段施工,节拍均为 1 天。要求甲在完成施工后,各段均需间隔 1 天方允许乙过程进行施工;乙在完成施工后,各段均需间隔 1 天方允许丙过程进行施工。

2.全等节拍流水的特点

全等节拍流水具有以下特点:

(1) 流水节拍全部彼此相等,为一常数。

(2) 流水步距彼此相等,而且等于流水节拍,即:$K_{1,2} = K_{2,3} = \cdots = K_{n-1},n = K = t$(常数)。

(3) 专业工作队总数(n') 等于施工过程数(n)。

(4) 每个专业工作队都能够连续施工。

若没有间歇要求,可保证各工作面均不停歇。

3.组织步骤与方法

全流水形式的组织步骤主要包括 5 个方面,以下为全流水形式组织步骤的详细过程:

(1) 划分施工过程。

(2) 组织施工队和确定施工的段数(m)。其中全流水形式中的施工段数的确定主要通过以下步骤确定:

① 当无工艺与组织间歇要求时,可取 $m = n$,即可保证各队均能连续施工。

② 当有工艺与组织间歇要求时, 应取 $m > n$。

③ 当专业工作队之间允许搭接时,每层的施工段数 m 的最小值可按下式确定:

$$m = n + \frac{\sum Z_1}{K} + \frac{Z_2}{K} - \frac{\sum C}{K}$$

为了保证间歇时间满足要求,当计算结果有小数时,应只入不舍取整数;当每层的 $\sum Z_1$、Z_2 或 $\sum C$ 不完全相等时,应取各层中最大的 $\sum Z_1$、Z_2 和最小的 $\sum C$ 进行计算。

(3) 确定流水节拍 t。

(4) 确定流水步距 K。全等节拍流水常采用等节奏等步距施工,常取 $K = t$ 。

(5) 计算流水工期 T。

$$T = \sum K + T_N = (n - 1)K + rmt + \sum Z_1 - \sum C$$

而 $K = t$,所以

$$T = (rm + n - 1)K + \sum Z_1 - \sum C$$

式中,$\sum K$ 为流水步距的总和;T_N 为最后一个施工队的工作持续时间;$\sum Z_1$ 为各相邻施工过程间的间歇时间之和;$\sum C$ 为各相邻施工过程间的搭接时间之和;r 为施工层数。

6.3.3　流水施工组织程序设计

1.流水施工的表达方式及参数

流水施工的表达方式主要有两种方式,分别是水平图表和垂直图表,这两种表达方式在本质上没有大的区别,大体情况是一样的,只是表达形式或者表达的外部信息有细微的差别。

流水施工的参数在环境工程施工组织设计中主要有工艺参数、空间参数和时间参数等几个方面。工艺参数主要是涉及施工过程中该工艺的相关技术指标和技术参数,只有确保了施工中这些工艺的参数指标能够正确表达,才能够使得该工艺能够正常运作;空间参数主要是在进行施工的过程中有多大的空间能够使得施工人员对某一个节点或者某一个构筑物进行施工;时间参数主要是在进行施工的过程中各个阶段或者整个过程所需要耗费的时间长短等。

(1) 工艺参数主要包含施工过程数(n) 和流水强度,其中施工过程数还包含施工过程和施工过程数的确定;流水强度主要是某种资源的数量或者产量对该工程施工进度或者施工强度的影响程度,流水强度(V) 主要是通过下面公式进行计算所得:

$$V = XR_i^{S_i}$$

式中,V 为某施工过程的流水强度;X 为投入某施工过程的资源种类数;R_i 为投入某施工过程的第 i 种资源量(工人数或机械台数);S_i 为某施工过程的第 i 种资源的产量定额。

(2) 空间参数主要是由工作面、施工层数以及施工的段数来综合确定的,其中工作面主要是指在施工过程中涉及的工作平面的面积;施工层数主要是指在施工过程中此种类似的施工过程有多大的量;施工的段数是指可以将该工程的施工分为多少段进行分开施工和确定。

划分施工的段数的目的主要是使得每个分段都能够保证各个专业工作队有自己的工作空间,避免工作中的相互干扰,使得各个专业工作队能够同时、在不同的空间上进行平行作业,进而达到缩短工期的目的。

在进行施工段的划分时要注意以下几方面的原则,必须按照如下的要求进行划分,只有这样才能够使得最后划分的施工段数能够给工程施工带来简化并且使施工过程更加有效率,其详细的划分原则如下:

① 同一专业工作队在各个施工段上的劳动量应大致相等,相差不宜超过 15%,以便于组织等节奏流水。

② 分段要以主导施工过程为主,段数不宜过多,以免使工期延长。

③ 施工段的大小应满足主要施工过程工作队对工作面的要求,以保证施工效率和安全。

④ 分段位置应有利于结构的整体性和装修装饰的外观效果。应尽量利用沉降缝、伸缩缝以及防震缝等作为分段界线;或者以混凝土施工缝、后浇带,砌体结构的门窗洞口以及装饰的分格、阴角等作为分段界线,以减少留槎,便于连接和修复。

⑤ 当施工有层间关系,分段又分层时,若要保证各队连续施工,则每层段数(m) 应大于

或等于施工过程数(n）及施工队组数(n'），以保证施工队能及时向另一层转移。

（3）时间参数主要包含流水节拍(t）、流水步距(K）、流水工期(T）、搭接时间(C）和间歇时间等参数。

流水节拍(t）主要是指在组织流水施工时，一个专业工作队在一个施工段上施工作业的持续时间，称为流水节拍。它有多种计算方法，如定额计算法、工期计算法和经验估算法等。

① 定额计算法。

$$t_i = N_i R_i P_i$$

式中，t_i 为某专业工作队在第 i 施工段的流水节拍；N_i 为某专业工作队的工作班次；R_i 为某专业工作队投入的工作人数或机械台数；P_i 为某专业工作队在第 i 施工段的劳动量（单位：工日）或机械台班量（单位：台班）。

② 工期计算法。对已经确定了工期的工程项目，往往采用倒排进度法。其流水节拍的确定步骤如下：

a.根据工期要求，按经验或有关资料确定各施工过程的工作持续时间。

b.据每一施工过程的工作持续时间及施工段数确定出流水节拍。当该施工过程在各段上的工程量大致相等时，其流水节拍可按下式计算：

$$t = T/m$$

式中，t 为流水节拍；T 为某施工过程的工作延续时间；m 为某施工过程划分的施工段数。

③ 经验估算法。

$$t = \frac{a + 4c + b}{6}$$

式中，t 为某施工过程在某施工段上的流水节拍；a 为某施工过程在某施工段上的最短估算时间；b 为某施工过程在某施工段上的最长估算时间；c 为某施工过程在某施工段上的最可能时间。

无论采用上述哪种方法，在确定流水节拍时均应注意以下问题：

a.确定专业队人数时，应尽可能不改变原有的劳动组织状况，以便领导；且应符合劳动组合要求，使其具备集体协作的能力；还应考虑工作面的限制。

b.确定机械数量时，应考虑机械设备的供应情况和工作效率及其对场地的要求。

c.受技术操作或安全质量等方面限制的施工过程（如砌墙受到每日施工高度的限制），在确定其流水节拍时，应当满足其作业时间长度、间歇性或连续性等限制的要求。

d.必须考虑材料和构配件供应能力和储存条件对施工进度的影响和限制。

e.为了便于组织施工、避免工作队转移时浪费工时，流水节拍值最好是半天的整数倍。

流水步距(K）是在组织流水施工时，相邻两个专业工作队在符合施工顺序、满足连续施工、不发生工作面冲突的条件下，相继投入工作的最小时间间隔。一般应满足以下基本要求：

① 始终保持前、后两个施工过程的合理工艺顺序。

② 尽可能保持各施工过程的连续作业。

③ 使相邻两段施工过程在满足连续施工的前提下，在时间上能最大限度地搭接。

流水工期(T）主要是指整个施工过程所需要的周期，也可以具体到每一个具体流程所需要的周期。

搭接时间(C)主要是指该流水线工程在其正常运行和周期交接以及上下班交接过程中所耗费的时间。

间歇时间主要由四个方面组成,分别是工艺间歇时间(S)、组织间歇时间(G)、施工过程间歇时间(Z_1)和层间间歇时间(Z_2)。

2.组织流水施工的步骤

(1)将整个工程按施工阶段分解成若干个施工过程,并组织相应的施工专业工作队(组),使每个施工过程分别由固定的专业工作队负责实施完成。

(2)把建筑物在平面或空间上尽可能地划分为若干个劳动量大致相等的流水段(或称施工段),以形成"批量"的假定产品,而每一个段就是一个假定产品。

(3)确定各专业工作队在各段上的工作持续时间。这个持续时间又称为"流水节拍",用工程量、工作效率(或定额)、人数三个因素进行计算或估算。

(4)组织各工作队按一定的施工工艺,配备必要的机具,依次地、连续地由一个流水段转运到了另一个流水段,反复地完成同类工作。

(5)组织不同的工作队在完成各自施工过程的时间上适当地搭接起来,使得各个工作队在不同的流水段上同时进行作业。

3.流水施工的技术经济效果

工作队及工人实现了专业化生产,有利于提高技术水平、有利于技术革新,从而有利于保证施工质量,减少返工浪费和维修费用。

工人实现了连续性单一作业,便于改善劳动组织、操作技术和施工机具,增加熟练技巧,有利于提高劳动生产率(一般可提高 30% ~ 50%),加快施工进度。

由于资源消耗均衡,避免了高峰现象,有利于资源的供应与充分利用,减少现场暂设,因此可有效地降低工程成本(一般可降低 6% ~ 12%)。

施工具有节奏性、均衡性和连续性,减少了施工间歇,从而可缩短工期(比依次施工可缩短 30% ~ 50%),尽早发挥工程项目的投资效益。

施工机械、设备和劳动力得到合理、充分地利用,减少了浪费,有利于提高承包单位的经济效益。

6.3.4　流水施工的分类

流水施工的分类可以按照不同的情况分为不同的流水施工类型,如按照组织流水的范围分类可以分为分项、分布、单位以及群体工程等进行分类施工。按照流水节拍的特征分类可以分为有节奏的流水施工过程和无节奏的流水施工过程。同时还可以按照流水的空间特点进行分类,其可以分为流水施工的段法和流水线法。

1.按组织流水范围分类

分项工程流水施工在环境工程施工管理中有时也称为细部流水施工,是在一个专业工种内部、各道工序之间组织起来的流水施工。

分部工程流水施工在环境工程施工管理中有时也称为专业流水施工,是在一个分部工程内部、各分项工程之间组织起来的流水施工。

单位工程流水施工在环境工程管理中有时也称为综合流水施工,是在一个单位工程内部、各分部工程之间组织起来的流水施工。

群体工程流水施工在环境工程施工管理中有时也称为大流水施工,是在若干个单位工程之间组织起来的流水施工。

2.按流水节拍的特征分类

有节奏流水是指在流水组中,每一个施工过程在各段上的流水节拍各自相等,使流水具有一定的规律性。它又分为等节奏流水和异节奏流水。

(1) 等节奏流水施工是指在流水组中,各个施工过程的流水节拍全部相同。

(2) 异节奏流水是指在流水组中,同一个施工过程的流水节拍相同,但各施工过程之间的流水节拍不尽相等的流水施工。

无节奏流水主要是指没有一定规律的流水节拍,它在建设项目中主要是涉及一些小型的建筑项目或者是指在整个项目中涉及的一些小的工程等。

3.按流水的空间特点分类

按组织流水的空间特点,可分为流水施工的段法和流水线法。流水施工的段法常用于建筑、桥梁等体型宽大、构造较复杂的工程;流水线法常用于管线、道路等体型狭长的工程。

6.4　网络计划组织原理

6.4.1　网络计划技术组织原则

1.网络计划技术概述

网络计划技术是对网络计划原理与方法的总称,是指用网络图表示计划中各项工作之间的相互制约和依赖关系,在此基础上,通过各种计算分析,寻求最优计划方案的实用计划管理技术。

网络计划技术发展至今,已形成关键线路法(Critical Path Method,CPM)、计划评审技术(Program Evaluation & Review Techniques,PERT)、图示评审技术(Graphical Evaluation & Review Techniques,GERT)、决策关键线路法(Decision Critical Path Method,DCPM) 和风险评审技术(Venture Evaluation & Review Techniques,VERT) 等繁多种类。就"关键线路法" 这一适用于工程建设施工管理的网络计划技术门类而言,其内容大体可归纳为以下三个组成部分:一是根据计划管理的需要,进行各种形式网络计划的编制;二是进行包括工作的最早可以开始时间、完成时间,工作的最迟必须开始时间、完成时间,工作总时差、自由时差及网络计划计算工期在内的各种时间参数的计算分析;三是在网络计划时间参数计算分析的基础上,根据某种既定限制条件或实际情况的变化要求,进行网络计划的总体或局部优化、调整。

将网络计划技术运用于工程建设活动的组织管理,不仅要解决计划的编制问题,而且更重要的是解决计划执行过程中的各种动态管理问题,其宗旨是力图用统筹的方法对总体工程建设任务进行统一规划,以求得工程项目建设的合理工期与较低建造费用。因此,网络计划技术是对工程项目实施过程进行系统管理的极为有用的方法论。

2.网络图概述

所谓工程网络计划,是指用网络图表示出来的并注有相应时间参数的工程项目计划。因此,提出一项具体工程任务的网络计划安排方案,就必须首先要求绘制网络图。

网络图是指用箭线、节点表示工作流程的有向、有序的网状图形。该定义中,"箭线""节点"分别指带箭头的线段和网络图中的圆或方框;"有向""工作流程"是指规定箭头一般应以从左往右(但不排除垂直)指向为正确指示方向,并带箭头的线或节点表示工作、以箭头指向表示不同工作依次开展的先后顺序;"有序"是指基于工作先后顺序关系形成的工作之间的逻辑关系,它可区分为由工程建造工艺方案和工程实施组织方案所决定的工艺关系及组织关系,并表现为组成一项总体工程任务各项工作之间的顺序作业、平行作业及流水作业等各种联系;最后,上述定义所称的"网状图形"描述了网络图的外观形状并强调了图形封闭性要求,其含义是指网络图只能具有一个开始与一个结束节点,因而呈现为封闭图形。

网络图形式多样,在此基础上形成了各类不同的网络计划。按管理目标数量的不同,网络计划可包括单目标与多目标网络计划(本书主要介绍的是单目标网络计划);按照以带箭头的线或节点表示工作的绘图表达方法的不同,网络计划可区分为双代号和单代号网络计划;此外,按工作持续时间是否依照计划天数长短比例绘制,网络计划可区分为时间标志的网络计划和非时间标志的网络计划,其中前者还可以按照表示计划工期范围内各项工作活动的最早可以与最迟必须开始时间的不同,相应区分为早时标网络计划和迟时标网络计划;在这一分类中,按有时间标志的网络计划分别与双代号或单代号网络图形成的不同组合,还可将其进一步区分为双代号与单代号时标网络计划。网络计划还可以按照是否在网络图中表示不同工作活动之间的各种搭接关系,如工作之间的开始到开始(STS)、开始到结束(STF)、结束到开始(FTS)、结束到结束(FTF)关系,相应地区分为搭接网络计划和非搭接网络计划;工程管理实际中,网络计划还可以依据其应用范围的不同,依次区分为局部网络计划、单位工程网络计划和群体工程综合网络计划等。

在上述各类网络计划中,有必要首先掌握双代号及单代号网络计划的编制方法。双代号及单代号网络图的构成要素如下。

所谓双代号网络图,是指以带箭头的线表示工作、以节点衔接工作之间逻辑关系的网络图。反之,以节点表示工作、以带箭头的线来衔接工作之间逻辑关系的网络图则称为单代号网络图。

(1)带箭头的线(简称箭线)。带箭头的线在双代号网络图中表示工作,在单代号网络图中则用于衔接不同工作以形成工作之间某种既定的逻辑关联。

网络计划技术术语所称的"工作",是指按需要的粗细程度划分而成的某个子项目或子任务。它可能同时消耗时间、资源,如工作是指浇筑混凝土梁或柱;也可能只消耗时间、不消耗资源,如工作系指进行混凝土养护。进行施工网络计划安排时,"工作"通常是指工序、施工过程或施工项目等实施性活动。

在网络图绘制过程中,与"工作"有关的常用的术语可涉及紧前、紧后、平行工作及先行、后续工作等。

(2)节点。在双代号网络图中,节点表示"事件",即一些工作结束或另一些工作开始的瞬时时刻,因而既不占用时间,又不耗用资源,是用于衔接不同工作的构图要素;在单代号网络图中,节点则仅用于表示工作。

(3) 带虚箭头的线(简称虚箭线)。带虚箭头的线由虚线段与箭头结合而成,它是双代号网络图所特有的构图要素,用于表示既不占用时间,又不耗用资源,本身无实际工作内容的虚拟工作,或简称"虚工作"。带虚箭头的线在双代号网络图中起联系、区分和断路三个作用。其中,联系作用是指用带虚箭头的线传递工作之间应有的逻辑关系。

带虚箭头的线在双代号网络图绘制过程中所起的区分作用,是指根据网络图中的各项工作互不重名(用节点代号称呼时) 的绘图规则要求,用其区分两项或两项以上的同名工作。

(4) 关于虚拟开始与结束节点。虚拟开始与结束节点为单代号网络图特有的绘图构成要素。当且仅当网络图的起始工作不止一项,或收尾工作不止一项时,单代号网络图的绘制需要用到虚拟开始或虚拟结束节点。

在习惯上,单代号网络图的虚拟开始与结束节点可分别用英文大写字母"S""F" 标写其工作名称,亦可直接用汉字"开始"与"结束" 标写。在单代号网络图中设置虚拟开始与结束节点,其目的是保证当存在多项起始或收尾工作时,网络图仍能够在构图上符合"封闭的网状图形" 要求。

(5) 关于线路。线路是指从网络图的开始节点到结束节点沿箭线连续指示方向前进能够形成的每一条完整通路。

网络图中总历时最长的线路为关键线路,其余线路为非关键线路,相应地,组成关键线路的各项工作称为关键工作。在双代号网络图中,关键线路上的各个节点还可称为关键节点。显然,在网络图中,除关键工作以外的工作都是非关键工作,而在双代号网络图中,除关键节点以外的节点即非关键节点。

在网络图绘制过程中定义线路这一构图要素,其意义是为通过下一步的网络计划时间参数的计算找出关键线路、确定计划工期,并在此基础上通过比较关键线路与非关键线路确定时差建立前提。

3.网络图的绘制原则及方法

双代号及单代号网络图的绘制原则及方法是网络图的重要内容之一,双代号网络图的绘制原则及一般步骤为在双代号网络图绘制过程中,应依次满足基本绘图原则、绘图规则与图形简化原则三方面的规定。这不但是网络计划技术的规范构图要求,而且也是保证网络计划在工程项目施工计划管理过程中发挥其正确指导作用的前提。

6.4.2　网络技术组织程序设计

1.网络计划时间参数的计算

网络计划时间参数是网络技术组织程序设计的首要步骤,只有确定了网络计划的时间,才可以对后续的相关设计和安排做出合理的设计。而网络计划时间参数的计算方法是一个较大的计算体系,其计算的方法比较繁多。

(1) 网络计划时间参数体系。首先,按求取时间参数途径的不同,其方法可包括分析计算法、图上计算法、表上计算法、矩阵计算法和电算法等;其次,按网络图图形种类不同,其方法又可区分为对非搭接网络计划和搭接网络计划进行计算的两类不同方法,其中,前一类方法又包含了双代号和单代号两种不同形式的网络计划的计算方法。按上述两种分类标志交叉结合各种方法,则大体构成了网络计划时间参数的计算方法体系框架。

在双代号、单代号网络计划时间参数的计算方法中,应用广泛的是图上计算法。其中,若计算对象为双代号网络图,其方法又包括工作时间计算法和节点时间计算法。根据所计算的时间参数数量多少的不同,工作时间计算法又包括二时标注法、四时标注法和六时标注法,节点时间计算法则包括一般节点时间计算法和标号法。需要强调,标号法是一种时间参数计算内容有限的简便算法,它适合于快速确定网络计划的关键线路与计划工期。

双代号网络计划时间参数的计算方法,主要是用工作时间计算法计算时间参数,简言之,如采用工作时间计算法,首先,沿网络图的箭头线指示方向从左往右,依次计算各项工作的最早可以开始时间并确定计划(计算)工期;其次,逆网络图箭头线指示方向从右往左,依次计算各项工作的最迟必须开始时间,显然,当最早可以开始时间和最迟必须开始时间确定之后,两个相应的完成时间即工作的最早可以与最迟必须开始时间也就相应确定下来;随后,是计算工作的总时差与自由时差;最后,按总时差最小(当 $T_p = T_c$ 时,其取值为0)的工作为关键工作的判定原则,确定由关键工作组成的关键线路并用双线、粗线或色线表示之,同时根据需要,计算其他时间参数。

(2)时标网络计划。按《工程网络计划技术规程》(JGJ/T121—99)所给定义,时标网络计划是指以时间坐标为尺度编制的网络计划。对应工作或日历天数,按工作持续时间长短比例绘制的时标网络图,其特点是可以直观明了地揭示网络计划的各种时间参数概念内涵,从而便于计划管理人员一目了然地从网络图上看出各项工作的开工与完工时间,在充分把握工期限制条件的同时,通过观察工作时差,实施各种控制活动,适时调整、优化计划。

采用时标网络计划,还便于在整个计划的持续时间范围内,逐日统计各种资源的计划需用量,在此基础上,进一步编制资源需用量计划及工程项目的成本计划。因此,在工程项目施工组织与管理过程中,时标网络计划是应用广泛的计划安排与管理工具;由于其具有整合工程项目进度、成本、资源等多重管理目标的作用,已成为目前各种项目管理应用软件输出的网络计划的主要表现形式。

时标网络计划的绘制表达方法,主要是按工作表达方法不同,时标网络计划可区分为用箭线表示工作的双代号时标网络计划及用节点表示工作的单代号时标网络计划;在本质上,后者即是用改进的网络图(即横向道路网络图的别名)表示的横道网络计划。

按照与时间参数赋予的两组开、完工时间形成的对应关系,时标网络计划又可区分为在工期限定条件下的两种极限开工时间计划,即早时标与迟时标网络计划,其中根据读图习惯,早时标网络计划是通常采用的初始计划表现形式。

时标网络图的绘制方法可分类为间接绘制法和直接绘制法,其中间接绘制法是指先进行网络计划时间参数的计算,再根据计算结果绘图;直接绘制法是指不通过时间参数计算这一过渡步骤,直接绘制时标网络图。采用间接绘制法绘制时标网络图,有助于结合绘图过程,深入理解时间参数概念;而利用直接绘制法绘图,其优点是过程直接,因而生成计划较为快捷。

由于双代号时标网络计划的编制方法比较复杂和重要,以下将详细说明时标网络计划的构成要素以及其相应的绘制步骤。

双代号时标网络图的构图要素包括实箭头线、节点、虚箭头线和波形线,其中实箭头线、节点、虚箭头线所表示的含义与非时标网络图相同,但是,由于时标网络图要求表示实工作的实箭头线应按照其天数长短比例绘图,因此在持续时间各不相同的情况下,为了在构图上使一项工作的多项靠前或靠后工作箭头线能分别延长至其开始或完成节点,就必须通过设立波形线,以弥补具有相同完成或开始节点的各项平行工作存在的持续时间差异,从而满足正确表达工作逻辑关系的需要。在时标网络图的具体绘制过程中,波形线通常体现为实箭头线的向前、向后延伸部分,或直接存在于水平虚箭头线。从总体上说,波形线可用于表示各种不同性质的工作时差。

在编制时标网络计划之前,应先按事先确定的时间单位绘制的时标网络计划表。时间坐标可以标在时标网络计划表的顶部或底部。当网络计划的规模较大且比较复杂时,可在时标网络计划表的顶部和底部同时标注时间坐标。必要时,可以在顶部时间坐标之上或底部时间坐标之下同时加注日历时间。时标网络计划表中部用于与图形结合的时标刻度线宜用细线表示。为使图面清晰整洁,此线亦可不画或少画。

编制时标网络计划,应先绘制出非时标网络图草图,然后再按间接或直接绘制法绘图。

直接绘制法一般多用于绘制双代号早时标网络图,其主要步骤可归结如下:

① 将网络图开始节点定位于时标网络计划表的起始刻度线上,即令起始工作的最早可以开始时间为 0。

② 从网络图起始节点开始,按工作持续时间长短向右延长箭线。

③ 除网络图起始节点以外的其他节点位置,应由以本节点为完成节点的最长箭线末端所在位置确定,以本节点为完成节点的其余箭头线当其位置不能达到该节点时,应通过补画波形线令其与该节点连接。

④ 按上述方法从左到右,依次确定其他节点位置,直到完成整个绘图过程。

2.从时标网络计划中判读相关时间参数

学会从时标网络计划中判读各有关时间参数,其意义是进一步加深对网络计划时间参数概念内涵的理解,在此基础上,使计划管理人员无须通过烦琐的计算,便能从图上直接观察出计划所涉及的各项工作的开、完工时间,在明确关键线路、把握工期限制条件的同时,区分关键工作与非关键工作,通过识别与运用非关键工作时差,调整、优化计划与实施各种相关控制活动。

这里着重介绍双代号时标网络计划时间参数的判读方法。

(1) 关于关键线路及关键工作的判读方法。双代号时标网络计划中,网络图结束节点与起始节点所在位置的差值表示计划总工期,自网络图结束节点逆向开始的节点进行观察,凡自始至终不出现波形线的线路即为网络计划的关键线路。这是由于不存在波形线,表示在工期限定范围之内,整条线路上的任何一项工作均不存在任何一种性质的时差,这条线路是关键线路,而组成该线路的各项工作即为网络计划的关键工作。

(2) 关于工作最早时间的判读方法。显然,在双代号早时标网络计划中,由实箭头线的左右两端点所在位置,便可分别判读相应工作的最早可以开始及最早可以完成时间。

(3) 关于工作时差的判读方法。根据自由时差"是指在不影响紧后工作最早可以开始时间前提下本工作拥有最大机动时间余裕"这一定义,易知在双代号早时标网络图中,工作自由时差可直接由波形线长度表示。

根据总时差"是指在不影响整个工程任务按计划工期完成前提下本工作拥有的最大机

动时间余裕"这一定义,可知从一张静态的双代号时标网络图中无法直接观察工作总时差,无论它是早时标或迟时标网络图。此时可借助如下方法,逆向时标网络图箭头线指示方向,逐一判读不同工作的总时差:

①按"总时差等于计算工期与收尾工作最早完成时间之差"判读各项收尾工作的总时差,即

$$TF_{im} = F_c - EF_{in}$$

②按"总时差等于诸紧后工作总时差的最小值与本工作的自由时差之和"判读其余各项工作的总时差,即

$$TF_{im} = \min F_{jk} + FF_{ij}$$

通过判读工作自由时差及总时差,可以看出上述两类时差的不同特性,即自由时差只能由本工作利用而不能被其所在的线路共有;反方向去观察整个时差,则具有既可以被本工作利用又可以为本工作所在的线路共有的双重属性。还可以看出:一般情况下,非关键线路上诸多工作的自由时差总和等于该线路可供利用的线路总时差,即线路总时差的作用是由各非关键工作以自由时差的名义加以分配使用。

此外,根据"相邻两工作时间间隔是指紧后工作的最早可以开始时间与本工作的最早可以完成时间之间的间隔"定义,还可以从双代号早时标网络图中,直接按紧后工作箭头线的左边端点与本工作箭头线的右边端点的位置差判读该时间参数。

6.4.3　网络计划的优化与控制

在工程项目的施工组织过程中,按既定施工工艺及组织关系的要求编制的初始网络计划,通常应符合处于经常变化过程中的工程完成期限、资源供应及费用预算等限制条件的要求;为了保证编制出来的计划具有可实施性并取得最佳的预期执行效果,就有可能通过压缩相应工作的持续天数,或改变其原订的开始与结束时间,从而形成新的计划安排决策。

1.网络计划的优化

网络计划的优化是指在计划编制或执行阶段,在一定的约束条件之下,按某种预期目标,对初始网络计划进行改进,借此寻求令人满意的计划方案。

简言之,网络计划的优化原理,一是可概括为利用时差,即通过改变在原定计划中的工作开始时间,调整资源分布,满足资源限定条件;二是可归结为利用关键线路,即通过增加资源投入,压缩关键工作的持续时间,以借此达到缩短计划工期的目的。

从总体上讲,网络计划的优化、调整是网络计划技术内容的重要组成部分。由于在优化、调整计划的过程中,通常需要应用关键线路、关键工作、工作的最早和最迟开始时间、总时差、自由时差等时间参数概念求解各种不同问题,因此,网络计划时间参数的计算分析是对网络计划实施动态优化、调整的准确定量分析工具。

网络计划优化原理主要是网络计划的预期优化目标一般可根据完成一项工程任务的实际需要确定,它通常可区分为工期、费用、资源三类目标,由此而形成的网络计划优化问题的类型可相应区分为如下三种,即工期优化、费用优化和资源优化。

(1)工期优化。就网络计划技术提供的方法原理而言,所谓工期优化,是指当网络计划的计算(计划)工期不满足限定工期要求时(即 $T_c > T_r$),在不改变工作之间逻辑关系的前提下,按代价增加由小到大排序,依次选择并压缩初始网络计划及后来出现的新的关键线路

上各项关键工作的持续时间(按经济合理的原则,当经过压缩步骤导致新的关键线路出现时,关键工作持续时间的压缩幅度应比照新的关键线路长度进行即时调整),直到使计算工期最终能够满足限定工期的要求(即 $T_c \leqslant T_r$)。

(2)费用优化。费用优化是指依据随工期延长工程直接费减少而间接费增加,因而两类费用叠加之后形成的工程总成本费用存在最小值,即总成本曲线存在最低点这一费用 - 工期关系,按照成本增加代价小则优先压缩的原则,通过依次选择并压缩初始网络计划关键线路及后来出现的新的关键线路上各项关键工作的持续时间(关键工作的压缩幅度同样要求按新的关键线路的长度即时调整),在此过程中观察随工期缩短相应引起的费用变化情况,直至找到使工程总成本费用取值达到最小值的适当工期。

(3)资源优化。资源优化是指通过改变网络计划中各项工作的开始时间,使各种资源即人力、材料、设备或资金按时间分布符合"资源有限,工期最短"或"工期固定,资源均衡"两类优化目标。其中,前者是指通过调整计划安排,在满足资源限制的条件下,使工期延长幅度达到最小;后者是指通过调整计划安排,在工期保持不变的前提下,使资源用量尽可能达到在时间分布上的均衡。

工期优化方法与示例主要是从网络优化的步骤上来进行分析,如下为网络计划的工期优化步骤:

①确定在不考虑压缩工作持续时间,即各项工作均按正常持续时间进行前提条件下的计算工期 T_c 并与要求工期 T_r 比较,若 $T_c > T_r$ 则界定压缩目标,即按下式确定应予缩短的工期 ΔT:

$$\Delta T = T_r - T_c$$

②将应予优先考虑的关键工作持续时间压缩至再无压缩余地的最短时间即极限持续间,此时,若出现新的关键线路使原的关键工作成为非关键工作,则比照新的关键线路长度,减少压缩幅度使之仍保持为关键工作(这一过程即网络计划技术术语所称的"松弛")。在本步骤中,优先考虑压缩的关键工作是指那些缩短其持续时间对工程质量、施工安全影响不大,具有充足备用资源,或缩短其持续时间造成费用增加最少的工作,这样规定是为了使压缩工作持续时间造成的各种不利影响能被降低到最低程度;而当经过压缩步骤造成新的关键线路出现时,减少压缩幅度、恢复关键工作,同样是为了使压缩工作持续时间付出的代价达到最小。

③在完成步骤②后,若计算工期仍大于要求工期,则重复步骤②继续压缩某些关键工作的持续时间,此时对多条关键线路上的不同关键工作应设定相同的压缩幅度,从而使多条关键线路能得以同步缩短,以此有效缩短工期。

④经过步骤③,当通过逐步压缩关键工作的持续时间,已使工期缩短幅度达到或超出 ΔT,则意味着 $T_c \leqslant T_r$ 关系已经成立,至此工期优化过程结束,网络计划的计算工期已达到要求工期的规定。

当然,如经过上述步骤,当所有相关工作的持续时间均被压缩至极限持续时间,但计算工期仍然无法达到要求工期的规定,则应考虑修改原计划中设定的工作逻辑关系,或重新审定计划目标。

2.网络计划的控制

网络计划的控制是对网络计划执行过程中进行的检查、记录、分析和调整等一系列工作的总称。在一般管理学原理中,控制被认为是以计划标准衡量成果,并通过纠偏行动以确保实现计划目标。因此,网络计划的控制是指在完成计划编制工作之后,在计划执行的过程中,随时检查、记录网络计划的实施情况,找出偏离计划的误差,及时发现影响计划实施进程的具体干扰因素,找到计划制订本身可能存在的不足,在此基础上,确定调整措施、采取相应纠偏行动,从而使工程项目的施工组织与管理过程始终沿着预定的轨道正常运行,直至顺利实现事先确立的各种计划目标。由此可见,网络计划的控制实际上可概括为一个发现问题、分析问题和解决问题的连续的系统过程。

由前所述,网络计划的控制主要体现为在计划执行情况检查、分析的基础上对计划实施的各种必要调整活动。

网络计划执行情况的检查方法主要是指网络计划执行情况检查的目的是通过将工程实际进度与计划进度进行比较,得出实际进度较计划要求超前或滞后的结论,并在此基础上预测后期工程进度,从而对计划能否如期完成,做出事先的估计。它通常包括如下方法:

(1)S形曲线比较法。由于从工程项目施工进展的过程来看,其单位时间内完成的工作任务量一般都随着时间的递进而呈现出两头少、中间多的分布规律,即工程的开工和收尾阶段完成的工作任务量少而中间阶段完成的工作任务量多,这样,以横坐标表示进度时间,以纵坐标表示累计完成工作任务量而绘制出来的曲线将是一条S形曲线。

所谓S形曲线比较法,就是将网络计划确定的计划累计完成工作任务量和实际累计完成工作任务量分别绘制成S形曲线,并通过两者的比较,判断实际进度与计划进度相比是超前还是滞后,并同时得出其他相关信息的计划执行情况检查方法。

(2)香蕉形曲线比较法。根据工程网络计划技术原理,在满足计划工期限制的条件下,网络计划中的任何一项工作均可具有最早可以和最迟必须开始两种极限开工时间选择;而S形曲线比较法则揭示了随着时间推移,工程项目逐日累计完成的计划工作任务量可以用S形曲线描述。于是,内含于网络计划中的任何一项工作,其逐日累计完成的工作任务量就必然可借助于两条S形曲线概括表示:其一是按工作最早可以开始时间安排计划绘制的S形曲线,称ES曲线;其二是按工作最迟必须开始时间安排计划绘制的S形曲线,称LS曲线。由于上述两条曲线除在开始点和结束点相互重合,ES曲线上的其余各点均落在LS曲线的左侧,因此两条曲线围合成一个香蕉形曲线区域,在网络计划的执行过程中,较为理想的状况是在任一时刻按实际进度描出的点均落在香蕉形曲线区域内,因为这说明实际工程进度被控制于工作最早可以开始和最迟必须开始时间界定的范围之内,所以计划的执行情况呈现为正常状态;而一旦按实际进度描出的点落在ES曲线的上方(左侧)或LS曲线的下方(右侧),则说明与计划要求相比,实际进度表现为超前或滞后,此时应根据需要,分析偏差原因,决定是否采取及采取何种纠偏措施。

除了对工程的实际与计划进度进行比较外,香蕉形曲线的作用还在于对工程实际进度进行合理的调整与安排,或确定在计划执行情况检查状态下后期工作进度偏离ES曲线和LS曲线的趋势或程度。

(3)前锋线比较法。前锋线比较法是适用于早时标网络计划的实际与计划进度比较方法。所谓前锋线,是指从计划执行情况检查时刻的时标位置出发,经依次连接时标网络图上每一工作箭头线的实际进度点,再最终结束于检查时刻的时标位置而形成的对应于检查时刻各项工作实际进度前锋点位置的折线(一般用点划线标出),故前锋线又可称为实际进度前锋线。简言之,前锋线比较法就是借助于实际进度前锋线比较工程实际与计划进度偏差的方法。

在应用前锋线比较法的过程中,实际进度前锋点的标注方法通常有如下两种:其一是按已完工程量百分数标定;其二是按与计划要求相比工作超前或滞后的天数标定。通常后一方法更为常用。

(4) 列表比较法。列表比较法是通过将截至某一检查日期工作的尚有总时差与其原有总时差的计算结果列于表格之中进行比较,以判断工程实际进度与计划进度相比是超前还是滞后的方法。

由网络计划技术原理可知,工作总时差是在不影响整个工程任务按原计划工期完成的前提下,该项工作在开工时间上所具有的最大选择余地。因而到某一检查日期,各项工作的尚有总时差实际上标志着工作进度偏差,并预示着计划能否得以按期完成。

工作尚有总时差可定义为检查日到此项工作的最迟必须完成时间的尚余天数与自检查日算起该工作尚需的作业天数两者之差;将工作尚有总时差与原有总时差进行比较,相应形成的网络计划执行情况的检查结论可按下述不同情况做出:

第一、若工作尚有总时差大于其原有总时差,则说明该工作的实际进度比计划进度超前,且为两者之差。

第二、若工作尚有总时差等于其原有总时差,则说明该工作的实际进度与计划进度一致,因而计划实施情况正常。

第三、若工作尚有总时差小于其原有总时差但仍为正值,则说明该工作的实际进度比计划进度滞后,但计划工期不受影响,此时工作实际进度的滞后天数为两者之差。

第四、若工作尚有总时差小于其原有总时差且已为负值,则说明该工作的实际进度比计划进度滞后且计划工期已受影响,此时工作实际进度的滞后天数为两者之差,而计划工期的延迟天数则与工作尚有总时差天数相等。

在检查网络计划执行情况的过程中,往往会发现偏差的存在,而且其通常的表现形式是计划工作不同程度的进度拖延。工程项目施工过程中造成进度拖延的原因多种多样,但总体概括起来,主要有如下几种:

① 计划欠周密。计划不周必然导致计划本身失去意义。在网络计划编制过程中,遗漏部分工作事项引起计划工作量不足而实际工作量增加;对完成计划所需各种资源的限制条件考虑不充分而使得完成计划工作量的能力不足,或是未能使现有施工能力充分发挥其应有作用等,均会导致工作拖延,甚至会不可避免地形成总体计划工期的延迟。

② 工程实施条件发生变化。工程项目的实施过程本身会受到各种不可预知事件的干扰,常见的如业主要求变更设计,为保证工程质量、降低工程成本而采取临时措施等,这些事项的发生,均会导致工程实施条件发生变化,从而使工程实施进程无法按事先预定的网络计划原样进行。

③ 管理工作失误。管理工作失误常常是导致计划失控的最主要原因。网络计划执行过程中常见的管理工作失误包括:计划制订部门与计划执行人员之间、总包单位与分包单位之间、业主与施工承包企业之间缺少必要的信息沟通,从而导致计划失控;施工承包企业计划管理意识不强,或技术素质、管理素质较差,缺乏对计划执行情况实施主动控制的必要措施手段,或者由于出现质量问题引起返工,不必要的工作量增加,因此延误施工进度;对参与

工程建设活动的各有关单位之间的相互配合关系协调不力,使计划实施工作出现脱节;对项目实施所需资金及各种资源供应不及时,从而导致工程实际进度偏离计划轨道。

针对上述各种原因,一般均应借助网络计划技术有关时间参数计算分析的原理,精确估量进度拖延对后续工作如期完成是否造成影响,以及所造成的影响程度,优化调整后期工程网络计划。

网络计划执行过程中的调整方法主要是指工程网络计划执行过程中,如发生实际进度与计划进度要求不符,往往必须修改与调整原定计划,从而使之与变化后的实际情况适应。由于一项工程任务是由多个不同的工作过程组成的,其中每一工作过程的完成又可采用工作持续时间、费用和资源投入种类、数量要求各异的施工组织方法,这样从客观上讲,计划安排本身可以存在多种方案,而处于执行过程中的计划则同样具有可供挖掘、利用的各种时空余裕。因此,在网络计划执行过程中,对原定计划进行调整不但是必要的,而且也是可能的。

计划调整原则是对执行过程中的网络计划是否实施调整,应根据下述两种情况分别做出决定。

第一种情况:当计划执行情况偏差体现为某项工作的实际进度超前。

由网络计划技术原理可知,作为网络计划中的一项非关键工作,其实际进度的超前事实上不会对计划工期形成任何影响,换言之,计划工期不会因非关键工作的进度提前而同步缩短。由于加快某些个别工作的实施进度,往往可导致资源使用情况发生变化,如不能及时变更资源供应计划,或施工组织与管理过程中稍有疏忽,就有可能打乱整个原定计划对资源使用所做的合理安排,特别是在多个平行分包单位同时施工的情况下,由此而引起的后续工作时间安排的变化往往会给工程管理人员的协调工作带来许多意想不到的麻烦,这就使得加快非关键工作进度而付出的代价并不能够收到缩短计划工期的相应效果。

与此同时,对网络计划中的一项关键工作而言,尽管其实施进度提前可引起计划工期的相应缩短,但基于上述原因,往往同样会使缩短部分工期的实际效果得不偿失。因此,当计划执行过程中产生的偏差体现为某项工作的实际进度超前,但超前幅度不大,通常不必调整计划;反之,当超前幅度较大,则有必要考虑对计划做出适当放慢步调的调整。

第二种情况:当计划执行情况偏差体现为某项工作的实际进度滞后。

由网络计划技术原理定义的工作时差概念可知,当计划执行情况偏差体现为某项工作的实际进度滞后,决定对计划是否做出相应调整,其具体情形应做如下区分:

① 若出现进度偏差的工作为关键工作,则由于工作进度滞后,必然会引起后续关键工作最早与最迟开工时间的同时延误,整个计划工期的相应延长,因此在此种情况下,必须对原定计划采取相应调整措施。

② 当出现进度偏差的工作为非关键工作,且工作进度滞后天数已超出其总时差,则由于工作进度延误同样会引起后续工作最早、最迟开工时间的延误和整个计划工期的相应延长,因此必须对原定计划采取相应调整措施。

本情形中,根据工程项目总工期是否允许拖延,或虽然允许拖延,但对拖延时间有限定条件这两种具体情况,可相应形成不同的计划调整方案。

③ 若出现进度偏差的工作为非关键工作,且工作进度滞后天数已超出其自由时差而未超出其总时差,则由于工作进度延误只引起后续工作最早开工时间的拖延而对整个计划工

期并无影响,因而此时只有在后续工作最早开工时间不宜推后的情况下才考虑对原定计划采取相应调整措施。

④ 若出现进度偏差的工作为非关键工作,且工作进度滞后天数未超出其自由时差,则由于工作进度延误对后续工作的最早开工时间和整个计划工期均无影响,因此不必对原定计划采取任何调整措施。

(5) 计划调整方法。网络计划执行过程中调整方法可概括为:判断进度干扰因素的具体作用对象与程度;分析有无调整必要及根据具体工程任务的特点要求,决定采取何种途径调整计划。

显然,按照常识范畴,当网络计划执行过程中因无法排除各种因素干扰,导致前期工作延迟,所以使后期计划无法按时完成,此时计划的调整方法有以下两种:要么改变后续工作之间的逻辑关系,要么直接压缩后续工作的持续时间。当然,采取上述两条调整途径,其前提条件都是工程费用预算目标与质量目标必须同时得到保证。对此分述如下:

① 改变某些后续工作之间的逻辑关系。若计划执行情况偏差已影响到计划工期,并且有关后续工作之间的逻辑关系允许改变,此时,可变更位于关键线路或非关键线路但延误时间已超出其总时差的有关工作之间的逻辑关系,从而达到缩短工期的目的。例如可将按原计划安排依次进行的工作关系改为平行、搭接进行或分段流水进行的工作关系。通过变更工作逻辑关系缩短工期,往往简便易行、效果显著。

② 缩短某些后续工作的持续时间。当计划执行情况偏差已影响到计划工期,网络计划调整的另一方法是不改变工作之间的逻辑关系而只是压缩某些后续工作的持续时间,以借此加快后期工程进度,从而使原计划工期仍能够得以实现。应用本方法需注意被压缩持续时间的工作应是位于因工作实际进度拖延而引起计划工期延长的关键线路或某些非关键线路上的工作,且这些工作应确实具有压缩持续时间的余地。该方法通常在网络图上借助图上分析计算直接进行,其基本思路是,通过计算到计划执行过程中某一检查时刻剩余网络计划的时间参数,来确定工作进度偏差对计划工期的实际影响程度;再以此为据,反过来推算有关工作持续时间的压缩幅度。其具体计算分析步骤一般是:

第一步,删去截至计划执行情况检查时刻业已完成的工作,将检查计划的当前日期作为剩余网络计划的开始日期,以此形成剩余网络计划。

第二步,将处于进行过程中相关工作的剩余持续时间标注于剩余网络图中。

第三步,计算剩余网络计划的各项时间参数。

第四步,根据剩余网络计划时间参数的计算结果,推算有关工作持续时间的压缩幅度,或验证既定压缩方案能否满足计划调整目标。

需要说明的是,采用压缩计划工作持续时间的方法缩短工期不仅可能会使工程项目在质量、费用和资源供应均衡性保证方面蒙受损失,而且还要受到必要的技术间歇时间、气候、施工场地、施工作业空间及施工单位的技术能力和管理素质等条件的限制,故应用这一方法,必须注重从工程具体实际情况出发,以确保方法应用的可行性和实际效果。

显然,如果单纯用计算方法实施上述计划调整过程,往往会带来较大的计算工作量。为此,可通过采用电算方法解决网络计划调整过程中计算操作的繁复性问题。目前广泛应用的各种工程项目管理软件,大都具有强大的网络计算处理功能,这无疑为网络计划的调整工作提供了极大的方便。

3.网络计划控制的必要性

施工管理过程中,"计划的平衡是相对的,不平衡则是绝对的",即使计划方案制订周密并已经过多次优化,但由于干扰计划执行的各种因素如人员、技术、组织、材料、构配件、设备供应和资金、水文、气象、地质及其他事先难以预料的各种环境、社会因素始终存在并随时可能发挥作用,从而影响计划的正常进行,因此,在计划执行过程中,就必然要求通过有效的控制活动,确保计划的预期实施进程。

第7章　土方工程

土方工程是环境工程施工的重要内容,包括土方的开挖或爆破、填筑、运输平整和压实等过程,以及排水、降水和土壁支撑等专项辅助工作。土方工程具有工程量大、劳动繁重和施工条件复杂等特点,因此必须进行现场调查并结合现有的施工条件,合理地进行组织计划,制订合理的施工方案,尽可能地采用新技术和机械化施工,这对缩短工期,降低工程成本有重要的意义。

土方工程结束后,接下来进行的是地基与基础工程,它包括地基处理与基础施工。地基处理是指对基坑(或沟槽)开挖后形成的软弱地面采取一定技术措施进行加固,使之能承受一定载荷,满足基础设计的要求;基础施工是在满足要求的地基上建造环境构筑物及其附属设施的下部结构,以承载它们的自身荷载。地基与基础工程是整个环境设施的安全保障,同时它的工程量很大,对工程造价有较大影响。

本章首先对土方工程的基本知识进行了简单介绍,然后在此基础上对土方工程及地基与基础工程施工的内容与方法进行了系统介绍。

7.1　工程施工土力学基础

7.1.1　土的工程性质

1.天然密度与干密度

在天然状态下,单位体积土的质量称为土的天然密度,它与土的密实度和含水量有关。一般而言,黏土的天然密度为 1 800 ~ 2 000 kg/m³,砂土为 1 600 ~ 2 000 kg/m³。在土方运输过程中,常常使用天然密度进行汽车载重与体积的折算,其公式如下:

$$\rho = \frac{m}{V}$$

式中,ρ 为土的天然密度,kg/m³;m 为土的总质量,kg;V 为土的体积,m³。

干密度主要是土的固体颗粒质量与总体积的比值,公式如下:

$$\rho_d = \frac{m_s}{V}$$

式中,ρ_d 为土的干密度,kg/m³;m_s 为土的固体颗粒质量,kg;V 为土的体积,m³。

在一定程度上,土的干密度反映了土的颗粒排列紧密程度,即土的密实度。在对土方进行夯实或压实过程中,往往是利用土的干密度和含水率来分析土的密实度,检查其是否达到设计要求。

2.含水量

土的含水量(w)是指土中所含水的质量与固体颗粒质量之比,以百分率表示,即

$$\frac{m_\mathrm{w}}{m_\mathrm{s}} \times 100\%$$

式中，m_w 为土中水的质量，kg；m_s 为土的固体颗粒质量，kg。

土的含水量会随着气候条件、降水和地下水的影响而发生显著变化，它对土方边坡稳定性、填方密实度、土方施工方法选择以及土方施工工程量有着重要影响。

3.渗透性

土的渗透性是指水流通过土中孔隙难易程度的性质，也称透水性。当水在重力或压力作用下在土中透过时，其渗透速率一般可按照达西（Darcy）渗透定律确定，即

$$v = ki$$

式中，v 为水在土中的渗透速率，cm/s，它相当于单位时间内透过单位土截面（cm^2）的水量（cm^3）；k 为土的渗透系数，与土的渗透性相关；i 为水力梯度，$i = \dfrac{H_1 - H_2}{L}$，即土中 A_1 和 A_2 两点的压力（$H_1 - H_2$）与两点间距离 L 之比。

在上面的公式中，当 $i = 1$ 时，$k = v$，即土的渗透系数值等于水力梯度为 1 时的水力渗透速度，它反映了土渗透性的强弱。土的渗透系数可以通过实验室试验或现场抽水测得，各种土的渗透系数变化范围参见表 7 - 1。

表 7 - 1　　各种土的渗透系数范围

土的名称	渗透系数 /(cm·s⁻¹)	土的名称	渗透系数 /(cm·s⁻¹)
致密黏土	$< 10^{-7}$	粉砂、细砂	$10^{-4} \sim 10^{-3}$
粉质黏土	$10^{-7} \sim 10^{-6}$	中砂	$10^{-2} \sim 10^{-1}$
粉土、裂隙黏土	$10^{-6} \sim 10^{-4}$	粗砂、砾石	$10^{-1} \sim 10^{2}$

在工程施工过程中，通常用土的渗透系数来衡量基坑开挖时的地下水涌水量，当基坑到沟槽开挖至地下水位以下时，地下水就会不断渗入基坑或沟槽之中，当渗透系数较大时，地下水涌出量较大，相反当渗透系数较小时，地下水涌出量则较小。

4.可松性

土的可松性是指自然状态下的土，经过开挖而结构联结遭受破坏后，其体积增大，经回填压实仍然无法恢复到原来体积的性质。土的可松性程度一般以可松性系数表示，即

$$\text{最初可松性系数} \ K_\mathrm{s} = \frac{\text{土经开挖后的松散体积} \ V_2}{\text{土在天然状态下的体积} \ V_1}$$

$$\text{最终可松性系数} \ K'_\mathrm{s} = \frac{\text{土经回填压实后的松散体积} \ V_3}{\text{土在天然状态下的体积} \ V_1}$$

土的可松性与土质有关，各类土质的可松性系数见表 7 - 2。

由于土方工程是以自然状态下土的体积计算工程量和进行土方调配，因此在施工过程中必须考虑土的可松性，否则会产生回填有余土或场地标高与设计标高不符等后果。因此，土的可松性系数是挖填土方时，计算土方机械生产率、回填土方量、运输机具数量、进行场地平面竖向规划及土方平衡调配的重要参数。

表7-2 各种土的可松性参考数值

土质	体积增加百分比/%		可松性系数	
	最初	最终	K_s	K_s'
松软土(种植土除外)	8 ~ 17	1 ~ 2.5	1.08 ~ 1.17	1.01 ~ 1.03
松软土(植物性土、泥炭)	20 ~ 80	3 ~ 4	1.20 ~ 1.80	1.03 ~ 1.04
普通土	14 ~ 28	1.5 ~ 5	1.14 ~ 1.28	1.02 ~ 1.05
坚土	24 ~ 80	4 ~ 7	1.24 ~ 1.80	1.04 ~ 1.07
沙砾坚土(泥炭岩、蛋白石岩除外)	26 ~ 32	6 ~ 9	1.26 ~ 1.32	1.06 ~ 1.09
沙砾坚土(泥炭岩、蛋白土)	33 ~ 37	11 ~ 15	1.33 ~ 1.37	1.11 ~ 1.15
软石、次坚石、坚石	30 ~ 45	10 ~ 20	1.30 ~ 1.45	1.10 ~ 1.20
特坚石	45 ~ 50	20 ~ 80	1.45 ~ 1.50	1.20 ~ 1.30

注:各种土质详见土的工程分类。

5.休止角

土的休止角是指在天然状态下的土体可以稳定的坡度,一般说来,土的坡度值见表7-3。

表7-3 土的休止角

土的种类	干土		湿润土		潮湿土	
	角度	高度与底宽比	角度	高度与底宽比	角度	高度与底宽比
砾石	40	1:1.25	40	1:1.25	35	1:1.50
卵石	35	1:1.50	45	1:1.00	25	1:2.75
粗砂	30	1:1.75	35	1:1.50	27	1:2.00
中砂	28	1:2.00	35	1:1.50	25	1:2.25
细砂	25	1:2.25	30	1:1.75	20	1:2.70
重黏土	45	1:1.00	35	1:1.50	15	1:3.75
粉质黏土、轻黏土	50	1:1.75	40	1:1.25	30	1:1.75
粉土	40	1:1.25	30	1:1.75	20	1:2.75
腐殖土	40	1:1.25	35	1:1.50	25	1:2.25
填土	35	1:1.50	45	1:1.00	27	1:2.00

在基坑和沟槽开挖过程中,应考虑土体的稳定坡角,根据现场情况合理确定开挖方案,在满足施工要求的前提下,减少不必要支撑,以节约资金。

7.1.2 土的工程分类

1.土方工程分类方法

在土方工程施工中,根据土的开挖难易程度可将土方分为8类,见表7-4。

表 7 - 4　土方工程施工中土的分类

土的类别	土的级别	土的名称	开挖工具与方法
一类土 （松软土）	I	砂,亚砂土,冲击砂土层,种植土泥炭（淤泥）	用锹、锄头挖掘
二类土 （普通土）	II	亚黏土,潮湿黄土,夹有碎石、卵石的砂,种植土、填筑土及亚砂土	用锹、锄头挖掘,少许用镐翻松
三类土 （坚土）	III	软及中等密实黏土,重亚黏土,粗砾石,干黄土及含有碎石、卵石的黄土,亚黏土,压实的填筑土	主要用镐,少许用锹、锄头挖掘,部分用撬棍
四类土 （沙砾坚土）	IV	重黏土及含砂土、卵石的黏土,粗卵石,密实黄土,天然级配砂石,软泥炭岩及蛋白石	先用镐、撬棍,然后用锹挖掘,部分用楔子和大锤
五类土 （软石）	V ～ VI	硬石炭纪黏土,中等密实的叶岩、泥炭岩,白垩土,胶结不紧密的砾岩,软石灰岩	用镐或撬棍、大锤挖掘,部分用爆破方法
六类土 （次坚石）	VII ～ IX	泥灰岩,砂岩,砾岩,坚实的叶岩、泥炭岩,密实石灰岩,风化花岗岩、片麻岩	用爆破法挖掘,部分用风镐
七类土 （坚石）	X ～ XII	大理岩,辉绿岩,玢岩,粗、中粒花岗岩,坚实白云岩,砂岩、砾岩、片麻岩,风化痕迹的安山岩、玄武岩	用爆破法挖掘
八类土 （特坚石）	XIV ～ XVI	安山岩,玄武岩,花岗片麻岩,坚实细粒花岗岩、闪长岩、石英岩、辉长岩、辉绿岩、玢岩	用爆破法挖掘

注:土的级别一般相当于 16 级土石分类级别。

由于不同类型的土其挖掘难易程度差别很大,会影响到土方工程施工的工程量和工程进度,因此必须根据土的类型进行施工组织设计,安排施工计划。

2.地基工程分类方法

《建筑地基基础设计规范》(GB 50007—2002)将土方按照粒径级配和塑性进行了如下分类。

(1)碎石土是指粒径大于 2 mm 的颗粒超过总质量 50% 的土。碎石土方根据粒径级配及形状分为漂石或块石、卵石或碎石、圆砾或角砾,其分类见表 7 - 5。常见的碎石土强度大、压缩性小,而渗透性大,为良好的地基。

表 7 - 5　　碎石土的分类

土的名称	颗粒形状	颗粒粒组的含量
漂石 块石	圆形及亚圆形为主 棱角为主	粒径大于 200 mm 的颗粒超过全质量的 50%
卵石 碎石	圆形及亚圆形为主 棱角为主	粒径大于 20 mm 的颗粒超过全质量的 50%
圆砾 角砾	圆形及亚圆形为主 棱角为主	粒径大于 2 mm 的颗粒超过全质量的 50%

（2）砂土是指粒径位于 0.075 ~ 2 mm 的颗粒占总质量的 50% 以上的土,按照颗粒级配可分为砾砂、粗砂、中砂、细砂和粉砂,见表 7 - 6。常见的砾砂、粗砂和中砂为良好地基,饱和而疏松状态的细砂则为不良地基。

表 7 - 6　　砂土的分类

土的名称	颗粒级配
砾砂	粒径大于 2 mm 的颗粒占总质量的 25% ~ 50%
粗砂	粒径大于 0.5 mm 的颗粒超过总质量的 50%
中砂	粒径大于 0.25 mm 的颗粒超过总质量的 50%
细砂	粒径大于 0.075 mm 的颗粒超过总质量的 85%
粉砂	粒径大于 0.075 mm 的颗粒超过总质量的 50%

（3）粉土是指粒径大于 0.075 mm 的颗粒含量不超过总质量的 50%,且塑性指数 $I_P \leqslant 10$ 的土。粉土中粒径介于 0.005 ~ 0.05 mm 之间的粉粒含量较高,其工程性质介于砂土和黏土之间。密实粉土性质良好,而饱和稍密的粉土已产生液化,为不良地基。

（4）黏土是指含有大量粒径小于 0.005 mm 的黏粒,塑性指数 $I_P > 10$ 的土。按塑性指数不同,黏土分为粉质黏土和黏土,见表 7 - 7。

表 7 - 7　　黏土的分类

土的名称	粉质黏土	黏土
塑性指数	$10 < I_P \leqslant 17$	$I_P > 17$

黏土的工程性质不但与粒度成分和黏土矿物亲水性有关,而且与成因类型和沉积环境有关。一般而言,密实硬塑状态的黏土为良好地基,疏松流状态的黏土为软弱地基。

（5）人工填土是指由于人类活动而形成的堆积物。按照物质组成可分为素填土、杂填土和冲填土,见表 7 - 8。人工填土由于堆积年代较短,且成分复杂,分布不均匀,因此工程性质较差。

表 7 - 8　　人工填土的组成

土的名称	组成物质
素填土	由碎石、砂土、粉土和黏土等组成
杂填土	含有建筑垃圾、工业废料、生活垃圾等杂物
冲填土	由水力冲填的泥沙形成

7.2　场地平整及沟槽处理

7.2.1　场地平整土方量计算

场地平整就是将自然地面改造成为设计所要求的平面的过程,是根据建筑施工总平面图规定的标高,通过测量,计算出挖填土方工程量,设计土方调配方案,组织人力或机械进行平整工作。

场地平整前,施工人员应到工程施工现场进行勘察,了解地形、地貌和周围环境,根据建筑总平面了解、确定场地平整的大致范围;拆除施工场地上的旧有房屋和坟墓,拆迁或改建通讯、电力设备、上下水道以及地下建筑物,迁移树木,去除耕植土及河道淤泥等。然后根据建筑总平面图要求的标高,从基准水准点引进基准标高作为场地平整的基点。

建筑场地挖填方厚度在 30 mm 以内的人工平整不涉及土方量的计算问题。这里计算的是挖填厚度超过 30 mm 时的场地挖填土方量。应按建筑总平面图中的设计标高进行计算。场地土方量的计算方法,通常有方格网法和断面法两种。方格网法适用于地形较平坦、面积较大的场地,断面法计算精度较低,多用于地形起伏变化较大或地形狭长的地带。

1.方格网法

方格网法有多个方面的作用,其分别是划分方格网并计算场地各方格上角点的施工高度、计算零点的位置,确定零线、计算方格土方量工程、边坡土方量计算和计算土方总量等。

（1）划分方格网并计算场地各方格上角点的施工高度。

在地形图(一般用 1/500 的地形图)上将场地划分为边长 $a = 10 \sim 40$ m 的若干方格,尽量与测量的纵横坐标网格对应,如图 7 - 1 所示。在各方格上角点规定的位置上,标注方格上角点的自然地面标高(H) 和设计标高(H_m),方格上角点的设计标高与自然地面标高的差值即各角点的施工高度,可表示为

$$施工高度 = 设计标高(H_m) - 自然地面标高(H)$$

（2）计算零点的位置,确定零线。

$$h_m = H_m - H$$

式中,h_m 为方格上角点的施工高度即填挖高度(以"+"为填,"-"为挖);m 为方格上角点的编号(自然数 $1,2,3,\cdots,n$);H_m 为方格上角点的设计标高;H 为方格上角点的自然地面标高。

找到一端施工高程为"+",若另一端为"-"的方格网边线,沿其边线必然有一不挖不填的点,即为"零点",如图 7 - 2 所示。将方格网中各相邻的零点连接起来,即为不开挖的零线。零线将场地划分为挖方和填方两个部分。

两点的位置按照下式计算:

$$x = \frac{ah_1}{h_1 + h_2}$$

（3）计算方格土方量工程。

常用网格法计算公式见表 7 - 9,逐个去计算每个方格内的挖方量或填方量。

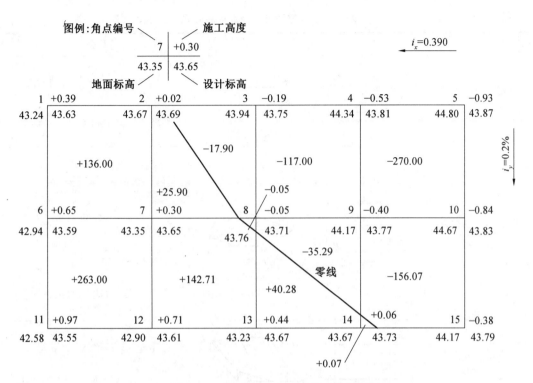

图 7 - 1　方格网法计算土方工程量图

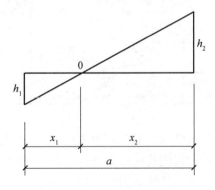

图 7 - 2　零点位置计算示意图

表 7 - 9　常用方格网点计算公式

项目	图示	计算公式
一点填方或挖方（三角形）		$V = \dfrac{1}{2}bc\dfrac{\sum h}{3} = \dfrac{bch_2}{6}$ 当 $b = c = a$ 时，$V = \dfrac{a^2 h_2}{6}$
两点填方或挖方（梯形）		$V_+ = \dfrac{b+c}{2}a\dfrac{\sum h}{4} =$ $\dfrac{a}{8}(b+c)(h_1+h_2)$ $V_+ = \dfrac{d+e}{2}a\dfrac{\sum h}{4} =$ $\dfrac{a}{8}(d+e)(h_1+h_2)$
三点填方或挖方（五角形）		$V = \left(a^2 - \dfrac{bc}{2}\right)\dfrac{\sum h}{5} =$ $\left(a^2 - \dfrac{bc}{2}\right)\dfrac{h_1+h_2+h_3}{5}$
四点填方或挖方（正方形）		$V = \dfrac{a^2}{4}\sum h =$ $\dfrac{a^2}{4}(h_1+h_2+h_3+h_4)$

　　(4) 边坡土方量计算。

　　场地的挖方区和填方区的边沿部分都需要做成边坡，以保证挖方土壁和填方的稳定。边坡的土方量可以划分为两种近似的几何形体进行计算，一种为三角棱锥体，如图 7 - 3 中①～③、⑤～⑪；另一种为三角棱柱体如图 7 - 3 中④。

　　三角锥体边坡体积为

$$V_1 = \frac{1}{3}A_1 l_1$$

式中，l_1 为边坡①的长度；A_1 为边坡①的端面积。图 7 - 3 中 H_2 为方格上角点的挖土高度；m 为边坡的坡度系数，$m = $ 宽 / 高。

　　三角棱柱体边坡体积为

$$V_4 = \frac{A_1 + A_2}{2}l_1$$

　　两端横断面面积相差很大的情况下，边坡体积为

$$V_4 = \frac{l_4}{6}(A_1 + 4A_0 + A_2)$$

式中,l_4 为边坡的长度;A_0、A_1、A_2 为边坡两端及中部横断面面积。

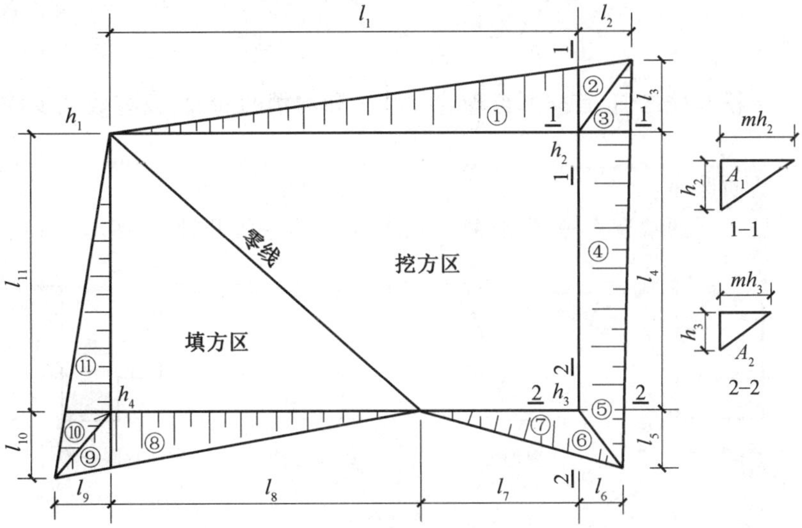

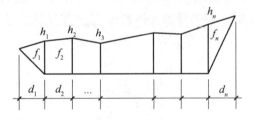

图 7 - 3 场地边坡平面示意图

(5) 计算土方总量。

将挖方区(或填方区)所有方格计算的土方量及边坡土方量汇总,即得该场地挖方和填方的总土方量。

2.断面法

沿场地的纵向或相应方向取若干个相互平行的断面(可利用地形图定出或实地测量定出),将所取得每个断面(包括边坡)划分成若干个三角形和梯形,如图 7 - 4 所示。

图 7 - 4 断面法计算图

对于某个断面,其中三角形和梯形的面积为

$$f_1 = \frac{h_1}{2}d_1 , f_2 = \frac{h_2}{2}d_2 , \cdots , f_n = \frac{h_n}{2}d_n$$

断面面积为 $F_i = f_1 + f_2 + \cdots + f_n$。

若 $d_1 = d_2 = \cdots = d_n = d$,则 $F_i = d(h_1 + h_2 + \cdots + h_n)$。

各个断面面积求出后,即可计算土方体积。设各层的断面面积分别为 $F_1, F_2, \cdots, F_n$,相邻两断面之间的距离依次为 $l_1, l_2, \cdots, l_n$,则所求出土方体积为

$$V = \frac{F_1 + F_2}{2}l_1 + \frac{F_2 + F_3}{2}l_2 + \cdots + \frac{F_{n-1} + F_n}{2}l_{n-1}$$

7.2.2 沟槽设计及基坑支撑

1.沟槽设计

在基坑和沟槽开挖之前,首先要合理选择基坑和沟槽的断面,以有效减少挖掘土方量,同时保证施工安全。

(1) 沟槽断面选择。

沟槽的断面形式通常有直槽、梯形槽、混合槽和联合槽等几种,如图 7-5 所示。

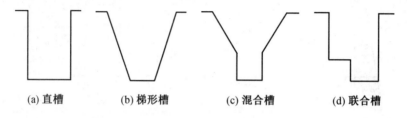

(a) 直槽   (b) 梯形槽   (c) 混合槽   (d) 联合槽

图 7-5 沟槽的断面形式

沟槽断面通常要根据土的种类、地下水情况、现场条件及施工方法,并按照设计规定的基础、管道尺寸、长度和埋设深度来进行选择。

(2) 土方边坡。

在基坑与沟槽开挖过程中,应设置一定坡度的土方边坡,以保持坑壁稳定、防止塌方、保证施工作业安全。基坑或沟槽的土方边坡坡度通常用挖深 H 和坡底宽度 B 表示,即

$$土方边坡坡度 = \frac{H}{B} = \frac{1}{B/H} = \frac{1}{m}$$

根据具体地质条件和施工要求,土方边坡可以设置成直线型、折线型和阶梯型边坡,如图 7-6 所示。如果边坡太陡,容易导致土体失稳,造成塌方事故;如果边坡太平缓,不仅会增加土方量,而且会给施工带来困难。因此,基坑和沟槽开挖时必须合理确定土方边坡坡度,使其同时满足经济和安全的要求。

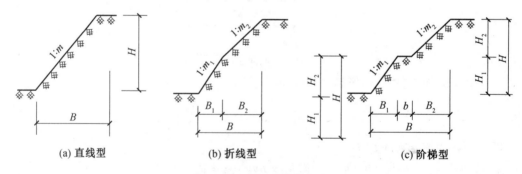

(a) 直线型   (b) 折线型   (c) 阶梯型

图 7-6 土方边坡的型式

基坑的边坡坡度通常由设计文件规定,或参照《土方和爆破工程施工及验收规范》(GBJ 202—1983) 有关条文确定。

当地质条件良好、土质均匀且地下水位低于基坑或沟槽地面标高,挖深在 5 m 以内时,边坡的最陡坡度应符合表 7-10 的规定。

表 7 - 10　**表 7 - 10　深度在 5 m 以内不加支护的基坑或沟槽边坡的最陡坡度**

土的类别	边坡坡度(1∶m)		
	坡顶荷载	坡顶有静载	坡顶有动载
中密的砂土	1∶1.00	1∶1.25	1∶1.50
中密的碎石(填充物为砂土)	1∶0.75	1∶1.00	1∶1.25
硬塑的轻亚黏土	1∶0.67	1∶0.75	1∶1.00
中密的碎石类土(填充物为黏性土)	1∶0.50	1∶0.67	1∶0.75
硬塑的亚黏土、黏土	1∶0.33	1∶0.50	1∶0.57
老黄土	1∶0.10	1∶0.25	1∶0.33
软土(经井点降水后)	1∶1.00	—	—

注:静载是指堆土或填料,动载是指机械挖土或汽车运输作业等。

对于高度在 10 m 以内,使用时间在一年以上的临时性挖方边坡,其坡度应按照表 7 - 11 中的规定设置。

表 7 - 11　使用时间较长,高度在 10 m 以内的临时性挖方边坡坡度

土的类别		边坡坡度
砂土(不包括细砂、粉砂)		1∶(1.25 ~ 1.50)
一般黏性土	坚硬	1∶(0.75 ~ 1.00)
	硬塑	1∶(1.00 ~ 1.15)
碎石土类	填充坚硬、硬塑黏性土	1∶(0.50 ~ 1.00)
	填充砂土	1∶(1.00 ~ 1.50)

注:对于高度超过 10 m 时,边坡可以做成折线型,上部采用 1∶1.50,下部采用 1∶1.75。

2.边坡稳定性与土壁支护

(1) 边坡稳定性。

土方边坡主要依靠土体内摩擦力和黏结力而保持稳定,但在某些因素影响下,土体会失去平衡发生塌方,这不仅会影响工期、危害附近建筑结构,甚至还会造成人身安全事故。

造成土体塌方的主要原因有:

① 边坡过陡,在土质较差、开挖深度较大的坑槽中,常常会因为土体稳定性不够而引起塌方。

② 雨水、地下水渗入基坑或沟槽,使土体泡软、质量增加、抗剪切能力降低,从而造成塌方。

③ 外加载荷,如基坑或沟槽边放置的土堆、机具、材料,以及挖掘和运输机械的动载荷超过了土体中的承载能力,导致塌方。

为了防止塌方的发生,必须采取必要措施,主要包括放足边坡和土壁支护:

① 放足边坡是指应按照设计文件、规范和相应施工要求,尽量减小预留的边坡坡度,以保证土体安全。

② 土壁支护是指为减小作业面和减少土方量,或受场地限制不能放坡时,通过工程支护设施防止土体塌方。

（2）土壁支护。

当基坑或沟槽的土体含水量较大、土质较差，或受周围场地限制而需要较陡边坡或者直立开挖时，应采用临时性支撑进行加固，即土壁支护。土壁支护的目的是防止基坑或沟槽塌方，保证基坑或沟槽开挖的施工安全。支护结构所受载荷为原土和地面载荷形成的侧压力。支护结构应该满足如下要求：

① 具有足够的强度、刚度和稳定性，材料与尺寸应符合规格，保证施工安全。

② 节约用料。

③ 便于架设和拆除及后续工序操作。

基坑和沟槽的土壁支护方法见表 7-12 ~ 7-14。

表 7-12　一般基坑的土壁支护方法

支撑方式	支护方法及适用条件
斜柱支撑	水平挡土板钉在柱桩内侧，柱桩外侧用斜撑支顶，斜撑底端支在木桩上，在挡土板内侧回填土。适用于开挖面积较大、深度不大的基坑或使用机械挖土
锚拉支撑	水平挡土板支在柱桩内侧，柱桩一端打入土中，另一端用拉杆和锚桩拉紧，在挡土板内侧回填土。适用于开挖面积较大、深度不大的基坑或使用机械挖土
短柱横隔支撑	将短桩部分打入土中，在露出地面部分钉上挡板，内侧回填土。适用于开挖宽度大的基坑，当部分地段下部放坡不够时使用
临时挡土墙支撑	沿坡脚用砖、石叠砌或用草袋装土、砂堆砌，使坡脚保持稳定。适于开挖宽度大的基坑，当部分地段下部放坡不够时使用

表 7-13　深基坑的土壁支护方法

支撑方式	支护方法及适用条件
轻型桩横挡板支撑	沿挡土位置预先打入钢轨、工字钢或 H 型钢柱，间距 1 ~ 1.5 m，然后在挖方过程中将 3 ~ 6 cm 厚的挡土板塞进钢柱之间挡土，并在横向挡板与钢柱之间打入楔子，使横板与土体紧密接触。适于地下水位较低、深度不是很大的一般黏性土或砂土层
钢板桩支撑	在开挖的基坑周围打钢板桩或钢筋混凝土板桩，板桩入土深度及悬臂长度应经计算确定，如基坑宽度很大，可加水平支撑。适于一般地下水、深度和宽度不是很大的黏性或砂土层
挡土灌注支撑	在开挖的基坑周围用钻机钻孔，现场灌注钢筋混凝土桩，达到强度后在基坑中间用机械或人工下挖 1 m 装上横撑，在桩背面装上拉杆与已设锚桩拉紧，然后继续挖土至要求深度。在桩间的土方成外拱形，使之成土拱作用。适于开挖深度、较大的基坑，临近有建筑物，背面地基下沉或位移的状况
地下连续墙支撑	在待开挖的基坑周围先建造混凝土或钢筋混凝土地下连续墙，达到强度后在墙中间用机械或人工挖土至要求的深度。当跨度、深度很大时可在内部设置水平支撑及支柱。适于开挖较大、较深、有地下水，周围有建筑物、公路的基坑
土层锚杆支撑	沿开挖基坑边坡每 2 ~ 4 m 设置一层水平土层锚杆，直到挖土至要求深度。适于较硬土层或破碎岩石过程中开挖较大、较深基坑，或临近有建筑物的情况

表 7 - 14　　一般沟槽的土壁支护方法

支撑方式	支护方法及适用条件
歇式水平支撑	两侧挡土板水平放置,用工具式或木横撑接木楔顶紧。适于能保持直立壁的干土或天然湿度的黏土,地下水很少,深度小于 2 m
断续式水平支撑	挡土板水平放置,中间留有间隔,并在两侧同时对称立竖枋木,再用工具式或横撑顶紧。适于能保持直立壁的干土或天然湿度的黏土,地下水很少,深度小于 3 m
连续式水平支撑	挡土板水平连续放置,不留间隙,然后两侧同时对称立竖枋木,上下各顶一根撑木,端头加木楔顶紧。适于较松散的干土或天然湿度的黏土,地下水很少,深度 3 ~ 5 m
连续或间断式垂直支撑	挡土板垂直放置,连续或留适当间隙,然后每侧上下各水平顶一根枋木,再用横撑顶紧。适于土质较松散或湿度很高的土,地下水较少,深度不限
水平垂直混合支撑	沟槽上部设连续或水平支撑,下部设连续或垂直支撑。适于沟槽深度较大,下部有含水土层的情况

7.2.3　土方机械化施工

土方工程的施工过程包括土方开挖、运输、填筑与压实等。由于土方工程量大,劳动繁重,施工时,应尽量采用机械化与半机械化的施工方法,以减轻繁重的体力劳动,加快施工进度。

1. 推土机施工

推土机由拖拉机和推土铲刀组成。其行走方式有履带式和轮胎式两种。铲刀的操作方式有液压操纵和机械操纵两种。索式推土机的铲刀借本身自重切入土中,在硬土中切入土中的深度较浅;液压式推土机用液压操纵,能使铲刀强制切入土中,切入土中深度较大。如图 7 - 7 所示为一般的推土机。

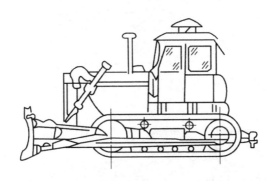

图 7 - 7　推土机

推土机的特点是:操纵灵活,运转方便,所需工作面较小,行驶速度较快,易于运距在100 m 以内的平土或移动挖土用于填埋,宜采用推土机,尤其是当运距在 30 ~ 60 m 之间时,最为有效。土方挖后运出需配备装土、运土设备。挖掘三四类土,应用松土机预先翻松。

为了提高推土机生产率,可采用以下几种施工方法。

(1) 下坡铲土法。借助于机械本身的重力作用以增加推土能力和缩短推土时间。

（2）分批集中一次推送法。在较硬的土中，推土机切入土中的深度较小，应采用多次铲土，分批集中，一次推送，提高效率。

（3）并列推土法。平整较大面积场地时，可采用两台或三台推土机并列推土，减小土的损失，提高效率。

（4）槽形推土法。利用前面已推过土的原槽形来再次推土，可大大减少土的损失。

（5）铲刀上附加侧板。在铲刀两侧装上侧板，以增加铲刀前的土方体积。

2.铲运机施工

铲运机是一种能够独立完成铲土、运土、卸土、填筑的土方机械，有拖式铲运机和自行式铲运机两种。如图7-8、图7-9所示为常用的铲运机。拖式铲运机由拖拉机牵引，自行式铲运机的行驶和工作靠自身的动力设备。其特点是操作简单灵活、不受地形限制、不需特设道路、准备工作简单、需要劳动力少、动力少、生产效率高。

适合大面积平整、开挖大型基坑及沟渠、填筑路基或堤坝，运距800～1 500 m内的挖运土，其中在运距为200～350 m效率最高，坡度控制在20°以内，不适于砾石层、冻土地带及沼泽地区施工。

为了提高铲运机生产率，可采用以下几种施工方法。

（1）下坡切土。铲运机铲土应尽量利用有利地形进行下坡铲土，可利用铲运机的重力增大牵引力，铲斗切入土的深度加大，提高生产率。

（2）跨铲法。预留土埂，间隔铲土，铲运机可在挖土槽时，减少撒土，挖土埂时又减少阻力。

（3）助铲法。在地势平坦，土质较坚硬时，可用推土机助铲。

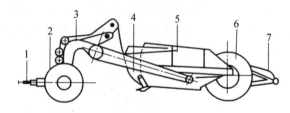

图7-8　C5-6型拖式铲运机

1—拖把；2—前轮；3—辕架；4—斗门；5—铲斗；6—后轮；7—尾架

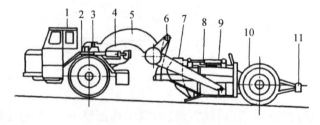

图7-9　C4-7型自行式铲运机

1—驾驶室；2—前轮；3—中央框架；4—转向油缸；5—辕架；6—提斗油缸；

7—斗门；8—铲斗；9—斗门油缸；10—后轮；11—尾架

3.单斗挖土机施工

单斗挖土机是土方工程施工中最常用的一种机械。按其行走机构不同可分为履带式和轮胎式;按其传动方式有机械传动及液压传动两种。单斗挖土机可以根据工作需要,更换其工作装置、按其工作装置不同,又可分为正铲、反铲、拉铲和抓铲等不同的挖土机。其中正铲挖土机应用最广。

(1)正铲挖掘机。适合开挖含水量不大于 27% 的一至四类土和经爆破后的岩土与冻土碎块;大型场地平整土方;工作面狭小且较深的大型管沟和基槽路堑;独立基坑;边坡开挖等。其特点是装车轻便灵活,回转速度快,移位方便;能挖掘坚硬土层,易控制开挖尺寸,工作效率高。

工作面应在 1.5 m 以上,开挖高度超过挖土机挖掘高度时,可采取分层开挖,装车外运。表 7 - 15 为单斗液压挖掘机正铲技术性能指标。

表 7 - 15　单斗液压挖掘机正铲技术性能

符号	名称	单位	WY60	WY100	WY160
—	铲斗容量	m³	0.6	1.5	1.6
—	斗柄长度	m	—	2.7	2
—	动臂长度	m	—	3	—
A	停机面上最大挖掘半径	m	7.6	7.7	7.7
B	最大挖掘深度	m	4.36	2.9	3.2
C	停机面上最小挖掘半径	m	—	—	2.3
D	最大挖掘半径	m	7.78	7.9	8.05
E	最大挖掘半径时挖掘高度	m	1.7	1.8	2
F	最大卸载高度时卸载半径	m	4.77	4.5	4.6
G	最大卸载高度	m	4.05	2.5	5.7
H	最大挖掘高度时挖掘半径	m	6.16	5.7	5
I	最大挖掘高度	m	6.34	7.0	8.1
J	停机面上最小装载半径	m	2.2	4.7	4.2
K	停机面上最大水平装载行程	m	5.4	3.0	3.6

(2)反铲挖掘机。反铲挖掘机适合开挖地面以下深度不大的土方,最大挖土深度 4 ~ 6 m,当深度为 1.5 ~ 3 m 时最经济合理。

可装车和两边甩土、堆放,较大较深基坑可用多层接力挖土。其特点是操作灵活,挖土、卸土均在地面作业,不用开挖运输通道。表 7 - 16 为单斗液压挖掘机反铲技术性能。

表 7 – 16　　单斗液压挖掘机反铲技术性能

符号	名称	单位	WY40	WY60	WY100	WY160
—	铲斗容量	m³	0.4	0.6	1 ~ 1.2	1.6
—	动臂长度	m			5.3	—
—	斗柄长度	m	—	—	2	2
A	停机面上最大挖掘半径	m	6.9	8.2	8.7	9.8
B	最大挖掘深度时挖掘半径	m	3.0	4.7	4.0	4.5
C	最大挖掘深度	m	4.0	5.3	5.7	6.1
D	停机面上最小挖掘半径	m	—	8.2	—	3.3
E	最大挖掘半径	m	7.18	8.63	9.0	10.6
F	最大挖掘半径时挖掘高度	m	1.97	1.3	1.8	2
G	最大卸载高度时卸载半径	m	5.267	5.1	4.7	5.4
H	最大卸载高度	m	3.8	4.48	5.4	5.83
I	最大挖掘高度时挖掘半径	m	6.367	7.35	6.7	7.8
J	最大挖掘高度	m	5.1	6.025	7.6	8.1

（3）拉铲挖土机。拉铲挖土机的开挖方式,基本上与反铲挖土机相似,有沟端开行和沟侧开行,利用惯性将铲斗甩出去,挖得比较远。

（4）抓铲挖土机。抓铲挖土机一般由正、反铲液压挖土机更换工作装置（去掉铲斗换上抓斗）而成,或由履带式起重机改装,其挖土施工如图 7 – 10 所示。

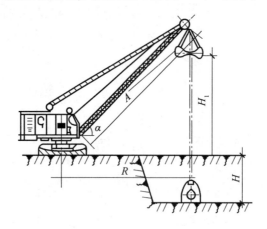

图 7 – 10　抓铲挖土机施工

4.土方施工机械的选择

在土方工程施工中合理地选择土方机械,充分发挥机械效能,并使各种机械在施工中配合协调,以加快施工进度,保证施工质量,降低工程成本,具有十分重要的作用。

（1）选择土方施工机械的要点。

① 在场地平整施工中,当地形起伏不大（坡度小于 15°）,填挖平整土方的面积较大,平均运距较短（一般在 1 500 m 以内）,土的含水量适当（不大于 27%）时,采用铲运机较为合

适。如果土质为硬土,必须用其他机械翻松后再铲运。

② 当地形起伏较大的丘陵地带,挖土高度在 3 m 以上,运输距离超过 2 000 m,土方工程量较大又较集中时,一般应选用正铲挖土机挖上,自卸汽车配合运土,并在弃工区配备推土机平整土堆。也可采用推土机预先把土推成一堆,再用装载机把土卸到自卸汽车运走。

③ 对基坑开挖,当基坑深度在 1 ~ 2 m,而长度又不太大时,可采用推土机;对于深度在 2 m 以内的线状基坑,宜用铲运机开挖;当其坑面积较大,工程量又集中时,可选用正铲挖土机挖土,自卸汽车配合运土;如地下水位较高,又不采用降水措施,或土质松软,则应采用反铲、拉铲或抓铲挖土机施工。

④ 移挖作填以及基坑和管沟的回填上,当运距在 100 m 以内时,可采用推土机施工。

上述各种机械的适用范围都是相对的,选用时应根据具体情况考虑。如果有多种机械可供选择时,应当进行技术经济比较,选择效率高、费用低的土方机械进行施工。

(2) 挖土机与运土车辆配套计算。

土方工程采用单斗挖土机械施工时,一般需用运土车辆配合,共同作业,将挖出的土随时运走。因此,挖土机的生产率不仅取决于挖土机本身的技术性能,而且还与所选用的运土车辆是否与之协调有关。为使挖土机充分发挥生产能力,运土车辆的载重应与挖土机的每斗土重保持一定倍率关系,一般情况下,运土车辆载重量宜为每斗土重的3 ~ 5倍,并应有足够数量的运土车辆以保证挖土机连续工作。

7.2.4　土方爆破基础

在土方工程施工中,开挖坚硬土层或冻土和岩石的沟槽、基坑、隧道及清除地面或水下障碍物多采用爆破施工法。爆破施工可以加快施工速度,节省机械和人力,且不需要复杂设备。爆破的效果不仅取决于炸药的威力和数量,而且还与被爆破物的性质、炸药放置的方位有关。爆破施工前,应根据工程的要求、地质条件、工程量大小和施工机械、周围环境等合理选用爆破方法。

1.爆破材料

爆破工程所用的爆破材料应根据使用条件选用,并符合现行国家标准及行业标准。爆破材料分爆炸材料和引爆材料两类。

(1) 爆炸材料(炸药)。土方工程爆破施工中,常用的炸药主要有硝铵炸药、铵松腊炸药、硝化甘油炸药及黑火药等。搞好爆破施工,除需掌握炸药的性质,还应了解炸药在采购、运输、储存、保管、使用等方面的有关要求。

(2) 引爆材料。引爆材料包括导火索、导爆索、导爆管和雷管等。导火索是用于一般爆破环境中,传递火焰,引爆雷管或引爆黑火药包等;导爆索是用于药包间的连接,以达到全部药包同时爆炸目的;导爆管是一种半透明的具有一定强度、韧性、耐温、不透水,内有一薄层高燃混合炸药的塑料软管的起爆材料,其安全检查性较高;雷管是用来引爆炸药或引爆索的,分为火雷管和电雷管两种。

要使引爆的效果良好,安全性高,就必须掌握引爆材料的性能及使用时的注意事项。

2.土方爆破施工

土方工程爆破时,通常采用炮孔爆破、药壶爆破、深孔爆破、小洞室爆破等方法,在给排水工程中,一般多采用炮孔爆破法施工。炮孔爆破法是先在岩石内部钻直径 25 ~ 46 mm,深度 5 m 以内的直孔,然后装进长药包进行爆破的施工过程。

（1）爆破前的安全准备工作。

① 建立指挥机构,明确爆破人员的职责和分工。

② 在危险区内的建筑、构筑物、管线、设备等,应采取安全保护措施,防止爆破时发生破坏。

③ 防止爆破有害气体、噪声对人体的危害。

④ 在爆破危险区的边界设立警戒哨和警告标志。

⑤ 将爆破信号的意义、警告标志和起爆时间通知附近居民。

（2）炮孔的布置。炮孔布置时,应避免穿过岩石裂缝,孔的底部与裂缝应保持 20 ~ 30 cm 的距离。炮孔多按三角形布置,如图 7 - 11 所示。炮孔间距应根据岩石特性、炸药种类、抵抗线长度等确定,一般为最小抵抗线长的 1 ~ 2 倍。最小抵抗线长度应根据炸药性能、炸药直径、起爆方法和底质条件等确定,一般为炸药直径的 20 ~ 40 倍。

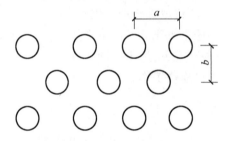

图 7 - 11　炮孔布置形式

a— 孔距;*b*— 排距

炮孔深度应不小于引爆线的长度,沟槽爆破时炮孔深度不超过高槽上口宽度的 0.5 倍,否则应分层爆破。

炮孔方向应避免与临空面垂直,最好与水平面孔洞的斜面成 45°,与垂直临空面成 30°,使炸药威力易向临空面发挥。

（3）钻凿炮孔。钻凿炮孔可以采用人工方法,使用钢钎打孔或采用钻机钻孔。

（4）炮孔装药。炮孔装药前,应检查炮孔的深度、直径、方向、位置是否符合设立要求,并将炮孔清理干净。装药时,应细心的按照设计规定的炸药品种、数量装药,不得投掷,严禁使用铁器用力挤压和撞击,而是用木棒或钢棒分层倒实,然后插入导火索,用于干压在药包上,并用黏土封孔。

（5）起爆。用导火索和火雷管起爆,方法简单,但不容易使各炮孔同时起爆,操作危险也大,还会因接头不好发生拒爆现象。引爆应符合下列规定:

① 宜采用一次点火;

② 多人点火时,应由专人指挥,各点火人员明确分工;

③ 一人点火数超过 5 个或者多人点火时,应使用信号导火索控制点火时间。

用电雷管起爆安全可靠,但操作复杂。电爆网络有串联、并联、混联 3 种形式,常用串联网络,如图 7 - 12 所示。

电雷管必须使用同厂、同批、同牌号的,电雷管间导线电阻、导线绝缘性能、线芯截面积

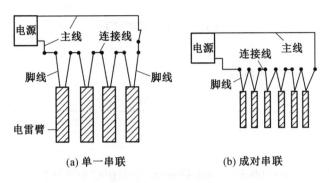

图 7 - 12　串联电爆网络

均应符合设计要求。导线在连接时,应将线芯表面擦净并连接牢固,防止接错、漏接和接触地面。

总之,爆破施工应按爆破安全操作的相关规定进行。

3.水下爆破施工

在工程施工中,对水下有坚硬土质或岩石的地层上开挖沟槽时,常采用水下爆破法施工管道。水下爆破方法有裸露爆破和钻孔爆破两种。裸露爆破适用于水下爆破工程量较小,开挖较浅或破碎水下障碍物;钻孔爆破适用于水下爆破工程量较大,开挖较深或靠近水工构筑物。水下爆破方法的选择应综合考虑水深、流速、水位、河床地质构造、岩石硬度和槽深等因素。

(1) 裸露爆破。裸露爆破的炸药和药包布置,应根据地形、地质、爆破层厚度和水深、流速等确定。药包的间距或排距,一般均为爆破深度的 1 ~ 1.5 倍。一般用棕绳将药包连接成网状,如图 7 - 13 所示。然后潜水员用船将药包放到爆破地点。起爆宜采用电雷管或导爆管,不采用导火索起爆。水下电爆网络应采用防水导线。

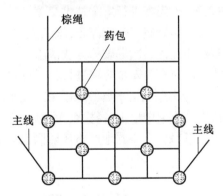

图 7 - 13　用棕绳网连接药包

(2) 钻孔爆破。水下钻孔布置,应根据地质、地形和爆破层厚度等确定,布置形式为稀孔密距或密孔稀距,如图 7 - 14 所示。

当钻孔采用三角形布置时,钻孔间距一般为最小抵抗线长度的 0.8 ~ 1.5 倍,排距一般为钻孔间距的 0.8 ~ 1.0 倍。水下钻孔作业设施必须牢固、稳定,钻孔船定位误差不应大于 20 cm,施工时应经常检查和校正。

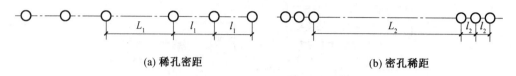

(a) 稀孔密距　　　　　　　　　　(b) 密孔稀距

图 7 - 14　水下爆破的钻孔位置

l_1、l_2— 钻孔间距；L_1、L_2— 钻孔组间距

4.拆除爆破施工

在管道工程中,拆除旧有构筑物或设备基础,常采用爆破法拆除。

构筑物的拆除爆破宜采用炮孔爆破,其爆破顺序、炸毁部位应根据拆除物的结构性能和倒塌要求来确定。一般宜采用分段连接,严格控制起爆顺序,炮孔位置距地面不小于0.5 m。炮孔深度为墙厚的0.8 ~ 0.9倍,当基础较厚时,应采用分层爆破,每层厚度不宜超过1.5 m。基础拆除爆破前,应按其埋深将周围的岩石或土层全部挖除,附近的机器设备、仪表或管线均应根据爆破安全要求,采取防护措施。根据施工经验,爆破 1 m³ 基础所需的炸药量按表 7 - 17 选用。

表 7 - 17　爆破 1 m³ 基础所需炸药量

项目	基础种类	炸药用量/($kg \cdot m^{-3}$)
1	混凝土基础	0.5 ~ 0.65
2	钢筋混凝土基础	0.60 ~ 0.70

5.爆破安全

(1) 爆破施工时,必须有良好的保安设备和完备的施工安全措施。

(2) 爆破施工时,应将危险区用明显标志表示,并布置专人警戒。

(3) 爆破施工时的参加人员,事先需进行安全技术交流。

(4) 当发生闪电或雷雨时,一切爆破工作应停止,施工人员撤退至安全地点。

(5) 拒爆处理只能用炸毁、冲洗或二次爆破等方法清除。

(6) 处理瞎孔,应严格按照国家有关安全规程进行,不得擅自处理。

(7) 水下爆破不宜在视线不良时进行,潜水员工作时,在一定范围内停止一切爆破工作。

(8) 拆除爆破时,必须在构筑物倒塌稳定,经检查无误后,施工人员方可进场。

总之,爆破施工应有组织、有计划、有步骤地严格按照国家有关安全操作规程进行,确保施工安全。

7.3　地基处理

7.3.1　概述

压缩性高、含水量大或抗剪切强度低的软弱土层体会在外界压力作用下发生形变,危害环境工程构筑物或建筑物结构,所以在软弱土层体上建设构筑物或建筑物时,必须对基础作用范围内的地基进行处理,使之满足地基或基础工程设计要求。

地基处理的主要目的是:降低软土的含水量,提高土体的抗剪切强度;降低软土的压缩性,减少基础沉降或不均匀沉降;提高软土渗透性,使基础沉降在短时间内达到稳定;改善土体结构,提高其抗液化能力。

随着地基与基础工程施工技术的发展,地基处理日渐完善,形成了适应于不同施工范围和特点的地基处理方法,这些方法见表7-18。

地基处理方法的选择要根据工程地质条件、工程要求、施工机具、材料来源以及周边环境等因素综合加以考虑,通过各种可行方案进行比较,最终采用一种技术可靠、经济合理、施工可行的处理方法。在某些情况下,需要多种处理方法综合运用,才能达到工程要求。

表 7-18　软弱地基处理方法分类

分类	处理方法	原理与作用	适用范围
碾压及夯实	重锤夯实 机械碾压 振动夯实 强夯(动力固结)	利用压实原理,通过机械碾压、夯击压实土的表层;强夯则利用强大的夯击迫使深层土液化和动力固结而密实,提高土的强度,减小地基沉降,改善土的抗液化能力	适用于砂土、含水量不高的黏性土及填土地基;强夯法应注意对附近(30 cm以内)建筑物的影响
换土垫层	素土垫层 砂石垫层 灰土垫层 矿渣垫层	以砂土、素土、灰土及矿渣等强度较高的材料置换地基表层软土,提高持力层的承载力、扩散应力、减小沉降量	适用于处理浅层软弱土地基、湿陷性黄土、膨胀土、季节性冻土地基
排水固结	堆载预压法 砂井预压法 井点降水预压法	通过预压在地基中增设竖向排水体,加速地基的固结和增长,提高地基稳定性,加速地基沉降发展,使基础沉降提前完成	适用于处理饱和软弱土层,对于渗透性极低的泥炭土应慎重对待
振动挤密	振动挤密 灰土挤密 砂桩、石灰桩 爆破挤密	通过振动或挤密使土体的空隙减少,强度提高;必要时在振动挤密的过程中回填砂石、灰土、素土等,与地基组成复合地基,从而提高地基承载力,减少沉降量	适用于处理松砂、粉土、杂填土及湿陷性黄土
置换和拌入	振动置换 深层搅拌 高压喷射注浆 石灰桩等	采用专门的技术措施,以砂、碎石等置换软土地基中的部分软土,或在部分软弱地基中掺入水泥、石灰、砂浆等形成加固体,与未处理部分组成复合地基,提高承载力,减少沉降量	适用于处理砂土、重填土、湿陷性黄土等地基,特别适用于已建成的工程地基的处理
加筋	土工聚合物 加筋锚固 树根桩 加筋土	在地基或土体中埋设强度较大的土工聚合物、钢片等加筋材料,使地基或土体能承受抗拉力,防止断裂,保持其整体性,提高刚度,改善地基形变特性,提高地基承载力	软弱土地基、填土及陡坡填土、砂土

本节将就常用的几种地基处理方法进行介绍。

7.3.2 换填法

换填法是指将基础底面下处理范围内的软土体部分或全部移走,然后分层换填强度较高的砂、砾石、灰土、粉煤灰及其他性能稳定和无侵蚀性材料,并压实或夯实至设计要求的密实度。

换填法是浅层地基的常用处理方法,其主要作用有:① 提高地基承载力,将构筑物或建筑物重量形成的土体载荷扩散到垫层下的软弱地基,使之满足软弱地基允许的承载力要求,避免地基破坏;② 置换软弱土层,减少地基沉降量;③ 提高地基透水性,加速软弱土层的排水固结,提高地基强度;④ 调整不均匀地基的刚度;⑤ 防止土体的冻胀现象,消除膨胀土的胀缩作用。

换填法常用于轻型建筑地坪、堆料场地和道路工程等地基的处理。适用于淤泥、淤泥质土、湿陷性黄土、素填土、杂填土地基及暗塘、暗沟等浅层处理,处理深度一般应控制在 0.5 ~ 3.0 m。应根据构筑物或建筑物的形式、结构、载荷性质和地质条件,并结合施工机械设备和材料来源等综合分析,进行垫层设计,选择垫层材料和施工方法。

1.垫层材料及要求

换填法所采用的垫层材料应该为强度高、压缩性小、透水性良好、容易密实且来源丰富的材料。常用的垫层材料见表 7 - 19。

表 7 - 19　垫层材料的选择

材料名称	种类及要求	适用范围
砂石	宜选用碎石、卵石、砾石、粗砂、中砂或石屑,级配良好,不含有植物残体或垃圾等杂质,最大粒径应不大于 50 mm	广泛适用于各种软弱地基处理,对于湿陷性黄土地基,不能采用砾石等透水性材料
粉质黏土	有机质体积分数不得超过 5%,不能含有冻土或膨胀土,碎石粒径不得大于 50 mm,不能夹有砖、瓦和石块	适用于湿陷性黄土或膨胀土地基
灰土	土料宜用粉质黏土,不得含有松软杂质,颗粒不大于 15 mm,石灰为新鲜消石灰,颗粒不大于 5 mm	—
粉煤灰	电厂粉煤灰,垫层上部宜覆盖覆土 0.3 ~ 0.5 m,也可加入掺加剂,改善性能	适用于道路、堆场和小型构筑物或建筑物的换填垫层
矿渣	主要是指高炉重矿渣,包括分级矿渣、混合矿渣及原矿渣,其松散重度不小于 11 km/m²,有机质和含泥量不超过 5%	适用于堆场、道路和地坪的换填,也可用于小型构筑物和建筑物地基处理
其他工业废渣	质地坚硬、性能稳定、无腐蚀性和放射性的工业矿渣	可用于填筑换层垫层
土工合成材料	由分层的土工合成材料与地基土构成加筋垫层,土工合成材料应符合《土工合成材料应用技术规范》(GB/T 50290—2014) 要求,垫层填料宜采用碎石、角砾、砾砂、粗砂、中砂或粉质黏土等	适用于需加筋强化处理的软弱地基

2.换填施工方法

换填法的压实施工应根据所选填料和施工条件变化选择施工方法。一般说来,粉质土、灰土宜采用平碾、振动碾或羊足碾等机械碾压法,中小工程也可采用蛙式夯或油泵夯实;砂石等宜采用振动碾压法;粉煤灰宜采用平碾、振动碾等碾压法和平板振动器等夯实方法;矿渣宜采用平板振动器振捣或平碾、振动碾等碾压法施工。

(1) 机械碾压法。

机械碾压法施工是采用压路机、推土机或其他压实机械来压实地基。工时先将地基范围内一定深度的软土挖去,开挖宽度和深度应根据设计要求具体确定。填充应采用分层填筑、分层压实的方式进行,每层厚度和压实遍数与压实机械有关。采用 8 ~ 12 t 平碾时,每层厚度为 200 ~ 300 mm,压实 6 ~ 8 遍;采用 5 ~ 16 t 羊足碾时,每层厚度 600 ~ 1 300 mm,压实 6 ~ 8 遍;采用 2 t、振动力 98 kN 的振动压实机时,每层厚度为 1 200 ~ 1 500 mm,压实 10 遍。

分层回填碾压应注意防水,并控制填料的含水率。如填料含水率偏低,则可预先洒水湿润并渗透均匀后回填;如含水率偏高,则可采用翻松、晾晒、掺入吸水材料等措施,然后回填。开挖和回填碾压范围宜采用基础纵向放出 3 m,横向放出 1.5 m。

(2) 平板振动压实法。

平板振动压实法施工是指使用振动压实机来处理黏性土或黏粒含量少、透水性好的松散填土地基的方法。

振动压实机的工作原理是利用电机带动两块偏心片同速反向转动,从而产生强大的振动力。该机械的转动速率为 1 160 ~ 1 180 r/min,振幅为 3.5 mm,质量为 2 t,振动力可达到 50 ~ 100 kN。

振动压实的效果与填土成分、振动时间等因素有关。一般说来,振动时间越长,压实效果越好。但当振动时间超过某一数值后,压缩趋于稳定。通常在施工前应进行试振,以确定振动时间。对于炉渣、碎砖和砖瓦组成的建筑垃圾,振动时间在 1 min 以内;对于含有炉灰等细微颗粒的填土,振动时间为 3 ~ 5 min,有效振动深度为 1 200 ~ 1 500 mm。

振动压实范围应从基础边缘放出 0.6 m 左右,通常先振基槽两边,后振中间。一般震动压实后地基承载力可达 100 ~ 120 kPa。

(3) 施工要点。

① 垫层压实的施工方法、分层填充的厚度和每层压实遍数等应通过试验确定。除接触下面软土层的垫层底部应该根据施工机械设备及下卧层土质条件确定厚度外,普通垫层厚度可取 200 ~ 300 mm。为保证分层压实施工质量,应控制机械碾压速度。

② 最优含水率应通过冲击试验确定,或按当地经验取值。一般说来,粉质黏土和灰土垫层的含水量宜控制在最优含水率 ±2% 的范围内,粉煤灰含水率应控制在最优含水率 ±4% 范围内。

③ 当垫层底部存在古井、古墓、洞穴、旧基础、暗塘等强度不均匀部位时,应对不均匀沉降进行处理,经检查合格后,才可以铺设填垫层。

④ 基坑开挖时应避免坑底土层受到扰动,可保留约 200 mm 厚土层,待铺设填垫层前再挖至设计标高。严禁扰动垫层下的软弱土层,防止水浸、受冻。

⑤ 垫层底面应设在同一标高上,如果深度不同,基坑底部应挖成阶梯或斜坡搭接,并按

先浅后深的顺序进行垫层施工,搭接处应夯压密实。

⑥ 铺设土工合成材料时,下铺地基土层顶面应平整,防止土工合成材料被刺穿、顶破。铺设时应把土工合成材料张拉平直、绷紧,严禁有褶皱,端头应固定或回折锚固,切忌暴晒或裸露;连接宜采用搭接法、缝接法和胶结法,并应保证主要受力方向的连接强度不低于所采用材料的抗拉强度。

3.施工质量检验

对于粉质黏土、灰土、粉煤灰和砂石垫层的施工质量检验可采用环刀法、贯入仪、静力触探、轻型动力触探或标准贯入试验检验;对于砂石、矿渣垫层可采用重型动力触探检验。所有施工都应该通过现场试验,以设计压实系数所对应的贯入的程度为标准检验垫层的施工质量;压实系数也可采用环刀法、灌水法或其他方法检验。

采用环刀法检验垫层的施工质量时,取样点应位于每层厚度的 2/3 深度处。对于大基坑每 50 ~ 100 m² 应不少于一个检验点;对于基槽每 10 ~ 20 m 应不少于一个点;每个独立桩基应不少于一个点;采用贯入仪或动力触探检验垫层的施工质量时,每个分层检验点的间距应小于 4 m。

机械碾压法施工的质量检验应逐层进行,施工一层检查一层;当设计无规定、底层采用中、粗砂时,干密度一般应控制在 1.55 ~ 1.60 t/m³;其他垫层干密度应控制在 1.50 ~ 1.55 t/m³。

7.3.3 重锤夯实法

重锤夯实法是指用起重机械将夯锤提升到一定高度,然后自由落锤,不断重复夯击以加固地基的施工方法。重锤夯实法适用于地下水位距地表 0.8 m 以下,稍湿的黏性土、砂土、湿陷性黄土、杂填土和分层填土地基。夯实加固的深度一般为 1.2 ~ 2.0 m,湿陷性黄土地基经重锤夯实后,透水性显著降低,可消除湿陷性,强度可提高 30%。

重锤夯实的主要设备为起重机械、夯锤、钢丝绳和吊钩等。夯锤在环境工程中一般为圆台形,直径 1.0 ~ 1.5 m,用 C20 混凝土制成。锤质量一般情况下大于 2 t,锤底面单位面积静压力为 15 ~ 20 kPa。当直接用钢丝绳悬吊夯锤时,吊车起重能力一般应大于锤质量的 3 倍;采用脱钩夯锤时,吊车起重能力应大于锤质量的 1.5 倍,夯锤落下的距离一般应大于 4 m。

重锤夯实应一夯挨一夯地顺序进行。在独立桩基基坑内,最好按照先内部后外部的顺序夯击。同一基坑底面标高不同时,应按先深后浅的顺序逐层夯实。夯击宜分 2 ~ 3 遍进行,累计夯击 10 ~ 15 次,最后两击的平均夯沉质量,对于砂土不应超过 5 ~ 10 mm,对于细颗粒土不应超过 10 ~ 20 mm。

重锤夯实分层填土地基时,每层的虚铺设厚度以等于夯锤的底部直径为宜,夯实完成后应将基坑或基槽表面修整至设计标高。

重锤夯实法所需的最小夯实遍数、最后两次平均夯沉质量和有效夯实深度等参数应根据现场试验确定。夯的密实度和夯实深度必须达到设计要求,最后下沉量和总下沉量必须符合设计要求或施工规范的规定。

采用重锤夯实法施工时,应控制土体的最优含水率,使土粒间有适当的水分润滑,夯击时易于相互滑动挤压密实。饱和土在瞬时夯击能量作用下水分不易排出,很难夯实,形成"橡皮土",所以当地下水位在夯实影响深度范围内时,需要采取降水措施,然后夯实。

重锤夯实处理的地基检验除按照试夯的要求检查施工记录外,总夯沉质量应不小于试夯的总夯沉质量的 90%。检验加固质量每一个独立基础至少应有一个检验点;基槽每 300 m² 应有一点,大面积基坑每 100 m² 不得少于两点。如果通过检验地基质量不合格,必须进行补夯,直至合格为止。

7.3.4　振冲法

振冲法是指利用振动器水冲成孔,然后填以砂石骨料,借助振冲器的水平与垂直振动振密填料形成碎石桩体,从而与原地基构成复合地基以提高地基承载力的方法。振冲加固可提高地基承载力,减少沉降和不均匀沉降,并提高地基的抗液化能力。一般经振冲加固后,地基承载力可提高一倍以上。一般说来,振冲法加固深度为 14 m,最大深度可达 18 m;置换率一般为 10% ~ 30%,每米桩的填料为 0.3 ~ 0.7 m³,桩的直径为 0.7 ~ 1.2 m。

1.振冲法施工机械

振冲法施工的核心设备为振冲器。振冲器是中空轴立式潜水电机直接带动偏心块振动的短柱状机械。电机转动通过弹性联轴器带动振动机体中的 eel - 轴,转动偏心块产生一定频率和振幅的水平向振动。水管从电机上部进入,穿过两根中空轴至底端进行射水。

振冲施工还必须为振冲器配备升降设备,一般采用履带式或轮胎式起重机,也可采用自行井架式施工平车或其他合适的机具设备。其共同要求是位移方便、工效高、施工安全,最大加固深度可达 15 m。起吊设备的起吊能力一般为 100 ~ 150 kN。

2.振冲法施工

振冲法施工的流程如图 7 - 15 所示。

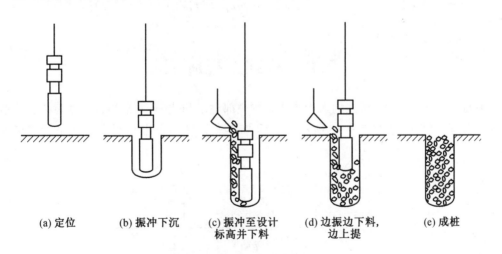

　　(a) 定位　　　(b) 振冲下沉　　(c) 振冲至设计　　(d) 边振边下料,　　(e) 成桩
　　　　　　　　　　　　　　　　标高并下料　　　边上提

图 7 - 15　振冲法施工流程

在砂性土中,振冲起到密实作用,故称为振冲密实法。该方法依靠振冲器的强力振动使饱和砂层发生液化,砂粒重新排列,减少空隙,同时依靠水平振动力通过加回填料使砂层挤压密实。振冲密实施工范围应大于构筑物或建筑物基础范围,一般每边放宽不得小于 5 m。振冲时间主要取决于砂土种类,一般粗砂和中砂为 30 ~ 60 s,细砂为 60 ~ 120 s。对于粗砂和中砂等易坍塌土质,振冲密实可不加填料,细砂土质振冲处理所用填料为粒径为

5 ~ 50 mm 的粗砂、中砂、砾砂、碎石、卵石、角砾、圆砾等。

在黏性土中,振冲主要起置换作用,故称为振冲置换法。该方法是利用在水平方向振动的管状设备在高压水流下边振动边在软弱地基中成孔,然后再在孔内分批填入碎石等坚硬材料制成桩体,桩体与原地基中的黏性土形成复合地基的施工方法。一般说来,振冲置换法施工范围要超出地基外缘 1 ~ 2 排桩,对于易液化地基,需扩大到 2 ~ 4 排桩。桩位可呈等边三角形、正方形或等腰三角形布置,桩间距应根据荷载大小和原地基土体强度决定,一般为1.5 ~ 2.5 m。桩体所用填料可就地取材,宜为坚硬、不受侵蚀的碎石、卵石、角砾、圆砾、砰砖等,一般粒径为 20 ~ 50 mm,最大不宜超过 80 mm。

3.振冲法施工质量检验

施工完毕后,应检查振冲施工的各项施工记录,如有遗漏或不符合规定要求的桩或振冲点,应补做或采取有效补救措施。除砂土地基外,质量检验应在施工结束后一定时间间隔后进行。对于粉质黏土地基,质量检验间隔时间为 21 ~ 28 天,对于粉土地基间隔可取 14 ~ 21 天。

振冲桩的施工质量检验可采用单桩载荷试验,检验数量为桩数的 0.5%,且不得少于 3根。对于碎石桩检验可用重型动力探触进行随机检验。对于桩间土的检验可在处理深度内用标准贯入、静力触探等进行检验。

振冲处理后的地基竣工验收时,承载力检验应采用复合地基载荷试验。复合地基载荷试验检验数量应不少于总桩数的 0.5%,且每个单体工程不得少于 3 个。

对于不加填料振冲加密处理的砂土地基,竣工验收承载力检验应采用标准贯入、动力触探、载荷试验或其他合适的试验方法。检验点应选择在具有代表性或地基土质较差的地段,并位于振冲点围成的单元形心处及振冲点中心处。检验数量可为振冲点数量的 1%,总数应不小于 5 点。

7.4　基础工程施工

基础是指埋于地下、承载构筑物或建筑物全部质量和载荷,并最终将该载荷传递给地基的那部分建筑结构,如图 7 - 16 所示。依据埋设深度的不同,基础可分为浅基础和深基础两类。

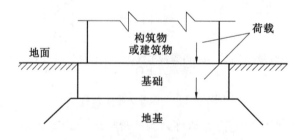

图 7 - 16　基础的位置与作用示意图

7.4.1　浅基础施工

大多数构筑物或建筑物基础的埋深通常不会很大,可以通过普通开挖基坑(或基槽)或修建排水集水井的方法施工,这类基础称为浅基础。按照受力特点、构造形式和使用材料不同,浅基础可做如下分类,见表 7 - 20。

表 7 - 20　浅基础的分类

分类依据	基础类型	说明
受力 特点	刚性基础	用抗压强度大而抗弯和抗拉伸强度较小的材料,如砖、毛石、混凝土、三合土等建造的基础
	柔性基础	用抗弯、抗拉伸和抗压能力都较大的材料,如钢筋混凝土建造的适用于载荷较大而地基土软弱的情况
结构 形式	单独基础	也称独立基础,多呈柱墩形,是柱基础的主要形式
	条形基础	长度远大于高和宽的基础,如墙下基础
	联合基础	将柱基础和条形基础交叉联合,形成箱形或片筏基础,适用于荷载较大、地基软弱、所需单独基础和条形基础面积较大的情况
使用 材料	灰土基础	为节约砖石材料,在下面用灰土垫层夯实,形成灰土基础
	三合土基础	用白灰砂浆和碎砖混合铺入基槽后分层夯实,形成三合土基础
	砖基础	直接用砖砌筑在地基上的基础
	毛石基础	用毛石直接砌筑在地基上的基础
	混凝土和毛石混凝土基础	用水泥、砂石加水搅拌浇注而成的基础为混凝土基础,也可掺入 25% ~ 30% 的毛石,形成毛石混凝土基础
	钢筋混凝土基础	在混凝土内按要求配置钢筋,形成抗压、抗弯、抗拉性良好的柔性基础

1.砖基础施工

砖基础是采用普通黏土砖和水泥砂浆砌筑成的基础。砖基础多砌成台阶形状,俗称"大放脚",有等高和不等高两种形式。等高式大放脚是两皮一收,两边各收进 1/4 砖长;不等高式大放脚是两皮一收和一皮一收相间隔,两边各收进 1/4 砖长。

为了防止土中水分沿着砖块中毛细管上升侵蚀墙身,应在室内地坪以下 - 0.06 m 处铺设防潮层。防潮层一般用 1∶2 防水水泥砂浆,厚度约 20 mm。

砌筑砖基础以前应先检查垫层施工是否符合质量要求,然后清扫垫层,弹出基础大放脚的轴线和边线。在垫层转角、交接及高低踏步处应预先立好基础皮数杆,以控制基础的砌筑高度。砌基础时可依皮数杆先砌几层转角及交接处的砖,然后在其间拉准线再砌中间部分。内外墙基础应同时砌筑,如因某些情况不能同时砌筑,应留置斜槎,斜槎长度不得小于高度的 2/3。

大放脚一般应采用一皮顺砖和一皮丁砖的砌法,上下层应错开缝,错缝宽度不小于 60 mm。应注意十字和丁字接头处砖块的搭接,在交接处,纵横墙要隔皮砌通。砌筑应采用"三一"砌砖法,即一铲灰、一块砖、一挤揉,保证砖基础水平灰缝的砂浆饱满度大于 80%。大放脚的最下一皮和每个台阶的上面一皮应以丁砖为主,以保证传力较好,施工过程不易损坏。

砖基础中的灰缝宽度应控制在 10 mm 左右。如基础水平灰缝中配有钢筋,则埋设钢筋的灰缝厚度应比钢筋直径大 4 mm 以上,以保证钢筋上下至少各有 2 mm 厚的砂浆包裹层。有高低台的砖基础,应从低台砌起,并由高台向低台搭接,搭接长度不小于基础大放脚的高度。砖基础中的洞口、管道、沟槽等,应在砌筑时正确留出,宽度超过 500 mm 的洞口,其上方应砌筑平拱或设置过梁。

2.钢筋混凝土独立基础施工

钢筋混凝土独立基础按其结构形式可分为现浇柱锥形基础、现浇柱阶梯形基础和预制柱杯口基础,如图 7 - 17 所示。

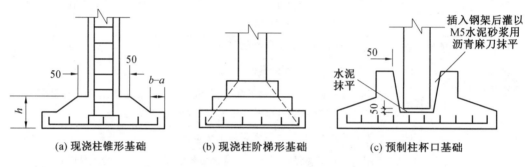

(a) 现浇柱锥形基础 (b) 现浇柱阶梯形基础 (c) 预制柱杯口基础

图 7 - 17   钢筋混凝土独立基础结构形式

(1) 现浇柱基础施工。在混凝土浇筑前应先进行验槽,轴线、基坑尺寸和土质应符合设计规定。坑内浮土、积水、淤泥和杂物应清除干净。局部软弱土层应挖去,用灰土或沙砾回填并夯实。在基坑验槽后应立即浇筑垫层混凝土,以保护地基。混凝土宜用表面振动器进行振捣,要求表面平整。当垫层达到一定强度后,在其上弹线、支模、铺放钢筋网片,底部用与混凝土保护层相同厚度的水泥砂浆块垫塞,以保证钢筋位置正确。

在基础混凝土浇灌前,应将模板和钢筋上的垃圾、泥土和油污等清除干净;对模板的缝隙和空洞应予以堵严;木模板表面要浇水润湿,但不得积水。对于锥形基础,应注意锥体斜面坡度,斜面部分的模板应随着混凝土浇捣分段支设并顶紧,以防止模板上浮变形,边角处混凝土必须注意捣实。

基础混凝土宜分层连续浇筑。对于阶梯形基础,分层厚度为一个台阶高度,每浇完一层台阶应停 0.5 ~ 1.0 h,以便使混凝土获得初步沉实,然后再浇灌上层。每一台阶浇完,表面应基本抹平。

基础上有插筋时,应将插筋按设计位置固定,以防止浇捣混凝土时发生位移。基础混凝土浇灌完后,应用草帘等覆盖并浇水加以养护。

(2) 预制柱杯口基础施工。

① 杯口模板可采用木模板或钢定型模板,可做成整体的,也可做成两部分,中间加一块楔形板。拆模时先取出楔形板,然后分别将两片杯口模取出。为了拆模方便,杯口模外可包裹一层薄铁皮。支模时杯口模板要固定牢固并压紧。

② 按台阶分层浇筑混凝土。由于杯口模板仅在上端固定,浇捣混凝土时应四周对称均匀进行,避免将杯口模板挤向一侧。

③ 杯口基础一般在杯底留有 50 mm 厚的细石混凝土找平层,在浇筑基础混凝土时要仔细留出。基础浇捣完成后,在混凝土初凝后和终凝前用倒链将杯口模板取出,并将杯口内侧表面混凝土凿毛。

④ 在浇灌高杯口基础混凝土时,由于其最上一层台阶较高,施工不方便,可采用后安装杯口模板的方法施工。

3.片筏式钢筋混凝土基础施工

片筏式钢筋混凝土基础由底板、梁等整体构件组成,其外形和构造与倒置的混凝土楼盖相似,可分为平板式和梁板式两种,如图 7 - 18 所示。

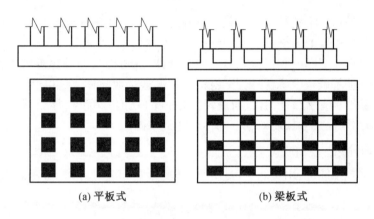

(a) 平板式　　　　　　　(b) 梁板式

图 7 - 18　片筏式钢筋混凝土基础结构示意图

片筏基础浇筑前,应清扫基坑、支设模板、铺设钢筋。木模板应浇水润湿,钢模板表面应涂上隔离剂。

混凝土浇筑方向应平行于次梁长度方向,对于平板式片筏基础则应平行于基础的长边方向。混凝土应一次浇灌完成,若不能整体浇灌完成,则应留设垂直施工缝,并用木板挡住。当平行于次梁长度方向浇筑时,施工缝应留设在次梁中部 1/3 跨度范围内;对于平板式,施工缝可留设在任意位置,但必须平行于底板短边方向。梁高出底板部分应分层浇筑,每层浇筑厚度不宜超过 200 mm。当底板上或梁上有立柱时,混凝土应浇筑到柱脚顶面,留设水平施工缝,并预埋连接立柱的插筋。继续浇筑混凝土前,应对施工缝进行处理,水平施工缝和垂直施工缝处理方法相同。

混凝土浇灌完毕后,在基础表面应覆盖草帘并洒水养护,时间不少于 7 天。待混凝土达到设计强度 25% 以上时,即可拆除梁的侧模。当混凝土基础达到设计强度的 30% 时,即可进行基坑回填。基坑回填应在四周同时进行,并按排水方向由高到低分层进行。

4.箱形基础施工

箱形基础主要是由钢筋混凝土底板、顶板、侧墙以及一定数量的纵横墙构成的封闭箱体。箱形基础的基底直接承受全部荷载,所以要求地基处理良好,符合设计要求,在基坑验槽后应立即进行基础施工。

箱形基础的底板、顶板及内外墙的支模和浇筑,可采用内外墙和顶板分次支模浇筑法施工。外墙接缝处应设榫接或设止水带。

箱形基础的底板、顶板及内外墙宜连续浇注完毕。对于大型箱形基础工程,当基础超过

40 m 时,宜设置一道不小于 700 mm 的后浇带,以防产生温度收缩裂缝。后浇带应在柱距三等分的中间范围内,宜四周兜底贯通顶板、底板及墙板。后浇带应按照有关规范要求施工。

箱形基础的混凝土浇筑大多属于大体积钢筋混凝土施工项目,由于混凝土体积较大,浇筑时集聚在水泥内部的水泥水化热不易散发,混凝土温度将显著上升,产生较大的温度变化和收缩作用,混凝土产生表面裂缝和贯穿性或深进性裂缝,影响结构的整体性、耐久性和防水性,影响正常使用。因此施工前要经过严格的理论计算,采取有效技术措施,防止温度差造成的结构破坏。

7.4.2　深基础施工

深基础施工是指位于地基深处承载力较高的土层上,埋置深度大于 5 m 或大于基础宽度的基础,其中,最主要的为桩基础。

桩是一种具有一定刚度和抗弯能力的传力杆件,它将构筑物或建筑物的荷载全部或部分传递给地基。桩基础是由承台将若干根桩的顶部连接成整体,以共同承受荷载的一种深基础形式。桩基础具有承载能力大、抗震性能好、施工方便等优点,能获得良好的技术经济效,被广泛地应用于高层或软弱地基上的多层建筑基础。

1.桩基础的分类

根据桩的承载性能、使用功能、桩身材料、环境影响和成桩方法,桩基础可做如下分类,见表 7 – 21。

表 7 – 21　桩基础的分类

分类依据	桩基础类型				
成桩方法	预制桩		灌制桩		
成桩或成孔工艺	打入桩	静压桩	沉管桩	钻孔桩	人工挖孔桩
环境影响	挤土	挤土	挤土	不挤土	不挤土
桩身材料	钢、钢筋混凝土		钢筋混凝土、素混凝土		

如上所述,桩基础的种类繁多,形式复杂。在设计和施工过程中应根据建筑物或构筑物类型、承受的荷载性质、桩的功能、穿越的土层、桩端持力土体类型、地下水位、施工设备、施工环境、施工经验和制桩材料来源的因素,选择技术可行、经济合理、安全适用的桩基础类型和施工方法。

2.预制桩施工

预制桩施工是指在地面上制作桩身,然后采用锤击、振动或静压等方法将桩沉至设计标高的施工方法。预制桩包括钢筋混凝土预制桩和钢管预制桩等,其中以钢筋混凝土预制桩应用较多。

钢筋混凝土预制桩常用的截面形式有混凝土方形实心截面、圆柱体空心截面、预应力混凝土管形桩等。方形桩的边长通常为 200 ~ 500 mm,长 7 ~ 25 m。如果桩长超过 30 m 或者受运输条件和桩架高度限制时,可将桩分成几段预制,然后在施工过程中根据需要逐段接长。预应力混凝土管桩是采用先张法预应力、掺加高效减水剂、高速离心蒸汽养护工艺制成的空心管桩,包括预应力混凝土管桩(PC)、预应力混凝土薄壁管桩(PTC)和预应力高强度混凝土管桩(PHC)3 类,外径为 300 ~ 1 000 mm,每节长度为 4 ~ 12 m,管壁厚 60 ~

130 mm,自重远远小于实心桩。

预制桩施工包括桩的预制、起吊、运输、堆放和沉桩等过程,其中沉桩方法包括锤击沉桩、振动沉桩和静压沉桩。施工过程中应依据工艺条件、地质状况、荷载特点等因素综合考虑,以制订合适的施工方法和技术组织措施。

3.灌制桩施工

灌制桩施工是指在设计桩位上用钻、冲或挖等方法成孔,然后在孔中灌注混凝土成桩的施工方法。与预制桩施工相比,灌注桩施工不受地质条件变化限制,且不需要截桩和接桩,从而避免了锤击应力,桩的混凝土强度及配筋只需满足设计和使用要求即可,所以灌注桩具有节约材料、成本低、施工过程无振动、噪声小等优点。但灌注桩施工操作要求严格,混凝土需要养护过程,不能立即承受荷载,工期较长,在软土地基中容易出现颈缩、断裂等质量事故。

根据成孔方法不同,灌注桩施工可分为钻孔灌注桩施工、挖孔灌注桩施工、冲孔灌注桩施工、套管成孔灌注桩施工和爆扩孔灌注桩施工等。灌注桩施工的基本过程主要包括成孔、灌注和养护三个阶段。成孔是指在桩位上形成孔眼的过程,主要有钻机钻孔、人工或机械开挖以及下沉套管等方法;灌注是指在孔眼中加筋并灌注混凝土,形成钢筋混凝土桩的过程;养护是指在灌制成桩后,需要维持一定工艺条件,以保证混凝土完成凝固和硬化的过程。

7.5　土方施工排水

在组织土方工程施工时,必须认真做好施工排水工作。施工排水可分为排除地面水和降低地下水位两类。

7.5.1　排除地面水

为了保证土方施工顺利进行,对施工现场的排水系统应有一个总体规划,做到场地排水畅通。尤其在雨期施工,能尽快地将地面水排走,以保持场地土体干燥是十分重要的。

车在施工区域内考虑临时排水系统时,应注意与原排水系统相适应。原排水系统是指原自然排水系统和已有的排水设施,临时排水设施应尽量与永久性排水设施相结合。

地面水的排除通常可采用设置排水沟、截水沟或修筑土堤等设施来进行。应尽量利用自然地形来设置排水沟,以便将水直接排至场外,或流入低洼处再用水泵抽走。主要排水沟最好设置在施工区域的边缘或道路的两旁,其横断面应按照施工期内最大流量确定。一般排水沟的横断面不小于 0.5 m × 0.5 m,纵向坡度应根据地形确定,一般不应小于 0.3%,平坦地区不小于 0.2%,沼泽地区可减至 0.1%。

在山坡地区施工,应在较高一面的坡上,先做好永久性截水沟,或设置临时截水沟,阻止山坡水流入施工现场;在平坦地区施工时,除开挖排水沟外,必要时还需修筑土堤,以阻止场外水流入施工场地。出水口应设置在远离建筑物或构筑物的低洼地点,并应保证排水畅通。

7.5.2　降低地下水位

在土方开挖过程中,当开挖的基坑、管沟底面低于地下水位时,由于土的含水层被切断,地下水会不断渗入坑内。如果没有采取降水措施,把流入坑内的水及时排走或把地下水位降低,不但会恶化施工条件,而且地基土被水泡软后,会造成边坡塌方和地基承载能力下降等。因此,为了保证土方工程施工质量和安全,在基坑开挖前或开挖过程中,必须采取措施降低地下水位。如图7－19所示为集水坑降水法。

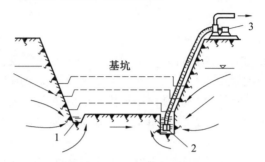

图7－19　集水坑降水法
1—排水沟;2—集水坑;3—水泵

降低地下水位的方法有集水坑降水法和井点降水法两种。集水坑降水法一般适用于降水深度较小且地层为粗粒土层或黏性土时;如降水深度较大,或土层为细砂和粉砂,或是软土地区时,宜采用井点降水法;当采用井点降水法仍有局部地段降水深度不够时,可辅以集水坑降水。无论采用哪种方法,降水工作都要持续到基础施工完毕并回填土后才可停止。

1.集水坑降水法

集水坑降水是在基坑开挖过程中,在基坑底设置集水坑,并在基坑底四周或中央开挖排水沟,使水流入集水坑内,然后用水泵抽走。抽出的水应予引开,以防倒流。

(1)集水坑设置。集水坑应设置在基础范围以外,地下水走向的上游。根据地下水量大小,基坑平面形状及水泵能力,集水坑每隔20~40 m设置一个。集水坑的直径或宽度,一般为0.6~0.8 m。其深度随着挖土的加深而加深,要经常保持低于挖土面0.7~1 m。集水坑壁可用竹、木等简易加固。当基坑挖至设计标高后,集水坑底应低于基坑底1~2 m,并铺设碎石滤水层,以免在抽水时间较长时将泥浆抽走,并防止集水坑底的土被搅动。

采用集水坑降水法时,根据现场土质条件,应能保持开挖边坡的稳定性。边坡坡面上如有局部渗入地下水时,应在渗水处设置过滤层,防止土粒流失,并应设置排水沟,将水引出坡面。

(2)水泵性能与选用。在建筑工地上,基坑排水用的水泵主要有离心泵、潜水泵和软轴水泵等。

①离心泵。离心泵是由泵壳、泵轴及叶轮等主要部件组成,其管路系统包括滤网和底阀、吸水管及出水管等,如图7－20所示。

离心泵的抽水原理是利用叶轮高速旋转时所产生的离心力,将轮心部分的水甩往轮边,沿出水管压向高处。此时叶轮中心形成部分真空,这样,水在大气压力作用下,就能不断地从吸水管内自动上升进入水泵。

水泵的主要性能包括流量、总扬程、吸水扬程和功率等。流量是指水泵单位时间内的出水量。扬程是指水泵能扬水的高度,也称水头。由于水经过管路有阻力而引起水头损失,因此要扣除损失扬程后,才是实际扬程。总扬程包括吸水扬程和出水扬程两部分。

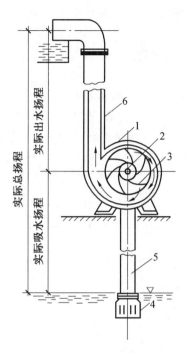

图 7 - 20　离心泵工作简图
1— 泵壳;2— 泵轴;3— 叶轮;4— 滤网与底阀;5— 吸水管;6— 出水管

吸水扬程又称允许吸上真空高度,表示水泵能吸水的高度,是确定水泵安装高度的一个重要数据。在基坑排水中,常用的离心泵的性能见表 7 - 22。但离心泵工作时,由于管路有阻力会引起水头损失,所以离心泵的实际吸水扬程要扣除损失扬程。通常实际吸水扬程可按性能表上的吸水扬程减去 1.2(有底阀) ~ 0.6 m(无底阀) 估算。

表 7 - 22　常用离心泵性能

| 型号 | | 流量 /(m³·h⁻¹) | 总扬程 /m | 吸水扬程 /m | 电动机功率 /kW |
B	BA				
$1\frac{1}{2}$B17	$1\frac{1}{2}$BA - 6	6 ~ 14	20.3 ~ 14	6.6 ~ 6.0	1.7
2B19	2BA - 9	11 ~ 25	21 ~ l6	8.0 ~ 6.0	2.8
2B3l	2BA - 6	10 ~ 30	34.5 ~ 24	8.7 ~ 5.7	4.5
3B19	3BA - 13	32.4 ~ 52.2	21.5 ~ 15.6	6.5 ~ 5.0	4.5
3B33	3BA - 9	30 ~ 55	35.5 ~ 28.8	7.0 ~ 3.0	7.0
4B20	4BA - 18	65 ~ 110	22.6 ~ 17.1	5	10.0

注:1.2B19 表不进水口直径为 5.08 cm,总扬程为 19 m(最佳工作状态) 的单级离心泵。

　　2.B 型是 BA 型的改进型,性能相同。

离心泵的选择,主要根据流量与扬程而定。对基坑排水来说,离心泵的流量应满足基坑涌水量要求,一般选用吸水口径 2 ~ 4 in(5.08 ~ 10.16 cm)的离心泵。离心泵的扬程在满足总扬程的前提下,主要是考虑吸水扬程是否能满足降水深度要求,如果不够,则可另选水泵或将水泵位置降低至坑壁台阶或坑底上,采用多级水泵连续方式。离心泵的抽水能力大,宜用于地下水量较大的基坑。

离心泵的安装,要特别注意吸水管接头不漏气及吸水口至少应在水面下 0.5 m,以免吸入空气,影响水泵正常运行。

离心泵的使用,要先向泵体内与吸水管内灌满水,排除空气,然后开泵抽水。为了防止所灌的水漏掉,在底阀内装有单向阀门。离心泵在使用中要防止漏气与脏物堵塞。

②IS 型单级单吸离心泵。IS 型单级单吸清水离心泵,是根据国际标准 ISO2825 所规定的性能和尺寸设计的,本系列共 29 个品种,其性能参数与 BA 型或 B 型老产品可比的有 14 种,其效率平均提高 0.367%。

它适用输送清水或物理、化学性质类似于清水的其他液体,其温度不高于 80 ℃。其性能范围:流量 Q 为 6.3 ~ 400 m³/h;扬长 H 为 5 ~ 125 m。

型号意义:

例 IS80 – 65 – 160。

IS—— 国际标准单级单吸清水离心泵;

80—— 泵入口直径,mm;

65—— 泵出口直径,mm;

160—— 泵叶轮名义直径,mm。

③潜水泵。潜水泵是由立式水泵与电动机组合而成的,它的特点是工作时完全浸在水中。其构造如图 7 - 21 所示,水泵装在电动机上端,叶轮可制成离心式或螺旋桨式,电动机要有密封装置。

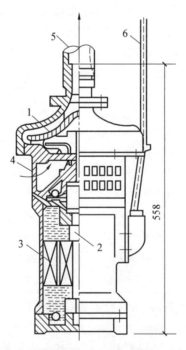

图 7 - 21 潜水泵的工作简图
1— 叶轮;2— 轴;3— 电动机;4— 进水口;5— 出水胶管;6— 电缆

潜水泵的出口直径常用的有 40 mm、50 mm、100 mm、125 mm,其流量相应为 15 m³/h、25 m³/h、65 m³/h、100 m³/h,扬程相应为 25 m、15 m、7 m、3.5 m。这种泵具有体积小、质量轻、移动方便、安装简单和开泵时不需引水等优点,因此在基坑排水中采用较广泛。

使用潜水泵时,为了防止电机烧坏,应特别注意不得脱水运转,或陷入泥中,也不适于排除含泥量较高的水质或泥浆水,以免泵叶轮被杂物堵塞。

集水坑降水法由于设备简单和排水方便,工地上采用比较广泛。它适用于粗粒土层的排水,因为水流一般不致将粗粒带走,也可以用于渗水量小的黏性土。当土质为细砂或粉砂时,用集水坑降水法排除地下水,会将细土粒带走,发生流砂现象,使边坡坍塌,坑底凸起,难以施工,在这种情况下,就必须采用有效的措施和方法,防止流砂现象发生。

(3) 流砂及其防治。当基坑挖土到达地下水位以下,而土质是细砂或粉砂,又采用集水坑降水时,坑底下的土就会形成流动状态,随地下水一起流动涌进坑内,这种现象称为流砂现象。发生流砂现象时,土完全丧失承载力,工人难以立足,施工条件恶化,土边挖边冒,难挖到设计深度。流砂严重时,会引起基坑边坡塌方,如果附近有建筑物,就会因地基被掏空而使建筑物下沉、倾斜,甚至倒塌。总之,流砂现象对土方施工和附近建筑物都有很大的危害。

① 流砂发生的原因。水在土中渗流时受到土颗粒的阻力,从作用与反作用定律可知,水对土颗粒也作用一个压力,这个压力称为动水压力,当基坑底挖到地下水位以下时,坑底的土就受到动水压力的作用。如水流从上向下,则动水压力与重力方向相同,加大土粒间的压力。如水流从下向上,则动水压力与重力方向相反,减小土粒间的压力,也就是土粒除了受水的浮力外,还受到动水压力向上举的趋势。如果动水压力等于或大于土的浸水密度,则此时,土粒失去自重处于悬浮状态,能随着渗流的水一起流动,带入基坑便发生流砂现象。

据上所述,当地下水位愈高,坑内外水位差愈大时,动水压力也就愈大,愈容易发生流砂现象,实践经验是:在可能发生流砂的土质处,基坑挖深超过地下水位线 0.5 m 左右,就要注意流砂的发生。

此外当基坑坑底位于不透水层内,而其下面为承压水的透水层,基坑不透水的覆盖厚度的质量小于承压水的顶托力时,基坑底部便可能发生管涌现象,如图 7 - 22 所示。

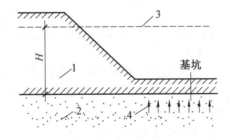

图 7 - 22　管涌冒砂
1— 不透水层;2— 透水层;3— 压力水位线;4— 泵压水的顶托力

② 流沙的防治。发生流砂现象的重要条件是动水压力的大小与方向。因此,在基坑开挖中,防止流砂的途径:一是减小或平衡动水压力;二是设法使动水压力的方向向下,或是截断地下水流。其具体措施如下:

a.在枯水期施工。因地下水位低,坑内外水位差小,动水压力小,就不易发生流砂。

b.抛大石块。往基坑底抛大石块,增加土的压重,以平衡动水压力。用此法时应组织人力分段抢挖,使挖土速度超过冒砂速度,挖至标高后立即铺设芦席并抛大石块把流砂压住。

c.打板桩。将板桩打入基坑底下面一定深度,增加地下水从坑外流入坑内的渗流路线,从而减少水力坡度,降低动水压力,防止流砂发生。

d.水下挖土。即采用不排水施工,使基坑内水压与坑外水压相平衡,阻止流砂现象发生。

e.井点降低地下水位。如采用轻型井点或管井井点等降水方法,使地下水的渗流向下,动水压力的方向也朝下,从而可有效地防止流砂现象,并增大了土粒间压力,此法采用较广也较可靠。

此外,还可以采用地下连续墙法、土壤冻结法等,截止地下水流入基坑内,以防止流砂现象。

2.井点降水法

井点降水法是在基坑开挖前,预先在基坑四周埋设一定数量的滤水管(井),利用抽水设备从开挖前和开挖过程中不断地抽水,使地下水位降低到坑底以下,直至基础工程施工完毕为止。这样,可使基坑挖土始终保持干燥状态,从根本上消除流砂现象。同时,土层水分排除后使土密实,增加地基土的承载能力;在基坑开挖时,土方边坡也可陡些,从而也减少了挖方量。

井点降水的方法有轻型井点、喷射井点、电渗井点、管井井点及深井井点等。施工时可根据土层的渗透系数,要求降低水位的深度、设备条件及经济比较等,参照表 7 - 23 选用。

表 7 - 23　各类井点的适用范围

井点类别	土层渗透系数 /(m · 天$^{-1}$)	降低水位深度 /m
单层轻型井点	0.1 ~ 50	3 ~ 6
多层轻型井点	0.1 ~ 50	6 ~ 12
喷射井点	0.1 ~ 50	8 ~ 20
电渗井点	< 0.1	据选用井点确定
管井井点	20 ~ 200	3 ~ 5
深井井点	10 ~ 250	> 15

注:其中以轻型井点、管井井点采用较广。

(1)轻型井点。轻型井点是沿着基坑四周每隔一定距离埋入井点管(下端为滤管)至蓄水层内,井点管上端通过弯联管与总管连接,利用抽水设备将地下水从井点管内不断抽出,使原有地下水位降至坑底以下,如图 7 - 23 所示。

①轻型井点设备。轻型井点设备主要包括井点管(下端为滤管)、集水总管、水泵和动力设备等。

井点管长 6 m,滤管长 1.0 ~ 1.2 m,井点管与滤管用螺丝套头连接,滤管(图 7 - 24)的骨架管为外径 38 ~ 57 mm 的无缝钢管,管面上钻有 ϕ12 mm 的星棋状排列的滤孔,滤孔面积为滤管表面积的 20% ~ 25%。骨架管外面包两层孔径不同的生丝布或塑料布滤网。为使流水畅通,骨架管与滤网之间可用塑料管隔开。滤网外面再绕一层粗铁丝保护网,滤管下端为一铸铁塞头。

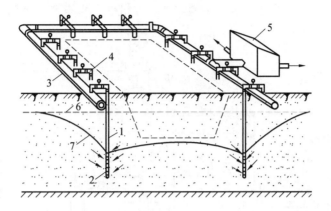

图 7 – 23　轻型井点降低地下水位全貌图

1— 井点管;2— 滤管;3— 总管;4— 弯联管;5— 水泵房;

6— 原有地下水位线;7— 降低后地下水位线

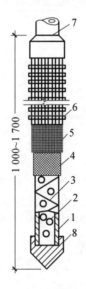

图 7 – 24　滤管构造

1— 钢管;2— 管壁上小孔;3— 缠绕的铁丝;4— 细滤网;

5— 粗滤网;6— 粗铁丝保护网;7— 井点管;8— 铸铁头

集水总管为内径 125 mm 的无缝钢管,每段长 4 m,其上装有与井点管连接的短接头,间距 0.8 m 或 1.2 m。总管与井点管用 90° 弯头连接,或用塑料管连接。

轻型井点设备的主机由真空泵、离心水泵和集水箱组成(图 7 – 25)。离心水泵和真空泵分别由电动机带动。主机的工作原理为:开动真空泵 13,使土中的水分和空气受真空吸力经管路系统向上跳流到水气分离器 6 中,然后开动离心泵 14,在水气分离器内水和空气向两个方向流去,水经离心泵由出水管 16 排出,空气则集中在水气分离器上部由真空泵排出。如水多,来不及排出时,水气分离器内浮筒 7 浮上,由阀门 9 将通向真空泵的通路关住,保护真空泵不使水进入缸体。副水气分离器 12 的作用是滤清从空气中带来的少量水分使其落入该器下层放出,使水不被吸入真空泵内。压力箱 15 用以调节出水量和阻止空气窜入水气分离器。过滤箱 4 是防止由水带来的细砂磨损机械。真空调节阀用以调节真空度,使其适应水泵的需要。

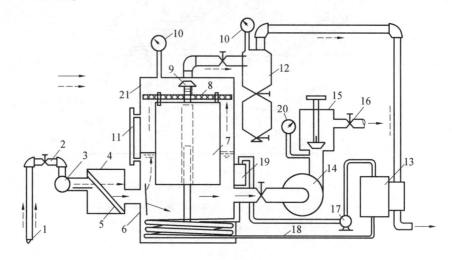

图 7 - 25　轻型井点抽水设备工作简图

1— 井点管;2— 弯联管;3— 总管;4— 过滤箱;5— 过滤网;6— 水气分离器;7— 浮筒;
8— 挡水布;9— 阀门;10— 真空表;11— 水位计;12— 副水气分离器;13— 真空泵;
14— 离心泵;15— 压力箱;16— 出水管;17— 冷却泵;18— 冷却水管;19— 冷却水箱;
20— 压力表;21— 真空调节阀

② 轻型井点布置。轻型井点布置,根据基坑大小与深度、土质、地下水位高低与流向、降水深度要求等而定。

a.平面布置。当基坑或沟槽宽度小于 6 m,且降水深度不超过 5 m 时,一般可采用单排井点,布置在地下水流的上游一侧,其两端的延伸长度一般以不小于坑(槽)宽为宜(图 7 - 26)。如基坑宽度大于 6 m 或土质不良,则宜采用双排井点。当基坑面积较大时,宜采用环形井点(图 7 - 27)。井点管距离基坑壁一般不宜小于 0.7 ~ 1.0 m,以防局部发生漏气。井点管间距应根据土质、降水深度、工程性质等确定,一般采用 0.8 ~ 1.6 m。

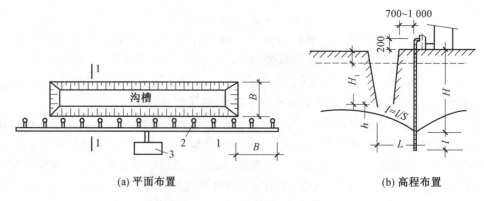

(a) 平面布置　　　　　　　　(b) 高程布置

图 7 - 26　单排线状井点的布置图

1— 总管;2— 井管;3— 泵站

一套抽水设备能带动的总管长度,一般为 100 ~ 120 m。采用多套抽水设备时,井点系统要分段,各段长度大致相等。

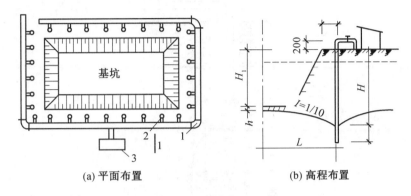

(a) 平面布置　　　　　　(b) 高程布置

图 7 - 27　环形井点的布置图
1— 总管;2— 井管;3— 泵站

b.高程布置。井点管的埋置深度 H(不包括滤管) 按下式计算,如图 7 - 26(b) 所示。

$$H \geqslant H_1 + h + iL$$

式中,H_1 为井管埋设面至基坑底的距离,m;h 为降低后的地下水位至基坑底的距离,一般为 0.5 ~ 1.0 m;i 为地下水降落坡度,即单位水流长度地下水表面降落高度,由试验确定,环状井点可取 1/10,单排线形井点 1/4;L 为井管至基坑中心的水平距离,m。

算出的 H 值,如大于降水深度 6 m,应降低井点管的埋置面。当一级轻型井点达不到降水深度要求时,可采用二级井点。

c.井点管的埋设。轻型井点的安装是按布置方案,先排放总管,再埋设井点管,然后用弯联管把井点管与总管连接,最后安装抽水设备。井点管的埋设可以利用冲水管冲孔,或钻孔后再将井点管沉放,或以带套管的水冲法或振动水冲法下沉。

一般用冲水管冲孔,先将高压水泵的射水高压胶管连接在冲孔管上,冲孔管可用滑车悬挂在人字架上。利用高压(60 ~ 80 N/cm^2) 水经由冲孔管头部的三个喷水小孔以急速的射水速度冲刷土壤,形成孔洞。孔洞要垂直,孔径一般为 300 mm,冲孔深度应比滤管底深 0.5 m 左右。井点管与孔壁之间填灌砂滤层。砂滤层灌好后,距地面下 0.5 ~ 1 m 深度内,用黏土封口捣实,防止漏气。

(2) 管井井点。当土壤渗透性能强,地下水丰富的土层,降低地下水用轻型井点难以解决时,可用管井井点方法(图 7 - 28)。

管井井点布置,沿基坑外围每隔一定距离设置一个管井,每一管井埋设滤水井管,单独用一台水泵,不断抽水来降低地下水位。滤水井管的埋设采用泥浆护壁套管的钻孔法,钻孔直径比滤水井管外径大 150 ~ 250 mm。井管下沉前进行清孔,保持滤网畅通,管与土壁间用 3 ~ 15 mm 砾石填充作为过滤层。滤水井管的过滤部分,可用钢筋焊接骨架外包孔眼为 1 ~ 2 mm 的滤网,长 2 ~ 3 m,井管宜用 $\phi150$ ~ $\phi300$ m 的钢管,吸水管部分宜用 $\phi50$ ~ $\phi100$ mm 的胶皮管或钢管,管井的间距为 10 ~ 50 m。

此外,如要求降水深度较大,在管井井点内采用一般的离心泵和潜水泵已不可能满足要求时,可改用深井泵,即深井井点降水法来解决。此法是依靠水泵的扬程把深处的地下水抽

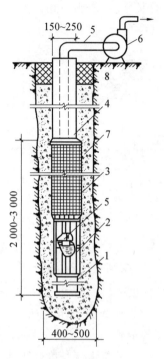

图 7 − 28　管井井点

1— 沉砂管;2— 钢筋焊接骨架;3— 滤网;4— 管身;5—
吸水管;6— 离心泵;7— 小砾石过滤网;8— 黏土封口

到地面上来。它适用于土的渗透系数为 10 ~ 80 m/d,降水深度大于 15 m 的情况。

　　当要求降水深度大于 6 m,而土的渗透系数又较小($K = 0.1 ~ 2$ m/d) 时,如采用轻型井点就必须采用多层井点,这样不仅增加井点设备,而且增大基坑的挖土量,延长工期,往往是不经济的;在这种情况下,可采用喷射井点法进行降水,其降水深度可达到 8 ~ 12 m。喷射井点的设备主要由喷射井管、高压水泵和管路系统组成。喷射井点的平面布置,当基坑宽度小于 10 m 时,可用单排布置;大于 10 m 时,用双排或环形布置,井点间距一般为 2 ~ 3 m。每一套喷射井点设备可带动 30 根左右喷射井管。

　　对于渗透系数很小($K < 0.1$ m/d) 的土,因土粒间微小孔隙的毛细管作用,将水保持在孔隙内,单靠用真空吸力的井点降水法效果不大,对这种情况需用电渗井点法降水。电渗井点是井点管作为阴极,在其内侧相应地插入钢筋或钢管作为阳极,通入直流电后,在电场作用下,使土中的水加速向阴极渗透,流向井点管。这种利用电渗现象与井点相结合的做法称为电渗井点。这种方法因耗电较多,只有在特殊情况下使用。

第8章　钢筋混凝土工程

钢筋混凝土结构分为现浇整体式和装配式两大类。现浇整体式钢筋混凝土结构的整体性和抗震性能好,结构构件布置灵活,适用性强,钢筋消耗量较少,施工时也不需大型的起重机械,所以在工业与民用建筑中得到广泛采用。随着钢筋混凝土工程施工技术的不断革新,现场机械化施工水平的提高,为现浇整体式钢筋混凝土结构的广泛采用带来新的发展前景。本章着重介绍现浇钢筋混凝土工程的施工技术。

现浇钢筋混凝土工程包括钢筋工程、模板工程和混凝土工程三个主要工种工程。组织现浇整体式钢筋混凝土结构的施工,施工前必须做好充分的准备,施工中要加强施工管理,合理安排施工程序,组织好各工种工程施工时相互之间的紧密配合,制订合理的技术措施,以加快施工速度,保证工程质量,降低施工费用,提高经济效益。

8.1　钢筋工程

8.1.1　钢筋冷拉

1.钢筋冷拉原理

冷拉强化的原理是将钢材于常温下进行冷拉使产生塑性变形,从而提高屈服强度,这个过程称为冷拉强化。产生冷拉强化的原因是:钢材在塑性变形中晶格的缺陷增多,而缺陷的晶格严重畸变对晶格进一步滑移将起到阻碍作用。所以钢材的屈服点提高,塑性和韧性降低。由于塑性变形中产生内应力,因此钢材的弹性模量降低。将经过冷拉的钢筋于常温下存放15～20天,或加热到100～200℃并保持一定时间,这个过程称为时效处理,前者称为自然时效,后者称为人工时效。冷拉以后再经时效处理的钢筋,其屈服点进一步提高,抗拉极限强度也有所增长,塑性继续降低。由于时效过程中内应力的消减,因此弹性模量可基本恢复。工地或预制构件厂常利用这一原理,对钢筋或低碳钢盘条按一定制度进行冷拉或冷拔加工,以提高屈服强度节约钢材。

冷拉钢筋可采用热轧钢筋加工制成,经冷拉后的钢筋其力学性能应符合表8－1的规定。经冷弯试验后的钢筋不得有裂纹和起皮现象。冷拉HPB235级钢筋可用作混凝土结构中的受拉钢筋,冷拉HRB335、HRB400、RRB400级钢筋可用作预应力混凝土结构中的预应力钢筋。

表 8 - 1　　冷拉钢筋的理学性能

钢筋级别	钢筋直径 /mm	屈服强度 /MPa	抗拉强度 /MPa（不小于）	伸长率 δ_{10}（100%）	冷弯	
					弯曲角度	弯曲直径
HRB235	≤ 12	280	370	11	180°	3d
HRB335	≤ 25	450	510	10	90°	3d
	28 ~ 40	430	490	10	90°	4d
HRB400	8 ~ 40	500	570	8	90°	4d
RRB400	10 ~ 28	700	835	6	90°	4d

注：1. d 为钢筋直径（mm）；

2. 表中冷拉钢筋的屈服强度值，系现行国家标准《混凝土结构设计规范》（GB 50010—2002）中冷拉强度标准值；

3. 钢筋直径大于 25 mm 的冷拉 HRB400、RRB400 级钢筋，冷拉弯曲直径应增加 1d。

2. 钢筋冷拉方法

钢筋冷拉可采用控制应力或控制冷拉率的方法。用作预应力筋的钢筋，冷拉时宜采用控制应力的方法。不能分清批号的热轧钢筋的冷拉不应采用控制冷拉率的方法。

（1）控制应力的方法。采用控制应力的方法冷拉钢筋时，其冷拉控制应力及最大冷拉率应符合表 8 - 2 的规定。

表 8 - 2　　冷拉控制应力及最大冷拉率

钢筋级别	钢筋直径 /mm	冷拉控制应力 /MPa	最大冷拉率 /%
HPB235	≤ 12	280	10.0
HRB335	≤ 25	450	5.5
	28 ~ 40	430	
HRB400	8 ~ 40	500	5.0
RRB400	10 ~ 28	700	4.0

（2）控制冷拉率的方法。采用控制冷拉率的方法冷拉钢筋时，其冷拉率应由试验确定。即在同炉批的钢筋中切取试样（不少于 4 个），按表 8 - 3 的冷拉应力拉伸钢筋，测定各试样的冷拉率，取其平均值作为该批钢筋实际采用的冷拉率。若试样的平均冷拉率小于 1%时，则仍按 1% 采用。冷拉率确定后，便可根据钢筋的长度求出钢筋的冷拉长度。

表 8 - 3　　测定冷拉率时钢筋的冷拉应力

钢筋级别	钢筋直径 /mm	冷拉应力 /MPa
HPB235	≤ 12	310
HRB335	≤ 25	480
	28 ~ 40	460
HRB400	8 ~ 40	530
RRB400	10 ~ 28	730

（3）钢筋冷拉的工艺流程。钢筋冷拉主要工序为：钢筋上盘 → 放圈 → 切断 → 夹紧夹

具 → 冷拉开始 → 观察控制值 → 停止冷拉 → 放松夹具 → 捆扎堆放。

8.1.2 钢筋冷拔

1.钢筋冷拔的特点

冷拔是使直径为 6 ~ 8 mm 的 HPB235 钢筋张力通过特制的钨合金拔丝模孔,使钢筋产生塑性变形,以改变其物理力学性能。钢筋冷拔后,横向压缩,纵向拉伸,内部品格产生滑移,抗拉强度可提高 50% ~ 90%,塑性降低,硬度提高。这种经冷拔加工的钢丝称为冷拔低碳钢丝。与冷拉相比,冷拉是纯拉伸线应力,冷拔是拉伸与压缩兼有的立体应力,冷拔后没有明显的屈服现象。冷拔低碳钢丝分为甲、乙两级,甲级钢丝适用于做预应力筋,乙级钢丝适用于做焊接网、焊接针架、箍筋和构造钢筋。

2.钢筋冷拔的工艺

钢筋冷拔的工艺流程为轧头 → 剥皮 → 拔丝。轧头是用一对轧辊将钢筋端部轧细,以便钢筋通过拔丝模孔口。剥皮是使钢筋通过 3 ~ 6 个上下排列的辊子,剥除钢筋表面的氧化铁渣壳,使铁渣不致进入拔丝模孔口,以提高拔丝模的使用寿命。并消除因拔丝模孔存在铁渣,使钢丝表面擦伤的现象。剥皮后,钢筋再通过润滑剂盒润滑,进入拔丝模进行冷拔。

3. 钢筋冷拔质量的控制

影响钢筋冷拔质量的主要因素为原材料质量和冷拔总压缩率(β)。冷拔总压缩率(β)是指由盘条拔至成品钢丝的横截面缩减率。若原材料钢筋直径为 d_0,成品钢丝直径为 d,则总压缩率 $\beta = (d_0^2 - d^2)/d_0^2$。总压缩率越大,则抗拉强度提高越多,塑性降低越多。为了保证冷拔低碳钢丝强度和塑性相对稳定,必须控制总压缩率。通常 $\phi5$ 由 $\phi8$ 盘条经数次反复冷拔而成,ϕ^b3 和 ϕ^b4 由 $\phi6.5$ 盘条拔制而成。冷拔次数过少,每次压缩过大,易产生断丝和安全事故;冷拔次数过多,易使钢丝变脆,且降低冷拔机的生产率,因此,冷拔次数应适宜。根据实践经验,前道钢丝和后道钢丝直径之比约以 1.15:1 为宜。

8.1.3 钢筋配料及代换

1.钢筋配料

钢筋裁切前,可先将同直径不同长度的各种编号钢筋按顺序填制配料表,再按表列各种钢筋的长度及数量配料,使钢筋的断头废料尽量减少。配料时应注意同一断面内的接头数量,不得超过下列规定:

(1) 对绑扎接头,在受拉区光圆钢筋接头不得超过总面积的 25%,螺纹钢筋不得超过 50%,在钢筋弯曲及弯矩最大处不得有接头;

(2) 对电弧焊及对头焊的接头,在同一断面内接头不得超过总面积的 50%,在弯曲处不允许有焊口。

2.钢筋切断

钢筋切断是将已调直的钢筋剪切成所需要的长度,分为机械切断和人工切断两种。机械切断常用钢筋切断机,操作时要保证断料正确,钢筋与切断机口要垂直,并严格执行操作规程,确保安全。在切断过程中,如发现钢筋有劈裂、缩头或严重的弯头,必须切除。手工切断常采用手动切断机(用于直径 16 mm 以下的钢筋)、克子(又称踏扣,用于直径 6 ~ 32 mm 的钢筋)、断线钳(用于钢经) 等几种工具。

3.钢筋代换

在施工中钢筋的级别、钢号和直径应按设计要求采用。如遇钢筋级别、钢号和直径与设计要求不符而需要代换时,应征得设计单位的同意并遵守《混凝土结构工程施工及验收规范》的有关规定。代换时必须遵守代换的原则,以满足原结构设计的要求。

(1) 等强度代换。当构件受强度控制时,钢筋可按强度相等原则进行代换;不同种类的钢筋代换,按抗拉强度设计值相等的原则进行代换。如不同级别钢筋,宜采用等强代换。

(2) 等面积代换。当构件按最小配筋率配筋时,钢筋可按面积相等原则进行代换;对相同种类和级别相同的钢筋,应按等面积原则进行代换。如同级别钢筋代换,宜采用等面积原则进行代换。当构件受裂缝度或抗裂性要求控制时,代换后应进行裂缝或抗裂性验算。

钢筋代换后,还应满足构造方面的要求(如钢筋间距、最小直径、最小根数、锚固长度、对称性等) 及设计中提出的特殊要求(如冲击韧性、抗腐蚀性等)。如梁中的弯起钢筋与纵向受力筋应分别进行代换,以保证弯起钢筋的截面面积不被削弱,且满足支座处的剪力要求。同一截面的受力钢筋直径,一般相差 2 ~ 3 个等级为宜。

8.1.4　钢筋连接

钢筋的连接方法主要分焊接连接、绑轧连接及机械连接三种方法。对于直径大于 16 mm 的热轧钢筋接头应采用电焊,并以采用闪光接触对焊为宜,只有当确实不能实行接触对焊时,方可采用电弧焊;直径等于或小于 16 mm 的热轧钢筋接头,可采用电焊焊接或绑扎搭接,但轴心受拉部件(如拉杆) 中的钢筋接头不论直径大小都应采用焊接,不得采用绑扎接头;冷拔钢丝的接头,只能采用绑扎接头,不允许采用电焊法。

1.钢筋焊接连接

钢筋的焊接质量与钢材的可焊性、焊接工艺有关。可焊性与含碳量、合金元素的数量有关。含碳、锰数量增加,则可焊性差;而含适量的钛可改善可焊性。焊接工艺(焊接参数与操作水平) 亦影响焊接质量,即使可焊性差的钢材,若焊接工艺合适,亦可获得良好的焊接质量。当环境温度低于 - 5 ℃,即为钢筋低温焊接,此时应调整焊接工艺参数,使焊缝和热影响区缓慢冷却。风力超过 4 级时,应有挡风措施,环境温度低于 - 20 ℃ 时不得进行焊接。

(1) 钢筋闪光对焊。钢筋闪光对焊是将两钢筋安放成对接形式,利用电阻热使接触点金属熔化,产生强烈飞溅,形成闪光,迅速施加顶锻力完成的一种压焊方法。钢筋对焊具有生产效率高、操作方便、节约钢材、焊接质量高、接头受力性能好等许多优点。适用于直径 10 ~ 40 mm 的 HPB235、HRB335 和 HRB400 热轧钢筋,直径 10 ~ 25 mm 的 RRB400 热轧钢筋以及直径 10 ~ 25 mm 的余热处理 HRB400 钢筋的焊接。它具有生产效率高、操作方便、节约钢材、焊接质量高、接头受力性能好等许多优点。

(2) 钢筋电阻电焊。钢筋骨架或钢筋网中交叉钢筋的焊接宜采用电阻电焊,其所适用的钢筋直径和级别为:直径为 6 ~ 14 mm 的热轧 Ⅰ、Ⅱ 级钢筋、直径为 3 ~ 5 mm 的冷拔低碳钢丝和直径为 4 ~ 12 mm 的冷轧带肋钢筋。所用的电焊机有单点电焊机(用以焊接较粗的钢筋)、多头电焊机(一次焊数点、用以焊钢筋网) 和悬挂式电焊机(可得平面尺寸大的骨架或钢筋网)。现场还可采用手提式电焊机。

(3) 钢筋电弧焊。电弧焊是利用弧焊机使焊条与焊件之间产生高温电弧(焊条与焊件间的空气介质中出现强烈持久的放电现象称为电弧),使焊条和电弧燃烧范围内的焊件金属熔化,熔化的金属凝固后,便形成焊缝或焊接接头。电弧焊应用范围广,如钢筋的接长、钢筋骨架的焊接、钢筋与钢板的焊接、装配式结构接头的焊接及其他各种钢结构的焊接等。

搭接焊接头(图 8 - 1) 适用于焊接直径为 10 ~ 40 mm 的钢筋。钢筋搭接焊宜采用双面焊,不能进行双面焊时,可采用单面焊。焊接前,钢筋宜预弯,以保证两钢筋的轴线在一直线上,使接头受力性能良好。帮条焊接头(图 8 - 2) 适用于焊接直径为 10 ~ 40 mm 的钢筋。钢筋帮条焊宜采用双面焊,不能进行双面焊时,也可采用单面焊。帮条宜采用与主筋同级别或同直径的钢筋制作。如帮条级别与主筋相同时,帮条直径可以比主筋直径小一个规格;如帮条直径与主筋相同时,帮条钢筋级别可比主筋低一个级别。

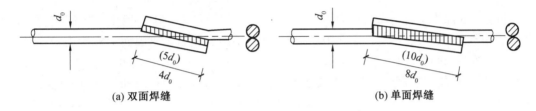

(a) 双面焊缝　　　　　　　　　　　　　　(b) 单面焊缝

图 8 - 1　搭接焊接头

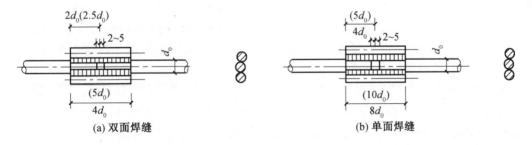

(a) 双面焊缝　　　　　　　　　　　　　　(b) 单面焊缝

图 8 - 2　帮条焊接头(图中括号内数值用于 Ⅱ ~ Ⅲ 级钢筋)

钢筋搭接焊接头或帮条焊接头的焊缝厚度 h 应不小于 0.3 倍主筋直径,焊缝宽度 b 不应小于 0.7 倍主筋直径,如图 8 - 3 所示。

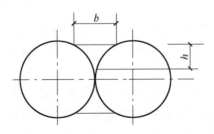

图 8 - 3　焊接尺寸示意图

b— 焊缝宽度;h— 焊缝厚度

坡口焊接头比上两种接头节约钢材,适用于在现场焊接装配现浇式构件接头中直径18～40 mm 的钢筋。坡口焊按焊接位置不同可分为平焊与立焊,如图 8－4 所示。

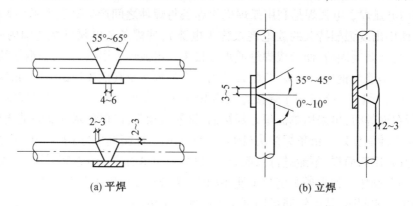

(a) 平焊　　　　　　　　　　　　　　(b) 立焊

图 8－4　坡口焊接头

钢筋窄间隙焊是将两需对接的钢筋水平置于 U 形模具中。中间留出一定间隙予以固定,随后采取电弧焊连续焊接,熔化钢筋端面,并使熔融金属填满空隙而形成接头的一种焊接方法。钢筋窄间隙焊具有焊前准备简单、焊接操作难度较小、焊接质量好、生产率高、焊接成本低、受力性能好的特点。钢筋电弧焊接头的质量应符合外观检查和拉伸试验的要求。外观检查时,接头焊缝应表面平整,不得有较大凹陷或焊瘤;接头区域不得有裂纹;坡口焊、熔槽帮条焊和窄间隙焊接头的焊缝余高不得大 3 mm;咬边深度、气孔、夹渣的数量和大小以及接头尺寸偏差应符合有关规定。做拉伸试验时,要求 3 个热轧钢筋接头试件的抗拉强度均不得低于该级别钢筋规定的抗拉强度值;余热处理 Ⅲ 级钢筋接头试件的抗拉强度均不得低于热轧 Ⅲ 级钢筋规定的抗拉强度值(570 MPa);3 个接头试件均应断于焊缝之外,并至少有 2 个试件呈延性断裂。

(4) 钢筋电渣压力焊。钢筋电渣压力焊是将两钢筋安放成竖向对接形式,利用焊接电流通过两钢筋端间隙,在焊剂层下形成电弧过程和电渣过程,产生电弧热和电阻热,熔化钢筋、加压完成连接的一种焊接方法。具有操作方便、效率高、成本低、工作条件好等特点,在高层建筑施工中取得了很好的效果。适用于现浇混凝土结构中直径为 14～40 mm,级别为PHB235、HRB335 竖向或斜向(倾斜度在 4：1 范围内) 钢筋的连接。钢筋电渣压力焊机按操作方式可分成手动式和自动式两种,一般由焊接电源、焊接机头和控制箱 3 部分组成。图8－5 所示为电动凸轮式钢筋自动电渣压力焊机示意图。

钢筋电渣压力焊具有电弧焊、电渣焊和压力焊的特点。其焊接过程可分 4 个阶段,即引弧过程 — 电弧过程 — 电渣过程 — 顶压过程。电渣压力焊的主要焊接参数包括焊接电流、焊接电压和焊接通电时间等。

施工时,钢筋焊接的端失要直,端面要平,以免影响接头的成型。焊接前需将上下钢筋端面及钢筋与电极块接触部位的铁锈、污物清除干净。焊剂使用前,需经 250 ℃ 左右烘焙2 h,以免发生气孔和夹渣。铁丝圈用 12～14 号铁丝弯成,铁丝上的锈迹应全部清除干净,有镀锌层的铁丝应先经火烧后再清除干净。上下钢筋夹好后,应保持铁丝圈的高度(即两钢筋端部的距离) 为 5～10 mm。上下钢筋要对正夹紧,焊接过程中不许扳动钢筋,以保证钢筋自由向下正常落下。下钢筋与焊剂桶斜底板间的缝隙,必须用石棉布等填塞好,以防焊

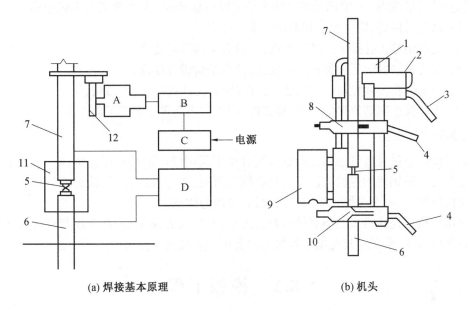

(a) 焊接基本原理　　　　　　　　(b) 机头

图 8 - 5　电动凸轮式钢筋自动电渣压力焊机

1— 把子;2— 电机传动部分;3— 电源线;4— 焊把线;5— 铁丝圈;6— 下钢筋;7— 上钢筋;8— 上夹头;9— 焊药盒;10— 下夹头;11— 焊剂;12— 凸轮;A— 电机与减速箱;B— 操作箱;C— 控制箱;D— 焊接变压器

剂泄漏,破坏渣池。为了引弧和保持电渣过程稳定,要求电源电压保持在 380 V 以上,次级空载电压达到 80 V 左右。正式施焊前,应先做试焊,确定焊接参数后才能进行施工。钢筋种类、规格变换或焊机维修后,均需进行焊前试验。负温焊接时(气温在 - 5 ℃ 左右),应根据钢筋直径的不同,延长焊接通电时间 1 ~ 3 s,适当增大焊接电流,搭设挡风设施和延长打掉渣壳时间等,雨、雪天不施焊。

(5) 钢筋气压焊。钢筋气压焊是采用一定比例的氧气和乙炔焰为热源,对需要连接的两钢筋端部接缝处进行加热,使其达到热塑状态,同时对钢筋施加 30 ~ 40 MPa 的轴向压力,使钢筋顶锻在一起。该焊接方法使钢筋在还原气体的保护下,发生塑性流变后相互紧密接触,促使端面金属晶体相互扩散渗透,再结晶、再排列,形成牢固的焊接接头。这种方法设备投资少、施工安全、节约钢材和电能,不仅适用于竖向钢筋的连接,也适用于各种方向布置的钢筋连接。适用范围为直径 14 ~ 40 mm 的钢筋,当不同直径钢筋焊接时,两钢筋直径差不得大于 7 mm。

2.钢筋绑扎连接

绑扎连接指两根钢筋相互有一定的重叠长度,用扎丝绑扎的连接方法,适用于较小直径的钢筋连接。

钢筋绑扎前先认真熟悉图纸,检查配料表与图纸、设计是否有出入,仔细检查成品尺寸、心头是否与下料表相符。核对无误后方可进行绑扎。采用 20# 铁丝绑扎直径 12 以上钢筋,22# 铁丝绑扎直径 10 以下钢筋。

钢筋的绑扎接头应符合下列规定:

(1) 搭接长度的末端距钢筋弯折处,不得小于钢筋直径的 10 倍,接头不宜位于构件最大弯矩处。

（2）受拉区域内，Ⅰ级钢筋绑扎接头的末端应做弯钩，Ⅱ级钢筋可不做弯钩。

（3）钢筋搭接处，应在中心和两端用铁丝扎牢。

（4）受拉钢筋绑扎接头的搭接长度，应符合结构设计要求。

（5）受力钢筋的混凝土保护层厚度，应符合结构设计要求。

（6）板筋绑扎前须先按设计图要求间距弹线，按线绑扎，控制质量。

（7）为了保证钢筋位置的正确，根据设计要求，板筋采用钢筋予以支撑。

3.钢筋机械连接

钢筋机械连接是通过连接件的机械咬合作用或钢筋端面的承压作用，将一根钢筋中的力传递至另一根钢筋的连接方法。它具有施工简便、工艺性能良好、接头质量可靠、不受钢筋焊接性的制约、可全天候施工、节约钢材和能源等优点。

常用的机械连接接头类型有挤压套筒接头、锥螺纹套筒接头、直螺纹套筒接头、熔融金属充填套筒接头、水泥灌浆充填套筒接头和受压钢筋端面平接头等。

8.2　模板工程

8.2.1　模板系统

1. 模板系统概述

混凝土结构的模板工程是混凝土结构构件成型的一个十分重要的组成部分。现浇混凝土结构用模板工程的造价约占钢筋混凝土工程总造价的 30%，总用工量的 50%。因此，采用先进的模板技术，对于提高工程质量、加快施工速度、提高劳动生产率、降低工程成本和实现文明施工都具有十分重要的意义。

2.模板系统组成

模板系统由模板和支撑两部分组成。模板是使混凝土结构或构件成型的模型。支撑是保证模板形状、尺寸及其空间位置的支撑体系。

8.2.2　模板系统要求

搅拌机搅拌出的混凝土是具有一定流动性的混凝土，经过凝结硬化以后，才能成为所需要的、具有规定形状和尺寸的结构构件，所以需要将混凝土浇灌在与结构构件形状和尺寸相同的模板内。模板作为混凝土构件成型的工具，它本身除了应有与结构构件相同的形状和尺寸外，还要具有足够的强度和刚度以承受新浇混凝土的荷载及施工荷载。

支撑体系既要保证模板形状、尺寸和空间位置正确，又要承受模板传来的全部荷载。所以模板及其支撑系统必须符合下列基本要求：

（1）保证结构和构件各部分形状、尺寸和相互间位置的正确性。

（2）模板及其支架应根据工程结构形式、荷载大小、地基土类别、施工设备和材料供应等条件进行设计。模板及其支架应具有足够的承载能力、刚度和稳定性，能可靠地承受浇筑混凝土的质量、侧压力以及施工荷载。（强制性条文）

（3）构造简单，装拆方便，能多次周转使用，并便于钢筋的绑扎与安装、混凝土的浇筑及养护等工艺要求。

（4）模板接缝不漏浆。

（5）模板及其支架拆除的顺序及安全措施应按施工技术方案执行。（强制性条文）

8.2.3　模板系统分类

1.按材料分类

模板按所用的材料不同,分为木模板、钢木模板、钢模板、胶合板模板、钢竹模板、塑料模板、玻璃钢模板、铝合金模板等。

（1）木模板的制作方便、拼装随意,尤其适用于外形复杂或异形混凝土构件。导热系数小,对混凝土冬期施工有一定的保温作用,但周转次数少。板厚为 20 ~ 50 mm,宽度不宜超过200 mm,以保证木材干缩时,缝隙细匀,浇水后易密缝。由于木模板木材消耗量大、重复使用率低,为节约木材,在现浇钢筋混凝土结构中应尽量少用或不用木模板。

（2）钢木模板。以角钢为边框,以木板作为面板的定型模板,其优点是可以充分利用短木料并能多次周转使用。

（3）胶合板模板是以胶合板为面板、角钢为边框的定型模板。克服了木材的不等方向性的缺点,受力性能好。这种模板具有强度高、自重小、不翘曲、不开裂及板幅大、接缝少的优点。

（4）钢竹模板是以角钢为边框以竹编胶合板为面板的定型模板。这种模板刚度较大、不易变形、质量轻、操作方便。

（5）钢模板一般均做成定型模板,用连接构件拼装成各种形状和尺寸,适用于多种结构形式在现浇钢筋混凝土结构施工中广泛应用。钢模板一次投资大,但周转率高,在使用过程中应注意保管和维护,防止生锈以延长钢模板的使用寿命。

（6）塑料模板、玻璃钢模板、铝合金模板具有质量轻、刚度大、拼装方便、周转率高的特点,但由于造价较高,在施工中尚未普遍使用。

2.按结构类型分类

各种现浇钢筋混凝土结构构件,由于其形状、尺寸、构造不同,模板的构造及组装方法也不同,形成各自的特点。按结构的类型模板分为基础模板、柱模板、梁模板、楼板模板、楼梯模板、墙模板、壳模板、烟囱模板等。

3.按施工方法分类

（1）现场装拆式模板。在施工现场按照设计要求的结构形状、尺寸及空间位置,现场组装的模板,当混凝土达到拆模强度后拆除模板。现场装拆式模板多用定形模板和工具式支撑。

（2）固定式模板。制作预制构件用的模板,按照构件的形状、尺寸在现场或预制厂制作模板。各种胎模（土胎模、砖胎模、混凝土胎模）即属固定式模板。

（3）移动式模板。随着混凝土的浇筑,模板可沿垂直方向或水平方向移动,称为移动式模板。如烟囱、水塔、墙柱混凝土浇筑采用的滑升模板、提升模板;筒壳浇筑混凝土采用的水平移动式模板等。

8.2.4 组合钢模板

组合钢模板是一种工具式模板,由钢模板和配件两部分组成,配件包括连接件和支承件两部分。组合钢模板的优点是通用性强、组装灵活、装拆方便、大量节约木材,浇筑的构件尺寸准确、棱角整齐、表面光滑;模板周转次数多,经济效益好。缺点是一次投资大,浇筑成型的混凝土表面过于光滑,不利于表面装修等。

1.钢模板的类型及规格

钢模板类型有平面模板、阳角模板、阴角模板及连接角模四种,如图 8-6 所示。规格见表 8-4。

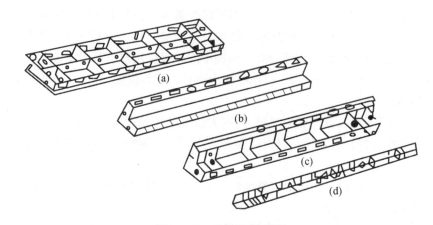

图 8-6 钢模板的类型

表 8-4 钢模板的规格

规格	平面模板	阴角模板	阳角模板	连接角模
宽度 /mm	300,250,200,150,100	150 × 150 150 × 100	100 × 100 50 × 50	50 × 50
长度 /mm		1 500,1 200,900,750,600,450		
肋高		55		

2.组合钢模板连接配件

组合钢模板的连接配件包括 U 形卡、L 形插销、钩头螺栓、紧固螺栓、扣件等。U 形卡用于钢模板与钢模板间的拼接。其安装间距一般不大于 300 mm,即每隔一孔卡插一个,安装方向一顺一倒相错开,如图 8-7 所示。

L 形插销用于两个钢模板端肋相互连接,将 L 形插销插入钢模板端部横肋的插销孔内,以增加接头处的连接刚度和保证接头处板面平整,如图 8-8 所示。

当需将钢模板拼接成大块模板时,除了用 U 形卡及 L 形插销外,在钢模板外侧要用钢楞(圆形钢管、矩形钢管、内卷边槽钢等)加固,钢楞与钢板间用钩头螺栓(图 8-9)及形扣件、蝶形扣件连接。

浇筑钢筋混凝土墙体时,墙体两侧模板间用对拉螺栓连接,如图 8.10 所示。对拉螺栓截面应保证安全承受混凝土的侧压力。

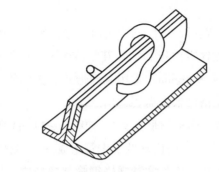

图 8 - 7　U 形卡

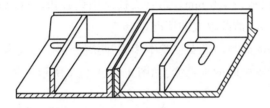

图 8 - 8　L 形插销

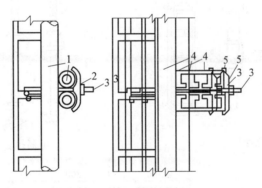

图 8 - 9　钩头螺栓

1— 圆形钢管;2—3 形扣件;3— 钩头螺栓;4— 内卷边槽钢;5— 蝶形扣件

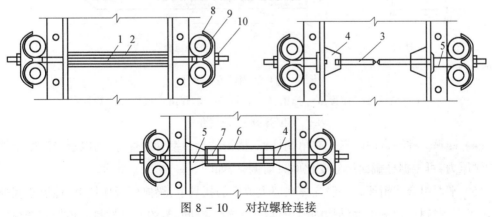

图 8 - 10　对拉螺栓连接

1— 钢拉杆;2— 塑料套管;3— 内拉杆;4— 顶帽;5— 外拉杆;6—2～4 根钢筋;
7— 螺母;8— 钢楞;9— 扣件;10— 螺母

3.钢模板的支撑件

组合钢模板的支承件包括钢楞、支柱、斜撑、柱箍、平面组合式桁架等。

（1）钢楞。钢楞适用于支撑钢模板和加强其整体刚度。内钢楞（横挡）配置方向应与钢模板垂直，间距一般为 700 ~ 900 mm。常用截面形式有圆钢管、矩形钢管、轻型槽钢、内卷边槽钢或普通槽钢。具体规格可根据需要选用。

（2）支柱。支柱适用于水平模板的垂直支撑，如图 8 - 11（a）所示。支柱有钢管支柱和组合支柱两种。钢管支柱（琵琶撑）由内外两节钢管组成，高度变化范围为 1.3 ~ 3.6 m，每档调节高度为 100 mm；钢管支柱由内外两种规格钢管承插构成，沿钢管孔眼以一对销子插入固定，高低调节间距模数为 100 mm。组合支柱是用钢管扣件拼成井字形架，再与桁架结合，适用于层高高、跨度大、荷载较大的情况。

（3）斜撑。斜撑的构造与钢管支柱基本相同，两端分别设活动卡座，用以承受单侧模板的侧向荷载和调整竖向支模时的垂直度，如图 8 - 11（b）所示。

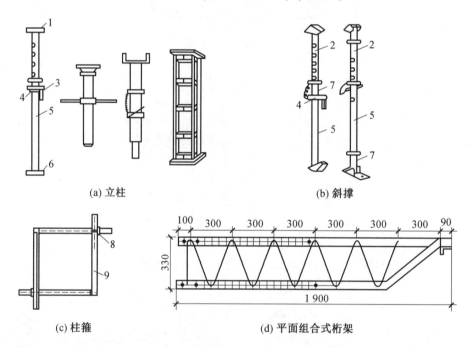

(a) 立柱　　　　　　　　　　(b) 斜撑

(c) 柱箍　　　　　　　　(d) 平面组合式桁架

图 8 - 11　钢模板支承件

1— 顶板；2— 插管；3— 插销；4— 转盘；5— 套管；6— 底座；7— 螺杆；

8— 定位器；9— 夹板（角钢）

（4）柱箍。柱箍常用的形式有角钢柱箍、槽钢柱箍和钢管柱箍等，用以承受混凝土施工时的侧压力，可根据柱截面尺寸变化而灵活调整，如图 8 - 11（c）所示。

（5）平面组合式桁架。一般支撑在墙上或钢筋托具上，梁侧模板横挡上、柱顶梁底横挡上，用于支撑楼板、梁等平面结构的模板，以扩大施工空间，节约支撑材料。桁架多做成两个半榀，便于调节长度。相互拼接时，搭接长度不小于 500 mm，上下弦用 2 个以上 U 形卡或销钉销紧,间距不大于 400 mm,使用跨度在 2.1 ~ 4.2 mm 内。钢桁架作为梁模板的支撑工具可取代梁模板下的支柱。跨度小、荷载小时桁架可用钢筋焊成,跨度或荷载较大时可用角钢或钢管制成,如图 8 - 11 (d) 所示。

8.2.5　大模板

大模板一般由面板、加劲肋、竖楞、支撑桁架、稳定机构和操作平台、穿墙螺栓等组成,是一种现浇钢筋混凝土墙体的大型工具式模板,如图 8 - 12 所示。

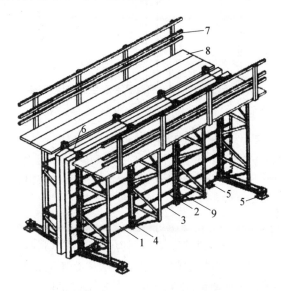

图 8 - 12　　大模板构造示意图

1— 面板;2— 水平加劲肋;3— 支撑桁架;4— 竖楞;5— 调整水平度螺旋千斤顶;

6— 固定卡具;7— 栏杆;8— 脚手板;9— 穿墙螺栓

(1) 面板。面板是直接与混凝土接触的部分,可采用胶合板、钢框木(竹)胶合板、木模板、钢模板等制成。

(2) 加劲肋。加劲肋的作用是固定面板,可做成水平加劲肋或垂直肋,主要作用是把混凝土产生的侧压力传给竖楞,加劲肋与金属面板以电焊固定,与胶合板、木模板用螺栓固定。

(3) 竖楞。竖楞的作用是加强大模板的整体刚度,承受模板传来的混土侧的侧压力和垂直力,通常用 165 或 180 成对放置,两槽钢间留有空隙,以通过穿墙螺栓,间距一般为1 000 ~ 2 000 mm。

8.2.6　滑升模板

滑升模板是随着混凝土的浇筑而沿结构或构件表面向上垂直移动的模板,主要由模板系统、操作平台系统、液压提升系统三部分组成,如图 8 - 13 所示。

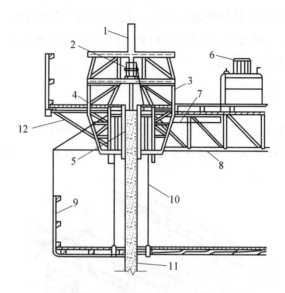

图 8 - 13 滑升模板构造示意图

1— 支撑杆;2— 千斤顶;3— 提升架;4— 上下围圈;5— 模板;6— 高压油泵;7— 油管;8— 操作平台桁架;9— 外吊架铺板;10— 内脚手架吊杆;11— 混凝土墙体;12— 外挑脚手架

8.2.7　爬升模板

爬升模板是在下层混凝土墙体浇筑完毕后,利用提升装置将模板自行提升到上一个楼层,然后浇筑上一层墙体的垂直移动式模板。它由模板、提升架和提升装置三部分组成。利用液压千斤顶作为提升装置的外墙面爬升模板。爬升模板采用整片式大平模,模板由面板及肋组成,不需要支撑系统;提升设备采用电动螺杆提升机、液压千斤顶或导链。爬升模板是将大模板工艺和滑升模板工艺相结合,既保持了大模板施工墙面平整的优点,又保持了滑模利用自身设备使模板向上提升的优点,墙体模板能自行爬升而不依赖塔吊。爬升模板适于高层建筑墙体、电梯井壁、管道间混凝土墙体的施工。

8.3　混凝土制备

混凝土制备是指将混凝土的各组成材料制成质地均匀、颜色一致、具备一定流动性的混凝土拌合物。混凝土的制备包括混凝土的配料和搅拌,是混凝土施工中一道重要的工序。如果混凝土搅拌不均匀,就不能获得密实的混凝土,从而影响混凝土的质量。

8.3.1　原料

原料是影响混凝土质量的主要因素。一是称量不准,二是未按砂、石骨料实际含水率的变化进行施工配合比的换算,这样必然会改变原理论配合比的水灰比、砂石比(含砂率)。当水灰比增大时,混凝土黏聚性、保水性差,而且硬化后多余的水分残留在混凝土中形成水泡,或水分蒸发留下气孔,使混凝土密实性差,强度低。若水灰比减少时,则混凝土流动性差,甚至影响成型后的密实,造成混凝土结构内部松散,表面产生蜂窝、麻面现象。同样,若含砂率减少时,则砂浆量不足,不仅会降低混凝土流动性,更严重的是影响其黏聚性及保水性,产生粗骨料离析、水泥浆流失,甚至波散等不良现象。所以,为了确保混凝土的质量,在施工中必须及时进行施工配合比的换算并严格进行称量。

1.施工配合比

由于实验室在试配混凝土时的砂、石是干燥的,而施工现场的砂、石均有一定的含水率,其含水量的大小随气候、季节而异。为保证现场混凝土准确的含水量,应按现场砂、石的实际含水率加以调整。

设混凝土实验室配合比为水泥:砂:石子 $= 1 : x : y$,水灰比为 w/C,单方混凝土用灰量为 c。现场测得的砂、石含水率分别为 w_1、w_2,则施工配合比应为水泥:湿砂:湿石子 $= 1 : x(1 + w_1) : y(1 + w_2)$。若搅拌机容量为 1 000 L,则每次搅拌投入水泥为 zC,湿砂为 $zCx(1 + w_1)$,湿石子为 $zCy(1 + w_2)$,水为 $zC \times w/C - zCxw_1 - zCyw_2$。

2.配料精度

混凝土的强度值对水灰比的变化十分敏感,根据试验资料表明,如配料时偏差值水泥量为 -2%,水为 $+2\%$,混凝土的强度要降低 8.9%。因此,C60 以下混凝土在现场的配料精度应控制在下列数值范围内:水泥、外掺混合材料 ±2%;粗细骨料 ±3%;水、外加剂溶液 ±2%。

配料一般用磅秤等,应定期对其维修校验,保持准确。骨料含水量应经常测定,调整用水量,雨天施工应增加测定含水量次数,以便及时调整。

3.掺合外加剂和混合料

在混凝土施工过程中,经常掺入一定量的外加剂或混合料,以改善混凝土某些方面的性能。目前,由于建筑业的不断发展,出现了许多新技术、新工艺,如滑模、大模板、压入成型和真空吸水混凝土、泵送混凝土及喷射混凝土等。在混凝土的供应下出现了商品混凝土、集中搅拌等新方法。在结构上出现了高层、超高层、大跨度薄壳、框架轻板体系等构件形式。在高温炎热或严寒低温气候条件下的施工等,都对混凝土的技术性能提出了更高的要求。

混凝土外加剂有改善新拌混凝土流动性能的外加剂,包括减水剂和引气剂;调节混凝土凝结硬化性能的外加剂,包括早强剂、缓凝剂和促凝剂等;改善混凝土耐久性的外加剂,包括引气剂、防水利和阻锈剂等;为混凝土提供其他特殊性能的外加剂,包括加气剂、减水剂、发泡剂、膨胀剂、胶黏剂、消泡剂、抗冻剂和着色剂等。混凝土混合料常用的有粉煤灰、炉渣等。

由于外加剂或混合料的形态不同,使用方法也不相同,因此,在混凝土配料中要采用合理的掺和方法,保证掺和均匀,掺量准确,才能达到预期的效果。混凝土中掺用外加剂,应符合下列规定:外加剂的品种及掺量,必须根据对混凝土性能的要求、施工及气候条件、混凝土所采用的原材料及配合比等因素经试验确定;蒸汽养护的混凝土和预应力混凝土中,不宜掺用引气剂或引气减水剂;掺用含氯盐的外加剂时,对素混凝土,氯盐掺量不得大于水泥用量的3%;在钢筋混凝土中作为防冻剂时,氯盐掺量按无水状态计算,不得超过水泥用量的1%,且应用范围应按规范规定。

在硅酸盐水泥或普通硅酸盐水泥拌制的混凝土中,可掺用混合料,混合料的质量应符合国家现行标准的规定,其掺量应通过试验确定。

8.3.2　混凝土搅拌

混凝土搅拌是将水、水泥和粗细骨料进行均匀拌合及混合的过程,同时,通过一定时间使材料起到塑化、强化的作用。

1.搅拌方法

混凝土有人工拌和与机械搅拌两种。人工拌和质量差,水泥耗量多,只有在工程量小时采用。机械拌和一般用"三干三湿"法,即先将水泥加入砂中干拌两遍,再加入石子翻动,边缓慢地加水,边反复湿拌至少三遍。

2.混凝土搅拌要求

为拌制出均匀优质的混凝土,除合理地选择搅拌机的类型外,还必须正确地确定搅拌制度,其内容包括进料容量、搅拌时间与投料顺序等。

(1)进料容量。搅拌机的容量有三种表示方式,即出料容量、进料容量和几何容量。出料容量是搅拌机每次从搅拌筒内可卸出的最大混凝土体积,几何容量则是指搅拌筒内的几何容积,进料容量是指搅拌前搅拌筒可容纳的各种原材料的累计体积。出料容量与进料容量间的比值称为出料系数,其值一般为 0.60 ~ 0.70,通常取 0.67。进料容量与几何容量的比值称为搅拌筒的利用系数,其值一般为 0.22 ~ 0.40。我国规定以搅拌机的出料容量来标定其规格。不同类型的搅拌机都有一定的进料容量。如果装料的松散体积超过额定进料容量的一定值(10% 以上)后,就会使搅拌筒内无充分的空间进行拌和,影响混凝土搅拌的均匀性。但数量也不宜过少,否则会降低搅拌机的生产率,故一次投料量应控制在搅拌机的额定进料容量以内。

(2)搅拌时间。从原材料全部投入搅拌筒时起到开始卸料时止,所经历的时间称为搅拌时间。为获得混合均匀、强度和工作性都能满足要求的混凝土所需最低限度的搅拌时间称为最短搅拌时间。这个时间随搅拌机的类型与容量、骨料的品种、粒径及对混凝土的工作性要求等因素的不同而异。一般情况下,混凝土的匀质性是随着搅拌时间的延长而提高,但搅拌时间超过某一限度后,混凝土的匀质性便无明显改善。搅拌时间过长,不但会影响搅拌机的生产率,而且对混凝土的强度提高也无益处,甚至由于水分的蒸发和较软骨料颗粒被长时间研磨而破碎变细,还会引起混凝土工作性的降低,影响混凝土的质量。不同类型的搅拌机对不同混凝土的最短搅拌时间见表 8 - 5。

表 8 - 5　普通混凝土的最短搅拌时间

混凝土坍落度 /mm	搅拌机类型	搅拌机的出料容量 /L		
		小于 250	250 ~ 500	大于 500
小于及等于 30	自落式 强制式	90	120	150
		60	90	120
大于 30	自落式 强制式	90	90	120
		60	60	90

注:1.掺有外加剂时搅拌时间应适当延长;

2.全轻混凝土宜采用强制式搅拌机,砂轻混凝土可采用自落式搅拌机,搅拌时间均应延长 60 ~ 90 s;

3.高强混凝土应采用强制式搅拌机搅拌,搅拌时间应适当延长。

（3）投料顺序。确定原材料投入搅拌筒内的先后顺序应综合考虑到能否保证混凝土的搅拌质量、提高混凝土的强度、减少机械的磨损与混凝土的黏罐现象、减少水泥飞扬、降低电耗以及提高生产率等多种因素。按原材料加入搅拌筒内的投料顺序的不同，普通混凝土的搅拌方法可分为一次投料法、二次投料法和水泥裹砂法等。

① 一次投料法是目前最普遍采用的方法。它是将砂、石、水泥和水一起同时加入搅拌筒中进行搅拌。为了减少水泥的飞扬和水泥的黏罐现象，向搅拌机土料斗中投料，投料顺序宜先倒砂子（或石子）再倒水泥，然后倒入石子（或砂子），将水泥加在砂、石之间。最后由上料斗将干物料送入搅拌筒内，加水搅拌。

② 二次投料法又分为预拌水泥砂浆法和预拌水泥净浆法。预拌水泥砂浆法是先将水泥、砂和水加入搅拌筒内进行充分搅拌，成为均匀的水泥砂浆后，再加入石子搅拌成均匀的混凝土。国内一般是用强制式搅拌机拌制水泥砂浆 1 ~ 1.5 min，然后再加入石子搅拌 1 ~ 1.5 min。国外对这种工艺还设计了一种双层搅拌机，其上层搅拌机搅拌水泥砂浆，搅拌均匀后再送入下层搅拌机与石子一起搅拌成混凝土。

预拌水泥净浆法是先将水泥和水充分搅拌成均匀的水泥净浆后，再加入砂和石搅拌成混凝土。国外曾设计一种搅拌水泥净浆的高速搅拌机，它不仅能将水泥净浆搅拌均匀，而且对水泥还有活化作用。国内外的试验表明，二次投料法搅拌的混凝土与一次投料法相比较，混凝土的强度可提高 15%，在强度相同的情况下，可节约水泥 15% ~ 20%。

③ 水泥裹砂法又称 SEC 法，采用这种方法拌制的混凝土称为 SEC 混凝土或造壳混凝土。该法的搅拌程序是先加一定量的水使砂表面的含水量调到某一规定的数值后（一般为15% ~ 25%），再加入石子并与湿砂拌匀，然后将全部水泥投入与砂石共同拌和，使水泥在砂石表面形成一层低水灰比的水泥浆壳。最后将剩余的水和外加剂加入搅拌成混凝土。采用 SEC 法制备的混凝土一次投料法相比较，强度可提高 20% ~ 30%，混凝土不易产生离析和泌水现象，工作性好。

8.3.3　混凝土运输

1.混凝土运输方法

混凝土从搅拌地点运往浇筑地点有多种运输办法，选用时应根据建筑物的结构特点、混凝土的总运输量与每日所需的运输量、水平及垂直运输的距离、现有设备情况以及气候、地形、道路条件等因素综合考虑。

2.混凝土运输要求

不论采用何种运输方法，在运输混凝土的工作中，都应满足下列要求：混凝土应保持原有的均匀性，不发生离析现象；混凝土运至浇筑地点，其坍落度应符合浇筑时所要求的坍落度值；混凝土从搅拌机中卸出后，应及早运至浇筑地点，不得因运输时间过长而影响混凝土在初凝前浇筑完毕，混凝土从搅拌机中卸出到浇筑完毕的延续时间不宜超过表 8 - 6 的规定。

表 8 - 6　　混凝土从搅拌机中卸出到浇筑完毕的延续时间

混凝土强度	气温	
	不高于 25 ℃	高于 25 ℃
不高于 C30	120	90
高于 C30	90	60

　　注:1.对掺用外加剂或采用快硬水泥拌制的混凝土,其延续时间应按试验确定;
　　　　2.对轻骨料混凝土其延续时间下宜超过 45 min。

　　为了避免混凝土在运输过程中发生离析,混凝土的运输路线应尽量缩短,道路应平坦,车辆应行驶平稳。当混凝土从高处倾落时,其自由倾落度不应超过 2 m。否则,应使其沿串筒、溜槽或震动溜槽等下落,并应保持混凝土出口时的下落方向垂直。混凝土经运输后,如有离析现象,必须在浇筑前进行二次搅拌。

　　为了避免混凝土在运输过程中坍落度损失太大,应尽可能减少转运次数,盛混凝土的容器应严密,不漏浆、不吸水。容器在使用前应先用水湿润,炎热及大风天气时,盛混凝土的容器应遮盖,以防水分蒸发太快,严寒季节应采取保温措施,以免混凝土冻结。

　　混凝土的运输应分为地面运输、垂直运输和楼面运输三种情况。混凝土如采用商品混凝土且运输距离较远时,混凝土地面运输多用混凝土搅拌运输车。如来自工地搅拌站,则多用载重 1 t 的小型机动翻斗车。近距离也用双轮手推车,有时还用皮带运输机和窄轨翻斗车。混凝土垂直运输,我国多采用塔式起重机、混凝土泵、快速提升斗和井架,用塔式起重机时,混凝土多放在吊斗中,这样可直接进行浇筑。混凝土楼面运输,我国以双轮推车为主,也用机动灵活的小型机动翻斗车,也用混凝土泵配合布料机布料。

8.3.4　混凝土浇筑

　　混凝土浇筑必须保证成型的混凝土结构的密实性、整体性和匀质性,保证结构物尺寸准确和钢筋、预埋件的位置正确,及拆模后混凝土表面平整光洁。

1.混凝土浇筑前的准备工作

　　混凝土浇筑前,应检查模板的轴线位置、标高、截面尺寸和预留孔洞的位置是否正确;检查模板的支撑是否牢固;检查钢筋及预埋件的规格、数量、安装位置是否正确,并进行验收,做好隐蔽工程记录。对施工班组进行安全与技术交底,在混凝土浇筑过程中,随时填写施工日志。

2.混凝土浇筑方法

　　(1)现浇混凝土框架结构的浇筑。框架结构的主要构件包括基础、柱、梁、板等,一般按结构层分层施工,如果平面面积较大,还要划分施工段,以便各工序组织流水作业。

　　在每一施工层中,应先浇筑柱或墙。在每一施工段中的柱或墙应连续浇筑到顶。每排柱子由外向内对称顺序地进行浇筑,以防柱子模板连续受侧推力而倾斜。柱、墙浇筑完毕后应停歇 1 ~ 1.5 h,使混凝土获得初步沉实后,再浇筑梁、板混凝土。梁和板的混凝土应同时浇筑,以便结合成整体,浇筑时从一端开始向前推进。当梁的高度大于 1 m 时,可单独浇筑,施工缝可留在板底以下 20 ~ 30 mm 处。

　　(2)大体积混凝土的浇筑。大体积混凝土结构在工业建筑中多为大型设备基础和高层建筑中的厚大桩基承台或厚大基础底板等,由于承受的荷载大、整体性要求高,一般要求连续浇筑,不留施工缝。

另外,大体积混凝土结构在浇筑后,水泥的水化热量大,水化热聚积在内部不宜散发,浇筑初期混凝土内部温度显著升高,而表面散热较快。这样就形成较大的内外温差,混凝土内部产生压应力,表面产生拉应力,如温差过大就会在混凝土表面产生裂纹。在浇筑后期,当混凝土内部逐渐散热冷却产生收缩时,由于受到基底或已浇筑的混凝土的约束,接触处将产生很大的剪应力,在混凝土正截面形成拉应力。当拉应力超过混凝土当时龄期的极限抗拉强度时,便会产生裂缝,甚至会贯穿整个混凝土构件,由此会造成严重的危害。在大体积混凝土结构的浇筑中,上述两种裂缝(尤其是后一种裂缝)都应设法防止产生。

(3) 水下混凝土的浇筑。深基础、沉井、沉箱和钻孔灌注桩的封底、泥浆护壁灌注桩的混凝土浇筑以及地下连续墙施工等,常需要进行水下浇筑混凝土,目前水下浇筑混凝土多用导管法,如图 8 - 14 所示为导管法水下浇筑混凝土。

导管直径为 250 ~ 300 mm(不小于最大骨料粒径的 8 倍),每节长 3 m,用快速接头连接,顶部装有漏斗。导管用起重设备升降。浇筑前,导管下口先用隔水塞(混凝土、木等制成) 堵塞,隔水塞用铁丝吊住。然后在导管内浇筑一定量的混凝土,保证开管前漏斗及管内的混凝土量能使混凝土冲出后足以封住并高出管口。将导管插入水下,在其下口距底面的距离 h_1 约 300 mm 时浇筑。距离太小易堵管,太大则漏斗及关内混凝土需较多。当导管内混凝土的体积及高度满足上述要求后,剪断吊住隔水塞的铁丝开管,使混凝土在自重作用下迅速推出隔水塞进入水中。以后一边均衡地浇混凝土,一边慢慢提起导管,导管下口必须始终保持在混凝土表面之下 1 ~ 1.5 m 以上。下口埋得越深,混凝土顶面越平,质量越好,但浇筑也越困难。

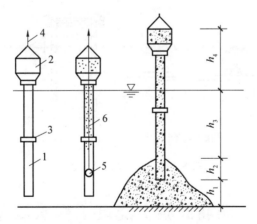

图 8 - 14　导管法水下浇筑混凝土
1— 钢导管;2— 漏斗;3— 接头;4— 吊索;5— 隔水塞;6— 铁丝

在整个浇筑过程中,一般应避免在水平方向移动导管,直到混凝土顶面接近设计标高时,才可将导管提起,换插到另一浇筑点。一旦堵管,如半小时内不能排除,应立即换插备用导管。待混凝土浇筑完毕,应清除顶面与水接触的厚约 200 mm 的松软部分。如水下结构物面积大,可用几根导管同时浇筑。

8.3.5 混凝土的振捣

混凝土浇灌到模板中后,由于骨料间的摩擦阻力和水泥浆的黏结作用,不能自动充满模板,其内部是疏松的,有一定体积的空洞和气泡,不能达到要求的密实度。而混凝土的密实性直接影响其强度和耐久性。所以在混凝土浇灌到模板内后初凝前,必须进行振捣,使混凝土充满模板的各个边角,并将混凝土内部的气泡和部分游离水排挤除来,使混凝土密实,表面平整,从而使强度等各项性能符合设计要求。混凝土振捣的方法有人工振捣和机械振捣。施工现场主要用机械振捣。

1.人工振捣

人工振捣是用人力的冲击(夯或插)使混凝土密实、成型。一般只有在采用塑性混凝土,而且是在缺少机械或工程量不大的情况下,才用人工振捣。

2.机械振捣

机械振捣原理为混凝土振捣机械振动时,将具有一定频率和振幅的振动力传给混凝土,使混凝土发生强迫振动,新浇筑的混凝土在振动力作用下,颗粒之间的黏着力和摩擦阻力大大减小,流动性增加。振捣时粗骨料在重力作用下下沉,水泥浆均匀分布填充骨料空隙,气泡逸出,孔隙减少,游离水分被挤压上长,使原来松散堆积的混凝土充满模型,提高密实度。振动停止后混凝土重新恢复其凝聚状态,逐渐凝结硬化。

混凝土振捣机械按其传递振动的方式分为内部振动器、表面振动器、附着式振动器和振动台。如图 8 - 15 所示为振动机械示意图。在施工工地主要使用内部振动器和表面振动器。

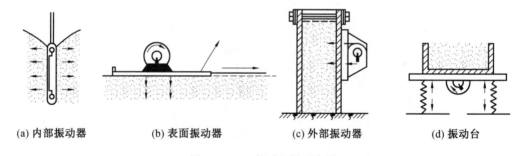

(a) 内部振动器　　　(b) 表面振动器　　　(c) 外部振动器　　　(d) 振动台

图 8 - 15 振动机械示意图

8.4 钢筋混凝土浇筑工程质量保证

8.4.1 混凝土裂缝

1.塑性收缩裂缝

(1)现象。裂缝多在新浇筑并暴露于空气中的结构、构件表面出现,形状很规则,且长短不一,互不连贯,裂缝较浅。大多在混凝土初凝后,当外界气温高、风速大、气候很干燥的情况下出现。

（2）原因。分析混凝土浇筑后，表面没有及时覆盖，受风吹日晒，表面游离水分蒸发过快，产生急剧的体积收缩，而此时混凝土早期强度低，不能抵抗这种变形应力而导致开裂。使用收缩率较大的水泥，水泥用量过多，或混凝土水灰比过大，模板、垫层过于干燥，吸水大。

（3）预防措施。配制混凝土时，应严格控制水灰比和水泥用量。混凝土浇筑前，将基层和模板浇水湿透，避免吸收混凝土中的水分。混凝土浇筑后，应及时喷水养护，对裸露表面应及时用潮湿材料覆盖。在炎热季节，要加强表面的抹压和养护工作。

2.沉降收缩裂缝

（1）现象。裂缝多沿结构上表面钢筋通长方向或箍筋上断续出现，裂缝宽度为 1 ~ 4 mm，深度不大，一般到钢筋表面为止。多在混凝土浇筑后发生，混凝土硬化后即停止。

（2）原因分析。混凝土浇筑振捣后粗骨料沉落，挤出水分、空气，表面呈现泌水，形成竖向体积缩小沉落，这种沉落受到钢筋、预埋件、模板、大的粗骨料以及先期凝固混凝土的局部阻碍或约束，或混凝土本身各部沉降量相差过大而造成裂缝。这种裂缝多发生在坍落度较大的混凝土中。

（3）预防措施。加强混凝土配制和施工操作控制，不使水灰比、含砂率、坍落度过大，振捣要充分，但避免过度。

对于截面相差较大的混凝土构筑物，可先浇筑较深部位，放置一段时间，待沉降稳定后，再与其他部位同时浇筑，以避免沉降过大导致裂缝。

对坍落度较大的混凝土，水泥终凝前要对其表面进行第二次抹压，消除裂缝。

3.温度裂缝

（1）现象。表面温度裂缝走向无一定规律性，梁板类或长度较大的结构构件，裂缝多平行于短边，大面积结构裂缝常纵横交错。深进的和贯穿的温度裂缝一般与短边方向平行或接近于平行，裂缝沿全长分段出现，中间较密。裂缝宽度大小不一，一般在 0.5 mm 以下，沿全长没有多大变化。表面温度裂缝多发生在施工期间，深进的和贯穿的温度裂缝多发生在浇筑 2 ~ 3 个月或更长时间。

（2）原因分析。表面温度裂缝多是由温差较大造成的。混凝土结构构件，特别是大体积混凝土浇筑后，水泥水化会放出大量水化热，使内部温度不断升高，而外部则散热较快，造成混凝土内外温差较大。这种温差造成内部和外部热胀冷缩的程度不同，就在混凝土表面产生膨胀应力，而混凝土早期抗拉强度很低，因而出现裂缝。但这种温差仅在表面处较大，因此，只在表面较浅的范围内出现。

深进的和贯穿的温度裂缝多由结构降温较大引起。当大体积混凝土基础、墙体浇筑时因其处于流动状态，或只有很低的强度，水化热造成的热胀受到的约束很小，硬化后发生的收缩将受到地基的强大约束，会在混凝土内部产生很大的拉应力，产生降温收缩裂缝。这类裂缝较深，有时是贯穿性的，将破坏结构的整体性。

采用蒸汽养护的预制构件，混凝土降温控制不严，速度过快会导致构件表面或肋部出现裂缝。

（3）预防措施。合理选择原材料和配合比，选用低热或中热水泥，采用级配良好的石子，严格控制砂、石含泥量，降低水灰比，也可掺入适量的粉煤灰，降低水化热。大体积混凝土在设计允许的情况下,可掺入不大于混凝土体积25%的块石,以吸收热量,节省混凝土。

浇筑大体积混凝土时应避开炎热天气,如必须在炎热天气浇筑时,应采用冰水,对骨料设遮阳装置,以降低混凝土搅拌和浇筑温度。大体积混凝土应分层浇筑,每层厚度不大于300 mm,以加快热量的散发,同时便于振捣密实,提高弹性模量。大体积混凝土内部适当预留一些孔道,在内部循环冷水降温。混凝土与垫层之间应设隔离层,使之能够产生相对滑动,以减少约束作用。

加强早期养护,提高抗拉强度。混凝土浇筑后表面及时用草垫、草袋或锯屑覆盖,并洒水养护,也可在表面灌水养护。在寒冷季节,混凝土表面应采取保温措施。混凝土本身内外温差应控制在20 ℃以内,养护过程中应加强测温工作,发现温差过大要及时覆盖保温,使混凝土缓慢降温。

蒸汽养护时控制升温速度不大于15 ℃/h,降温速度不大于10 ℃/h,并缓慢揭盖,避免急冷急热引起过大的温度应力。

4.不均匀沉降引起的裂缝

(1)现象。裂缝多属进深或贯穿性裂缝,其走向与沉陷情况有关,有的在上部,有的在下部,一般与地面垂直或成30°~45°方向发展。裂缝宽度受温度变化影响小,因荷载大小而变化,且与不均匀沉降值成正比。

(2)原因分析。结构、构件下面的地基软硬不均,或局部存在松软土,混凝土浇筑后,地基局部产生不均匀沉降而引起裂缝。或结构各部荷载悬殊,未做必要的处理,混凝土浇筑后因地基受力不均,产生不均匀下沉,导致出现裂缝。或模板刚度不足、支撑不牢、支撑间距过大或支撑在松软土上以及过早拆模,也常导致不均匀沉降裂缝出现。

(3)预防措施。对软土地基、填土地基应进行必要的夯实和加固。避免直接在较深的松软土或填土上平卧生产较薄的预制构件,或经夯实加固处理后为预制场地。模板应支撑牢固,保证整个支撑系统有足够的强度和刚度,并使地基受力均匀,拆模时间不能过早,应按规定执行。结构各部荷载悬殊的结构,适当增设构造钢筋,以免不均匀下沉,造成应力集中而出现裂缝。模板支架一般不应支承在冻胀性土层上,如确实不可避免,应加垫板,做好排水,覆盖好保温材料。

8.4.2 钢筋位移

(1)现象。主筋未均匀对称分布,楼板阳台负弯筋下移,箍筋间距不均匀,梁柱节点处不加密、节点处缺少箍筋,地震设防区的箍筋未做135°弯钩。

(2)原因分析。缺乏必要知识,不了解梁、板、柱的工作状态和各种钢筋的作用。对施工及验收规范不熟悉,没按规定施工。施工中没有设置防止位移的支架、垫块,或工人浇筑混凝土时踩踏造成位移。

(3)预防措施。预制钢筋笼就位后要检查、调整,放好垫块。现场钢筋绑扎时,先在模板或钢筋上用粉笔画好位置;绑扎完毕后,放好垫块或卡具;双排配筋时,可在两层筋中间加 ϕ25 mm的短钢筋,绑扎固定。负弯筋要用支架垫好,浇筑混凝土时随时检查,防止因踩踏等造成下移。

8.4.3 混凝土梁、柱位移，胀模或节点错位

（1）现象。构件几何尺寸不准，弯曲膨胀，前后梁不同轴。

（2）原因分析。模板安装位置不准，模板安装没有按轴线校直校正。模板支撑不牢，没有支撑在坚硬的地面上，混凝土浇筑过程中，由于荷载增加，支撑随地面下沉变形。模板刚度不足，支撑间距过大，柱箍间距过大，不牢固。

（3）预防措施。对高大构件要对模板进行设计计算。梁下的地基要夯实，支撑下要铺垫板。模板要加工平整、拼缝严密，对中弹线，居中找平安装。支撑数量要足够、安装牢固、防止楔子和螺丝松脱，根据柱断面大小及高度，模板外每隔 800 ~ 1 200 mm 加设柱箍，固定牢靠。浇筑混凝土前，要对模板和支撑系统进行检查。

第9章 砖石砌体工程

砖石砌体工程是指砖、石和其他各类砌体的砌筑工程。砌体工程是一个综合的施工过程,包括材料准备、运输、搭设脚手架和砌体砌筑等内容。在环境结构主体工程施工中,砌体工程作为主体工程施工的主导工作,其施工进程的快慢直接影响到建筑工程的施工工期。在实际施工中,砌砖工程还与预制构件安装、局部现浇钢筋混凝土等穿插进行。

9.1 砌筑工程准备

9.1.1 砌筑砂浆材料

1.水泥

水泥是砂浆的主要胶凝材料,通常利用普通硅酸盐水泥、矿渣硅酸盐水泥、火山灰质硅酸盐水泥、粉煤灰硅酸盐水泥、复合硅酸盐水泥以及砌筑水泥等来配制砂浆。实际工程中可根据设计文件要求、使用部位及所处的环境条件来选用适宜的水泥品种。配制砂浆时,所选用水泥的强度等级一般为砂浆强度等级的4~5倍。若水泥强度等级过高,会使砂浆中水泥用量较少,导致保水性不良。由于常用砂浆的强度等级要求不高,选用低强度等级的水泥可节省材料,因此常用的为32.5级水泥。若选用的水泥强度等级过高,应掺入掺加料进行调整。在实际工程中可根据需要选用专供配制砌筑砂浆和内墙抹灰砂浆的砌筑水泥;对于配制一些特殊用途的砂浆,如用于预制构件接头、接缝或构件补强加固、裂缝维修等方面的砂浆,应选用膨胀水泥。如水泥标号不明或出厂日期超过三个月的过期水泥,应经试验鉴定后方可按实际强度使用。

2.砂

砌筑砂浆宜采用中砂,并应过筛,砂中不得含有草根等杂物。砂中的含泥量,对于水泥砂浆和强度等级不小于 M5 的水泥石灰混合砂浆,不应超过 5%;对于强度等级小于 M5 的水泥石灰混合砂浆,不应超过 10%。砂中含泥量及泥块含量见表 9 - 1。

表 9 - 1 砂中含泥量及泥块含量

混凝土强度等级	大于或等于 C30	小于 C30
含泥量(按质量计)/%	≤ 3.0	≤ 5.0
泥块含量(按质量计)/%	≤ 1.0	≤ 2.0

注:对有抗冻、抗渗或其他特殊要求的混凝土用砂,含泥量不大于3.0%,泥块含量不大于1%。对 C10 和 C10 以下的混凝土用砂,根据水泥标号,其含泥量可予放宽。

3.石灰膏

生石灰熟化成石灰膏,应用孔径不大于 3 mm × 3 mm 的网过滤,熟化时间不得少于 7 天;磨细生石灰粉的熟化时间不得小于 2 天。沉淀池中储存的石灰膏应采取防止干燥、冻结和污染的措施。石灰膏应洁白、细腻,不得含有未消化颗粒,严禁使用已冻结风化或脱水硬化的石灰膏。所用的石灰膏的稠度应控制在 120 mm 左右。消石灰粉不得直接用于砌筑砂浆中。

4.外掺料与外加剂

为了改善砂浆的和易性,节约水泥和砂浆用量,可在水泥砂浆中掺入石灰膏、粉煤灰、黏土膏等无机塑化剂或微沫剂、皂化松香、纸浆废液等有机塑化剂。外掺料与外加剂用量应通过计算和试验确定,但砂浆中的粉煤灰取代水泥率最大不宜超过40%,砂浆中的粉煤灰取代石灰膏率最大不宜超过 50%。

9.1.2　砌筑砂浆制备

砌筑砂浆按材料组成不同分为水泥砂浆(水泥、砂、水)、水泥混合砂浆(水泥、砂、石灰膏、水)、石灰砂浆(石灰膏、砂、水)、石灰黏土砂浆(石灰膏、黏土、砂、水)、黏土砂浆(黏土、水)、微沫砂浆(水泥、砂、石灰膏、微沫剂) 等。

水泥砂浆可用于潮湿环境中的砌体,其他砂浆宜用于干燥环境中的砌体。水泥进场使用前,应分批对其强度、安定性进行复验。检验批应以同一生产厂家、同一批号为一批。砌筑砂浆所用水泥应保持干燥,出厂日期超过 3 个月(快硬硅酸盐水泥超过 1 个月) 时应经复查试验后方可使用。不同品种的水泥不得混合使用。砂宜用中砂,并应过筛,不得含有草根等杂物。

生石灰熟化成石灰膏时,应用孔洞不大于 3 mm × 3 mm 滤网过滤,熟化时间不得少于 7 天。严禁使用脱水硬化的石灰膏。

砂浆的配料应准确。水泥、微沫剂的配料精确度应控制在 ±2% 以内;其他材料的配料的精确度应控制在 ±5% 以内。

在水泥砂浆和混合砂浆中掺用微沫剂时,其用量应通过试验确定,一般为水泥用量的 0.5/10 000 ~ 1/10 000。微沫剂宜用不低于 70 ℃ 的水稀释至 5% ~ 10% 的浓度。

砂浆宜用机械搅拌,且应搅拌均匀,拌合时间一般为 1.5 min。水泥砂浆及混合砂浆就地随拌随用,拌好后到使用完毕的时间不应超过水泥的初凝时间,一般在常温下,水泥砂浆应在加水拌成后 3 h 内用完;混合砂浆应在拌成后 4 h 内用完。当气温较高时(高于 30 ℃),则应分别在拌成后 2 h 和 3 h 用完。砂浆经运输、储放后如有泌水现象,就应砌筑前再次拌和。

砂浆的强度等级是以 7.07 cm × 7.07 cm × 7.07 cm 的试块,在标准养护(温度 20 ℃ ± 3 ℃ 及正常湿度条件下的室内不通风处) 条件下养护28天的试块平均抗压强度为准。砂浆强度等级分为 M15、M10、M7.5、M5、M2.5、M1 和 M0.4 7 个等级。各强度等级相应的抗压强度值应符合表 9 - 2 的规定。

表 9 - 2 砌筑砂浆强度等级

强度等级	龄期 28 天抗压强度 /MPa	
	每组平均值不小于	最小一组平均值不小于
M15	15	11.25
M10	10	7.5
M7.5	7.5	5.63
M5	5	3.75
M2.5	2.5	1.88
M1	1	0.75
M0.4	0.4	0.3

砂浆试块应在搅拌机出料口随机取样、制作。一组试样应在同一盘砂浆中取样,同盘砂浆只能制作一组试样。一组试样取 6 块。

砂浆的抽样频率应符合下列规定:每一工作班每台搅拌机取样不得少于一组;每一楼层的每一分项工程取样不得少于一组;每一幢楼或 250 m³ 砌体中同强度等级和品种的砂浆取样不得少于 3 组。基础砌体可按一个楼层计。

同一验收批砂浆试块抗压强度平均值必须大于或等于设计强度等级所对应的立方抗压强度;同一验收批砂浆试块抗压强度的最小一组平均值必须大于或等于设计强度等级所对应立方抗压强度的 0.75 倍。

9.1.3 砖与砌块

1.砖的分类

(1) 按砖的生产方法不同分为手工砖和机制砖,目前大量生产和使用的主要是机制砖。

(2) 按砖的颜色不同分为红砖和青砖。当砖窑中焙烧环境处于氧化气氛,则制成红砖;若砖坯在氧化气氛中焙烧至 900 ℃ 以上,再在还原气氛中闷窑,促使砖内的红色高价氧化铁还原成青灰色的低价氧化亚铁,即得青砖。青砖一般较红砖结实,耐碱、耐久,但价格较红砖贵,青砖一般在土窑中烧成。

(3) 按砖的焙烧方法不同分为内燃砖和外燃砖。内燃砖是将煤渣、粉煤灰等可燃工业废料,按一定比例掺入制坯黏土原料中,作为内燃料,当砖坯烧到一定温度时,内燃料在坯体内进行燃烧,可节约燃料。内燃砖与外燃砖相比,可提高强度约20%,表观密度减小,热导率降低,节约黏土,生产内燃砖是综合利用工业废料的途径之一。

2.普通黏土实心砖

普通黏土实心砖是指以砂质黏土为原料,或掺有外掺料,经烧结而成的实心砖,是建筑工程中使用最普遍、用量最大的墙体材料之一。

普通黏土砖的生产工艺过程为:采土 → 配料调制 → 制坯 → 干燥 → 焙烧(950 ~ 1 050 ℃) → 成品。生产普通黏土砖的窑有两类,一类为间歇式窑,如土窑;另一类为连续式窑,如隧道窑、轮窑。目前多采用连续式窑生产,窑内分预热、焙烧、保温和冷却 4 带。轮窑为环形窑,砖坯码在其中不动,而焙烧各带沿着窑道轮回移动,周而复始地循环烧成;隧道窑多为直线窑,窑车载砖坯从窑的一端进入,经预热、焙烧、保温、冷却各带后,由另一端出窑,即为成品。

3.普通黏土砖的性质

《烧结普通砖》(GB/T 5101—2017)标准对烧结普通黏土实心砖的标准尺寸、砖的强度等级和耐久性做了具体规定。普通黏土砖为矩形体,标准尺寸 240 mm × 115 mm × 53 mm(图9 - 1)。按砖的表面尺寸与形状将砖的各面分为3种:大面、条面和顶面。长度平均偏差 ± 2.0 mm,宽度(115 mm)、高度(53 mm)的平均偏差 ± 1.5 mm。

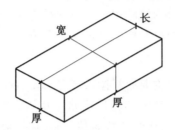

图 9 - 1　普通黏土砖尺寸示意图

砖的强度等级:砖在砌体中主要起承受和传递荷载的作用,其强度等级按抗压强度划分。抗压强度试验按《砌墙试验方法》(GB/T 2542—2012)进行。砖的强度等级有 MU30、MU25、MU20、MU15、MU10、MU7.5 6 个等级,常用的是 MU7.5 和 MU10。

砖的耐久性:普通黏土砖的耐久性能包括抗风化性能、抗冻性、泛霜、石灰爆裂、吸水率和饱和系数,其检验方法均按 GB/T 2542 进行。

4.普通黏土砖的应用

普通黏土砖当前还是我国建筑工程中广泛采用的墙体材料,同时也用于砌筑柱、拱、烟囱、贮水池、沟道及基础等,并可预制振动砖墙板,或与轻质混凝土等隔热材料复合使用,砌成两面为砖、中间填以轻质材料的轻墙体。在砌体中配置适当的钢筋或钢丝网,可代替钢筋混凝土柱和过梁等。

5.黏土空心砖与黏土多孔砖

砌墙砖除黏土实心砖外,按孔洞类型分为空心砖(孔的尺寸大而数量少)、多孔砖(孔的尺寸小而数量多)两类。前者常用于非承重部位,后者则常用于承重部位,多系烧结而成,故又称烧结多孔砖。黏土空心砖的密度较小,一般为 1 100 ~ 1 400 kg/m³,与普通黏土砖相比,空心砖能节约黏土20% ~ 30%,减轻建筑物自重,且在满足相同加工性能要求时,能改善砖的绝热、隔声性能,减薄墙体厚度一半。空心砖不仅节省燃料(10% ~ 20%),还有干燥焙烧时间短、烧成速率高的优点。

黏土多孔砖的外形呈直角六面体,是以黏土、页岩、煤矸石为主要原料,经焙烧而成的。主要对承重部位的多孔砖的规格、外观质量、强度等级、抗冻性等技术要求做了规定,相应的试验项目按照 GB/T 2542 规定进行。

9.1.4　其他砌墙材料

为解决黏土砖与农田争土的矛盾,在有条件的地方,可利用其他材料制砖,尤其是工业城市的大量工业废料,如粉煤灰、电石灰、矿渣等。

1.烧结页岩砖

烧结页岩砖是以泥质及碳质页岩经粉碎成型、焙烧而成的。由于页岩需要磨细的程度不及黏土,成型所需水分比黏土少,因此砖坯干燥速度快,制品收缩小。页岩砖的颜色及技术质量规定多与黏土砖相似。

2.烧结煤矸石砖

烧结煤矸石砖是以开采煤时剔除的废石(煤矸石)为主要原料,经选择、粉碎、干燥、焙烧而成的。煤矸石的化学成分与黏土近似,焙烧过程中,煤矸石发热作为内燃料,可节约烧砖用煤,并大量利用工业废料,节约烧砖用土。煤矸石砖生产周期短、干燥性好、色深红而均匀,声音清脆,在一般建筑工程中可替代烧结普通黏土砖使用。

3.烧结粉煤灰砖

烧结粉煤灰砖是以粉煤灰为主要原料掺入一定的胶结料,经配料、成型、干燥、焙烧而成的。坯体干燥性好,与烧结普通黏土砖相比吸水率偏大(约为20%),但能满足抗冻性要求。一般呈淡红或深红色,用于取代烧结普通黏土砖,在一般建筑中,可达到与利用煤矸石一样的经济效益和环境效益。

4.蒸压灰砂砖

蒸压灰砂砖是由砂和石灰为主要原料,经坯料制备、压制成型、蒸压养护而成的实心砖。所谓蒸压养护,是把粉磨的石灰与砂、水组成的物料加压成砖坯之后经高压饱和蒸汽处理,使砂中结晶态的 SiO_2 能较快溶解,与氢氧化钙作用而生成水化硅酸钙,首先在沙砾表面形成,然后逐步扩展到砂粒之间的空间内联结交织,形成坚硬的整体。蒸压养护后尚有部分 $Ca(OH)_2$ 存在,对灰砂砖的使用范围产生限制性影响。

蒸压灰砂砖执行《蒸压灰砂实心砖和实心砌块》(GB/T 11945—2019),有关试验按GB/T 2542标准进行。蒸压灰砂砖的外形尺寸与普通黏土砖相同,抗压强度和抗折强度分为 MU25、MU20、MU15、MU10 四个等级。

蒸压灰砂砖无烧缩现象,组织均匀密实,尺寸偏差较小,外形光洁整齐,呈淡灰色,若掺入矿物颜料可获得不同的色彩。强度等级 MU10 的蒸压灰砂砖,常用于防潮层以上建筑部位,强度等级不小于 MU15 的蒸压灰砂砖,可用于基础或其他部位。当温度长期高于200 ℃,或受骤热、骤冷作用或有酸性环境介质侵蚀的部位应避免使用蒸压灰砂砖,因为砖中游离氢氧化钙、碳酸钙分解,石英膨胀都会对砖起破坏作用。

5.碳化灰砂砖

碳化灰砂砖是以石灰、砂和微量石膏为主要原料,经坯料制备压制成型后,利用石灰窑的废气 CO_2 进行碳化而成的。其强度主要依赖于碳化后形成的 $CaCO_3$,耐潮性、耐热性均较差,强度也较低,砌体容易出现裂缝,在水流冲刷及有严重化学侵蚀的环境中不得使用碳化灰砂砖。可用于受热低于200 ℃的部位,或低标准临时性建筑中,施工前不宜对砖浇水。碳化灰砂砖的外形尺寸与普通黏土砖相同,各项指标的试验同蒸压灰砂砖一样。

6.蒸压粉煤灰砖

蒸压粉煤灰砖指以粉煤灰、石灰为主要原料,掺入适量石膏和骨料,经坯料制备、压制成型、高压或常压蒸汽养护而成的实心砖。蒸压粉煤灰砖执行《蒸压粉煤灰砖》(JC/T 239—2014)，外形、标准尺寸与普通砖相同。抗压强度和抗折强度分为 MU30、MU25、MU20、MU15 和 MU10 五个等级。

粉煤灰以 SiO_2、Al_2O_3、Fe_2O_3 为主要化学成分。在湿热条件中，这些成分与石灰、石膏发生反应，生成以水化硅酸钙为主的水化物，在水化物中还有水化硫铝酸钙等，赋予粉煤灰砖作为墙体用材所需的强度和力学性能。

根据砖的外观质量、强度、抗冻性和干燥收缩，蒸压粉煤灰砖分为优等品(A)、一等品(B)、合格品(C)。

蒸压粉煤灰砖可用于一般工业与民用建筑的墙体和基础。长期受热高于 200 ℃、受冷热交替作用、有酸性环境介质侵蚀的部位，不得使用粉煤灰砖。使用粉煤灰砖砌筑的建筑物，应考虑增设圈梁及伸缩缝或者采取其他措施，以避免或减少收缩裂缝的产生。处于易受冻融和干湿交替作用的建筑部位使用粉煤灰砖时，必须选用一等砖与优等砖，并要求抗冻检验合格，用水泥砂浆抹面或在设计上采取适当措施，以提高建筑物的耐久性。

7. 免烧砖

免烧砖以黏土类物质或工业废渣、废土经破碎过筛成细小颗粒和粉料，达到合理颗粒级配，经计量配料，掺入 4% ～ 7% 硅酸盐类水泥和少量早强剂或表面活性物质，加入少量水拌和搅拌压制成型，堆放一周后即可硬化使用。

免烧砖执行《非烧结垃圾尾矿砖》(JC 422—2007)。外形、标准尺寸与普通砖相同，抗压强度和抗折强度分为 MU25、MU20 和 MU15 3 个强度等级。

根据砖的外观质量、尺寸允许偏差、强度等级，把砖分为一等品(B)和合格品(C)。免烧砖适用于乡镇房屋墙体材料，建厂投资少，节能明显，施工中不宜浇水，砂浆稠度以较干稠为好，砌体抗裂性能较差。

8. 砌筑用石

(1) 毛石。毛石分为乱毛石和平毛石两种。乱毛石是指形状不规则的石块；平毛石是指形状不规则，但有两个平面大致平行的石块。

毛石的强度等级是以 70 mm 边长的立方试块的抗压强度表示(取 3 个试块的平均值)。毛石的强度等级分为 MU100、MU80、MU60、MU50、MU40、MU30、MU20、MU15、MU10。

(2) 料石。料石按其加工面的平整度分为细料石、半细料石、粗料石和毛料石。

细料石是指通过细加工，外形规则，叠砌面凹入深度不应大于 10 mm，截面的宽度、高度不应小于 200 mm，且不小于长度的 1/4。半细料石是指通过细加工，外形规则，叠砌面凹入深度不大于 15 mm，截面的宽度、高度不小于 200 mm，且不小于长度的 1/4。粗料石是指通过细加工，外形规则，叠砌面凹入深度不大于 20 mm，截面的宽度、高度不宜小于 200 mm，且长度不宜大于厚度的 4 倍。毛料石是指外形尺寸大致方正，一般不加工或仅稍加修整，截面的宽度、高度不小于 200 mm，叠砌面凹入深度不大于 25 mm。

9.2　砌筑运输设备

9.2.1　脚手架施工

1.脚手架施工概述

脚手架是建筑工程施工中不可缺少的临时设施之一。它是为保证高处作业安全、顺利进行施工而搭设的工作平台或作业通道。因此,脚手架在砌体结构工程、混凝土结构、装饰工程中有着广泛的应用。尤其在高层建筑施工中,脚手架使用量大、技术复杂,对施工人员的操作安全、工程质量、施工进度、工程成本,以及邻近建筑物和场地影响都很大,在工程建造中占有相当重要的地位。

随着建筑工程施工技术的发展,脚手架的种类也越来越多。按搭设材质,有竹、木和金属脚手架,如钢管脚手架中又分扣件式、碗扣式和承插式等;按搭设的立杆排数,可分单排脚手架、双排脚手架和满堂脚手架;按搭设的用途,可分为结构脚手架和装修脚手架;按其构造形式,分为多立杆式、门式、碗扣式、悬挑式、框式、桥式、吊式、挂式、升降式等;按搭设的位置不同,可分为外脚手架和内脚手架。目前,脚手架的发展趋势是采用高强度金属材料制作,具有多种功用的组合式脚手架,可以适用不同情况作业的要求。在高层建筑施工中,尤应优先推广使用升降式脚手架。

2.脚手架施工要求

建筑工程施工中,对脚手架的基本要求是:

(1) 安全可靠。结构应具有足够的强度、刚度、稳定性,具有良好的结构整体性。

(2) 满足使用。工作面满足工人操作、材料堆置和运输的需要,满足施工需要。

(3) 经济合理。选型合适,布置合理,装拆简便,便于周转使用。

外脚手架按搭接安装的方式有4种基本形式,即落地式脚手架、悬挑式脚手架、吊挂式脚手架及升降式脚手架(图9-2)。内脚手架如搭设高度不大时一般用小型工具式的脚手架,如搭设高度较大时可用移动式内脚手架或满堂搭设的脚手架。

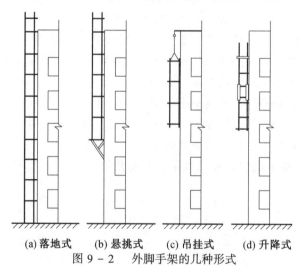

(a)落地式　　(b)悬挑式　　(c)吊挂式　　(d)升降式

图9-2　外脚手架的几种形式

9.2.2　脚手架施工工程

这里以目前应用最广泛的扣件式钢管脚手架为例,介绍脚手架施工工程。扣件式钢管脚手架扣件式钢管脚手架由立杆、纵向水平杆(大横杆)、横向水平杆(小横杆)、剪刀撑、横向斜撑、抛撑、连墙件、扫地杆、脚手板、底座等组成(图 9 - 3),它可用于外脚手架,也可用作内部的满堂脚手架,是应用最为普遍的一种脚手架。单管立杆扣件式双排脚手架的搭设高度不宜超过 50 m,分段悬挑脚手架每段高度不宜超过 25 m。扣件式钢管脚手架的特点是:通用性强、搭设高度大、装拆方便、坚固耐用。

为了确保脚手架的安全可靠,《建筑施工扣件式钢管脚手架安全技术规范》(JGJ 130—2011) 规定,单排脚手架不适用于下列情况:

(1) 墙体厚度小于或等于 180 mm;

(2) 建筑物高度超过 24 m;

(3) 空斗砖墙、加气块墙等轻质墙体;

(4) 砌筑砂浆强度等级小于或等于 M1.0 的砖墙。

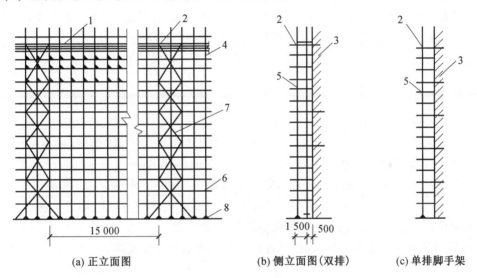

(a) 正立面图　　　　　(b) 侧立面图(双排)　　　(c) 单排脚手架

图 9 - 3　扣件式钢管脚手架

1— 脚手架板;2— 连墙杆;3— 墙身;4— 纵向水平杆;5— 横向水平杆;

6— 立杆;7— 剪刀撑;8— 底座

1.扣件式钢管脚手架基本构造

扣件式钢管脚手架是由标准钢管材料(立杆、横杆、斜杆)和特制扣件组成的脚手架框架与脚手板、防护构件、连墙杆等组成。

(1) 钢管杆件。钢管杆件一般采用外径 $\phi48$ mm、壁厚3.5 mm 的焊接钢管或无缝钢管,也有外径 $\phi51$ mm、壁厚 3.0 mm 焊接钢管或其他钢管。用于立杆、纵向水平杆、斜杆的钢管最大长度不宜超过 6.5 m,最大重量不宜超过 250 N,以便适合人工搬运;用于横向水平杆的钢管长度宜在 1.5 ～ 2.5 m,以适应脚手架的宽度。钢管上严禁打孔。

(2) 扣件。扣件有可锻铸铁扣件与钢板压制扣件两种。可锻铸铁扣件已有国家产品标准和专业检测单位,质量易于保证,因此应采用可锻铸铁扣件。对钢板压制扣件要慎重采用,应参照国家标准《钢管脚手架扣件》(GB 15831—2006)的规定测试合格方可使用。扣件基本形式有3种(图9-4):供两根成垂直相交钢管连接用的直角扣件、供两根成任意角度相交钢管连接用的回转扣件和供两根对接钢管连接用的对接扣件。在使用中,虽然回转扣件可连接任意角度的相交钢管,但对直角相交的钢管应用直角扣件连接,而不应用回转扣件连接。

(a) 直角扣件　　　　(b) 回转扣件　　　　(c) 对接扣件

图 9 - 4　扣件形式

（3）脚手板。脚手板有冲压式钢脚手板、木脚手板、竹串片及竹笆脚手板等,可根据工程所在地区就地取材使用。一般可用厚为 2 mm 的钢板压制而成,长度为 2 ~ 4 m、宽度为 250 mm,表面有防滑措施。也可以采用厚度不小于 50 mm 的杉木或松木板,长度为 3 ~ 6 m、宽度为 200 ~ 250 mm,或者采用竹脚手板。为便于工人操作,每块脚手板的质量不宜大于 30 kg。

（4）连墙杆。当扣件式钢管脚手架用于外脚手架时,必须设置连墙杆。连墙杆将立杆与主体结构连接在一起,可有效地防止脚手架的失稳与倾覆。常用的连接形式有刚性连接与柔性连接两种。刚性连接一般通过连墙杆、扣件和墙体上的预埋件连接(图9-5(a))。这种连接方式具有较大的刚度,其既能受拉,又能受压,在荷载作用下变形较小。柔性连接则通过钢丝或小直径的钢筋、顶撑、木楔等与墙体上的预埋件连接,其刚度较小(图9-5(b))。对高度在 24 m 以下的单、双排脚手架,宜采用刚性连墙件与建筑物可靠连接,亦可采用拉筋和顶撑配合使用的附墙连接方式,严禁使用仅有拉筋的柔性连墙件;对于高度在24 m 以上的双排脚手架,必须采用刚性连墙件与建筑物可靠连接。

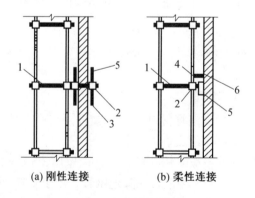

(a) 刚性连接　　　　(b) 柔性连接

图 9 - 5　连墙体

1— 连墙杆;2— 扣件;3— 刚性钢管;4— 钢丝;5— 木楔;6— 预埋件

（5）底座。底座一般采用厚为 8 mm、边长为 150 ~ 200 mm 的钢板作为底板,上焊

150 mm 高的钢管。底座形式有内插式和外套式两种(图9－6),内插式的外径 D_1 比立杆内径小2 mm,外套式的 D_2 比立杆外径大 2 mm。

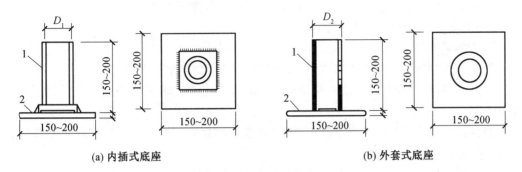

(a) 内插式底座　　　　　　　　　　　　　(b) 外套式底座

图 9－6　　扣件钢管架底座

1— 承插钢管;2— 钢板底座

2.扣件式钢管脚手架搭设要求与施工工艺流程

扣件式钢管脚手架搭设中应注意地基平整坚实,底部设置底座和垫板,并有可靠的排水措施,防止积水浸泡地基。脚手架底座底面标高宜高于自然地坪 50 mm。当脚手架基础下有设备基础、管沟时,在脚手架使用过程中不应开挖,否则必须采取加固措施。

脚手架必须配合施工进度搭设,一次搭设高度不应超过相邻连墙件以上两步。每搭完一步脚手架后,应按规定校正步距、纵距、横距及立杆的垂直度。

(1) 立杆。立杆之间的纵向间距,当为单排设置时,立杆离墙 1.2 ~ 1.4 m;当为双排设置时,里排立杆离墙0.4 ~ 0.5 m,里外排立杆之间间距有 1.05 m、1.30 m、1.55 m 三种。立杆搭设应符合以下构造要求:

① 每根立杆底部设置底座或垫板。

② 脚手架必须设置纵、横向扫地杆。纵向扫地杆应采用直角扣件固定在距底座上皮不大于 200 mm 处的立杆上。横向扫地杆亦应采用直角扣件固定在紧靠纵向扫地杆下方的立杆上。当立杆基础不在同一高度上时,必须将高处的纵向扫地杆向低处延长两跨与立杆固定,高低差不应大于1 m。靠边坡上方的立杆轴线到边坡的距离不应小于 500 mm(图 9－7)。

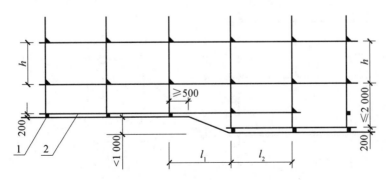

图 9－7　　纵、横向扫地杆构造

1— 横向扫地杆;2— 纵向扫地杆

③ 脚手架底层步距不应大于 2 m。

④ 立杆必须用连墙件与建筑物可靠连接,连墙件设置有二步三跨、三步三跨两种。

⑤ 立杆接长除顶层顶步外,其余各层各步接头必须采用对接扣件连接。

⑥ 立杆顶端宜高出女儿墙上皮 1 m,高出檐口上皮 1.5 m。

⑦ 双管立杆中副立杆的高度不应低于 3 步,钢管长度不应小于 6 m。

立杆搭设施工应符合下列规定:

① 严禁将外径 $\phi48$ mm 与 $\phi51$ mm 的钢管混合使用。

② 相邻立杆的对接扣件不得在同一高度内,错开距离应符合构造规定。

③ 开始搭设立杆时,应每隔 6 跨设置一根抛撑,直至连墙件安装稳定后,方可根据情况拆除。

④ 当搭至有连墙件的构造点时,在搭设完该处的立杆、纵向水平杆、横向水平杆后,应立即设置连墙件。

⑤ 顶层立杆搭接长度与立杆顶端伸出建筑物的高度应符合构造规定。

(2)纵向水平杆(大横杆)。沿脚手架纵向设置的水平杆称为纵向水平杆(大横杆)。贴近地面,连接立杆根部的水平杆为扫地杆。上下两层相邻纵向水平杆之间的间距(称为一步架高)为 1.2 ~ 1.8 m 纵向水平杆的构造应符合下列规定:

① 纵向水平杆宜设置在立杆内侧,其长度不宜小于 3 跨。

② 纵向水平杆接长宜采用对接扣件连接,也可采用搭接。

对接、搭接应符合下列规定:

① 纵向水平杆的对接扣件应交错布置:两根相邻纵向水平杆的接头不宜设置在同步或同跨内;不同步或不同跨两个相邻接头在水平方向错开的距离不应小于 500 mm;各接头中心至最近主节点的距离不宜大于纵距的 1/3(图 9 - 8)。

② 搭接长度不应小于 1 m,应等间距设置 3 个旋转扣件固定,端部扣件盖板边缘搭接纵向水平杆杆端的距离不应小于 100 mm。

③ 当使用冲压钢脚手板、木脚手板、竹串片脚手板时,纵向水平杆应作为横向水平杆的支座,用直角扣件固定在立杆上;当使用竹笆脚手板时,纵向水平杆应采用直角扣件固定在横向水平杆上,并应等间距设置,间距不应大于 400 mm(图 9 - 9)。

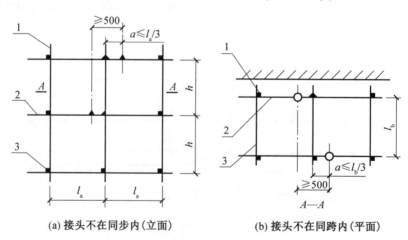

(a)接头不在同步内(立面)　　　　　(b)接头不在同跨内(平面)

图 9 - 8　纵向水平杆对接接头布置

1— 立杆;2—纵向水平杆;3— 横向水平杆

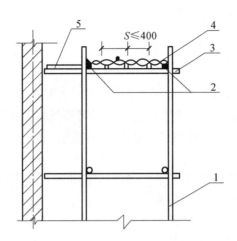

图 9 - 9   铺竹笆脚手板时纵向水平杆的构造

1— 立杆;2— 纵向水平杆;3— 横向水平杆;4— 竹笆脚手板;5— 其他脚手板

纵向水平杆的搭设应符合下列规定:

① 纵向水平杆的搭设应符合构造规定。

② 在封闭型脚手架的同一步中,纵向水平杆应四周交圈,用直角扣件与内外角部立杆固定。

(3) 横向水平杆(小横杆)。横向水平杆的间距不大于 1.5 m。其构造应符合下列规定:

① 主节点处必须设置一根横向水平杆,用直角扣件扣接且严禁拆除。此条为强制性条文,必须严格执行。

② 作业层上非主节点处的横向水平杆,宜根据支承脚手板的需要等间距设置,最大间距不应大于纵距的 1/2。

③ 当使用冲压钢脚手板、木脚手板、竹串片脚手板时,双排脚手架的横向水平杆两端均应采用直角扣件固定在纵向水平杆上;单排脚手架的横向水平杆的一端,应用直角扣件固定在纵向水平杆上,另一端应插入墙内,插入长度不应小于 180 mm。

④ 使用竹笆脚手板时,双排脚手架的横向水平杆两端,应用直角扣件固定在立杆上;单排脚手架的横向水平杆的一端,应用直角扣件固定在立杆上,另一端应插入墙内,插入长度亦不应小于 180 mm。

《建筑施工扣件式钢管脚手架安全技术规范》(JGJ 130—2011) 中的 7.3.6 条规定,横向水平杆搭设应符合下列规定:

① 搭设横向水平杆应符合构造规定。

② 双排脚手架横向水平杆的靠墙一端至墙装饰面的距离不宜大于 100 mm。

③ 单排脚手架的横向水平杆不应设置在下列部位:

a.设计上不允许留脚手眼的部位。

b.过梁上与过梁两端成 60° 角的三角形范围内及过梁净跨度 1/2 的高度范围内。

c.宽度小于 1 m 的窗间墙。

d.梁或梁垫下及其两侧各 500 mm 的范围内。

e.砖砌体的门窗洞口两侧 200 mm 和转角处 450 mm 的范围内;其他砌体的门窗洞口两

侧 300 mm 和转角处 600 mm 的范围内。

　　f.独立或附墙砖柱。

　　④ 连墙件、剪刀撑、横向斜撑。

　　搭设应符合下列规定：

　　① 连墙件中的连墙杆或拉筋宜呈水平设置,当不能水平设置时,与脚手架连接的一端应下斜连接,不应采用上斜连接。连墙件必须采用可承受拉力和压力的构造。当脚手架施工操作层高出连墙二步时,应采取临时稳定措施,直到上一层连墙件搭设完后方可根据情况拆除。

　　② 剪刀撑、横向斜撑搭设应随立杆、纵向和横向水平杆等同步搭设。当脚手架下部暂不能设连墙件时可搭设抛撑。抛撑应采用通长杆件与脚手架可靠连接,与地面的倾角应在45°～60°;连接点中心至主节点的距离不应大于 300 mm。抛撑应在连墙件搭设后方可拆除。双排脚手架应设剪刀撑与横向斜撑,每道剪刀撑宽度不应小于 4 跨,且不应小于 6 m,斜杆与地面的倾角宜在 45°～60°。高度在 24 m 以下的单、双排脚手架,均必须在外侧立面的两端各设置一道剪刀撑,并应由底至顶连续设置;高度在 24 m 以上的双排脚手架应在外侧立面整个长度和高度上连续设置剪刀撑。横向斜撑应在同一节间,由底至顶层呈之字形连续布置;一字形、开口形双排脚手架的两端均必须设置横向斜撑;高度在 24 m 以下的封闭型双排脚手架,可不设横向斜撑;高度在 24 m 以上的封闭型脚手架,除拐角应设置横向斜撑外,中间应每隔 6 跨设置一道。

　　③ 作业层、斜道、栏杆和挡脚板。作业层脚手板应铺满、铺稳,离开墙面 120～150 mm;端部脚手板探头长度应取 150 mm,其板长两端应与支承杆可靠地固定。斜道宜附着外脚手架或建筑物设置;高度不大于 6 m 的脚手架,宜采用一字形斜道;高度大于 6 m 的脚手架,宜采用之字形斜道。栏杆和挡脚板均应搭设在外立杆的内侧;上栏杆上皮高度应为 1.2 m;挡脚板高度不应小于 180 mm;中栏杆应居中设置(图 9 - 10)。

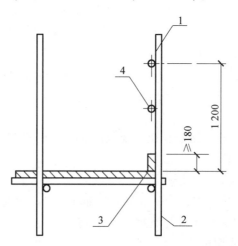

图 9 - 10　栏杆与挡脚板构造
1— 上栏杆;2— 外立杆;3— 挡脚板;4— 中栏杆

　　④ 施工工艺流程。扣件式钢管脚手架施工工艺流程为:地基处理叶脚手架底座 → 放置纵向水平扫地杆 → 逐根竖立杆(随即与扫地杆扣紧) → 安装横向水平扫地杆(随即与立

杆或纵向水平扫地杆扣紧)→安装第一步纵向水平杆(随即与各立杆扣紧)→安装第一步横向水平杆→安装第二步纵向水平杆→安装第二步横向水平杆→加设临时斜撑杆(上端与第二步纵向水平杆扣紧,在装设两道连墙件后方可拆除)→安装第三、四步纵、横向水平杆→安装连墙件→接长立杆→加设剪刀撑→铺设脚手板→安装栏杆和挡脚板→挂安全网等。

9.2.3　材料运输设备

砌筑工程的材料运输量很大。砌筑工程的材料运输包含有垂直运输及地面和楼面的水平运输,一般垂直运输的问题较突出。施工过程中不仅要运输大量的砖石和砂浆,而且要运送施工工具和预制构件。砖石工程中常用的垂直运输设备有井字架、龙门架、塔式起重机、建筑施工电梯和卷扬机等。砂和砂浆的水平运输,常用双轮手推车。

1.井字架

井字架是最常用的垂直运输设备,一般用型钢搭设。可根据所运构件重量和长度采用不同规格的井架(图 9 - 11)。用型钢搭设时,4 柱井架起重量可达 5 kN,吊盘平面尺寸为 1.5 m ×1.2 m;6 柱井架起重量可达 8 kN,吊盘平面尺寸为 3.6 m × 1.3 m;8 柱井架起重量可达10 kN,吊盘平面尺寸为 3.8 m × 1.7 m。井架高度一般应比建筑物檐口高 3 m。带把杆的井架,其把杆的铰结点应高于建筑物的檐口,铰结点及上井架的高度应大于或等于把杆的长度。外设卷扬机井架搭设高度一般不超过 30 m。

井架高度在 20 m 内时,设缆风绳一道(每道 4 ~ 8 根),各向 4 个以上不同的方向;缆风绳应用直径不小于9.3 mm 的圆股钢丝绳,绳与地面的夹角不得大于60°,其下端应与地锚连接;超过 20 m 时,不少于二道缆风绳,缆风绳须拉紧。缆风绳应在架体四角有横向缀件的同一水平面上对称设置,使其在结构上引起的水平分力处于平衡状态。

地面及楼面的水平运输可以采用各种手推运输小车,受条件限制时也可直接由人工运输一般采用单吊盘。目前,由于建筑工程单体工程量增大,双吊盘式的井架应用也相应增加。

2.龙门架

龙门架是由两根立杆和横梁构成的门式架,并装有滑轮、导轨、吊盘。其架设高度不超过 30 m,起重量为 0.4 ~ 1.2 t。龙门架架设高度在 12 ~ 15 m 以下时设一道缆风绳,15 m 以上每增高 5 ~ 10 m 应增设一道缆风绳,每道不少于 6 根。龙门架的缆风绳应设在顶部,若中间设置临时缆风绳时,应在此位置将架体两立柱做横向连接,不得分别牵拉立柱的单肢。

3.塔式起重机

塔式起重机可同时用作砌筑工程的垂直和水平运输。塔式起重机的台班产量一般为 80 ~ 120 吊次。为了充分发挥塔吊的作用,施工中应注意:每吊次尽可能满载;争取一次到位,尽可能避免二次吊运;在进行施工组织设计时,应合理布置施工现场平面图,减少塔吊的每次运转时间。

4.建筑施工电梯

进料口在高层建筑施工中,常采用人货两用的建筑施工电梯。施工电梯附在外墙或其他建筑物上,可载重货物 1.0 ~ 1.2 t,亦可乘 12 ~ 15 人。

建筑施工电梯在使用时应设置相应的安全设施,如上、下极限限位器,缓冲器,超载限制器,安全停靠装置,断绳保护装置,上料防护棚,信号装置等。

5.卷扬机

卷扬机是一种牵引机械,分为手动卷扬机和电动卷扬机。

手动卷扬机为单筒式,钢丝绳的牵引速度为 0.5 ~ 3 m/min,牵引力为 5 ~ 10 kN。

电动卷扬机按其速度可分为快速和慢速两种。快速卷扬机又分为单筒和双筒两种,其钢丝绳牵引速度为25 ~ 50 m/min,单头牵引力为4 ~ 50 kN。慢速卷扬机多为单筒式,钢丝绳牵引速度为7 ~ 13 m/min,单头牵引力为30 ~ 200 kN。卷扬机必须用地锚固定,以防止工作时产生滑动和倾覆。使用电动卷扬机时,应经常检查电气线路、电动机等是否良好,电磁抱闸是否有效,全机接地,有无漏电等;卷扬机使用的钢丝绳应与卷筒固定好。

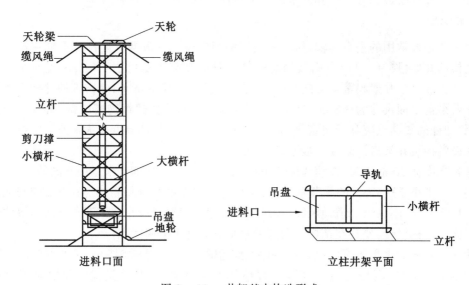

图 9 – 11   井架基本构造形式

9.3   砖砌体工艺选择

9.3.1   砖砌体施工工序

砖砌体的施工过程有抄平、放线、摆砖、立皮数杆和砌砖、清理等工序。

1.抄平

砌墙前应在基础防潮层或楼面上定出各层标高,并用 M7.5 水泥砂浆或 C10 细石混凝土找平,使各段砖墙底部标高符合设计要求。找平时,需使上下两层外墙之间不致出现明显的接缝。

2.放线

根据龙门板上给定的轴线及图纸上标注的墙体尺寸,在基础顶面上用墨线弹出墙的轴线和墙的宽度线,并分出门洞口位置线。二楼以上墙的轴线可以用经纬仪或垂球将轴线引上并弹出各墙的宽度线,画出门洞口位置线。

3.摆砖

摆砖是指在放线的基面上按选定的组砌方式用干砖试摆。一般在房屋外纵墙方向摆顺砖,在山墙方向摆丁砖,摆砖由一个大角摆到另一个大角,砖与砖留 10 mm 缝隙。摆砖的目的是校正所放出的墨线在门窗洞口、附墙垛等处是否符合砖的模数,以尽可能减少砍砖,并使砌体灰缝均匀,组砌得当。

4.立皮数杆和砌砖

皮数杆是指在其上画有每皮砖和砖缝厚度,以及门窗洞口、过梁、楼板、梁底、预埋件等标高位置的一种木制标杆,如图 9 - 12 所示。它是砌筑时控制砌体竖向尺寸的标志,同时还可以保证砌体的垂直度。皮数杆一般立于房屋的四大角、内外墙交接处、楼梯间以及洞口多的地方,每隔 10 ~ 15 m 立 1 根。皮数杆的设立,应两个方向斜撑或锚钉加以固定,以保证其牢固和垂直。一般每次开始砌砖前应检查一遍皮数杆的垂直度和牢固程度。

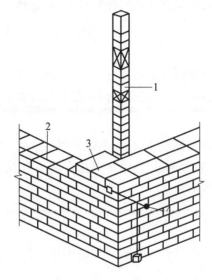

图 9 - 12　皮数杆示意图
1— 皮数杆;2— 准线;3— 竹片;4— 圆铁钉

砌砖的操作方法很多,各地的习惯、使用工具也不尽相同,一般宜用"三一"砌砖法。砌砖时,先挂上通线,按所排的干砖位置把第一皮砖砌好,然后盘角,盘角不得超过六皮砖,在盘角过程中应随时用托线板检查墙角是否垂直平整,底灰缝是否符合皮数杆标志,然后在墙角安装皮数杆,即可挂线砌第二皮以上的砖。砌筑过程中应三皮一吊,五皮一靠,把砌筑误差消灭在操作过程中,以保证墙面垂直平整。砌一砖半厚度以上的砖墙必须双面挂线。

5.勾缝、清理墙面

当该层砖砌体砌筑完毕后,应进行墙面、柱面和落地灰的清理。

9.3.2　砖砌体方法

砖砌体的砌筑方法有"三一"砌砖法、挤浆法、刮浆法和满刀灰法四种,其中"三一"砌砖法和挤浆法最常用。

1."三一"砌砖法

"三一"砌砖法即是一块砖、一铲灰、一揉压,并随手将挤出的砂浆刮去的砌筑方法。这种砌砖方法的优点是:灰缝容易饱满、黏结力好,墙面整洁。因此,它是应用最广的砌砖法之一,特别是实心砖墙或抗震裂度八度以上地震设防区的砌砖工程更宜采用此法。

2.挤浆法

挤浆法是用灰勺、大铲或小灰桶将砂浆倒在墙顶面上铺一段砂浆,随即用大铲或推尺铺灰器将砂浆铺平(每次铺设长度不应大于 750 mm,当气温高于 30 ℃ 时,一次铺灰长度不应大于 500 mm),然后双手拿砖或单手拿砖,用砖挤入砂浆中一定厚度之后把砖放平,达到下齐边、上齐线、横平竖直的要求。也可采用加浆挤砖的方法,即左手拿砖,右手用瓦刀从灰桶中舀适量灰浆放在顶头的立缝中(这种方法称"带头灰"),随即挤砌在要求位置上。

挤浆法的优点是一次铺灰后,可连续挤砌 2 ~ 3 排顺砖,减少了多次铺灰的重复动作,砌筑效率高;采用平推平挤砌砖或加浆挤砖均可使灰缝饱满,有利于保证砌筑质量。挤浆法也是应用最广的砌筑方法之一。

3.刮浆法

对于多孔砖和空心砖,由于砖的规格或厚度较大,竖缝较高,用"三一"法和挤浆法砌筑时,竖缝砂浆很难挤满,因此先在竖缝的墙面上刮一层砂浆后再砌筑,这就是刮浆法。

4.满刀灰法

满刀灰法又称打刀灰,即在砌筑空斗墙时,不能采用"三一"法和挤浆法铺灰砌筑,而应使用瓦刀舀适量稠度和黏结力较大的砂浆,并将其抹在左手拿着的普通砖需要黏结的位置上,随后将砖按在墙顶上的砌筑方法。

9.3.3　砖砌体组合形式

砖砌体的组砌要求:上下错缝,内外搭接,以保证砌体的整体性;同时组砌要有规律,少砍砖,以提高砌筑效率,节约材料。

1.普通砖墙

普通砖墙的厚度有半砖(115 mm)、3/4 砖(178 mm,习惯上称 180 墙)、一砖(240 mm)、一砖半(365 mm)、二砖(490 mm)等几种,个别情况下还有 5/4 砖(303 mm,习惯上称 300墙)。但从墙的立面上看,共有下列六种组砌形式。

(1) 一顺一丁。一顺一丁砌法是一面墙的同一皮中全部顺砖与一皮中全部丁砖相互间隔砌成,上下皮间的竖缝相互错开 1/4 砖长(图 9 - 13)。这种砌法效率较高,但当砖的规格不一致时,竖缝就难以整齐。

(2) 三顺一丁。三顺一丁砌法是一面墙的连续三皮中全部采用顺砖与一皮中全部采用丁砖间隔砌成。上下皮顺砖间竖缝错开 1/2 砖长(125 mm);上下皮顺砖与丁砖间竖缝错开 1/4 砖长(图 9 - 14)。这种砌筑方法,由于顺砖较多,砌筑效率较高,但丁砖拉结较少,结构的整体性较差,适用于砌一砖和一砖以上的墙厚。

(3) 梅花丁,又称沙包式、十字式。梅花丁砌法是每皮中丁砖与顺砖相隔,上皮丁砖坐中于下皮顺砖,上下皮间竖缝相互错开 1/4 砖长(图 9 - 15)。这种砌法内外竖缝每皮都能错开,故整体性较好,灰缝整齐,比较美观,但砌筑效率较低。砌筑清水墙或当砖规格不一致时,采用这种砌法较好。

(4) 两平一侧。两平一侧砌法是一面墙连续两皮平砌砖与一皮侧立砌的顺砖上下间隔砌成。当墙厚为 3/4 砖时,平砌砖均为顺砖,上下皮平砌顺砖的竖缝相互错开 1/2 砖长,上下皮平砌顺砖与侧砌顺砖的竖缝相错 1/2 砖长;当墙厚为 1 砖时,只上下皮平砌丁砖与平砌顺砖或侧砌顺砖的竖缝相错 1/4 砖长,其余与墙厚为 3/4 砖的相同(图 9 - 16)。两平一侧砌法只适用 3/4 砖和 5/4 砖墙。

图 9 - 13　一顺一丁　　　　图 9 - 14　三顺一丁　　　　图 9 - 15　梅花丁

(5) 全顺。

全顺砌法是一面墙的各皮砖均为顺砖,上下皮竖缝相错 1/2 砖长(图 9 - 17)。此砌法仅适用于半砖墙。

(6) 全丁。

全丁砌法是一面墙的每皮砖均为丁砖,上下皮竖缝相错 1/4 砖长。适于砌筑一砖、一砖半、二砖的圆弧形墙、烟囱筒身和圆井圈等(图 9 - 18)。为了使砖墙的转角处各皮间竖缝相互错开,必须在外角处砌七分头砖(即 3/4 砖长)。当采用一顺一丁组砌时,七分头的顺面方向依次砌顺砖,丁面方向依次砌丁砖。

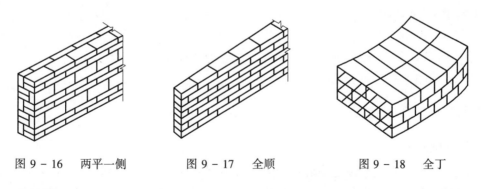

图 9 - 16　两平一侧　　　　图 9 - 17　全顺　　　　图 9 - 18　全丁

2.空斗墙

空斗墙是指墙的全部或大部分采用侧立丁砖和侧立顺砖相间砌筑而成,在墙中由侧立丁砖、顺砖围成许多个空斗,所有侧砌斗砖均用整砖。空斗墙的组砌方式有以下几种。无眠空斗是全部由侧立丁砖和侧立顺砖砌成的斗砖层构成的,无平卧丁砌的,如图 9 - 19(a) 所示;一眠一斗是由一皮平卧的眠砖层和一皮侧砌的斗砖层上下间隔砌成的,如图 9 - 19(b)

所示;一眠二斗是由一皮眠砖层和二皮连续的斗砖层相间砌成的,如图9－19(c) 所示;一眠三斗是由一皮眠砖层和三皮连续的斗砖层相间砌成的,如图9－19(d) 所示。

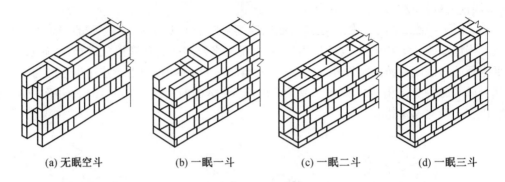

(a) 无眠空斗　　　　(b) 一眠一斗　　　　(c) 一眠二斗　　　　(d) 一眠三斗

图 9－19　空斗墙组砌形式

无论采用哪种组砌方法,空斗堵中每一皮斗砖层每隔一块侧砌顺砖必须侧一块或两块丁砖,相邻两皮砖之间均不得有连通的竖缝。空斗墙砌砖时宜采用满刀灰法,并用整砖砌筑。砌筑前应试摆,不够整砖卧在两端实体墙部分加砌侧立丁砖,不得砍凿条砌的侧立斗砖。在有眠空斗墙中,眠砖层与侧立丁砖接触处,除两端外,其余部分不应填抹砂浆。空斗墙的水平灰缝和竖向灰缝,标准宽度为 10 mm,允许最小为 7 mm,最大为 13 mm。空斗墙中不得留脚手眼。空斗墙中留设洞口,必须在砌筑时留出,严禁砌完再挖墙凿洞。空斗墙内要求填炉渣时应随砌随填,并不得碰动斗砖。

在空斗墙下列部位,应砌成实砖砌体(平砌或平砌与侧砌结合)。

① 墙体的转角处和交接处;洞口和壁柱的两侧 240 mm 范围内。

② 室内首层地面以下的全部基础;首层地面和楼板面之上前三皮砖高范围的墙体。

③ 三层楼房的首层窗台标高以下部分的外墙。

④ 梁和屋架支承处按设计要求的部分。

⑤ 楼板、圈梁、格栅和擦条等支承面下二到四皮砖之上的墙体通长都分。应采用不低于 M2.5 的砂浆实砖砌筑。

⑥ 屋檐和山墙压顶下的二皮砖部分。

⑦ 楼梯间的墙、防火墙、挑檐以及烟道和管道较多的墙。

⑧ 作为填充墙时,与骨架拉结条的连接处。

9.3.4　砖基础施工

1.砖基础施工分类

砖基础有带形基础和独立基础,砖基础水平灰缝和竖缝宽度应控制在 8 ～ 12 mm 之间,水平灰缝的砂浆饱满度用方格网检查不得小于80%。砖基础中的洞口、管道、沟槽和预埋件等,砌筑时应留出或预埋,宽度超过 300 mm 的洞口应设置过梁。

2.基础施工前检查

应先检查垫层施工是否符合质量要求,然后清扫垫层表面,将浮土及垃圾清除干净。砌基础时可以依皮数杆先砌几皮转角及交接处部分的砖,然后在其间拉准线砌中间部分。若砖基础不在同一深度,则应先由底往上砌筑,如图 9 - 20 所示。在砖基础高低台阶接头处,下面台阶要砌一定长度(一般不小于基础扩大部分的高度)实砌体,砌到上面后和上面的砖一起退台。

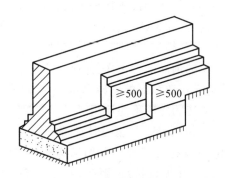

图 9 - 20　砖基础高低接头处砌法

3.大放脚

基础下部扩大部分称为大放脚。大放脚有等高式和不等高式两种(图 9 - 21),大放脚的底宽应根据计算而定,各层大放脚的宽度应为半砖长的整数倍。大放脚一般采用一顺一丁砌法,竖缝要错开,要注意十字及丁字接头处砖块的搭接。

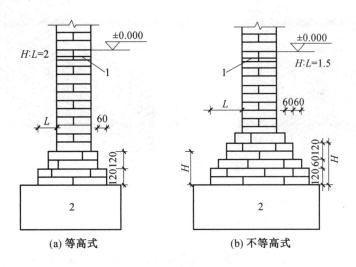

(a) 等高式　　　　　(b) 不等高式

图 9 - 21　砖基础大放脚形式
1— 防潮层;2— 垫层

4.回填

回填基槽回填土时应从基础两侧同时进行,并按规定的厚度和要求进行分层回填、分层夯实。单侧回填土时,应在砖基础的强度达到能抵抗回填土的侧压力并能满足允许变形的要求后方可进行,必要时,应在基础非回填的一侧加设支撑。基础回填前需办理隐蔽工程验收,合格后方可回填。

9.3.5 砖墙砌筑

墙身砌砖前检查皮数杆。全部砖墙除分段处外,均应尽量平行砌筑,并使同一皮砖层的每一段墙顶面均在同一水平面内,作业中以皮数杆上砖层的标高进行控制。砖基础和每层墙砌完后,必须校正一次水平、标高和轴线,偏差在允许范围之内的,应在抹防潮层或圈梁施工、楼板施工时加以调整,实际偏差超过允许偏差的(特别是轴线偏差),应返工重砌。

砖墙砌筑前,应将砌筑部位的顶面清理干净,并放出墙身轴线和墙身边线,浇水润湿。

宽度小于 1 m 的窗间墙应选用质量好的整砖砌筑,半头砖和有破损的砖应分散使用在受力较小的墙体内侧,小于 1/4 砖的碎砖不能使用。

砖墙的转角处和交接处应同时砌筑,不能同时砌筑时应砌成斜槎(踏步槎),斜槎长度不应小于其高度的 2/3,如图 9 - 22(a) 所示。如留斜槎确有困难,除转角处外,也可以留直槎,但必须做成突出墙面的阳槎,并加设拉结钢筋。拉结钢筋的数量为每半砖墙厚设置 1 根,每道墙不得少于 2 根,钢筋直径为 6 mm;拉结钢筋的间距为沿墙高不超过 500 mm(八皮砖高);埋入墙内的长度从留槎处算起每边均不应小于 500 mm;钢筋的末端应做成 90° 弯钩,如图 9 - 22(b) 所示。抗震设防地区建筑物的临时间断处不得留直槎。

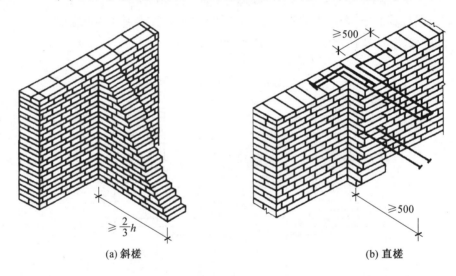

(a) 斜槎　　　　　　　　　　　　　　　(b) 直槎

图 9 - 22　留槎

砖墙分段施工时,施工流水段的分界线宜设在伸缩缝、沉降缝、抗震缝或门窗洞口处,相邻施工段的砖墙砌筑高度差不得超过一个楼层高,且不宜大于 4 m,砖墙临时间断处的高度差,不得超过一步架高。

墙中的洞口、管道、沟槽和预埋件等,均应在砌筑时正确留出或预埋,宽度超过 300 mm 的洞口应设置过梁。

砖墙每天的砌筑高度以不超过 1.8 m 为宜,雨天施工时,每天砌筑高度不宜超过 1.2 m。脚手眼不允许留在《砌体结构工程施工质量验收规范》(GB 50203—2011) 规定的部位,不得在下列墙体或部位中留设脚手眼:空斗墙、半砖墙和砖柱;砖过梁上与过梁成 60° 角的三角形范围内;宽度小于 1 m 的窗间墙;梁或梁垫下及其左右各 500 mm 的范围内;砖砌体的门窗洞口两侧 180 mm 和转角处 430 mm 的范围内。如果砖砌体的脚手眼不大于 80 mm ×

140 mm 可不受以上五条规定的限制。

9.3.6 砖过梁、檐口及建筑工艺

1. 砖平拱过梁

砖平拱过梁立面呈倒梯形,拱高有 240 mm、300 mm、365 mm 三种,拱厚等于墙厚。砌砖平拱前,应将砖拱两边的墙端面砌成斜面,其斜度为 1/6 ~ 1/4,砖拱两端伸入洞口两侧墙内的拱脚长度应为 20 ~ 30 mm。砖拱侧砌砖的排数务必为单数,竖向灰缝呈上宽下窄的楔形,拱底灰缝宽度不应小于 5 mm,拱顶灰缝宽度不应大于 15 mm(图 9 - 23)。

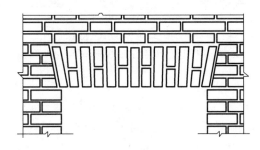

图 9 - 23 砖平拱

2. 砖弧拱过梁

采用普通砖砌筑时,弧拱楔形竖向灰缝下宽不应小于 5 mm,宽度不应大于 15 mm,上口宽度不应大于 25 mm,当采用加工成的楔形砖砌筑时,弧拱的竖向灰缝宽度应一致,并控制在 8 ~ 10 mm(图 9 - 24)。

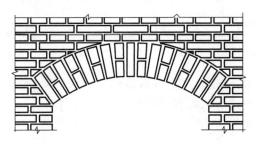

图 9 - 24 砖弧拱

总之,砖拱过梁应采用不低于 MU7.5 的砖和不低于 M5 的砂浆砌筑。在拱底支模时,平拱底模板的中部应有 1% 的起拱;弧拱底模板应按设计要求做成圆弧。在模板上要画出砖和灰缝的位置、宽度线,并使排砖块数为单数。砖拱过梁一般采用满刀灰法,按模板上的准线从两边向中间对称砌筑,最后砌的正中一块砖要挤紧。砖拱过梁的灰缝砂浆强度达到设计强度的 50% 以上时,方可拆除拱底模板。

3. 钢筋砖过梁

钢筋砖过梁是用普通砖和砂浆砌筑而成,底部 30 mm 厚的 1∶3 水泥砂浆层内,配有不少于 3 根直径为 6 ~ 8 mm 的钢筋。钢筋的水平间距不大于 120 mm,两端弯成直角弯钩,勾在其上的竖向灰缝中,钢筋伸入洞口两边墙内的长度不小于 240 mm,两边伸入长度要一致,如

图9-25所示。钢筋砖过梁中砖的组砌与墙体一样,宜采用一顺一丁或梅花丁,但钢筋砂浆层上的第一皮砖应采用丁砖。在高度不小于洞口净跨1/4且不少于六皮砖高的过梁范围内的墙体,应采用不低于 MU7.5 的砖和 M5 的砂浆砌筑。支底模板时,模板跨中应有 1% 的起拱。钢筋砖过梁的灰缝砂浆强度达到设计强度的 50% 以上时,方可拆除过梁底模板。

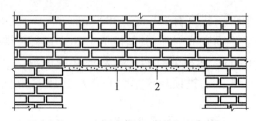

图 9 - 25　　钢筋砖过梁
1—30 mm 厚的水泥砂浆;2—3 根 $\phi6 \sim \phi8$ 的钢筋

4.砖挑檐

砖挑檐是用普通砖和砂浆按一皮一挑、二皮一挑或二皮一挑与一皮一挑相间隔砌筑而成的悬挑构造。无论采用哪种形式,挑檐的下皮砖应为丁砖,每次挑出长度应不大于 60 mm,砖挑檐的总挑出长度应小于墙的厚度。

砌筑砖挑檐时,应选用边角整齐、规格一致的整砖和强度等级不低于 M5 的砂浆。先砌挑檐的两头,然后在挑檐外侧每一挑层的下棱角处拉设挑出准线,依准线逐层砌筑中间部分的挑檐。

每皮挑檐应先砌里侧砖,后砌外侧挑出砖,确保上皮里侧砖压住下皮挑出砖后,方可砌上皮挑出砖。挑出砖的水平灰缝应控制在 8 ~ 10 mm,外侧灰缝稍厚,里侧稍薄。竖向灰缝要砂浆饱满,灰缝宽度为 10 mm 左右。

9.3.7　砌块建筑的施工工艺

砌筑的工序是铺灰、砌块就位、校正和灌竖缝等。在现场使用井架、少先式起重机等机具和采用镶砖的情况下,整个吊装砌筑过程如图 9 - 26 所示。

1.砌块的吊装

砌块吊装前应浇水润湿砌块。在施工中,和砌砖墙一样,也需弹墙身线和立皮数杆,以保证每皮砌块水平和控制层高。

吊装时,按照事先划分的施工段,将台灵架在预定的作业点就位。在每一个吊装围内,根据建筑物高度和砌块排列图逐皮安装,吊装顺序先内后外,先远后近。每层开始安装时,应先立转角砌块(定位砌块),并用托线板校正其垂直度,顺序向同一方向推进,一般不可在两块中插入砌块。必须按照砌块排列严格错缝,转角纵、横墙交接处上下皮砌块必须搭砌。门、窗、转角应选择面平棱直的砌块安装。

砌块起吊使用夹钳时,砌块不应偏心,以免安装就位时,砌块偏斜和挤落灰缝砂浆。砌块吊装就位时,应用手扶着引向安装位置,让砌块垂直而平稳地徐徐下落,并尽量减少冲击,待砌块就位平稳后,方可松开夹具。如安装挑出墙面较多的砌块,应加设临时支撑,保证砌

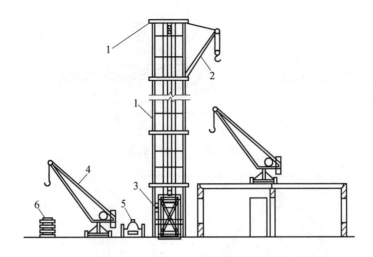

图 9 - 26 砌块吊装

1— 井架;2— 井架吊臂;3— 井架吊笼;4— 少先式起重机;5— 卷扬机;6— 砌块

块稳定。

当砌块安装就位出现通缝或搭接小于 150 mm 时,除在灰缝砂浆中安放钢筋网片外,也可用改变镶砖位置或安装最小规格的砌块来纠正。一个施工段的砌块吊装完毕,按照吊装路线将台灵架移动到下一个施工段的吊装作业范围内或上一楼层,继续吊装。

砌体接茬采用阶梯形,不要留马牙直槎。

2.吊装夹具

砌块吊装使用的夹具有单块夹和多块夹,如图 9 - 27 所示。钢丝绳索具也有单块索和多块索,如图 9 - 28 所示。这几种砌块夹具与索具使用时均较方便。图 9 - 29 所示为砌块厚度为 240 mm 的砌块夹钳的结构图。销钉及螺栓所用材料为 45 号钢,其他为 3 号钢,用料尺寸由砌块质量决定。当砌块厚度较小时,可按该图的尺寸相应减少。

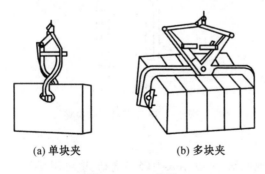

(a) 单块夹　　　　　　　　　(b) 多块夹

图 9 - 27 夹具

对于一端封口的空心砌块,因运输时孔口朝上,但砌筑时是孔口朝下,所以吊装时用加长砌块夹(图9 - 30)夹在砌块重心下部,吊起时,利用砌块本身重心关系或用手轻轻拨动砌块,孔就向下翻身,随即吊往砌筑位置。

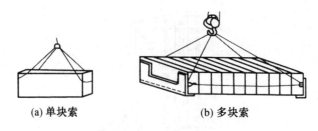

(a) 单块索　　　　　　(b) 多块索

图 9 - 28　　钢丝绳索具

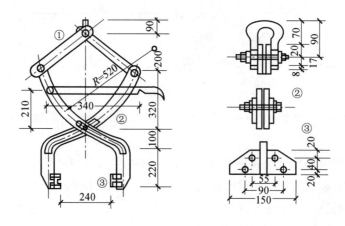

图 9 - 29　　砌块夹钳结构图

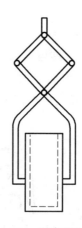

图 9 - 30　　翻身用砌块夹

3.砌块校正

砌块就位后,如发现偏斜,可以用人力轻轻推动,也可用瓦刀、小铁棒微微撬挪移动。如发现有高低不平时,可用木锤敲击偏高处,直至校正为止。如用木锤敲击仍不能校正,应将砌块吊起,重新铺平灰缝砂浆,再进行安装到水平。不得用石块或楔块等垫在砌块底部,以求平整。

校正砌块时,在门、窗、转角处应用托线板和线锤挂直;墙中间的砌块则以拉线为准,每一层再用 2 m 长托线校正。砌块之间的竖缝尽可能保持在 20 ~ 30 mm,避免小于 5 ~ 15 mm 的狭窄灰缝(俗称瞎眼灰缝)。

4.铺灰和灌竖缝

砌块砌体的砂浆以用水泥石灰混合砂浆为好,不宜用水泥砂浆或水泥黏土混合砂浆。砂浆不仅要求具有一定的黏结力,还必须具有良好的和易性,以保证铺灰均匀,并与砌块黏结良好;同时可以加快施工速度,提高工效。砌筑砂浆的稠度为 7 ~ 8 cm(炎热或干燥环境下)或 5 ~ 6 cm(寒冷或潮湿环境下)。

铺设水平灰缝时,砂浆层表面应尽量做到均匀平坦,上下皮砌块灰缝以缩进 5 mm 为宜,铺灰长度应视气候情况严格掌握。酷热或严寒季节,应适当缩短铺灰长度。平缝砂浆如已干,则应刮去重铺。

基础和楼板上第一皮砌块的铺灰,要注意混凝土垫层和楼板面是否平坦,发现有高低时,应用 M10 砂浆或 C15 细石混凝土找平,待找平层稍微干硬后再铺设灰缝砂浆。

竖缝灌缝应做到随砌随灌。灌筑竖缝砂浆和细石混凝土时,可用灌缝夹板(图 9 - 31),夹牢砌块竖缝,用瓦刀和竹片将砂浆或细石混凝土灌入,认真捣实。对于门、窗边规格较小的砌块竖缝,灌缝时应仔细操作,防止挤动砌块。

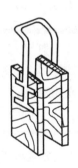

图 9 - 31　灌缝夹板图

铺灰和灌缝完成后,下一皮砌块吊装时,不准撞击或撬动已灌好缝的砌块,以防墙砌体松动。当冬季和雨天施工时,还应采取使砂浆不受冻结和雨水冲刷的措施。

5.镶砖

由于砌块规格限制和建筑平、立面的变化,在砌体中还经常有不可避免的镶砖量,镶砖的强度等级不应低于 10 MPa。

镶砖主要是用于较大的竖缝(通常大于 110 mm)和过梁、圈梁的找平等。镶砖在砌筑前也应浇水润湿,砌筑时宜平砌,镶砖与砌块之间的竖缝一般为 10 ~ 20 mm。镶砖的上皮砖口与砌块必须找齐(图 9 - 32),不要使镶砖高于或低于砌块口,否则上皮砌块容易断裂损坏。门、窗、转角不宜镶砖,必要时应用一砖(190 mm 或 240 mm)镶砌,不得使用半砖。镶砖的最后一皮和安放格栅、楼板、梁、檩条等构件下的砖层,都必须使用整块的顶砖,以确保墙体质量。

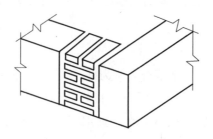

图 9 - 32　镶砖与砌块上口找平

9.4　环境装饰工程

9.4.1　抹灰工程

抹灰工程按使用材料和装饰效果分为一般抹灰和装饰抹灰两大类。一般抹灰适用于石灰砂浆、水泥混合砂浆、水泥砂浆、聚合物水泥砂浆、膨胀珍珠岩水泥砂浆和麻刀石灰、纸筋石灰、石膏灰等材料的抹灰工程施工。一般抹灰按质量要求和相应的主要工序分为普通抹灰、中级抹灰和高级抹灰三种。普通抹灰为一底层、一面层，两遍完成，主要工序为分层赶平、修整和表面压光。中级抹灰为一底层、一中层、一面层三遍完成，要阳角找方，设置标筋（又称冲筋，以控制表面平整和厚度），分层赶平、修整和表面压光。高级抹灰工序为一底层，几遍中层、一面层、多遍完成，要阴阳角找方，设置标筋，分层赶平、修整和表面压光。

抹灰的组成，一般分为底层、中层（或几遍中层）及面层。底层（又称头度糙或刮糙）的作用是使抹灰与基体牢固地黏结并初步找平；中层（又称二度糙）的作用是找平；面层（又称光面）是使表面光滑细致，起装饰作用。

各抹灰层的厚度根据基体的材料、抹灰砂浆种类、墙面表面的平整度和抹灰质量要求以及各地气候情况而定。涂抹水泥砂浆每遍厚度宜为 5 ~ 7 mm，涂抹石灰砂浆和水泥混合砂浆每遍厚度宜为 7 ~ 9 mm。面层抹灰经赶平压实后的厚度，麻刀石灰不得大于 3 mm，纸筋石灰、石膏灰不得大于 2 mm。罩面灰厚度太大，容易因收缩产生裂缝，影响质量与美观。抹灰层的平均总厚度，应视具体部位及基体材料而定，如顶棚为板条、空心砖、现浇混凝土，总厚度不大于 15 mm，内墙为普通抹灰总厚度不大于 18 mm，如高级抹灰总厚度不大于 25 mm，外墙抹灰总厚度不大于 20 mm，勒脚及突出墙面部分的抹灰总厚度不大于 25 mm。对于混凝土大板和大模板建筑的内墙面和楼板底面，视其施工质量而定，如表面平整度较好，垂直偏差少，其表面可以不抹灰，用泥子分遍刮平，待各遍泥子黏结牢固后，表面刷浆即可，总厚度为 2 ~ 3 mm。

装饰抹灰的种类较多，其底层的做法基本相同（均为 1∶3（质量比）的水泥砂浆打底），其面层可为水刷石、水磨石、斩假石、干黏石、假面砖、拉条灰、拉毛灰、洒毛灰、喷砂、喷涂、滚涂、弹涂、仿石和彩色抹灰等。

为使抹灰砂浆与基体表面黏结牢固，防止抹灰层产生空鼓现象，抹灰前，应对砖石、混凝土等基体表面凹凸不平的部位剔平或用 1∶3（质量比）水泥砂浆补齐，表面太光的要凿毛，或用 1∶1(质量比) 水泥浆掺 10%"107" 胶薄抹一层。表面上的灰尘、污垢和油渍等均应清除干净,并洒水湿润。对穿墙管道的洞孔和楼板洞、门窗框与立墙交接处,墙面脚手洞等缝隙均应用 1∶3(质量比) 水泥砂浆或水泥混合砂浆(加少量麻刀) 分层嵌塞密实。抹水泥砂浆面层时,底层应用水泥砂浆,不得涂抹在石灰砂浆层上,且应在湿润的条件下养护,以保证结合良好。不同材料的基体表面也应加以处理,灰板条隔断和顶棚的板条与板条间的缝隙不能过小,应使抹灰砂浆能挤入并咬住板条,但过大也易使砂浆脱落,一般以 8 ~ 10 mm 为宜。木结构与砖石结构、混凝土结构等相接处的抹灰基体,应铺钉一层金属网,其搭接宽度从缝边起,每边不得小于 100 mm,以防抹灰层因基体温度变化胀缩不一而产生裂缝。在内墙面的阳角和门洞口侧壁的阳角、柱角等易于受碰撞之处,宜用强度较高的 1∶2 水泥砂浆(质量比) 制作护角,其高度应不低于 2 m,每侧宽度不小于 50 mm,对砖砌体基体,应待砌体充分沉实后方抹底层灰,以防砌体沉陷拉裂灰层。金属网顶棚和墙身的抹灰、板条的抹灰,往往普遍存在裂缝、起壳、局部脱落的质量问题。其原因在于底层抹灰用混合砂浆以及结构不稳定,混合砂浆中的水泥在水中硬化时,其体积有所膨胀,而在空气中硬化时则要收缩,再加上石灰,如抹灰层养护不好,砂浆的收缩率增大,所以易出现裂缝。因此,底层和中层宜采用麻刀石灰膏砂浆或纸筋石灰膏砂浆,以增加结构稳定。若用短钢筋做螺栓代替吊筋木材,质量即可保证。加气混凝土块(板)的表面,在抹灰前可先刷一遍 1∶4(质量比) 的聚乙烯醇缩甲醛胶的水溶液,使加气混凝土表面形成隔离层,不致产生砂浆早期脱水,并使黏结牢固,同时底层应采用强度不高的混合砂浆或聚合物水泥砂浆,可避免砂浆收缩而引起的剥落现象。

在中、高级抹灰中,对基体表面的平整度要加以控制,并为控制抹灰层的厚度和墙面子直度,应用与抹灰层相同砂浆设置标志或标筋,对于要求较低的抹灰,凭眼力控制,用刮尺找平。

在分层涂抹中,水泥砂浆和水泥混合砂浆的抹灰层,应待前一层抹灰层凝结后,方可涂抹后一层。石灰砂浆的抹灰层,应待前一层七八成干后,方可涂抹后一层。在中层的砂浆凝固之前,也可在层面上每隔一定距离交叉划出斜痕,以增强面层与中层的黏结。

抹灰顺序一般是遵循先室外后室内、先上面后下面、先地面后顶墙。外墙由屋檐开始自上而下进行。高层建筑采取措施后,可分段进行。室内抹灰若要在屋面防水工程完工前施工时,必须采取防护措施防止漏水。

9.4.2　饰面工程

饰面安装是指将块料面层镶贴在基层上,块料面层的种类很多,有天然的大理石、花岗岩、青石板等天然石饰面板材,还有预制水磨石、大理石、瓷砖、陶瓷锦砖、面砖、缸砖以及各种花饰等项,此外还有不锈钢板、涂层钢板、铝合金饰面板等金属饰面板;胶合板、木条板等木质饰面板;塑料饰面板;玻璃饰面板等。饰面工程的材料品种、规格、图案、线条、固定方法和使用的砂浆种类及胶黏剂等均应符合设计要求。

1.釉面砖镶贴

面砖有毛面和光面两种,毛面的面砖统称为"泰山砖",光面砖又分为有釉和无釉两种。釉面砖正面挂釉,又称为瓷砖或釉面瓷砖,它是用瓷土或优质瓷土烧制而成。底胎均为白色,釉面为白色或其他颜色,可设计成各种花纹和图案,表面光滑、美观、防潮耐碱,易于清洗,具有良好的装饰效果。

釉面砖质量要求为颜色均匀,尺寸一致,边缘整齐,不得损坏棱角,无缺釉、脱釉、夹心、裂纹、表面凹凸不平等问题,其吸水率不大于18%。

镶贴工艺程序为:清理墙、柱表面 → 浇水湿润 → 底层刮糙 → 找规格 → 中层找平 → 立皮数杆 → 弹线 → 镶贴瓷砖 → 清洁面层 → 勾缝 → 清洁面层。

在墙面上先抹上1:3水泥砂浆中层,厚度为12 mm,并要求表面平整。在凝结后弹线找方,计算纵横方向皮数,弹出水平和垂直控制线,在定皮数时,应注意在同一墙面上纵横方向均不能有一排以上的非整砖,且须将非整砖排在次要部位或墙阴角处。

镶贴时先浇水湿润中层,沿最下面一皮釉面砖下口放好垫尺,用水平尺找平。为了保证釉面砖含水率不大于18%,釉面砖必须在清水中浸泡2 h以上,取出擦干,方可使用。若浸泡不透,在镶贴后会迅速吸收黏结砂浆中水分,影响黏结质量;如不擦干(晾干),表面积水太多,镶贴时面砖会产生浮滑现象,不便于操作,还会因水分散发引起面砖与基层分离。

镶贴砂浆一般用1:1.5 ~ 2水泥砂浆,近年来,常用掺有107胶的水泥砂浆粘贴,其质量配合比为水泥:107胶:水 = 10:0.5:0.6,使黏结层厚度由原来6 ~ 10 mm厚,减薄为2 ~ 3 mm厚,因此可减轻面层自重,节省水泥,而且107胶对水泥浆有缓凝作用,有充分时间进行压平,调整缝隙间距,利于操作。

釉面砖镶贴应由下而上逐行进行。镶贴时,先在釉面砖背面刮满砂浆,砂浆中间厚边缘薄,按所弹尺寸线,将面砖贴于墙面,用力按压,并用橡皮头木榔头轻轻敲击,使其与基层黏结牢固。用靠尺按标志块将其表面移正整平,调直灰缝,并使缝宽调整在1 ~ 1.5 mm范围之内。整行贴完,用长靠尺横向校正一次,高于标志块面砖,则轻轻敲击,使其平齐;对于低于标志块的面砖,则取出重新铺贴,重贴时不得在砖口处部分塞灰,以防造成空鼓。整个墙面镶贴完后,接口处用水泥砂浆嵌平密实,勾缝材料硬化后,用棉丝擦净或用稀盐酸清洗后,再用清水冲洗干净。

釉面砖镶贴的质量要求是:面砖与基层黏结牢固,不得有空鼓,镶贴平整,接缝宽度一致,不得有歪斜、翘曲、缺棱、掉角、裂缝等缺陷。表面平整(用2 m直尺和楔形塞尺检验)、立面垂直(用2 m托线板检查)、阳角方正(用200 mm方尺)和接缝平直及墙裙上口平直(5 m拉线检查,不足5 m拉通线检查)等,接缝高低(用直尺或楔形塞尺检查)室外为1 mm,室内为0.5 mm。

2.外墙面砖镶贴

(1)面砖排列。外墙面砖排列种类很多,原则上应按设计要求进行。

矩形外墙面砖镶贴分长边水平镶贴和长边垂直镶贴两种。按接缝宽窄又分密缝(1 ~ 3 mm以内)和离缝(4 mm以上)两种。

外墙面砖镶贴前,应根据设计图纸,认真核对实际情况,决定外墙面砖镶贴找平层、黏结层厚度以及排砖的模数,制订排列方案,然后绘出施工大样图。

(2)操作方法。根据施工大样图统一弹线分格、排砖。在外墙阳角用钢丝花篮螺丝拉垂线,据此出墙面每隔1.5 ~ 2 m做标志块,阳角找方,抹找平层,找平找直。在找平层上弹水平线,并按层高做皮数杆,根据皮数杆的皮数弹出若干条水平线,做标志块其挂线方法与釉面砖相同。

镶贴时,先按水线垫平八字尺或直靠尺,操作方法基本与釉面砖相同。铺贴砂浆一般以

1∶2(质量比)水泥砂浆或掺入不大于水泥质量的15%石灰膏的水泥混合砂浆,稠度要一致,以免砂浆上墙后流淌。贴完一行后,须将每块面砖上灰浆刮净,并检查平直,然后再进行下一皮面砖铺贴。

竖缝宽度与垂直完全靠目测控制,操作中要特别注意随时检查,除墙面控制线外,应及时用线锤检查。

在完成一个层段墙面并检查合格后,即可进行勾缝。勾缝用1∶1(质量比)水泥砂浆或水泥浆分两次进行嵌实。第一次用一般水泥砂浆,第二次用水泥浆勾缝,可做成凹缝,深度为3 mm左右。密缝处可用与面砖相同颜色水泥擦缝,完工后应将表面清洗干净。如有污染可用10%盐酸刷洗,再用清水清洗,须在勾缝材料硬化后进行。夏季施工应注意阳光曝晒,采取遮挡措施。

3.大理石饰面

大理石是一种变质岩,其主要成分是碳酸钙。纯粹的大理石为白色,但一般情况下含有多种其他成分,因而有灰、黑、黄、绿等各种颜色。当各种成分分布不均匀时,就使大理石的色彩花纹变化多端,绚丽悦目。大理石经加工磨光后,纹理清晰雅致,色泽鲜艳美丽,是一种高级饰面材料。大理石在潮湿环境中,容易风化、溶蚀,使表面很快失去光泽,表面掉粉,变得粗糙多孔,甚至剥落。因此,除汉白玉等少数几种质地较纯者外,一般只适用于室内饰面。

对于小规格的大理石块材,通常边长小于400 mm,可以采用粘贴方法。具体做法是用12 mm厚的1∶3(质量比)水泥砂浆打底,然后刮平,找出规矩,并将底灰表面划毛。待底灰结硬后,将已经湿润的大理石块材背面均匀地抹上2~3 mm的水泥素浆、随即粘贴于墙面,并用木锤轻轻敲击,使其黏结牢固,同时用靠尺找平找直。对于边长大于400 mm的大规格块材,或镶贴高度超过1 m时,应采用安装方法。

大理石拆箱后,应按设计要求挑选规格品种,块料颜色要一致,色差、尺寸误差不得超过允许范围,无裂纹,无缺棱掉角以及无局部污染变色,进行编号堆放。

对已选好的大理石块料,进行钻孔剔槽,以便穿绑铜丝与柱面墙面埋设的钢筋网绑牢,固定饰面大理石板块的方法,如图9-33所示。孔位宜在板宽两端1/4处,中心距面板背面为8~10 mm。孔径5 mm,深约15 mm,然后孔眼穿出背面。若大理石板材宽度较大,可适当增加孔数,为了使钢丝通过处不占水平缝位置,在石板背面的孔壁再轻轻剔一道槽,深约5 mm,以便埋卧铜丝。

基层处理时,按设计要求,墙面(柱面)首先剔出预埋钢筋,并清扫干净,按设计要求绑好钢筋网片,使之与预埋钢筋绑扎牢固,不得有颤动和弯曲现象。

在墙(柱)面上按设计要求,依据轴线和楼层标高尺寸分块弹出水平线和垂直线,并在地面上弹出大理石板外皮线(即完成面尺寸线),一般为50 mm为宜,每块板间留1 mm缝隙。

安装时按部位编号将石板就位,先将下口铜丝绑在横向钢筋上,再绑上口铜丝,用靠尺靠平靠直,然后用木楔楔稳,收紧铜丝,保证石板交接处四角平整。若石板尺寸不规格或板缝不均匀,应加铅皮垫,以使石板缝隙误差在允许范围之内,安装完一层再找垂直、平整和阴阳角方正。

石板找好垂直、平整、方正之后,在石板之间缝隙每隔15 cm间距用调成糊状石膏浆(亦可在石膏中掺入适量白水泥,白水泥约 20%,以防石膏开裂)临时固定石板,使石板形成一整体,并检查是否平直、有无变位,发现问题,及时处理,余下板缝再用石膏或纸堵严。待石膏硬化后,用稠度为 8 ~ 12 cm 的 1∶2.5(质量比)水泥砂浆,分层灌入石板内侧板缝中,捣固密实,每层灌注高度为 15 ~ 20 cm,且不超过石板高度的三分之一,当下层砂浆初凝后,才能灌注上一层砂浆,直到灌至石板上口 5 ~ 10 cm 为止。待砂浆初凝后,清除石板上口余浆;待砂浆终凝后,将上口木楔轻轻抽出,然后依次按同样方法逐层安装上层石板。

全部石板安装后,当砂浆达设计强度的 50% 时,清除所有固定石膏,擦净余浆痕迹,将板面擦洗干净,用与石板同色水泥砂浆填缝,边填缝边擦干净,保证接缝严密,颜色一致。全部工程完工后,将表面清洗干净、晾干,进行打蜡。

大理石安装质量要求是:表面平整,黏结牢固,无空鼓起壳,颜色一致,不得有裂缝及缺棱掉角,接缝平直。检查验收要求同釉面砖。表面平整 1 mm;立面垂直 2 mm;阳角方正 2 mm;按缝平直 2 mm,接缝高低差 0.3 mm,接缝宽 0.5 mm。

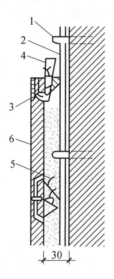

图 9 - 33　大理石安装示意图
1— 预埋筋;2— 竖筋;3— 横筋;4— 定位木楔;5— 铜丝;6— 大理石面板

4.油漆和刷浆工程

油漆和刷浆是将液体涂料刷在木料、金属、抹灰层或混凝土等表面,干燥后形成一层与基层牢固黏结的薄膜(漆膜),以与外界空气、水汽、酸、碱隔绝,达到木材防潮、防腐和铁件、钢材防锈的作用,此外也满足建筑装饰的要求。

油漆施工包括基层准备、打底子、抹泥子和涂刷等工序。

(1)基层准备。

基层准备即材质的表面处理。木材表面应清除钉子、油污等,除去松动节疤及脂囊,裂缝和凹陷处均用泥子填补用砂纸磨光。金属表面应清除一切麟皮、锈斑和油渍等。基体如为新浇混凝土和基层为抹灰层,含水率均不得大于 8%,需待水分挥发,盐分固化后方能涂漆。新抹灰的灰泥表面应仔细除去粉质浮粒。为使灰泥表面硬化,尚可采用氟硅酸镁溶液进行多次涂刷处理。

（2）打底子。

打底子目的是使基层表面有均匀吸收色料的能力，以保证整个油漆面的色泽均匀一致。

（3）抹泥子。

泥子是由涂料、填料（石膏粉、大白粉）、水或松香水等拌制成的膏状物。抹泥子的目的是使表面平整。对于高级油漆施工，需在基层上全面抹一层泥子，待其干后用砂纸打磨，然后再满抹泥子，再打磨，磨至表面平整光滑为止，有时还要和涂刷油漆交替进行。所用泥子应按基层、底漆和面漆的性质配套选用。

（4）涂刷油漆。

木料表面涂刷混色油漆，按操作工序和质量要求可分为普通、中级、高级三级。金属面涂刷也分三级，但采用普通或中级油漆较多。混凝土和抹灰表面涂刷只分为中级、高级二级。

油漆涂刷方法有刷涂、喷涂、擦涂、揩涂及滚涂等。

刷浆工程是用水质涂料（以水作为溶剂）喷刷在抹灰层（基层）或结构表面（基体）上。刷浆工程分为室内刷浆和室外刷浆。

室内刷浆施工常用的刷浆涂料有石灰浆、聚合物水泥浆、大白浆、可赛银浆、色粉浆等。适用于室外刷浆施工的刷浆涂料有石灰浆、聚合物水泥浆、水泥色浆、油粉浆、水溶性和醇溶性有机硅等。

9.4.3　裱糊工程

裱糊工程是将普通壁纸、塑料壁纸和玻璃纤维墙布用胶黏剂裱糊在室内墙面的抹灰面上。裱糊工程施工工期短，可增加室内的美观。

1.常用的裱糊材料

裱糊工程常用材料主要是普通壁纸、塑料壁纸、玻璃纤维墙布和胶黏剂等。

（1）普通壁纸、塑料壁纸和玻璃纤维墙布的质量要符合设计要求，所用壁纸和墙布要整洁，图案要清晰和平整，储存时均应平放。

（2）胶黏剂。胶黏剂应按壁纸和墙布的品种选配。胶黏剂应具有防腐、防毒和耐久等性能。

2.裱糊施工

主要介绍塑料壁纸的裱糊施工。

（1）基层处理。被裱糊的墙面需具有一定的强度，墙面不疏松掉面。抹灰表面有麻点与凹坑时，须用泥子找平，做到没有飞刺、砂粒、凸包、麻坑。如裂缝较大，需经处理，阴阳角要垂直方整，墙面基本干燥，含水率不高于 5%。

（2）壁纸粘贴。裱糊前先将纸裁好，然后在纸背面刷水，使纸充分洗湿、伸胀，然后刷胶。刷要刷得薄而均匀一致，不裹边，静置 5 min 后上墙，墙面也需刮一层薄而均匀的胶，纸贴到墙上后要求花纹对贴完整，纸面清洁，无死折、无空鼓、无气泡、不裂缝、不搭缝，阴阳角处不甩缝，在距离 1.5 m 处看不出接缝，斜视无胶迹。

第 10 章　　防水工程

防水技术是保证工程结构不受水侵蚀的一项专门技术,在环境工程施工中占有重要地位。防水工程质量的好坏直接影响建筑物和构筑物的寿命,影响生产活动和人民生活能否正常进行。因此,防水工程的施工必须严格遵守有关规程,切实保证工程质量。

10.1　　防水工程基本知识

10.1.1　　防水工程施工原则

防水工程应遵循"防排结合、刚柔并用、多道设防、综合治理"的原则。防水工程施工工艺要求严格细致,在施工工期安排上应避开雨季或冬季施工。防水工程应根据建筑物的性质、重要程度、使用功能要求、建筑结构特点以及防水耐用年限等确定设防标准。

10.1.2　　防水工程施工要求

防水工程按其部位分为屋面防水、卫生间防水、外板墙防水和地下防水等。防水工程施工工艺要求严格细致,在施工工期安排上应避开雨季或冬季施工。除了屋面漏雨外,水池、厕所卫生间漏水,装配式大墙板建筑板缝漏水以及地下室、水池渗漏已成为目前工程防水中常见的"四漏"质量通病。防水工程应根据建筑物的性质、重要程度、使用功能要求、建筑结构特点以及防水耐用年限等确定设防标准。屋面防水等级和设防要求见表 10 – 1。

表 10 – 1　屋面防水等级和设防要求

项目	屋面防水等级			
	I	II	III	IV
建筑物类别	特别重要的民用建筑和对防水有特殊要求的工业建筑	重要的工业与民用建筑、高层建筑	一般的工业与民用建筑	非永久性的建筑
防水耐用年限	25 年以上	15 年以上	10 年以上	5 年以上

续表10-1

项目	屋面防水等级			
	Ⅰ	Ⅱ	Ⅲ	Ⅳ
选用材料	宜选用合成高分子防水卷材、高聚物改性沥青防水卷材、合成高分子防水涂料、细石防水混凝土等材料	宜选用高聚物改性沥青防水材料、合成高分子防水卷材、合成高分子防水涂料、高聚物改性沥青防水涂料、细石防水混凝土等材料	宜选用三毡四油沥青防水材料、高聚物改性沥青防水卷材、合成高分子防水材料、高聚物改性沥青防水涂料、刚性防水层、平瓦、油毡瓦等材料	可选用二毡三油沥青防水卷材、高聚物改性沥青防水涂料、沥青基防水涂料、波形瓦等材料
设防要求	三道或三道以上防水措施，其中必须有一道合成高分子防水卷材，且只能有一个2 mm以上厚的合成高分子涂膜	二道防水措施，其中必须有一道卷材，也可采用压型钢板进行一道设防	一道防水设防或两种防水材料复合使用	一道防水设防

10.1.3　防水材料选择

目前建筑物采用的防水材料主要有高分子片材、沥青油毡卷材、防水涂料、密封材料（表10-2）。

表 10-2　主要防水卷材分类表

类别		防水卷材名称
高分子防水卷材	沥青基防水卷材	纸肽沥青卷材、玻璃布沥青卷材、玻璃胎沥青卷材、黄麻沥青卷材、铝箔沥青卷材等
	改性沥青防水卷材	SRS改性沥青卷材、APP改性沥青卷材、SBS-APP沥青卷材、丁苯橡胶改性沥青卷材、胶粉改性沥青卷材、再生胶卷材、PVC改性焦煤油沥青卷材（沙面卷材）等
	硫化型橡胶或橡胶共混卷材	三元乙丙卷材、氯磺化聚乙烯卷材、氯化聚乙烯-橡胶共混卷材等
	非硫化型橡胶或橡胶共混卷材	丁基橡胶卷材、氯丁橡胶卷材、氯化聚乙烯-橡胶共混卷材等
	合成树脂系防水卷材	氯化聚乙烯卷材、PVC卷材等
	特种卷材	热熔卷材、冷自贴卷材、带孔卷材、热反射卷材、沥青瓦等

1.沥青

沥青是一种有机胶凝材料,具有良好的黏结性、塑性、憎水性、不透水性和不导电性,并能抵抗一般酸、碱、盐类的侵蚀,广泛应用于建筑防水、耐腐蚀及道路工程。针入度、延度和软化点三项指标是划分牌号的主要依据。沥青有石油沥青和焦油沥青两类,性能不同的沥青不得混合使用。

2.卷材

卷材是成卷的油毡和油纸的统称,防水卷材是建筑工程防水材料的重要品种之一,任何防水卷材,均需具备以下性能:

(1)耐水性。在水的作用下和被水浸润后其性能基本不变。在压力水的作用下,具有不透水性。

(2)温度稳定性。在高温下不流淌、不起泡、不滑动,在低温下不脆裂,即在一定温度下,保持原有性能的能力。常用耐热度表示。

(3)机械强度、延伸率和抗断裂性。用拉力、拉伸和断裂指标表示。

(4)柔韧性。在低温条件下保持柔韧性的性能。低温条件下保证不脆裂,易于施工。常用柔度、低温弯折等指标表示。

(5)大气稳定性。在阳光、热及化学侵蚀介质的作用下,抵抗侵蚀的能力,用耐老化、热老化保持率表示。

沥青油毡卷材是传统的防水材料。高聚物改性沥青,如三元乙丙、聚氯乙烯、氯磺化聚乙烯橡胶共混的合成高分子防水卷材,具有优良的抗拉强度、耐热度、柔软性和不透水性,适用于温差较大地区,施工方便,可用于高等级屋面,并可做地下防水等。改性 PVC 胶泥涂料是在原熔性塑料油膏与 PVC 胶泥的基础上改进的新型防水涂料,改性后的涂料可作为冷施工的厚质涂膜,其防水、耐高温、延伸、弹性和耐候性好,适宜西北等温差较大的地区防水工程选用。耐低温油膏在 80 ℃ 时不流淌,低温(− 40 ~ − 30 ℃)时涂膜不开裂,是北方寒冷地区较适用的耐候性防水涂料。

3.基层处理剂

基层处理剂是与基层材料性质相近的与各类防水材料配套使用,能使基层更好地黏结的冷用油性黏结剂。冷底子油是用汽油或其他易挥发油类与沥青配制而成的。

4.沥青胶结材料

沥青胶结材料是为了提高沥青的耐热度、韧性、黏结力和抗老化性能,在沥青中加入填充料如滑石粉、云母粉、石棉粉、粉煤灰等加工而成。适用于黏结防水卷材、涂刷面层卷材及黏结墙面砖和地面砖等。

10.2   卷材防水层施工

目前,防水卷材与沥青胶黏结而成的多层防水层仍然是我国建筑防水中普遍采用的形式。防水层常采用沥青防水卷材、高聚物改性沥青防水卷材或合成高分子防水卷材等。卷材防水层是将卷材铺贴在混凝土或钢筋混凝土结构上或整体水泥砂浆等平层上。冷底子油涂刷于基层表面,涂刷要薄而均匀,不得有空白、麻点、气泡。对表面较粗糙的基层可涂两道冷底子油。大面积可采用喷涂方法。涂刷宜在铺油毡前 1～2 h 进行,使油层干燥而不沾灰尘。沥青胶可用于浇油法或涂刷法施工,浇涂的宽度要略大于柔毡宽度,厚度控制在 1～1.5 mm。为使柔毡不致歪斜,可先弹出墨线,按墨线推滚柔毡。柔毡一定要铺平压实,黏结紧密,赶出气泡后将边缘封严;如果发现气泡、空鼓,应当场割开放气,补胶修理。压贴油毡时沥青胶应挤出,并随时刮去。

10.2.1　冷黏法施工

冷黏法施工是利用毛刷将胶黏剂涂刷在基层或卷材上,然后直接铺贴卷材,使卷材与基层、卷材与卷材黏结,不需要加热施工。冷黏法施工要求:胶黏剂涂刷应均匀、不漏底、不堆积;厚度约为 0.5 mm。排汽屋面采用空铺法、条黏法、点黏法,应按规定位置与面积涂刷;铺贴卷材时,根据胶黏剂的性能,应控制胶黏剂与卷材铺贴的间隔时间;确保卷材下无空气,铺贴卷材时应平整顺直,搭接尺寸准确,不得扭曲、皱褶;接缝口应用密封材料封严,可用溢出的胶黏剂随刮平封口,也可采用热熔法接缝,宽度不小于 10 mm。

10.2.2　热熔法施工

热熔法施工是利用火焰加热器熔化热熔型防水卷材底层的热熔胶进行粘贴的方法。火焰加热器可采用汽油喷灯或煤油焊枪等。

热熔法铺贴卷材时要求:应将卷材沥青膜底面向下,对正粉线,不得过分加热或烧穿卷材;卷材表面热熔后应立即滚铺卷材,滚铺时应排除卷材下面的空气使之展平,不得皱褶;铺贴卷材时应平整顺直,搭接尺寸准确,不得扭曲。

10.2.3　自黏法施工

自黏法施工是采用自黏胶的防水卷材,不用热施工,也不需涂胶结材料而进行黏结的方法。自黏法铺贴高聚物改性沥青防水卷材时要求:铺贴卷材前,基层表面应均匀涂刷基层处理剂,干燥后应及时铺贴卷材;铺贴卷材一般三人操作;应按基线的位置,缓缓剥开卷材背面的防黏隔离纸,将卷材直接粘贴于基层上,随撕隔离纸,随即将卷材向前滚铺;卷材搭接部位宜用热风枪加热,加热后粘贴牢固,溢出的自贴胶随即刮平封口;大面积卷材铺贴完毕,所有卷材接缝处应用密封膏封严;铺贴立面、大坡度卷材时,应采取加热后粘贴牢固;采用浅色涂料作为保护层时,应待卷材铺贴完成,并经检验合格,清扫干净后涂刷。

10.2.4　热风焊接法

热风焊接法是利用热空气焊枪进行防水卷材搭接黏合的方法。焊接前卷材铺放应平整顺直,搭接尺寸准确;焊接缝的结合面应清扫干净;应先焊接长边搭接缝,后焊接短边搭接缝。用热空气焊枪对准卷材与基层的结合面,同时加热卷材与基层,喷枪距离加热面 50～100 mm,当烘烤到沥青熔化,卷材表面熔融至光亮黑色时,应立即滚铺卷材,排除卷材下的空气,粘贴牢固。

10.3　刚性防水层施工

凡是应用刚性材料构成的防水层,称为刚性防水。如利用钢筋混凝土结构的自防水、在基层上浇筑配有钢筋的整体细石混凝土屋面、在基层上抹防水砂浆等。这些刚性防水层具有就地取材、冷作业、操作简单、维修方便、造价较低等优点。但由于混凝土及防水砂浆均为刚性材料,延伸率极低,当室外气温变化、基层变形时,防水层易开裂,不能保持整体不透水性膜层,渗水现象难以避免。

10.3.1　刚性防水屋面

1.构造要求

刚性防水屋面的结构层宜为整体现浇的钢筋混凝土。当屋面结构层采用装配式钢筋混凝土板时,应用强度等级不小于C20的细石混凝土灌缝,灌缝的细石混凝土宜掺膨胀剂。当屋面板缝宽度大于40 mm或上窄下宽时,板缝内必须设置构造钢筋,板端缝应进行密封处理。刚性防水层与山墙、女儿墙以及突出屋面结构的交界处均应做柔性密封处理。细石混凝土防水屋与基层间宜设置隔离层。刚性防水屋面的坡度宜为2% ~ 3%,并应采用结构找坡。天沟、檐沟应用水泥砂浆找坡,找坡厚度大于20 mm时,宜采用细石混凝土找坡。细石混凝土防水层的厚度不应小于40 mm,并配置ϕ6 mm间距为100 ~ 200 mm的双向钢筋网片,钢筋网片在分格缝处应断开,其保护层厚度不应小于10 mm。

2.刚性防水层施工

细石混凝土防水层中的钢筋网片,施工时应设置在混凝土内的上部,刚性防水层应设置分格缝,普通细石混凝土和补偿混凝土防水层的分格缝纵横间距不宜大于6 m,分格缝内必须嵌填密封材料。每个分格板块的混凝土必须一次浇筑完成,严禁留施工缝。抹压时严禁在表面洒水、加水泥浆或撒干水泥。混凝土收水后应进行二次压光。细石混凝土防水层施工气温宜在5 ~ 35 ℃,应避免在高温或烈日暴晒下施工。

10.3.2　地下室防水工程

1.防水混凝土字防水结构施工

结构自防水技术是把承重结构和防水结构合为一体的技术。目前,主要是指外加剂防水混凝土和补偿收缩混凝土。防水混凝土自防水结构是以调整混凝土配合比或掺外加剂等方法,来提高混凝土本身的密实性和抗渗性,使其具有一定防水能力的整体式混凝土结构,同时它还能承重。外加剂防水混凝土是以普通水泥为基材,掺入三氯化铁铝粉、氯化铝、三乙醇胺有机硅等防水剂,通过这些防水剂形成某种胶体络合物,堵塞混凝土中的毛细孔缝,提高其抗渗能力;或者掺入引气剂,形成微小不连通的气泡,割断毛细孔缝的通道;或者掺入减水剂以减少孔隙率。虽然外加剂防水混凝土能提高混凝土的抗渗能力,但不能解决因混凝土收缩而产生的裂缝,有裂就有渗,因此外加剂防水混凝土不能完全解决渗漏问题。

近年来,我国以微膨胀水泥为基材,做成补偿收缩混凝土,由于它在硬化过程中能适度膨胀,因此较好地解决了刚性材料收缩开裂问题,使刚性防水技术向前跨进了一步。但国内膨胀水泥产量有限,出现了在水泥中掺入膨胀剂替代微膨胀水泥的新趋向,原因是膨胀剂使用灵活方便,价格较低。还可用明矾石膨胀水泥来制备补偿收缩混凝土。此外,钢纤维混凝土、预应力混凝土、块体刚性防水等经多年使用实践证明,也有较好的效果。

2.地下防水工程施工

防水混凝土结构工程质量的优劣,除取决于设计的质量、材料的性质及配合成分以外,还取决于施工质量的好坏。因此,对施工过程中的各主要环节,如混凝土搅拌、运输、浇筑、振捣、养护等,均应严格遵循施工及验收规范和操作规程的规定,精心施工,严格把好施工中每一个环节的质量关,使大面积防水混凝土以及每一细部节点均不渗不漏。

进行原材料的检验,各种原材料必须符合规定标准,并按品种、规格分别堆放,妥善保管,注意防止骨料中掺泥土等污物。做好基坑排水和降水的工作,要防止地面水流入基坑,要保持地下水位在施工底面最低标高以下不少于 500 mm,以避免在带水或带泥的情况下施工防水混凝土结构。

10.3.3　涂膜防水层施工

涂膜防水层:在混凝土结构或砂浆基层上涂布防水材料,形成涂膜防水。根据防水涂料成膜物质的主要成分,涂料可分为沥青基防水涂料、高聚物改性沥青防水涂料和合成高分子防水涂料三类。根据防水涂料形成液态的方式,可分为溶剂型、反应型和水乳型三类,见表 10 - 3。

表 10 - 3　主要防水涂料分类

类别		涂料名称
沥青基防水涂料		乳化沥青、水性石棉沥青涂料、膨润土沥青涂料、石灰乳化沥青涂料等
改性沥青防水涂料	溶剂型	再生橡胶沥青涂料、氯丁橡胶沥青涂料等
		再生橡胶沥青涂料、丁苯胶如沥青涂料、氯丁胶乳沥青涂料、PVC 焦油防水涂料等
高分子防水涂料	水乳型	硅橡胶涂料、丙烯酸酯涂料、AAS 隔热涂料等
	反应型	聚氨酯涂料、环氧树脂防水涂料等

建筑防水涂料有良好的黏结、延伸、抗渗、耐热、耐寒等性能,与传统的沥青胶结材料相比,它具有冷作业、无毒、不燃、操作简便、安全、工效高、造价低、较卷材轻等优点。加衬合成纤维可提高防水层的抗裂性,适用于一般工业与民用建筑的水池、地下室防水、防潮工程。地下工程涂膜防水层,在潮湿基面上应选用湿固性涂料、含有吸水组分的涂料、水性涂料;抗震结构应选用延伸性好的涂料;处于侵蚀性介质中的结构应选用耐腐蚀涂料。常用的有聚氨酯防水涂料、硅橡胶防水涂料等。涂膜防水层的基面必须清洁、无浮浆、无水珠、不渗水,使用油溶性或非湿固性等涂料,基面应保持干燥。

涂膜防水层施工,可用涂刷法和喷涂法,不得少于两遍,涂喷后一层的涂料必须待前一层涂料结膜后方可进行,涂刷和喷涂必须均匀。第二层的涂刷方向应与第一层垂直,凡遇到平面与立面连接的阴阳角均需铺设一层合成纤维附加层,大面积防水层为增强防水效果,也可加铺二层附加层。当平面部位最后一层涂膜完全固化,经检查验收合格后,可虚铺一层石油沥青纸胎油毡作为保护隔离层。铺设时可用少许胶结剂点黏固定,以防在浇筑细石混凝土时发生位移。平面部位防水层尚应在隔离层上做 40 ~ 50 mm 厚细石混凝土保护层。立面部位在围护结构上涂布最后一道防水层后,可随即直接粘贴 5 ~ 6 mm 厚的聚乙烯泡沫塑料片材作为软保护层,也可根据实际情况做水泥砂浆或细石混凝土保护层。

10.4　密封接缝防水施工

密封材料在建筑物和构筑物中已使用多年,不仅与防水涂料一起用于油膏嵌缝涂料屋面以及卷材防水屋面,而且随着高层建筑和新结构体系建筑的发展,在建筑的墙板缝、密封门、铝合金门、窗、玻璃幕墙部位,在卷材的接缝、板缝、分格缝及各种需要进行防水的接缝处进行密封处理,并得到了普遍的应用。密封材料已成为现代建筑防水和密封节能技术中不可缺少的材料。密封材料种类甚多,有密封膏、密封带、密封垫、止水带等。其中密封膏占主要地位。密封材料应具有弹塑性、黏结性、施工性、耐候性、水密性、气密性和拉伸压缩循环性能。密封膏品种很多,常按照接缝允许形变位移值划分为三大类,每一类中又有各种品种。

密封防水施工前应进行接缝尺寸检查,符合设计要求后,方可进行下一道工序施工。嵌填密封材料前,基层应干净、干燥。接缝部位基层必须牢固,表面平整、密实,不得有蜂窝、麻面、起皮、起砂现象。屋面密封防水的接缝宽度不应大于 40 mm,且不应小于 20 mm,接缝深度可取接缝宽度的 0.5 ~ 0.7 倍。连接部位的基层应涂刷基层处理剂,基层处理剂应选用与密封材料化学结构及极性相近的材料。接缝处的密封材料底部宜设置背衬材料,为控制密封材料的嵌填深度,防止密封材料和接缝底部黏结,在接缝底部与密封材料之间设置可变形的材料,背衬材料应选择与密封材料不黏结或黏结力弱的材料。待基层处理剂表干后,应立即嵌填密封材料。

改性沥青密封材料防水层施工可采用以下两种方法:

(1) 热灌法。密封材料先加热熬制,并按不同的材料要求严格控制熬制和浇灌温度。板缝灌完后,宜做卷材、玻璃丝布或水泥砂浆保护层,宽度不应小于 100 mm,以保护密封材料。

(2) 冷嵌法。嵌缝操作可采用特制的气压式密封材料挤压枪,枪嘴要伸入缝内,使挤压出的密封材料紧密挤满全缝,后用泥子刀进行修整。嵌填时,密封材料与缝壁不得留有空隙,并防止裹入空气。嵌缝后做保护层封闭。

合成高分子密封材料一般采用冷嵌法施工。单组分密封材料可直接使用,多组分密封材料必须根据规定的比例准确计量,拌和均匀。每次拌和量、拌和时间、拌和温度应按所用密封材料的规定进行。嵌缝的密封材料表干后方可进行保护层施工。密封材料在雨天、雪天严禁施工;在五级风以上不得施工;改性沥青密封材料和溶剂型合成高分子密封材料施工环境温度宜为 0 ~ 35 ℃,水乳型合成高分子密封材料施工环境温度宜为 5 ~ 35 ℃。

10.5　堵漏技术

10.5.1　漏水产生的部位及检查方法

1.漏水产生的部位

渗漏水通常产生在施工缝、裂缝、蜂窝、麻面及变形缝、穿墙管孔、预埋件等部位,如卫生间渗漏表现在楼面漏水、墙面渗水、上下水立管、暖气立管处向下淌水等。

防水工程渗漏水情况归纳起来有孔洞漏水和裂缝漏水两种。从渗水现象来分,一般可分为慢渗、快渗、急渗和高压急渗等四种。

2.漏水部位检查方法

出现渗漏后,影响正常的使用和建筑物的寿命,应找出主要原因,关键是找出漏水点的准确位置,分析漏水根源后再确定方案,及时有效地进行修补。除较严重的漏水部位可直接查出外,一般慢渗漏水部位的检查方法有:

在基层表面均匀地撒上干水泥粉,若发现湿点或湿线,即为漏水孔、缝;如果发现湿一片现象,用上法不易发现漏水的位置时,可用水泥浆在基层表面均匀涂以薄层,再撒干水泥粉一层,干水泥粉的湿点或湿线处即为漏水孔、缝。确定其位置,弄清水压大小,根据不同情况采取不同措施。堵漏的原则是先把大漏变小漏、缝漏变点漏、片漏变孔漏,然后堵住漏水。堵漏的方法和材料较多,如水泥胶浆、环氧树脂丙凝、甲凝、氰凝等。常用的堵漏方法有堵漏法、堵塞法、堆缝法、贴缝法、灌浆法。

10.5.2　孔洞漏水处理

1.直接堵塞法

一般在水压不大、孔洞较小的情况下,根据渗漏水量大小,以漏点为圆心剔成凹槽,凹槽壁尽量与基层垂直,并用水将凹槽冲洗干净。用配合比为 1∶0.6 的水泥胶浆捻成与凹槽直径相接近的圆锥体,待胶浆开始凝固时,迅速将胶浆用力堵塞于凹槽内,并向槽壁挤压严实,使胶浆立即与槽壁紧密结合,堵塞持续半分钟即可;随即按漏水检查方法进行检查,确认无渗漏后,再在胶浆表面抹素灰和水泥砂浆一层,最后进行防水层施工。

2.下管堵漏法

水压较大,漏水孔洞也较大,可按下管堵漏法处理,如图 10 - 1 所示,先将漏水处剔成孔洞,深度视漏水情况决定,在孔洞底部铺碎石,碎石上面盖一层与孔洞面积大小相同的油毡(或铁片),用一胶管穿透油毡到碎石中。若是地面孔洞漏水,则在漏水处四周砌筑挡水墙,用胶管将水引出墙外,然后用促凝剂水泥胶浆把胶管四周孔洞一次灌满。待胶浆开始凝固时,用力在孔洞四周压实,使胶浆表面低于地面约 10 mm。表面撒干水泥粉检查无漏水时,拔出胶管,再用直接堵塞法将管孔堵塞,最后拆除挡水墙、表面刷洗干净,再按防水要求进行防水层施工。

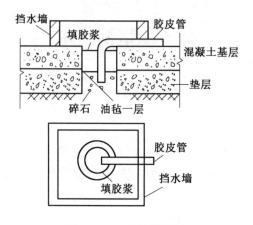

图 10 - 1　下管堵漏法

3.预制套盒堵漏法

在水压较大、漏水严重、孔洞较大时,可采用预制套盒堵漏法处理。将漏水处剔成圆形孔洞,在孔洞四周筑挡水墙。根据孔洞大小制作混凝土套盒,套盒外半径比孔洞半径小30 mm,套盒壁上留有数个进水孔及出水孔。套盒外壁做好防水层,表面做成麻面。在孔洞底部铺碎石及芦席,将套盒反扣在孔洞内。在套盒与孔壁的空隙中填入碎石及胶浆,并用胶管插入套盒的出水孔,将水引到挡水墙外。在套盒顶面抹好素灰、砂浆层,并将砂浆表面扫成毛纹。待砂浆凝固后拔出胶管,按直接堵塞法的要求将孔眼堵塞,最后随同其他部位按要求做防水层,如图 10 - 2 所示。

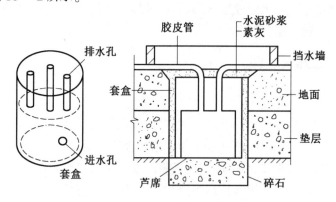

图 10 - 2　预制套盒堵漏法

10.5.3　裂缝渗漏水处理

收缩裂缝渗漏水和结构变形造成的裂缝渗漏水,均属于裂缝漏水范围。裂缝漏水的修堵也应根据水压大小采取不同的处理方法。

1.直接堵塞法

水压力较小的裂缝慢渗、快渗或急流漏水可采用直接堵漏法处理,如图 10 - 3 所示。先以裂缝为中心沿缝方向剔成八字形边坡沟槽,并清洗干净,把拌和好的水泥胶浆捻成条形,待胶浆快要凝固时,迅速填入沟槽中,向槽内或槽两侧用力挤压密实,使胶浆与槽壁紧密结合,若裂缝过长可分段进行堵塞。堵塞完毕经检查无渗水现象,用素灰和水泥砂浆把沟槽抹平并扫成毛面,凝固后(约 24 h)随其他部位一起做好防水层。

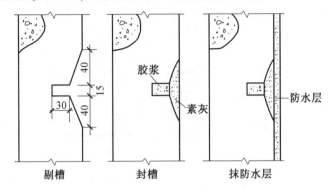

图 10 - 3　裂缝漏水直接堵漏法

2.下线堵漏法

下线堵漏法适用于水压较大的慢渗或快渗的裂缝漏水处理,如图 10 - 4 所示。先按裂缝漏水直接堵塞法剔好沟槽,在沟槽底部沿裂缝放置一根小绳(直径视漏水量确定),长度为200 ~ 300 mm,将胶浆和绳子填塞于沟槽中,并迅速向两侧压密实。填塞后,立即把小绳抽出,使水顺绳孔流出。裂缝较长时可分段逐次堵塞,每段间留20 mm的空隙。根据漏水量大小,在空隙处采用下钉法或下管法以缩小孔洞。下钉法是把胶浆包在钉杆上,插于空隙中,迅速把胶浆往空隙四周压实,同时转动钉杆立即拔出,使水顺钉孔流出。漏水处缩小成绳孔或钉孔后,经检查除钉眼处其他无渗水现象时,沿沟槽抹素灰、水泥砂浆各一层,待凝固后,再按孔洞漏水直接堵塞法将钉眼堵塞,随后可进行防水层施工。

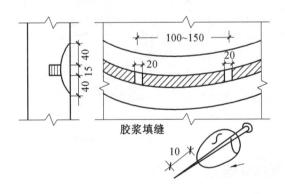

图 10 - 4　下线堵漏法与下钉法

3.下半圆铁片堵漏法

水压较大的急流漏水裂缝,可采用下半圆铁片堵漏法处理。处理前,把漏水处剔成八字形边坡沟槽,尺寸可视漏水量而定。将 100 ~ 150 mm 长的铁皮沿宽度方向完成半圆形,弯曲后宽度与沟槽宽相等,有的铁片上要开圆孔。将半圆铁片连续排放于槽内,使其正好卡于槽底,每隔500 ~ 1 000 mm放一个带圆孔的铁片。然后用胶浆分段堵塞,仅在圆孔处留一空隙。把胶管插入铁片中,并用胶浆把管子稳固住,使水顺胶管流出。经检查无漏水现象时,再沿槽的胶浆上抹素灰和水泥砂浆各一层加以保护。待砂浆凝固后,拔出胶管,按孔洞漏水直接堵塞法将管眼堵好,最后随同其他部位一道做好防水层即可,如图 10 - 5 所示。

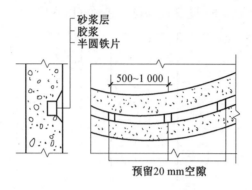

图 10 - 5   下半圆铁片堵漏法

4.墙角压铁片堵漏法

墙根阴角漏水,可根据水压大小,分别按上述三种办法处理。如混凝土结构较薄或工作面小,无法剔槽时,可采用墙角压铁片堵漏法处理。这种做法不用剔槽,可将墙角漏水处清刷干净,把长 300 ~ 1 000 mm、宽 30 ~ 50 mm 的铁片斜放在墙角处,用胶浆逐段将铁片稳牢,胶浆表面呈圆弧形。在裂缝尽头,把胶管插入铁片下部的空隙中,并用胶浆稳牢。胶浆上按抹面防水层要求抹一层素灰和一层水泥砂浆,经养护具有一定强度后,再把胶管拔出,按孔洞漏水直接堵塞法将管孔堵好,随同其他部位一起做好防水层,如图 10 - 6 所示。

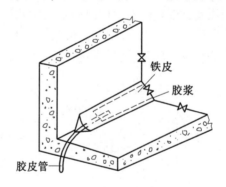

图 10 - 6   墙角压铁片堵漏法

10.5.4   砖墙漏水处理

砖墙因密集的小孔洞漏水,在水压较小时可采用割缝堵漏法处理,如图 10 - 7 所示。这种漏水部位一般在砖体灰缝处。堵漏前,先将不漏水部位抹上一层水泥砂浆,间隔一天,然后再堵漏水处。堵漏时,先用钢丝刷墙面,把灰缝清理干净,检出漏水点部位,将漏水处抹上促凝剂水泥砂浆一层,抹后迅速在漏水点用铁抹子割开一道隙,使水顺缝流出,待砂浆凝固后,将缝隙用胶浆堵塞,最后再按要求全部抹好防水层。

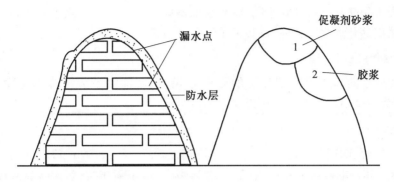

图 10 - 7　砖墙割缝堵漏法

10.5.5　其他渗漏水处理

1.抹面防水工程修堵渗漏水

常使用以水玻璃为主要材料的促凝剂掺入水泥中,促使水泥变硬,将渗漏水堵住。常见的灰浆有:促凝剂水泥浆,这种砂浆凝固快,应随拌随用,不能多拌,以免硬化失效;水泥胶浆,直接用促凝剂和水泥拌制而成。

2.地面普遍漏水

处理地面发现普遍渗漏水,多由于混凝土质量较差。处理前,要对工程结构进行鉴定,在混凝土强度仍满足设计要求时,才能进行渗漏水的修堵工作。条件许可的,应尽量将水位降至构筑物底面以下。如不能降水,为便于施工,把水集于临时集水坑中排出,把地面上漏水明显的孔眼、裂缝分别按孔洞漏水和裂缝漏水逐个处理,余下较小的毛细孔渗水,可将混凝土表面清洗干净,抹上厚15 mm的水泥砂浆(灰砂比为1∶1.5)一层。待凝固后,依照检查渗漏水的方法找渗漏水的准确位置,按孔洞漏水直接堵塞法堵好。集水坑可以按预制套盒堵漏法处理好,最后整个地面做好防水层。

3.蜂窝麻面漏水

这种漏水的原因主要是混凝土施工不良而产生的局部蜂窝麻面的漏水。处理时,先将漏水处清理干净,在混凝土表面均匀涂抹厚2 mm左右的胶浆一层(水泥∶促凝剂＝1∶1),随即在胶浆上撒上一层干薄水泥粉,干水泥上出现湿点即为漏水点,应立即用拇指压住漏水点直至胶浆凝固,漏水点即被堵住。按此法堵完各漏水点,随即抹上素灰、水泥砂浆各一层,并将砂浆表面扫成毛纹,待砂浆凝固后,再按要求做好防水层。此法适用于漏水量较小且水压不大的部位。

10.6　灌浆堵漏法

10.6.1　氰凝堵漏技术

氰凝是以聚氨酯为基础的化学灌浆材料,即由多异氰酸酯和聚醚树脂制成的主剂,与一些添加剂组成的化学灌浆剂。

根据混凝土裂缝状况和位置不同,需要采取不同的灌浆工艺。除了漏水量较大的深层混凝土裂缝采用钻孔灌浆工艺外,一般可采用凿缝灌浆工艺。

1.混凝土裂缝表面处理

裂缝表面处理同前述直接堵漏法的处理方式,但其深度不应穿透结构物,留 100 ~ 200 mm 长度为安全距离。双层结构以穿透内壁为宜。

2.埋注浆管

注浆管由短管、阀门和鱼尾嘴组成。短管一般选用直径为6.35 ~ 12.7 mm,长度为10 ~ 15 cm 的钢管。其一端插入薄铁皮内,另一端与阀门、鱼尾嘴连接,对裂缝做封闭处理。注浆管要布置在水源处,即漏水量很大的部位。同时在下列位置要布注浆管:水平裂缝的端点处;纵横交错的裂缝,在交叉处及端点处;纵向环形缝的最低处和最高处,其两侧要做到错位布管。注浆管之间的距离应根据裂缝大小、结构形状而定,一般为 1 ~ 1.5 m。一般情况下,水平裂缝宜沿缝由下向上造斜孔,垂直裂缝宜正对缝隙造直孔。埋设的注浆管应不少于两个,即一管注浆,另一管排水(气),如单孔漏水也可顺水仅设一个注浆管。

3.封闭

封闭前,如缝内漏水量较大,必须先行引水,使缝内水位降低,然后再进行封闭。并需沿缝铺设长油毡或薄铁皮等,再将准备好的注浆管插入薄铁皮内,然后用快干水泥或水泥玻璃浆封闭。封闭要细致,如结合不好,则会由于浆液水反应、发气、膨胀,内部压力增高,大量浆液外逸,因此不能渗入裂缝深部。

4.试水

封闭后,待水泥砂浆有足够的强度时,用带颜色的水进行压水试验。压水试验是灌浆成功的关键之一,要仔细观察并做好记录。

5.灌浆

灌浆包括配浆和灌浆两道工序。

(1)配浆。灌浆准备工作就绪后,根据配方和估算的浆液用量,进行配浆。

(2)灌浆。灌浆前检查灌浆设备及管路、阀门等是否干燥,以防浆液遇水凝胶而堵塞,特别是试水后的灌浆设备要除水。待浆液凝固后,拆除注浆管,并用水泥砂浆封闭孔门。灌浆后,设备及管路要及时清洗,一般常用价格低廉的有机溶剂,少量多次洗刷,以备再用。

10.6.2　堵漏灵的技术性能和特点

堵漏灵是有专用原料 HU847 和水泥等辅料经特殊工艺处理而成的粉状多功能防水材料,各项技术性能指标均达到或超过国际同类产品 COPROX 的水平。

堵漏灵适用于混凝土、砂浆、砖石等结构地下水池、地下仓库、地铁坑道、人防工事、水库大坝、蓄水池、水渠、游泳池、水族建筑和密封污水处理系统等的防水堵漏和抗渗防潮,可用于地面、屋顶的防水层,各种工业及民用建筑的内外墙装饰和厨房、卫生间等防水,铸铁管件堵漏,以及黏结瓷片、面砖、马赛克、大理石、花岗岩等。

堵漏灵的主要特点有:

(1)耐盐碱、抗高低温、耐候性强。

（2）涂膜不变色、不起泡、不剥离、不脱落、不黏污、无裂纹。

（3）具有优异的耐腐蚀耐老化性能。

（4）抗折、抗压强度高，黏结力强，能与混凝土、砂浆、砖、石整体黏结。

（5）在潮湿面上施工可收到相同的防水堵漏效果。

（6）施工方法简单易行，操作简便，用水调和即可使用。

（7）无毒无味，不污染环境，不损害施工人员身体健康。

（8）在潮湿面上施工及带水堵漏，可立刻止漏。

10.7　环境建筑消防工程施工

10.7.1　室内消防工程施工

1.材料质量要求

消火栓系统管材应根据设计要求选用，一般采用镀锌钢管，管材不得有弯曲、锈蚀、重皮及凹凸不平等现象。消火栓箱体的规格类型应符合设计要求，箱体表面平整、光洁；金属箱体无锈蚀、划伤，箱门开启灵活；箱体方正，箱内配件齐全。栓阀外形规矩、无裂纹、启闭灵活、关闭严密、密封填料完好、有产品出厂合格证。

2.施工工艺

（1）安装准备。认真熟悉经消防主管部门审批的设计施工图纸，编制施工方案，进行技术、安全交底；核对有关专业图纸，查看各种管道的坐标、标高是否存在排列位置不当，及时与设计人员研究解决，办理洽商手续；检查预埋件和预留洞是否准确；检查管材、管件、阀门、设备及组件等是否符合设计要求和质量标准，要安排合理的施工顺序。

（2）干管安装。消火栓系统干管安装应根据设计要求使用管材。

① 管道在焊接前应清除接口处的浮锈、污垢及油脂；不同管径的管道焊接，连接时如两管径相差不超过小管径的15%，可将大管端部缩口与小管对焊。如果两管相差超过小管径的15%，应加工异径短管焊接。

② 管道对口焊缝上不得开口焊接支管，焊口不得安装在支架位置上；管道穿墙处不得有接口（丝接或焊接）管道穿过，伸缩缝处应有防冻措施。

③ 碳素钢管开口焊接时要错开焊缝，并使焊缝朝向易观察和维修的方向上；管道焊接时先电焊三点以上，然后检查预留口位置、方向、变径等无误后，找直、找正再焊接，紧固卡件，拆掉临时固定件。

（3）立管安装。立管安装在竖井内时，在管井内预埋铁件上安装卡件固定，立管底部的支、吊架要牢固，防止立管下坠；立管明装时每层楼板要预留孔洞，立管可随结构穿入，以减少立管接口。

（4）消火栓及支管安装。消火栓箱体要符合设计要求（其材质有木、铁和铝合金等），栓阀有单出口和双出口两种。产品均应有消防部门的制造许可证及合格证方可使用。消火栓支管要以栓阀的坐标、标高定位甩口，核定后再稳固消火栓箱，箱体找正稳固后再把栓阀安装好，栓阀侧装在箱内时应在箱门开启的一侧，箱门开启应灵活。消火栓箱体安装在轻质隔墙上时,应有加固措施。

（5）消防水泵、高位水箱和水泵接合器安装。

① 消防水泵安装。水泵的规格型号应符合设计要求,水泵应采用自灌式吸水,水泵基础按设计图纸施工,吸水管应加减振接头。加压泵可不设减振装置,但恒压泵应加减振装置,进出水口加防噪声设施,水泵出口宜加缓闭式逆止阀。水泵配管安装应在水泵定位找平正、稳固后进行。水泵设备不得承受管道的质量。安装顺序为逆止阀、阀门依次与水泵紧牢,与水泵相接配管的一片法兰先与阀门法兰紧牢,再把法兰松开取下焊接,冷却后再与阀门连接好,最后再焊与配管相接的另一管段。配管法兰应与水泵、阀门的法兰相符,阀门安装手轮方向应便于操作,标高一致,配管排列整齐。

② 高位水箱安装。应在结构封顶及塔吊拆除前就位,并应做满水试验,消防用水与其他水箱共用时应确保消防用水不被他用,留有 10 min 的消防总用水量。与生活水合用时应使水经常处于流动状态,防止水质变坏。消防出水管应加单向阀(防止消防加压时,水进入水箱)。所有水箱管口均应预制加工,如果现场开口焊接应在水箱上焊加强板。

③ 水泵接合器安装。规格应根据设计选定,有三种类型:墙壁型、地上型、地下型。其安装位置应有明显标志,阀门位置应便于操作,接合器附近不得有障碍物。安全阀应按系统工作压力定压,防止消防车加压过高破坏室内管网及部件,接合器应装有泄水阀。

（6）管道试压。消防管道试压可分层、分段进行,上水时最高点要有排气装置,高低点各装一块压力表,上满水后检查管路有无渗漏,如有法兰、阀门等部位渗漏,应在加压前紧固,升压后在出现渗漏时做好标记,卸压后处理,必要时泄水处理。试压环境温度不得低于 5 ℃,当低于 5 ℃ 时,水压试验应采取防冻措施。当系统设计工作压力等于或小于 1.0 MPa 时,水压强度试验压力应为设计工作压力的 1.5 倍,并不低于 1.4 MPa;当系统设计工作压力大于 1.0 MPa 时,水压强度试验压力应为该工作压力加 0.4 MPa。水压强度试验的测试点应设在系统管网最低点。对管网注水时,应将管网内的空气排净,并应缓慢升压,达到试验压力后,稳压 30 min,目测管网应无泄漏和无变形,且压力降不大于 0.05 MPa,水压严密性试验应在水压强度试验和管网冲洗合格后进行。试验压力应为设计工作压力,稳压 24 h,应无泄漏。试压合格后及时办理验收手续。

（7）管道冲洗。消防管道在试压完毕后可连续做冲洗工作;冲洗前先将系统中的流量减压孔板、过滤装置拆除,冲洗水质合格后重新装好,冲洗出的水要有排放去向,不得损坏其他成品。

（8）消火栓配件安装。应在交工前进行。消防水龙带应折好放在挂架上或卷实、盘紧放在箱内,消防水枪要竖放在箱体内侧,自救式水枪和软管应放在挂卡上或放在箱底部。消防水龙带与水枪快速接头的连接,应使用配套卡箍锁紧。设有电控按钮时,应注意与电气专业配合施工。

（9）系统通水调试。消防系统通水调试应达到消防部门测试规定条件。消防水泵应接通电源并已试运转,测试最不利点的消火栓的压力和流量能满足设计要求。

3.质量标准

室内消火栓系统安装完成后应取屋顶层(或水箱间内)试验消火栓和首层取两处消火栓做试射试验,达到设计要求为合格。检验方法:实地试射检查。

安装消火栓水龙带时,水龙带与水枪和快速接头绑扎好后,应根据箱内构造将水龙带挂放在箱内的挂钉、托盘或支架上。箱式消火栓的安装应符合下列规定:栓口应朝外,并不应安装在门轴侧;栓口中心距地面为 1.1 m,允许偏差 ±20 mm;阀门中心距箱侧为 140 mm,距箱后内表面为 100 mm,距箱底 120 mm,允许偏差 ±5 mm;消火栓箱体安装的垂直度允许偏差为 3 mm。检验方法为观察和尺量检查。

10.7.2　自动喷水系统施工

1.材料质量要求

自动喷水灭火系统施工前应对采用的系统组件、管件及其他设备、材料进行现场检查,并应符合下列条件:系统组件、管件及其他设备、材料应符合设计要求和国家现行有关标准的规定,并应具备出厂合格证。

喷头、报警阀、压力开关、水流指示器等主要系统组件应经国家消防产品质量监督检验中心检测合格;管材、管件应进行现场外观检查,表面应无裂纹、缩孔、夹渣、折叠和重皮;螺纹密封面应完整、无损伤、无毛刺;镀锌钢管内外表面的镀锌层不得有脱落、锈蚀等现象;非金属密封垫片应质地柔韧,无老化变质或分层现象,表面应无折损、皱纹等缺陷,法兰密封面应完整光洁,不得有毛刺及径向沟槽;螺纹法兰的螺纹应完整、无损伤。

喷头的型号、规格应符合设计要求;喷头的标高、型号、公称动作温度、制造厂及生产年月日等标志应齐全;喷头外观应无加工缺陷和机械损伤;喷头螺纹密封面应无伤痕、毛刺、缺丝或断丝的现象;闭式喷头应进行密封性能试验,并以无渗漏、无损伤为合格。试验数量宜从每批中抽查1%,但不得少于 5 只,试验压力应为3.0 MPa;试验时间不得小于 3 min。当有两只及以上不合格时,不得使用该批喷头。当仅有一只不合格时,应再抽查2%,但不得少于10 只。重新进行密封性能试验,当仍有不合格时,亦不得使用该批喷头。

阀门的型号、规格应符合设计要求;阀门及其附件应配备齐全,不得有加工缺陷和机械损伤;报警阀除应有商标、型号、规格等标志外,尚应有水流方向的永久性标志;报警阀和控制阀的阀瓣及操作机构应动作灵活,无卡涩现象;阀体内应清洁、无异物堵塞;水力警铃的铃锤应转动灵活,无阻滞现象;报警阀应逐个进行渗漏试验。试验压力应为额定工作压力的2倍,试验时间应为 5 min。阀瓣外应无渗漏;压力开关、水流指示器及水位、气压、阀门限位等自动监测装置应有清晰的铭牌、安全操作指示标志和产品说明书;水流指示器尚应有水流方向的永久性标志;安装前应逐个进行主要功能检查,不合格者不得使用。

2.施工工艺

施工准备,认真熟悉经消防主管部门审批的设计施工图纸,编制施工方案,进行技术安全交底,编制施工及施工图预算;搞好设备基础验收,核查预埋铁件和预留孔洞,落实施工现场临时设施和季节性施工措施等;组织材料、设备进场、验收入库工作,落实施工力量,搞好必要的技术培训,落实施工计划。

干立管安装,喷洒管道一般要求使用镀锌管件(干管直径在 100 mm 以上),无镀锌管件时采用法兰或卡套式连接。喷洒干管用法兰连接每根配管长度不宜超过 6 m,直管段可把几根连接在一起,使用倒链安装,但不宜过长。也可调直后,编号依次顺序吊装,吊装时,应先吊起管道一端,待稳定后再吊起另一端。管道连接紧固法兰时,检查法兰端面是否干净,采用 3 ~ 5 mm 的橡胶垫片。法兰螺栓的规格应符合规定。紧固螺栓应先紧最不利点,然后依次对称紧固。法兰接口应安装在易拆装的位置,安装必须遵循先装大口径、总管、立管,后装小口径、分支管的原则。安装过程中不可跳装、分段装,必须按顺序连续安装,以免出现段与段之间连接困难和影响管路整体性能。

报警阀组及消防接合器应设在明显、易于操作的位置,距地高度宜为 1 m 左右。报警阀处地面应有排水措施,环境温度不应低于 + 5 ℃。报警阀组装时应按产品说明书和设计要求,控制阀应有启闭指示装置,并使阀门工作处于常开状态。

支管安装时,管道的分支预留口在吊装前应先预制好。丝接的用三通定位预留口,焊接可在干管上开口焊上熟铁管箍,调直后吊装。所有预留口均加好临时堵;需要加工镀锌的管道在其他管道未安装前试压、拆除、镀锌后进行二次安装。走廊吊顶内的管道安装与通风管的位置要协调好;喷洒管道不同管径连接不宜采用补心,应采用异径管箍,弯头上不得用补心,应采用异径弯头,三通、四通处不宜采用补心,应采用异径管箍进行变径;向上喷的喷洒头有条件的可与分支干管顺序安装好。其他管道安装完后不易操作的位置也应先安装好向上喷的喷洒头。喷洒头支管安装指吊顶型喷洒头的末端一段支管,这段管不能与分支干管同时顺序完成,要与吊顶装修同步进行。吊顶龙骨装完,根据吊顶材料厚度定出喷洒头的预留口标高,按吊顶装修图确定喷洒头的坐标,使支管预留口做到位置准确。支管管径一律为 25 mm,末端用 25 mm × 15 mm 的异径管箍口,管箍口与吊顶装修层平,拉线安装。支管末端的弯头处100 mm 以内应加卡件固定,防止喷头与吊顶接触不牢,上下错动。支管装完,预留口用丝堵拧紧,准备系统试压。

分层或分区强度试验及管道冲洗时,将需要试验的分层或分区与其他地方采用盲板隔离开来,同时用丝堵将喷嘴所安装位置临时堵上。同时在分区最不利点(最低、最高点)安装压力检测表,向试压区域进水,在试水末端排空,同时检查其他地方的排空情况。当水灌满时检查系统情况,若无泄漏即升压,当升至工作压力时,应停止加压,全面检查渗漏情况,若有渗漏要及时标注并泄压处理完毕后,再重新升至工作压力,检查无渗漏,即可升至工作压力的 1.5 倍进行强度试验,稳压 30 min 后,目测管网无泄漏、无变形且压降不大于0.05 MPa 为合格;试压完毕由泄水装置进行放水,拆除与干管隔离的堵板并恢复与主管连接。管道冲洗时,喷淋管道在强度试压完毕后可启动水泵连续做冲洗工作。冲洗前先将系统中的流量减压孔板、过滤装置拆除,冲洗水质合格后重新装好,冲洗出的水要有排放走向,一般排放可使用室内排水系统进行排水。

系统严密性试验:喷洒系统试压,在封吊顶前进行系统试压,为了不影响吊顶装修进度可分层分段试压,试压完后冲洗管道,合格后可封闭吊顶。吊顶材料在管箍口处开一个30 mm 的孔,把预留口露出,吊顶装修完后把丝堵卸下安装喷洒头。

系统调试:① 水源测试,检查和核实消防水池的水位高度、容积及储水量,有消防水泵接合器的数量和供水能力,并通过移动式消防泵来做供水试验。② 消防水泵,以自动或手动方式启动消防水泵时,消防水泵应在 5 min 内投入运行,电源切换时,消防泵应在 1.5 min内投入正常运行。稳压泵模拟设计启动条件,稳压泵应立即启动,当达到系统设计压力时,稳压泵自动停止。③ 报警阀,湿式报警在其试水装置处放水,报警阀应及时动作,水力警铃应发出报警信号,水流指示器应输出报警电信号,压力开关应接通电路报警,并应启动消防水泵。干式报警开启系统试验阀、报警阀的启动时间,启动点压力,水流到试验装置出口所需时间,均要满足设计要求。干式报警当差动型报警阀上室和管网的空气压力降至供水压力的 1/8 以下时,试水装置应能连续出水,水力警铃应发出报警信号。④ 排水装置,开启主排水阀,应按系统最大设计灭火水量做排水试验,并使压力达到稳定。⑤ 联动试验,采用专用测试仪表或其他方式,对火灾自动报警系统输入模拟信号,火灾自动报警控制器应发出声光报警信号,并启动自动喷水系统。启动一只喷头或以 0.94 ~ 1.5 L/s 的流量从末端试水装置处放水,水流指示器、压力开关、水力警铃和消防水泵等应及时动作并发出相应的信号。

3.质量标准

室内喷淋灭火系统安装完毕应对系统的供水、水源、管网、喷头布置及功能等进行检查和试验,达到设计要求为合格。检验方法:观察检查,系统末端试水检测。

管网、喷头报警阀组和水力警铃、水流指示器、信号阀、自动排气阀、减压孔板和节流装置、压力开关、末端试水装置安装应符合设计要求。检验方法:观察和尺量检查。

喷头安装应符合下列规定:① 喷头安装应在系统试压、冲洗合格后进行。② 喷头安装时宜采用专用的弯头、三通。③ 喷头安装时,不得对喷头进行拆装、改动,并严禁给喷头附加任何装饰性涂层。④ 喷头安装应使用专用扳手,严禁利用喷头的框架施拧;喷头的框架、溅水盘产生变形或释放原件损伤时,应采用规格、型号相同的喷头更换。⑤ 当喷头的公称直径小于 10 mm 时,应在配水干管或配水管上安装过滤器。⑥ 安装在易受机械损伤处的喷头,应加设喷头防护罩。⑦ 喷头安装时,溅水盘与吊顶、门、窗、洞口或墙面的距离应符合设计要求。⑧ 当喷头溅水盘高于附近梁底或高于宽度小于 1.2 m 的通风管道腹面时,喷头溅水盘高于梁底的最大垂直距离应符合《自动喷水灭火系统施工及验收规范》的规定。

第 11 章　防腐工程

腐蚀可能造成巨大的资源和能源浪费,造成严重的经济损失或引发灾难性事故,造成环境污染,阻碍新技术的发展。腐蚀问题无处不在,防腐工程是整个建筑施工,特别是环境治理工程重要的施工项目,防腐的作用是保护建筑物的结构部分免受各种侵蚀,延长建筑物的寿命。

11.1　防腐方法

对于机器设备、构件和管道的外表面,最常用的防腐方法是做防腐覆盖层。由各种防腐材料组成的防腐层应与金属有良好的黏结性,并能保持连续完整;电绝缘性好,有足够的耐击穿电压和电阻率;具有良好的防水性和化学稳定性。

防腐层构造做法各不相同,常用的有柔毡防腐层、涂膜防腐层、喷涂、黏贴面层。在温度较低时,可使用硅涂料或含铝粉的硅涂料。使用温度较高时,用等离子喷涂法将耐热的氧化物、碳化物、硼化物等熔化,喷涂在金属部件表面,形成覆盖层。

11.1.1　管道内壁涂料的涂装施工

可通过手工刷涂或机械喷涂等方法,在设备的内外表面上黏合一层有机涂料覆盖层,从而将腐蚀介质与基体表面隔离开来的一种防护技术。视具体情况可采用灌涂、喷涂及硫化床等喷装方法。对于直径较大的管道,可采用喷涂方法;直径较小的管道,可采用灌涂方法,即将漆液灌入管道内,将两端堵死,经多次滚动管道后,最后倒出余漆,待干燥后再进行下次涂装,直至达到要求厚度为止。

11.1.2　管道外壁涂料的涂装施工

防腐涂料的涂刷工作宜在适宜的环境下进行,室内涂刷的温度为 20 ～ 25 ℃,相对湿度在 65% 以下;室外涂刷应无风沙和降水,涂刷温度为 5 ～ 40 ℃,相对湿度在 85% 以下,施工现场应采取放火、防雨、防冻等措施。冷底子油不得有空白、凝块和滴落等缺陷,沥青胶结材料各层间不得有气孔、裂纹、凸瘤和落入杂物等缺陷,加强包扎层应全部与沥青胶结材料紧密结合,不得形成空泡和皱褶。对管道进行严格的表面处理,清除铁锈、焊渣、毛刺、油、水等污物,必要时还要进行酸洗、磷化等表面处理。控制各种涂料的涂刷间隔时涂层质量应符合以下要求:涂层均匀、颜色一致,涂层附着牢固、无剥落、皱纹、气泡、针孔等缺陷;涂层完整、无损坏、无漏涂现象。操作区域应通风良好,必要时安装通风或除尘设备,以防止中毒事故发生。维修后的管道及设备,涂刷前必须将旧涂层清除干净;并经重新除锈或表面清理后,必须在 3 h 内涂第一层底漆才能重涂各种涂料。根据涂料的物理性质,按规定的安全技术规程进行施工,并应定期检查,及时修补。防腐层所有缺陷和在检查中破坏的部位,应在回填前彻底修补好。

11.1.3　结构层上做防腐层

常采用柔毡防腐层、涂膜防腐层、防水砂浆做防潮层或用防水砂浆砌防潮层、贴面砖等。

11.1.4　墙身防潮的施工方法

用1：2.5～1：3水泥砂浆另加占水泥质量5%的防水粉拌制成防水砂浆,在基础顶面抹30 mm厚面层,形成一道与地下水的隔断层。由于防水粉是一种颗粒微小而又不易溶于水的材料,因此可以堵塞水泥砂浆中的孔隙。在基础找平层上用防水砂浆砌筑砖墙,高度应在室内地坪以上60 mm,但以3～5皮为宜,采用与砌体同标号砂浆加5%防水粉拌制。砌筑必须砂浆饱满,并在室内侧砖表面抹防水砂浆厚不小于20 mm,施工操作简单、效果明显。

11.2　典型物件防腐

11.2.1　循环冷却水防腐与水质稳定技术

1.循环冷却水的特点

（1）腐蚀性。在经冷却塔时受到剧烈搅动,使水中溶解氧的空气大量增加,循环冷却水为氧所饱和,增加了循环冷却水的腐蚀性。

（2）结垢。循环冷却水多次重复使用,水中含盐量增高,导电性增大;难溶盐类如碳酸钙、硫酸钙等的浓度增大,容易在传热面上结垢。

（3）微生物危害。循环冷却水的温度在30～40 ℃,加上日光和水中高浓度的营养成分氮、磷、钾,有利于微生物的滋生繁殖,形成微生物危害。由于水的多次循环使用,水中无机盐类逐渐浓缩,因此产生管道内壁腐蚀、结垢等。在循环水和锅炉给水等中性介质中,腐蚀基本是由水中溶解氧和游离二氧化碳引起的,常在系统中加入氧化型或沉淀型缓蚀剂,使管道内壁形成致密的氧化膜,或具有防腐的沉淀膜,以达到防腐的目的。

2.水质稳定技术

要使水质稳定首先要解决腐蚀、结垢和微生物危害这三方面的问题。金属材料在循环冷却水中主要发生吸氧腐蚀。水垢和污泥是导致金属材料腐蚀的关键因素。水垢是指水中无机盐在金属表面沉积所形成的污垢层,如碳酸钙、硫酸钙、磷酸钙、氢氧化镁、硅垢等。污泥是水中悬浮物质发生沉积所形成的垢层。污泥是表面很滑的黏胶状物体,不含污泥的水垢一般比较硬、厚且致密,但污泥中总会含有各种无机盐沉淀和微生物。稳定水质应针对腐蚀、结垢和微生物危害这三个方面的问题对循环冷却水进行综合处理。

3.水质稳定工艺

（1）清洗。目的是去除设备表面的油污、锈皮,使表面清洁,为预膜做好准备。

（2）预膜。按预膜配方投入缓蚀剂,循环一定时间,作用是迅速形成一层均匀而致密的保护性薄膜,成膜后即可采用常规计量操作。

（3）常规处理。常规剂量加入缓蚀剂、阻垢剂和杀菌剂。

另外防腐措施可采用离子交换法或加脱氧剂等进行除氧、除垢，如在管道和锅炉的酸洗除垢中，常在酸溶液中加入吸附型缓蚀剂，此过程属酸性介质的防腐。

11.2.2　建筑物和构筑物的防护

非金属材料的腐蚀有物理腐蚀、化学腐蚀、微生物腐蚀、应力腐蚀。近年来一些给排水科研、设计和涂料生产单位根据污水处理工艺和腐蚀特点，研制生产的涂料在品种质量、应用范围方面基本上解决了污水处理中钢制产品的防腐蚀问题。人们对一些工矿装置的废气、废液、废渣和某些工业产品对混凝土的侵蚀有比较清楚的认识，并采取防腐措施，而对于非金属材料的腐蚀如混凝土工程，尤其是地下同地表面交接处混凝土基础工程的腐蚀破坏往往没有引起足够的重视。如某地炼油厂修建的循环塔钢筋混凝土框架在使用较短年限内平台及梁柱混凝土脱落露筋，地面上以 500 mm 范围内腐蚀严重，而一些惯用的防腐方法并不适用于砖及混凝土等非金属材料的腐蚀防护。

1. 钢筋混凝土的腐蚀原因

钢筋混凝土框架、塔基、容器、柱高出地面以上部分，均受气相、液相和冻融循环介质的作用，外露混凝土极易被侵蚀而松散脱落；梁、顶板及顶棚主要受气相介质的侵蚀，在介质、外界温度及湿度等因素影响下，介质附着物通过裂缝和微孔浸入至钢筋表面，降低了构件承载力；各类地面及平台主要受液相腐蚀介质作用，在介质与环境潮湿条件下多次冻胀松脱损坏。

最主要的腐蚀介质是酸、碱、盐类等，侵蚀原理和方式各有不同。酸介质首先破坏混凝土保护层进而破坏钢筋钝化膜使钢筋腐蚀；在干湿交替环境中因含有盐类介质的水浸入混凝土内部产生结晶而体积膨胀，在内部产生应力，使混凝土逐渐剥落，钢筋外露造成腐蚀；各种有害介质对钢筋混凝土的腐蚀，主要表现在对结构混凝土和钢筋的腐蚀破坏。

由于金属表面不均相的化学状态，电化作用使金属表面结构遭到破坏，因此钢筋及金属表面锈蚀，这种锈蚀和干电池外壳的腐蚀状况一样。混凝土虽然自身有较强的碱性，对钢筋有一定保护作用，但外部较多的碱介质逐渐侵入后，尤其在潮湿环境中由于交替作用混凝土易遭到破坏。酸、碱、盐介质的腐蚀过程不尽相同，但其破坏的最终结果是相似的，都是通过构件表面的微小细孔和裂缝向内渗透并发生作用而生成结晶盐，或使混凝土产生内应力进而使钢筋生锈膨胀、酥松、开裂、降低强度，使结构丧失和承载力遭受破坏。国家现行的《工业建筑防腐蚀设计规范》（GB 50046—2008）规定了对钢筋混凝土结构设计防腐蚀措施。实际上腐蚀介质对具体结构设防是十分复杂的，很难完全针对构件受侵蚀状况提供准确的限制措施。钢筋混凝土结构耐久性的关键是如何预防腐蚀，首先应针对结构的腐蚀特征进行预防，然后就结构自身形式采取具体处理措施。

2. 钢筋混凝土腐蚀防治措施

（1）提高混凝土自身耐腐蚀性能，增强构件本身的耐腐蚀能力是不容忽视的保证措施。

① 提高混凝土的密实度。施工结构的密实度与混凝土的强度等级、水灰比大小关系密切。强度高、空隙小，则混凝土中性化速度缓慢；防腐混凝土强度等级一般不应低于 C30。

水灰比小,则混凝土的密实性好;处于水位变化,多次干湿交替或冻融的结构,宜采用抗硫酸盐水泥、矿渣水泥或矾土水泥,或采用铝酸三钙质量分数小于6%的425号以上硅酸盐或普通硅酸盐水泥,以提高结构设计强度等级。

②适当加大保护层厚度。在干湿交替环境中保护层厚度应增加5～10mm;对处于特殊介质环境中的结构,宜将厚度增加至15～25mm,并应在表面涂刷保护层以阻止介质的直接侵蚀并减缓腐蚀速度。在设计施工时,加大保护层厚度不应采用降低原构件断面高度的方式,否则会降低构件刚度而加速裂缝开裂。

③限制裂缝宽度。混凝土结构的各种裂缝是难以避免的,但采取措施限制表面裂缝宽度或采用无裂缝结构形式对防止侵蚀的作用重大。

④提高混凝土中的pH。试验证明,当pH≥12时,钢筋不会锈蚀;当pH≤11.5时,钢筋开始锈蚀。

⑤适当加入复合外加剂,互相发挥作用,减少锈蚀。针对氯离子破坏钢筋,可渗入适量的阻锈剂,如亚硝酸盐或重铬酸盐等。

⑥钢筋表面防腐蚀和选用不同钢材有关。选用合金材料或在金属表面覆盖保护层,如油漆、油脂等,电镀Zn、Cr等易氧化物质以形成致密的氧化物薄膜作为保护层。

(2)结构外部采取涂刷包裹防腐。

①涂层防腐。在混凝土结构表面涂刷各种耐腐蚀涂料。常用的如氯碳化聚乙烯防酸盐碱涂料、沥青漆、环氧涂层煤焦油等防腐涂刷材料。

②板块材贴面防腐。在混凝土结构的防腐蚀部位用耐腐蚀胶泥贴一层耐腐板块。常用的板块材有耐酸陶瓷板、花岗岩板、铸石板、耐酸缸砖等;常用粘贴材料有沥青胶泥、沥青砂浆、硫黄胶泥、砂浆及水玻璃胶泥等。

③卷材贴面防腐。一般基础采用一毡二油或二毡三油防腐,重要工程的外露部位贴2～3层玻璃钢,利用卷材把结构同外部腐蚀土壤或地下水隔离。

④抹面防腐。在普通混凝土结构表面抹一层耐腐蚀胶泥或砂浆,常用的材料是环氧煤焦油胶泥、树脂胶泥或砂浆等。

除此之外,还要加强清除骨料中的有害杂质,特别是骨料中的可熔盐类结晶体等。在施工方法和养护方法上也要加强管理,保证其耐腐蚀质量。

3.砖砌体腐蚀的原因

(1)勒脚腐蚀。地处土壤盐碱干旱和地下水位较高的场所,砖砌体无论是清水还是浑水墙体,腐蚀和粉化的情况都比较严重,粉化脱落多发生在墙基以上的勒脚部位,最高为600mm。被粉化的砖墙呈层层松散状态,而抹面墙皮即胀挠起壳,内存很厚的粉末,稍有振动触及粉末即大量脱落。腐蚀较轻的建筑交付使用几年,墙体被粉化得凸凹不平,有的竣工后几个月就掉皮脱落,严重的则危及建筑物的使用寿命和安全。

(2)砖墙表面腐蚀。砖墙腐蚀的主要原因是砖内水泥及水中含有较多的可溶性盐碱类,水分的蒸发将这些碱类溶解并析出,但如果是干燥的墙面则不会腐蚀粉化。砖墙腐蚀多见于以下情况:由于地下水位较高或地表水、室内水池渗漏管线破裂造成地面积水且未及时排除;室内地面高于室外,冲洗地面使回填土内水分饱和;墙基防潮措施设置不合理或因没有采取措施而使地下水、雨水、地表水及雨雪融化的水不断湿润勒脚处,长时间后沿砖墙内毛细孔渗透到墙身内,使地面1m以内的墙体受潮。

4.砖砌体腐蚀的防治措施

防腐措施常用防水砂浆作为防潮层,用防水砂浆砌防潮层、柔毡防潮层、贴面砖等。防腐先防水,采用刚性、柔性或刚柔结合的防水层即可达到防腐目的。

11.2.3　采用防腐蚀新工艺、新技术

随着科研成果的不断涌现,防腐蚀工艺也将随之改进。只要按质量标准施工,采取严格的防腐措施,大胆采用防腐蚀新工艺、新材料、新技术,危害建筑物、管线安全运行的腐蚀破坏就可以降低到最低限度。

11.2.4　金属防腐

1.金属腐蚀

设备、管道不论是敷设在地上还是地下,都要受到管内外输送介质、外界水、空气或其他腐蚀因素的作用。土壤中的有害物质、地下水侵蚀、防护绝缘层损坏都会在外壁上形成充气电池,并有直流电从管道泄漏到土壤中,这种直流电泄漏造成了管道的电化学腐蚀,这是金属管道腐蚀破坏最基本的腐蚀原理。

在腐蚀机理中最常见的腐蚀是电化学腐蚀,金属置于电解质溶液中,金属表面上形成的水膜并不是纯净的水,而是某种意义上的电解质溶液,由于水分子的极性作用,某些金属正离子脱离金属进入电解质溶液,从而使金属带负电,而紧靠金属表面的溶液层带正电,形成"双电层"。金属–溶液界面上双层电的建立,使金属与溶液间产生电位差,这种电位差称为该金属在该溶液中的电极电位。金属电极电位的排列顺序称为电动序,在金属的电动序中,氢的标准电极电位为零,比氢的标准电极电位低的金属称为负电性金属,否则为正电性金属。负电性越强的金属,越易腐蚀;正电性越强的金属,越耐腐蚀。

2.金属设备防护

电化学保护是根据金属的电化学腐蚀原理对金属设备进行保护的一种有效方法。阴极保护的原理就是向被保护的金属通入阴极电流,使被保护的金属设备发生阴极化以减小或防止阳极的溶解速度,使腐蚀电流降为零,从而保护金属免遭电化学腐蚀。

3.电化学保护分类

按照作用原理不同,分为外加电流的阴极保护和牺牲阳极的阴极保护。

(1)外加电流的阴极保护。将被保护管道与外加的直流电源的负极相连,把另一辅助阳极接到电源的正极,外加电流在管道和辅助阳极间建立了较大的电位差。凡是能产生直流电的电源都可以作为阴极保护的电源,如蓄电池、直流发电机、整流器、恒电位仪、太阳能电池、风力发电等。但在实际运行中,金属管道的电极电位往往受土壤温度、含水量、含盐量、高压输电线路干扰等因素的影响,使管道自然电位发生变化;为了使管道电极电位不变或变化甚小,必须采用恒电位仪对不断变化的电源电压进行自动控制,以调节电压。

优点:可用在要求大保护电流的条件下,保护距离长,当使用不溶性阳极时,其装置耐用,便于调节电流和电压,使用范围广;主要用于防止土壤、海水及水中金属设备的腐蚀。

缺点:须经常维护、检修,要配备直流电源设备;附近有其他金属设备时还可能产生干扰腐蚀,需要经常操作,成本高、工艺复杂。

(2) 牺牲阳极的阴极保护。即在待保护的金属管道上,连接一种电位更低的金属或合金,从而形成一个新的腐蚀电池。让被保护金属做正极,不反应,起到保护作用;而活泼金属反应,受到腐蚀。如用牺牲镁块的方法来防止地下钢铁管道的腐蚀。

优点:不用外加电流;施工简单,管理方便,对附近设备没有干扰,适用于安装电源困难、需要局部保护的场合。

缺点:只适用于需要小保护电流的场合,且电流调节困难,阳极消耗大,需定期更换。

无论是采用哪种保护方法,都是依靠消除管道的阳极区,使产生的电流大到足以克服和抵消腐蚀电流,即腐蚀电流等于零,从而停止金属腐蚀。在恶劣条件下采用电化学保护是有效的方法。

4.埋地管道腐蚀的原因

土壤是一种腐蚀性电解质,金属在土壤中的腐蚀属于电化学腐蚀。土壤是多相结构,含有多种无机和有机物质,这些物质的种类和含量既影响土壤的酸碱性,又影响土壤的导电性。土壤是不均匀的,因而长距离地下管道和大尺寸地下设施,其各个部位接触的土壤的结构和性质变化大。还有大量微生物,对金属腐蚀起加速作用。土壤对钢管的腐蚀程度可用土壤电阻率、含盐量、含水量、极化电流密度的大小来衡量。

埋地管道腐蚀的主要原因是外部腐蚀,影响土壤腐蚀性的主要因素如下:

(1) 环境腐蚀介质的含量。腐蚀介质含量越高,金属越易腐蚀;含水量既影响土壤导电性又影响含氧量。氧的含量对金属的土壤腐蚀有很大影响。土壤的腐蚀性越大,金属越易腐蚀;土壤越干燥,含盐量越少,土壤电阻率越大;土壤越潮湿,含盐量越多,土壤电阻率就越小,随电阻率减小,土壤腐蚀性增强。pH越低,土壤腐蚀性越强。

(2) 杂散电流是指直流电源设备漏电进入土壤产生的电流,可对地下管道、贮罐、电缆等金属设施造成严重的腐蚀破坏。埋地管道的杂散电流越强,管道的腐蚀性越强。

(3) 较大且直径大的钢管由于自重大,造成管线下部与石块等硬物接触部位的防腐层破损;进池套管柔性接口拉松及弯头处防腐层损伤;回填土时还易使被埋钢管自身下沉;或是回填土中含有大量石块、砖块及小铁件,使防腐层破损,个别大石块穿透防腐层将管外壁砸成坑,造成防腐层破坏。

5.埋地管道防腐措施

为消除腐蚀根源应采用一些防治措施:

(1) 根据输送介质腐蚀性的大小,正确地选用管材。有色金属较黑色金属耐腐蚀,不锈钢较有色金属耐腐蚀,非金属管较金属管耐腐蚀;腐蚀性大时,宜选用耐腐蚀的管材,如不锈钢管、塑料管、陶瓷管等。

(2) 覆盖层保护。对于主要防护管子外壁腐蚀时,常用防水性和耐蚀性好的防腐绝缘层,如石油沥青层有良好的防水性和耐蚀性。环氧煤焦沥青耐蚀性很好,但毒性大。塑料黏结带适宜长距离管道的现场机械化施工,但费用较高。常用防腐层还有:聚乙烯黏带、塑料环氧粉末、聚氨酯泡沫塑料等防腐层。

(3) 减小土壤的腐蚀性。加强排水,保持土壤干燥。在酸性土壤阶段,可以再钢管周围填充石灰石碎块。在埋置管道时用腐蚀性较小的土壤回填。

(4) 地下管道的阴极保护可采用牺牲阳极保护法,也可以采用外加电流保护法。

（5）控制杂散电流的方法。① 直流电源要加强绝缘,不使电流进入土壤。② 改善管道绝缘质量。③ 将受干扰的管道与被保护的管道连接起来,共同保护。在多管道地区最好采用多个阳极站,每个站的保护电流较小,以缩小保护电流范围。④ 用深井阳极。⑤ 采取排流措施。

实践证明,在强腐蚀性环境中的管线,单一的防腐措施有时会因种种原因而失效,而两种以上防腐方法的结合效果较好。阴极保护和涂料联合是保护地下钢铁管道最经济有效的方法。

6.输送酸、碱、盐类流体的防腐

对于各种管道来说,外部防腐蚀是保证质量的关键,对有酸碱介质的容器和管道,内部防腐蚀的质量更为重要。管道的内部腐蚀,主要是由输送的油、气、水中存在的大量腐蚀介质(如二氧化碳、硫化氢、氧、水及酸、碱等)在管道表面冲刷接触造成。在低洼多水处埋设管道,则应采取内外双涂防腐蚀措施,以防止泄露和减少维修次数。

对于既承受压力,输送介质的腐蚀性又很大时,宜选用内衬耐腐蚀衬里的复合钢管,通常在管道内壁衬铅、橡胶、搪瓷、聚四氟乙烯等衬里。对大口径钢管内壁多采用水泥砂浆内衬。管道连接处可采用柔性卡箍以代替焊接,这样单根管道内涂比较容易进行。

（1）玻璃钢衬里。利用玻璃纤维的增强、黏合树脂的耐蚀作用,增加涂层厚度、增加涂层机械性能,具有较高的机械强度和整体性、耐蚀性高。

（2）橡胶衬里。有良好的物理、机械、耐蚀和耐磨性能;黏附力强、施工容易、检修方便、衬后设备增重少等特点。常用丁苯橡胶、氯丁橡胶、丁腈橡胶、丁基橡胶和磺化聚乙烯橡胶等合成橡胶。

（3）用缓蚀剂防止管道内壁腐蚀。缓蚀剂是一种在很低的浓度下,能阻止或减缓金属在腐蚀性介质中腐蚀速度的化学物质或复合物。

缓蚀剂的缓蚀原理有:

① 吸附理论。极性基团定向吸附排列在金属的表面,形成连续吸附层,使金属与腐蚀介质隔离,起到缓蚀作用。

② 成膜理论。分子与金属或腐蚀性介质的离子发生化学作用,在金属表面生成具有保护作用的、不溶或难溶的化合物膜层,起到缓蚀作用。

③ 电极过程抑制理论。抑制金属在介质中形成腐蚀电池的阳极过程、阴极过程或同时抑制这两个过程,使腐蚀速度减慢,起到缓蚀的作用。缓蚀剂种类有:水溶性缓蚀剂,可作为酸、碱、盐及中性水溶液介质的缓蚀剂;油溶性缓蚀剂,溶解在油、脂中制成各种防锈油、防锈脂;气相缓蚀剂,用作密闭包装中的缓蚀剂。影响缓蚀作用的因素是缓蚀剂浓度、温度、介质流速、pH 等。缓蚀剂的应用必须具备的条件应为缓蚀剂用量极少、防腐蚀效果好、不改变介质的其他化学性质。

（4）室外管道长期输水后,水管内壁产生锈蚀和细菌腐蚀,不仅污染水质,而且增加粗糙度,从而影响输水量,通常宜在室外给水钢管内壁均匀地涂膜一层水泥砂浆(或聚合物水泥砂浆涂料)进行防腐,大口径管子用离心法涂衬,小口径管子用挤压法涂衬。

（5）增加均质地,使污水在池中停留时间延长,管线进出排水时间减少;一些污水需自流进池,均采取地下增大坡度的措施,使管内流速加快;大直径管线下增设支墩,减少自重的影响;加大防腐层的设计厚度,由原一般防腐改为特强级防腐。

7.大气腐蚀与防护

空气相对湿度对金属的大气腐蚀也有重要影响,空气中氧的质量分数约23%,是大量的也是主要的腐蚀剂,直接参与金属的腐蚀反应。大气腐蚀属于电化学腐蚀范畴,架空管道的腐蚀主要是大气腐蚀。

大气腐蚀的影响因素主要有两个:一是气候条件,主要有湿度、降水量、温度、日照量。二是大气污染物质,主要有二氧化硫,能强烈促进钢铁的大气腐蚀;盐粒,溶解于金属表面水膜,增加吸湿性和导电性,氯离子还具有强腐蚀性;烟尘,落在金属表面,能吸附腐蚀性物质,或者在金属表面上形成缝隙,增加水汽凝聚。

大气腐蚀的防腐措施主要是根据不同使用环境、条件等因素来选择涂料及管道涂层可采用的涂料品种。或在室外架空管道、半通行或不通行地沟内明设管道以及室内的冷水管道,应选用具有防潮耐水性能的涂料,其底漆可用红丹油性防锈漆,面漆可用各色酚醛磁漆、各色醇酸磁漆或沥青漆;输油管道应选用耐油性较好的各色醇酸磁漆。

8.水下管道和海洋设施的防腐

自然界几乎不存在纯水,特别是海水中含有多种盐类,是电解质溶液,由于海水导电性好,腐蚀电池的电阻小,因此异金属接触能造成阳极性金属发生显著的电偶腐蚀破坏。海水中含大量氯离子,容易造成金属钝态局部破坏。另外还含有生物、溶解的气体有机物等,海洋上空大气温度高并含有盐雾,其腐蚀要比内陆严重。

为保护水下管道特别是海水下的管道,在选材、设计和施工中要避免造成电偶腐蚀和缝隙腐蚀。与高流速海水接触的设备(泵、推进器、海水冷却器等)要避免湍流腐蚀和空泡腐蚀。防腐应选用耐蚀性强、价格又适当的管材,如涂塑料管、铝及铝合金管、钛及钛合金管等。如果采用钢制管道,外表面应做适应于高盐、高碱等严酷环境中的防腐层,如环氧粉末防腐层。根据阴极保护的原理,钢制管道可采用阴极保护方法控制管道的腐蚀。阴极保护与涂料联合应用是最有效的防护方法。现在海洋船舶、军舰普遍采用这种防护方法。

9.高温气体腐蚀剂防护

金属设备和部件在高温气体介质中发生的腐蚀称为高温气体腐蚀。加热炉炉管和锅炉炉管、氨合成塔内件、石油裂解和加氢装置,以及轧钢、工件热处理都会发生高温气体腐蚀。金属不仅在氧气和空气中可以发生高温氧化,在氧化性气体二氧化碳、水蒸气、二氧化硫中也可以发生高温氧化,如高温蒸汽及供暖管道。这种腐蚀主要是由水中溶解氧、氯离子及溶解盐类引起的腐蚀。

防腐措施有三个方面,分别是对材料进行合金化、覆盖层以及控制气体的组成。

(1)合金化。提高抗高温氧化性能,在碳钢中加入铬、铝和硅;减少脱碳倾向,碳钢中加入钼和钨;防止氢腐蚀,降低钢中含碳量。

(2)覆盖层。渗镀有渗铝、渗铬、渗硅,以及铬铝硅三元共渗;非金属覆盖层,在温度较低时,可使用硅涂料或含铝粉的硅涂料。使用温度较高时,用等离子喷涂方法将耐热的氧化物、碳化物、硼化物等熔化,喷涂在金属部件表面,形成耐高温的陶瓷覆盖层,可达到抗高温氧化的目的。

（3）控制气体组成。降低烟道气中的过剩氧含量,使二氧化碳、一氧化碳、水、硫化氢、氧气保持一定比例,烟气呈近中性。采用保护性气氛（钢材热处理）,常用的保护气体有氩、氮、氢、一氧化碳、甲烷等。氩是惰性气体,作为保护气体十分理想。

第 12 章　环境工程机械设备安装

12.1　机械设备安装基础

12.1.1　机械设备安装

随着环保技术日新月异的发展,环保设备安装的产品繁多,工序变化大,在环境工程项目中的复杂程度有很大提高,这就要求设备安装在技术上、管理上也要相应提高。

1.机械设备安装的类型

环保设备大体可分为机械设备和静置设备。机械设备安装施工是这类机械产品的最后一道工序,即将散装的零部件组装成完整的产品,并进行性能测试和试运转。静置设备可分为静置整体安装、静置设备的组成及安装和静置设备现场制作安装三种情况。

2.机械设备安装的一般工序

尽管环保设备的种类繁多,其结构、性能各有不同,但安装工序基本相同,即设备开箱检查与验收、起重与搬运、基础验收放线和设备划线、设备就位、找平找正、设备固定、拆卸、清洗、装配、联运运转和交工验收等。

12.1.2　机械设备安装的准备工作

1.组织准备

在进行一项大型设备的安装前,应根据当时的情况,结合具体条件成立适当的组织机构。例如:在施工的管理上,成立联合办公室、质量检查组等;在安装工作上,成立材料组、吊运组、安装组等,以使安装工作有计划、有步骤地进行,并且分工明确、紧密协作。

技术准备:

(1)准备好所用的技术资料,如施工图、设备图、说明书、工艺卡和操作规程等。

(2)熟悉技术资料,领会设计理念,发现图样中的错误和不合理之处要及时提出并加以解决。

(3)了解设备的结构、特点和与其他设备之间的关系,确定安装步骤和操作方法。

2.工具、材料准备

工具准备:根据图样和设备的安装要求,便可明确需要何种特殊工具,其精度和规格如何;一般工具需求量;还需要哪些起重运输工具、检验和测量工具等。

材料准备:安装时所用的材料(如垫铁、棉纱、布头、煤油、润滑油等)也要事先准备好。

3.设备的开箱、清点和保管

开箱:设备开箱时应注意使用合适的工具,不能用力过猛,以免损伤设备及伤及他人。

对于装小件的箱,可只拆去箱盖,等清点零件完毕后,仍将零件放回箱内,以便于保管;对于装大件的箱,可将箱盖和箱侧壁拆去,设备仍置于箱底,这样可防止设备受震并起到保护作用。

清点:设备安装前,要和供货方一起进行设备的清点和检查。清点后应做好记录,填写好"设备开箱检查记录单",并且要求双方人员签字。设备的清查工作主要有以下几点:

(1) 设备表面及包装情况。

(2) 设备装箱单、出厂合格证等技术文件。

(3) 根据装箱单清点时,首先应该核实设备的名称、型号和规格,必要时应对照设备图样进行检查。

(4) 清点设备的零件、部件、随机附件、备件、附属材料工具是否齐全。

(5) 检查设备的外观质量,如有缺陷、损伤和锈蚀等情况,应填入记录单中,并进行研究处理。

保管:安装单位在设备开箱检查后,应对设备及其零件妥善保管,应做到以下几点:

(1) 设备开箱后,进行编号、分类,一般不得露天放置,以免设备损伤和遭受雨、灰、沙的侵害。

(2) 暂时不安装的设备和零件,应把已检查过的精加工面重新涂油,以免锈蚀;并采取保护措施,以防擦伤和损坏。

(3) 设备及其零部件,不应直接放置在地面上,应在地上垫纸或布,最好置于木板架上。

(4) 零部件的堆放应按照安装顺序进行堆放,先安装的应放在外面或上面,后安装的应放在里面或下面。

(5) 设备上的易碎、易丢失的小零件、贵重仪表和材料均应单独保管,但要注意编号,以免混淆和丢失。

设备基础的检查和处理:机械设备都需要坚固的基础。设备的基础一般由土建单位施工,基础质量的好坏对设备的安装、运转和使用有很大的影响。因此,在设备安装之前,必须对基础进行严格的检验,发现问题及时处理。

中心标版和基准点的埋设:

(1) 中心标版。中心标版是在浇灌基础时,在设备两端的基础表面中心线上埋设的两块一定长度(为 150 ～ 200 mm) 的型钢,并标上中心线点。

(2) 基准点。在新安装设备的基础上埋设坚固的金属件(通常用 50 ～ 60 mm 长的铆钉),并根据现场的标准点测出它的标高,作为安装设备时测量标高的依据。

4.基础的检验和处理

(1) 基础的检验。对设备基础强度的检验,小型设备的基础可用钢球撞痕法进行测定。大型设备的基础需要进行预压试验(压力试验),由土建部门实施,安装单位协助。设备一般应等到混凝土强度达到 60% 以上时安装;但设备的精平调整则须等基础达到设计强度并拧紧地脚螺栓后方可进行。

(2) 基础的处理。

① 当基础标高层过高时,可用錾子铲低;过低时,可用錾子将原基础表面铲成麻面,用水冲洗后,再补灌原标号的混凝土。

② 当基础中心偏差过大时,可通过改变地脚螺栓的位置来补救。

③ 预埋的地脚螺栓,如果是一次灌浆,并且地脚螺栓中心偏差很小时,可把螺栓用气焊烧红后敲移到正确的位置上;地脚螺栓中心偏差过大时,对较小的地脚螺栓可挖出来进行二次灌浆,对较大的螺栓可在其周围凿到一定深度后隔断,中间夹板上钢板(其宽度等于偏差的距离尺寸)焊牢。二次灌浆的基础螺栓孔偏差过大时,可扩大预留螺栓孔。

12.1.3　机械设备安装的方法

1.设备的定位

设备定位的基本原则是要满足环保工艺的需要,并在此基础上考虑维护、修理、技术安全、工序间的配合及运输方便等因素。设备现场的安装位置、排列、标高以及立体、平面间的相互距离等,应符合设备平面布置图和安装施工图的规定。需要调整时,应视运行方式的不同考虑以下几点:

(1) 符合处理对象特点及环保工艺过程的要求。

(2) 设备排列整齐、美观,相互间距离符合设计资料的规定。

(3) 符合技术安全要求,并需要有过道、运输通道,以便顺利运送材料、工件及安装和拆卸设备。

(4) 操作、修理、维护方便,并留有一定的空间,以便堆放材料、工件和工具箱等。

(5) 检测设备与运行设备之间的距离一定要以不影响检测精度为原则。

(6) 工艺设备、辅助设备、运输设备、通风设备、管道系统等相互之间应密切配合;辅助设备、运输设备等要服从主要设备。

(7) 设备定位的基准线,要以现场的纵横中心线或墙的垂直面为基准。纵横中心线的偏差为 ±10 mm。设备在平面上的位置对基准线的距离及其相互位置的极限偏差应符合规定。

(8) 设备安装标高的极限偏差应符合设计图样或设备说明书中的规定。

(9) 设备定位的测量起点,若施工图或平面图有明确规定,应按图上规定执行;若只有轮廓形状,应以设备真实形状的最外点算起。

2.浇灌砂浆

每台设备安放完毕,通过严格检查符合安装技术标准,并经有关单位审查合格后,即可进行二次灌浆。所谓二次灌浆,就是将设备底座与基础表面的空隙及地脚螺栓孔用混凝土或砂浆灌满。其作用之一是固定垫铁(可调垫铁的活动部分不能浇固);另一作用是可以承受设备的负荷,有减震要求的设备不与砂浆面接触。

(1) 二次灌浆的操作要点。

① 灌浆前,要把灌浆处用水冲洗干净,以保证新浇混凝土或砂浆与原混凝土结合牢固。

② 灌浆一般采用细石混凝土或水泥砂浆,其标号至少应比原混凝土标号高一级。

③ 灌浆时,应放一圈外模板,其边缘距设备底座边缘一般不小于 60 mm;如果设备底座下的整个面积不必全部灌浆,而且灌浆层需要承受设备负荷时,还要放内模板,以保证灌浆层的质量。内模板到设备底座外缘的距离应大于 100 mm,同时也不能小于底座面边宽。灌

浆层的高度,在底座外面应高于底座的底面。灌浆层的上表面应略有坡度,以防油、水流入设备底座。

④灌浆工作要连续进行,不能中断,要一次灌完。混凝土或砂浆要分层捣实。

⑤灌浆后,要洒水保养,养护日期不少于一周。待混凝土养护达到其强度的 75% 以上时,才允许拧紧地脚螺栓。

(2)压浆法。为了使垫铁和设备底座底面、灌浆层接触更好,可采用压浆法。其操作方法如下:

①先在地脚螺栓上电焊一根小圆钢作为支撑垫铁的托架。电焊的强度以保证压浆时能胀脱为度。

②将焊有小圆钢的地脚螺栓串入设备底座的螺栓孔。

③设备用临时垫铁组初步找正。

④将调整垫铁的升降块调至最低位置,并将垫铁放在小圆钢上,将地脚螺栓的螺母稍稍拧紧,使垫铁与设备底座紧密接触,暂时固定在正确位置上。

⑤灌浆时,一般应先灌满地脚螺栓孔,待混凝土达到规定强度的 75% 以后,再灌垫铁下面的压浆层,压浆层的厚度一般为 30 ~ 50 mm。

⑥压浆层达到初凝后期(手指压,还能略有凹印) 时,调整升降块,胀脱小圆钢,将压浆层压紧。

⑦压浆层达到规定强度的 75% 后,拆除临时垫铁组,进行设备最后的找正。

⑧当不能利用地脚螺栓支承调整垫铁时,可采用螺钉或斜垫支承调整垫铁。待压浆层达到初凝后期时,松开调整螺钉或拆除斜垫铁,调整升降块,将压浆层压紧。

3.设备的安装方法

机械设备的安装在环境工程中非常重要,在环境工程中常用的机械设备安装方法有 3 种,它们分别是整体安装法、座浆安装法和无垫铁安装法。

(1)整体安装法。某些设备的安装可采用整体安装法。整体安装法的优点是可以减少不必要的拆装作业,提高工作效率,缩短安装周期。整体安装法的适用范围很广,对于高空设备、小型单动设备的安装以及各种槽、罐、塔等的安装都有很好的效果。

(2)座浆安装法。该法是在混凝土基础放置设备垫铁的位置上凿一个锅底形的凹坑,然后浇灌无收缩混凝土或水泥砂浆,并在其上放置垫铁,用水准仪和水平仪调好标高和水平度,养护 1 ~ 3 天后进行设备安装的一种新工艺。

(3)无垫铁安装法。该法是一种新的施工方法,由于它和有垫铁安装相比具有许多优点,所以在机械设备安装中得到了推广。采用这种方法不仅可以提高安装质量和效率,而且可以节约劳动力和钢材。

在环境工程施工中,无垫铁安装法根据拆除斜铁和垫铁的早晚还可以进行分类,主要可以分为以下两种情况:

①混凝土早期强度承压法。它是当二次灌浆层凝固后,即将斜铁和垫铁拆去,待混凝土达到一定强度后,才把地脚螺栓拧紧。

②混凝土强度后期承压法。它是当二次灌浆层养护期满后,才拆去斜铁和垫铁并拧紧地脚螺栓。这种方法由于养护期较长,混凝土强度较高,其弹性模量较大,在压力作用下,其变形较小。这种方法一般适用于水平度要求不太严格的设备安装。

安装过程:无垫铁安装法和有垫铁安装法大致相同。所不同的是无垫铁安装法的找正、找平、找标高的调整工作是利用斜铁和垫铁进行的;而当调整工作做完后拧紧地脚螺栓,即进行二次灌浆;当二次灌浆层达到要求强度后,便把斜铁和垫铁拆去;再将其空出的位置灌以水泥砂浆,并再次拧紧地脚螺栓,同时复查标高、水平度和中心线。

安装注意事项:无垫铁安装法必须根据安装人员技术的熟练程度和设备的具体情况认真考虑后选用,并且还要得到土建部门的密切配合。

无垫铁安装法所用的找平工具为斜铁和平垫铁。安装前,设备的基础应经过验收,垫斜铁处应铲平,平垫铁厚度根据标高而定。设备底座为空心者,应设法在安装前灌满浆,或在二次灌浆时采用压力灌浆法。设备找正、找平后,用力拧紧地脚螺栓的螺母,将斜铁压紧。安装完到二次灌浆的时间间隔,不应超过 24 h;如果超过,在灌浆前应重新检查。灌浆前在斜铁周围要支上木模箱,以便以后取出斜铁。灌浆时,应用力捣实水泥砂浆。等到二次灌浆层达到要求强度后,才允许抽出斜铁。

12.1.4 自控系统安装

设备现场开箱检查需要业主、监理、施工单位及有关方面人员一起进行检验,严格按照施工图纸及有关合同对产品的型号、规格、铭牌参数、厂家、数量及产品合格证书做好检查记录。安装前认真消化施工图和设备的技术资料,对每台设备进行单体校验和性能检查,如耐压、绝缘、尺寸偏差等。

1.电缆的敷设

(1)电缆敷设前必须进行绝缘电阻测试,并将测试结果记录保存。

(2)按施工图及相关规范,将动力和信号电缆分开敷设,保持安全距离,防止电磁干扰。铠装、屏蔽电缆的敷设要保证铠装、屏蔽层不受损坏,铠装、屏蔽层单端接地良好。

(3)电缆敷设中的隐蔽工程必须有完整的记录。电缆两端必须挂电缆标牌。

(4)应注意电缆通路及电缆保护管的密封。电缆敷设及接线时应留有余量(20 ~ 50 cm),接线时芯线上应套有号码管,多芯电缆备用芯线应接地。

(5)电缆敷设不得交叉打扭,电缆必须固定牢靠。

(6)电缆沟两头,转弯及每隔 40 m 处均设电缆标志桩,标明电缆编号、型号及走向。

(7)自控电缆敷设应执行输入、输出分开,数字信号、模拟信号分开的配线和敷设原则。

2.电气设备的安装

(1)在土建施工过程中应加强协调,确保预留、预埋、平面位置、标高及各项土建尺寸达到要求。

(2)与当地供电部门取得联系,了解有关规定和要求,并征得其对电气设备安装方案的确认。

(3)清理好设备安装现场及搬运线路周围的障碍物。搬运及安装过程中,应有防震、防潮、防柜体受损的保护措施。

(4)基础槽钢与基础预埋件要焊接牢固。基础槽钢的水平度和弯曲度均不大于1 mm/m。

（5）将屏柜按图纸排列就位。调整柜、屏的柜顶平直度和柜面平直度（不大于5 mm）及柜缝。屏柜与基础槽钢间用地脚螺栓牢固固定，并可靠接地。

（6）所有二次接线必须照图施工、接地正确、牢固可靠，所配导线的端部应标明回路编号。配线工艺规范、美观、绑扎牢固，绝缘性好，无损伤现象。

（7）电缆接头工艺规范、美观，铠装电缆的钢带不应进入盘、柜、箱内，铠装钢带的切断处应绑扎，并做好接地。电缆头上应绑扎电缆标牌。

（8）柜、盘、箱的电缆穿线孔洞应封堵严实。

（9）按设计图及接地装置安装施工规范的要求，做好接地的安装和接地电阻的测试及记录。

3. 自控设备的安装

（1）自控设备的安装一般在工艺设备安装量完成80%后开始进行。

（2）严格按照施工图、产品说明书及有关的技术标准进行设备的安装调试。进场后首先开展的工作应该是取源部件的安装，特别是工艺管道上取源部件的安置，如取源接头、取压接头及流量测量元件等。取源点、取压点及流量检测元件的安装位置应该满足设计要求，不影响工艺管道、设备的吹扫、冲洗机试压工作。

（3）自控系统安装要求高，仪表属于精密贵重的测量设备，因此应该注意仪表设备（含传感、变送器）的保护。在仪表设备整体的安装前应首先做好准备工作，如配电缆保护管、制作安装仪表支架、安装仪表保护箱等。

（4）在工艺设备、土建专业的安装工作基本结束后，在现场比较有序的情况下，在仪表控制系统或工艺系统联调前进行仪表设备本体的安装。

（5）隐蔽工程，接地工程应认真做好施工及测试记录，接地线埋设深度和接地电阻值必须严格遵从设计要求，保证接地线连接紧密、焊缝平整、防腐良好。隐蔽工程隐蔽前，应及时通知监理工程师进行检查，验收合格后方可进行隐蔽。

（6）计算机和PLC的安装，原则上由专业技术人员实施，采取防电措施，严格执行操作规程。

（7）PLC模块安装后，首先离线检查所有电源是否正常。

（8）离线检查PLC程序，逐一检查模块功能及通信总线、站号设定及其他控制功能。

（9）检查DI、DO、AI、AO接口，检查各路各类信号是否正确传输，应特别注意高电压的窜入（如220 V交流信号），以免损坏模块。

（10）上位机安装到位后，检查网络连接情况、上下位机之间的通信情况、网络总线的安装及保护情况。

（11）每个单项工程完工之后，均按有关标准自检，及时做好施工测试、自检记录。

4. 电磁流量计的安装与调试

流量是污水厂主要工艺参数，是工艺系统的关键调节参数，电磁流量计是根据法拉第电磁感应定律测量封闭管道中导电介质流量的仪表，目前已广泛应用于污水厂的生产工艺中。

（1）首先根据仪表安装说明书、施工图及有关施工标准，测量确定流量计安装位置，保证前后直管段长度分别为5D和3D（D为工艺管道的直径）。

（2）在流量计井内，气割截下短管，其长度就为本体长度、柔口、短管、法兰尺寸及调整尺寸之和。

（3）将上游工艺管口排圆，套上法兰焊接、内外满焊，注意焊接中的变形作用，由点及面，同时焊好下游柔口护筋。

（4）将流量计运到流量计井边，先在井底流量计位置铺好枕木，枕木标高与工艺管底部平齐，安装时起支撑作用；再将流量计吊进井内，缓缓落在枕木上，靠近上游法兰并套好螺栓，初步固定好。安装流量计时应特别注意介质流向与流量计方向应一致。

（5）再将带法兰短管吊到流量计井内，先与流量计法兰边接好，然后调整好流量计。使短管与工艺管道基本在同一轴线，再初步收紧柔口。

（6）从上游到下游依次收紧法兰垫片和柔口，使流量计与管道同轴度达到最佳。

（7）将流量计法兰与工艺管道法兰用导线相连并与变送器接地端一起并入专用接地体上，并要保证测得的接地电阻小于 1 Ω，这样使被测介质、传感器与工艺管道为等电位体，符合测量电路和设计要求，使仪表能可靠、稳定地工作，提高测量精度，不受外界寄生电势的干扰。施工中，将信号电缆与动力电缆分开，提高仪表系统的抗干扰能力。

（8）传感器连接时，要做好电缆入口密封，防止雨水进入接线盒而导致短路等事故的发生，信号电缆不能有中间接头，屏蔽线应进行单端接地。

（9）进行静态调校时，在认真阅读理解仪表资料基础上，参照出厂测试报告和标定值，进行零点检验，检验输入输出对应情况，根据工艺参数设定测量范围及输出信号等参数。

（10）动态调试时，全厂投入试运行，此时应检查传感器和变送器的输出和显示信号，调整零点和增益。

5. 水质仪表的安装

（1）水质仪表传感器要尽可能靠近取样点或最能灵敏反映介质真实成分的地方，取样管采用小口径管，尽量缩短从取样流到传感器的滞后时间。采样管是检测仪表专用管，尽量不分叉和转弯，以保障水压稳定，有利于检测显示值稳定。

（2）仪表安装环境要保证良好的采光、通风，避免阳光的直接照射，不应受到异常震动和冲击，要排除受到水、油、化学物质溅射或热源辐射的可能性。

（3）水质仪表传感器的进水口和出水口要用软管连接，不要用钢管硬性连接以免损坏探头且不利于日常维护。

（4）安装过程要轻拿轻放，严禁碰撞探头。

（5）传感器至变送器应用于仪表配套的专用电缆连接，中间不能有接头。

（6）外方供应仪表安装调试要接受外方指导。

6. 溶解氧测定仪的安装和调试

在溶解氧测定仪的安装、调试中，必须遵守下述各项基本规则。

（1）落放探头时避免剧烈震动，否则将引起损坏，如热敏电阻元件可能破裂。

（2）不允许将探头放于容器上或将探头与其他物品捆绑在一起，否则，将引起摩擦或电极的损坏。

（3）严禁让探头干运转。

（4）安装时，至少 50 cm 的探头部分应插入活性污泥或水中。S－14 探头成套配有 4 cm

长的电缆和防水型插头。一般安装情况下,该插头能够与现场安装的 DO – 94V 站上的配对插座直接连用,且电缆长度够用。如果不能与现场站直接连接,则应提供一个现场安装的防水型插座。

(5)安装一旦完成,则立即给探头通电,并暂时将探头移离液体,以检验烧杯容器是否正确工作。如果探头以前放置时间较长,则需要花 2 h 达到稳定读数。

(6)对那些没有预过滤和初沉池的污水处理厂,应提供保护功能,防止圆筒受到化纤和较大颗粒物质的损坏。

7.控制系统的调试

(1)计算机控制系统调试前,必须会同其他有关专业技术人员共同制订详细的联调大纲,并报业主及监督工程师批准。

(2)调试前仔细检查安装接线是否正确,电源是否符合要求。所有检测参数和控制回路要以图纸为依据,结合生产工艺实际要求,现场一一核对,认真调试,特别是对有关的控制逻辑关系、联锁保护等将给予重视,注重检测信号或对象是否与其控制命令相对应。调试时要充分应用中断控制技术,对某一设备发出控制指令时,及时检测其反馈信号,如等待数秒钟后仍收不到反馈信号,则立即发出报警信号,且使控制指令复位,保护设备,确保生产过程按预定方式正常进行。

(3)在各仪表回路调试和各个电气控制回路调试(包括模拟调试)完毕的基础上,进行工段调试,完毕后再进行仪表自控系统联调。系统联调是整个工程中最关键的一个环节,联调成功是整个环保工程投入正常运行的重要标志。在联调过程中,将启动系统相关程序,及时检查现场仪表的运行情况,调整控制参数。特别是对于模拟量回路调试,其信号的稳定与准确至关重要,直接影响控制效果。因此,对该类信号,要重点检查其安装、接线、运行条件、工艺条件等方面的情况,保证各环节各回路正确无误,并提高抗干扰能力。为防止产生静电感应而破坏模板,安装调试时需带腕式静电抑制器进行操作,并将模板及人体上的静电完全放掉,确保模板安全可靠地运行。

(4)应对电气操作或马达控制中心(MCC)的原理及柜内接线充分熟悉,掌握电气控制(就地)与 PLC 控制(程控)之间的联系和区别,确保所有控制模式均能顺利实现。此时,设备工程师和工艺师应相互支持和配合。

(5)通过上位机监控系统,观察其各种动态画面和报警是否正确,报表打印功能是否正常,各工艺参数、设备状况等数据是否正确显示,控制命令、修改参数命令及各种工况的报警和联锁保护是否正常,能否按生产实际要求打印各种管理报表。检查模拟屏所显示内容是否与现场工况相一致,确定模拟屏工作是否稳定可靠。

(6)检查是否实现了所有的设计软件功能,如趋势图、报警一览表、运行工艺流程图(包括全程和各分段工艺流程图)、棒(柱)状图和自动键控切换等方面是否正常。

(7)通过系统联调,发现问题,修正程序。必要时将扩展或完善原设计的程序控制功能,达到自控系统功能均能满足设计要求,并使仪表自控系统能正常连续运行的目的。

(8)调试期间按业主和监理工程师的书面指令要求和相关建议进行,并将完整的调试记录移交给业主,便于环保工程今后的日常维护。

12.1.5　塔类设备安装

1.塔类设备(如槽、罐、釜) 安装的工作内容

(1) 把质量大、筒体高的设备安全地放到基础上。

(2) 根据设计要求,将塔体及其内部装置找平、找正,最后固定到基础上。

2.塔类设备的吊装工艺

塔类设备多采用双桅杆整体、滑移吊装法,具体工艺如下:

(1) 吊装前的检查。正式吊装前,应仔细检查各项准备工作,对起重机具再次检查,检查合格后才可起吊。试吊开动卷扬机,直到钢丝绳拉紧为止,然后仔细检查吊索连接是否牢靠。待一切正常,再次开动卷扬机,把塔体的前部吊起。当距地面 0.5 m 左右时,再停止卷扬机,检查塔体有无变形或发生其他不良现象。

(2) 正式起吊。正式起吊时,利用两台卷扬机同时牵引两桅杆上的吊具,要注意互相协调,速度应保持一致。塔体底部的制动滑轮组也用一台卷扬机拉住,以防止塔体前移速度过快,造成塔体与基础碰撞。有时由于摩擦力过大,塔体不能顺利前进,这时,则可以利用卷扬机,牵引拴住塔体托运架前方的一根牵引索,辅助塔体前移。

起吊过程中的注意事项:

① 塔体应平稳上升,不得出现跳动、摇摆及滑轮卡住、钢丝绳扭转等现象。

② 应在塔体顶端两侧拴好控制绳以防止塔体左右摇晃。

③ 起吊过程中应检查桅杆、缆绳和锚桩等的受力情况,严防松动。

④ 桅杆底部的转向滑轮,不能因起重钢丝绳的水平拉力作用而牵动桅杆底部前移。

⑤ 当塔体将要升到垂直位置时,应控制住拴在塔底的制动滑车组,防止塔底离开拖排的瞬间向前猛冲而碰坏基础或地脚螺栓。

⑥ 当塔体吊到稍高于地脚螺栓的位置时,应停止吊升,准备就位。

⑦ 起吊工作应统一指挥、连续进行,中间不应停歇或让塔体悬空。

3.设备就位

将塔类设备底座上的地脚螺栓孔对准基础上的地脚螺栓,塔体安放在基础表面的垫铁上。如螺孔不能对准,可用链式起重机使塔体做小的转动或用撬杠撬动,或用气割法将螺孔稍加扩大,使塔体便于就位。

设备就位后,其中心线位置偏差不得大于 ±10 mm,沿底座环圆周测量,方位允许偏差不得超过 15 mm。

4.塔类设备的安装找正

(1) 标高检查。用水准仪测量塔类设备的底座标高,其极限偏差为 ±10 mm,如超差,则可用千斤顶或滑车组将塔体稍稍悬空然后用垫铁进行调整。

(2) 垂直度的检查。垂直度的检查主要有两种方法,一种是挂线法,另一种是经纬仪法。

① 挂线法。由塔顶互成垂直的 0° 和 90° 两个方向上各挂一根铅垂线到塔底,然后在塔体上、下部 A、B 两测点上用直尺或钢卷尺进行测量,其垂直度极限偏差值应不大于 1/1 000,塔顶外倾的最大偏差量不超过 30 mm。

② 经纬仪法。在吊装前,先在塔体的上、下部做好测点标记 A、B,待塔体吊装就位后用经纬仪测量塔体上、下部的两测点。

5.塔内构件的安装

塔盘在安装前,应清点零部件的数量,清除其表面上的油污、铁锈等,并标注序号。填料塔的填料,凡是规则排列的,都需要进入塔内人工排列。不规则排列的,高塔采用湿法,以减少填料破碎量,并在加填料的过程中逐渐将水排出;低塔可使用干法,但破碎的填料必须拣出。

12.2 通用环保机械设备制作加工技术

12.2.1 制作技术(冷作技术)

金属冷作是机械设备制作加工和安装的基础,有材料矫正、放样、预加工成型和装配连接等技术。

钢材的矫正方法主要有 2 种方法,分别是冷矫正和热矫正。

(1) 冷矫正。冷矫正只能在常温状态下(不低于 10 ℃)进行,适用于塑性较好的钢材。冷矫正分为手工矫正和机械矫正。

① 手工矫正:用手锤、大锤、千斤顶、型锤、模具等进行矫正。

② 机械矫正:用滚板机、压力机和专用矫正机等进行板料、型材的矫正。

(2) 热矫正。热矫正是用高温加热矫正件以增加钢材的塑性,降低刚度,利用外力或冷却收缩使之变形的矫正过程。它适用于:

① 由于工件变形严重,冷矫正时会产生折断或裂纹。

② 由于工件材质很脆,冷矫正时很可能突然崩断。

③ 由于设备能力不足,冷矫正时克服不了工件的刚性,无法超过屈服强度而采用热矫正。

热矫正常采用火焰矫正法,火焰的加热位置应在金属较长的部位,即材料弯曲部位的外侧。加热热量越大、速度越快,矫正变形量越大、矫正能力越强。低碳钢和普通低合金钢火焰矫正时的温度常在 600 ~ 800 ℃,一般加热温度不宜超过 850 ℃,以免金属过热影响机械性能。

12.2.2 焊接技术

焊接是通过加热或加压,或两者并用,并且用(或不用) 填充材料,使焊件达到原子结合的一种加工方法。

根据金属所处的状态不同,焊接方法可分为熔焊、压焊和钎焊 3 类。下面主要介绍熔焊。

1.手工电弧焊

由焊接电源供给的,具有一定电压的两电极间或电极与焊件间,在气体介质中产生强烈而持久的放电现象,称焊接电弧。焊接电弧燃烧过程的实质是把电能转化为热能和光能的过程,产生的热能熔化被焊金属,从而达到焊接的目的。

焊接电弧的构造可划分 3 个区域:阴极区、阳极区、弧柱。

(1)电弧的静特性。电弧电压是电弧两端之间的电压降,一般情况下,在有效的电弧长度内,电弧长度增加,则电弧电压增大。在弧长一定、电弧稳定燃烧时,焊接电流与电弧电压变化的关系称为电弧静特性。

手工电弧焊有直流电焊接也有交流电焊接。直流电焊接又有两种接法:正接法和反接法。正接法是指将工件接电焊机的正极,焊条接电焊机负极的接线方法;反之,将工件接负极,焊条接正极,称反接。使用碱性焊条时,必须采用直流反接法才能使电弧稳定;焊薄板时,为防止烧穿,可采用直流反接法。

(2)影响电弧稳定性的因素。影响电弧稳定性的因素包括:焊接电源、焊条药皮、焊接区清洁度和气流及磁偏吹。

(3)焊接工艺。手工电弧焊的焊接工艺参数包括:

① 焊条选择。焊条应根据焊条的牌号和焊条的直径来选择。根据焊件厚度、焊缝位置、焊接层数及接头形式来选择焊条的直径。

② 焊接电流。根据焊条直径、焊缝位置、焊条类型选择焊接电流。

③ 电弧电压。手工电弧焊的电弧电压主要由电弧长度决定。

④ 焊接速度。单位时间内完成的焊缝长度称为焊接速度。

⑤ 焊接层数(n)。

2.电焊条

电焊条主要是由焊芯和药皮组成,焊芯直径为 $\phi1.6 \sim 6$ mm,共分 7 种规格,常用的焊条直径有:$\phi2.5$ mm、$\phi3.2$ mm、$\phi4$ mm、$\phi5$ mm。

焊接的专用钢丝可分为碳素结构钢、合金结构钢和不锈钢 3 类。

焊条药皮在焊接中的作用主要有:机械保护、冶金处理掺合金、改善焊接工艺性能。

总之,药皮的作用是保护焊缝金属具有合乎要求的化学成分和机械性能,并使焊条具有良好的焊接工艺性能。

3.焊条的分类

焊条按用途分为低碳钢和低合金高强度钢焊条、钼和铬钼耐热钢焊条、不锈钢焊条、堆焊焊条、低温钢焊条、铸铁焊条、镍及镍合金焊条、铜及铜焊条、铝及铝焊条。

焊条按药皮熔化后的熔渣特性分为酸性焊条和碱性焊条。

4.焊条型号的编制方法

(1)碳钢焊条型号的编制方法。字母"E"表示焊条。前两位数字表示熔敷金属抗拉强度的最小值,单位为 ×10 MPa。第三位数字表示焊条的焊接位置。第三位数字和第四位数字组合时表示焊接电流种类及药皮类型,如 E5015。

(2)低合金钢焊条型号的编制方法。低合金钢焊条型号的编制方法与碳钢焊条相同。焊条型号后面有"-"与前面数字分开,后缀字母为熔敷金属的化学成分分类代号,如 E 5028 - A1。

(3)不锈钢焊条型号的编制方法。字母"E"表示焊条。熔敷金属含碳量用"E"后的一位或两位数字表示。"00"表示含碳量不大于 0.04%;"0"表示含碳量不大于 0.10%;"1"表示含碳量不大于 0.15%；"2"表示含碳量不大于 0.20%；"3"表示含碳量不大于 0.45%。

熔敷金属含铬量（质量分数）以近似值的百分之几表示，用"-"与表示含碳量的数字分开。熔敷金属含镍量（质量分数）以近似值的百分之几表示，用"-"与表示含铬量的数字分开。若熔敷金属中含有其他重要合金元素，当元素平均含量（质量分数）低于 1.5% 时，型号中只标明元素符号，而不标注具体含量；当元素平均含量等于或大于 1.5%、2.5%、3.5%、…时，一般在元素符号后面相应标注 2、3、4 等数字。焊条药皮类型及焊接电流种类在焊条型号后面附加如下代号：后缀 15 表示焊条为碱性药皮，适用于直流反接焊接；后缀 16 表示焊条为酸性药皮或其他类型的药皮，适用于交流或直流反接焊接，如 E1 - 23 - 13Mo2 - 15。

5.手工电弧焊机

在环境工程施工管理中，手工电弧焊机主要分为四大类，分别是交流弧焊机、直流弧焊机、整流式弧焊机和弧焊逆变焊机。

交流弧焊机：交流弧焊机也称弧焊变压器，是以交流电形式向焊接电弧输送电能的设备。弧焊变压器的常用型号有动圈式 BX3 - 500、动铁式 BX1 - 300、抽头式 BX6 - 120、同体式 BX - 500、多站式 BP - 3 × 500。

直流弧焊机：直流弧焊机也称直流发电机，由直流发电机和原动机两部分组成，所以称弧焊发电机组。直流弧焊机的常用型号有差复机式 AX1 - 165、裂极式 AX - 320、换向极式 AX3 - 300、他复激式 AP - 1000。

整流式弧焊机：整流式弧焊机是一种直流电弧焊电源，用交流电经过变压、整流后而获得直流电。整流式弧焊机的常用型号有动圈式 ZXG1 - 160、抽头式 ZPG - 250、磁放大器式 ZXG1 - 500。弧焊整流器有硅弧焊整流器、可控硅焊整流器及晶体管式弧焊整流器 3 种。弧焊整流器常用的有 ZXG 型，即下降特性硅弧焊整流器。

弧焊逆变焊机：弧焊逆变焊机的常用型号有 ZX7 - 400、PS - 500（英国）、PSS3000（芬兰）、WSM - 250D、EUROTRANS50（德国）、ACCUTIG300P（日本）、LHL315（瑞典）、TIG304（德国）。

（1）手工电弧焊机的选择。

① 类型选择。用直流或交流弧焊机进行焊接，焊接质量和生产率差别较小，一般情况下，要尽量选用交流焊机；但用低氢型焊条时，应选用直流焊机。

② 焊机容量选择。根据所焊工件厚度确定需用的电流范围，并对照焊机的额定电流值进行选取。

（2）手工电焊接头型式和坡口制备。

① 圈边接头。只适用于焊 1 ~ 2 mm 薄板金属。

② 对接接头。不开坡口的对接接头一般适用于焊厚度小于 6 mm 的钢板的对接。开坡口的对接接头，V 形坡口适用于板厚 7 ~ 40 mm，X 形坡口适用于板厚 12 ~ 60 mm，U 形坡口适用于板厚 20 ~ 60 mm，双 U 形坡口适用于板厚 40 ~ 60 mm。

③T 型接头。作为一般的连接焊缝，钢板厚度在 2 ~ 30 mm 时，可不开坡口；若承受载荷，则根据板厚和对结构强度的要求，分别选用单边 V 形、K 形或双 U 形坡口。

④ 角接接头。一般用于不重要的焊接结构中。

⑤ 搭接接头。一般用于 12 mm 以下钢板，重叠部分为 3 ~ 5 倍板厚，并采用双面焊接。

坡口制备：剪切、氧气切割、刨边、车削、铲削、碳弧气刨。

（3）几种焊缝的焊接技术。

① 定位焊缝。定位焊缝的起头和结尾应圆滑，所选用的焊接电流比正式焊缝焊接时大 20 ~ 30 A。

② 薄板的焊接。厚度在 2 mm 以下的薄钢板焊接时，用小电流、小直径焊条焊接，一般焊条选 1.6 ~ 2.5 mm，对焊的间隙越小越好。

③ 长缝的焊接。焊缝长度小于 0.5 m 时，可采用直通焊；焊缝长度为 0.5 ~ 5 m 时，采用中间向两端的直通焊；焊缝长度在 5 m 以上时，采用对称分段退焊法或分段跳焊法。

（4）管子的焊接。

① 水平固定管对焊。焊前根据管壁厚度开好 V 形坡口（对薄壁管可不开坡口），组对时管子轴线必须对准，上部坡口间隙比下部坡口间隙稍大些，焊接时从下往上焊接，管径大时可适当增加定位焊数量。

② 水平转动管对焊。把管子放在支架上，使焊接位置处在立焊位置，也可选在斜立焊位置。

③ 垂直固定管对焊。与一般横焊相似。

减小焊接变形的方法及变形的矫正如下。

① 减小焊接变形的方法：反变形法、利用装配和焊接顺序来控制变形、刚性固定法。

② 焊接变形的矫正方法：机械矫正法、火焰矫正法。其中火焰矫正法的加热部位是已变形的伸长部位。

6.各种金属材料的焊接

在环境工程中，各种金属材料的焊接技术根据其钢材的性质不同可以分为低碳钢的焊接、中碳钢的焊接、普通低合金钢的焊接、铬钼耐热钢的焊接、不锈钢的焊接、灰口铸铁的焊接、铝及铝合金的焊接、灰口铸铁的焊接和纯铜焊接等。

（1）低碳钢的焊接。低碳钢几乎可选用所有的焊接方法进行焊接，并能保证焊接接头的质量良好。

（2）中碳钢的焊接。尽量选用碱性焊条，焊前预热，焊后缓冷或进行焊后热处理。

（3）普通低合金钢的焊接。对于要求焊缝金属与焊件等强度的焊接，应选用碱性焊条；对于不要求焊缝金属与焊件等强度的焊件，可选用相应强度的酸性焊条。

（4）铬钼耐热钢的焊接。① 预热。预热温度一般在 150 ~ 300 ℃。② 保温焊和连续焊。整个焊接过程中，使焊件保持足够的温度，焊接过程最好不要中断。③ 短道焊。④ 自由状态下焊接。⑤ 焊后缓冷。焊后立即用石棉布覆盖焊缝及近焊区。⑥ 焊后热处理。⑦ 先用焊条的合金量应与焊件相当或略高一些，手工焊时，也可选用奥氏体不锈钢焊条。

（5）不锈钢的焊接。分为手工焊接和氩弧焊两种焊接情况。

① 手工电弧焊。焊前准备，对板厚超过 3 mm 的需要开坡口，在焊前将焊缝两侧 20 ~ 30 mm 范围内用丙酮擦净，并涂上白垩粉。焊条选用，低氢型不锈钢焊条抗裂性高，但抗腐蚀性差，而钛钙型焊条的成型较好，具有良好的工艺性能，生产中应用较广。

② 氩弧焊。不锈钢的焊接主要采用氩弧焊，其中手工钨极氩弧焊使用较广泛。

（6）灰口铸铁的焊接。

①白口组织的防止方法。减慢焊缝冷却速度；改变焊缝化学成分，如在焊丝中加入 C、Si 等。

②裂纹的防止方法。焊前预热，焊后缓冷，采用电弧冷焊以减小应力。

（7）铝及铝合金的焊接。焊前清理，对厚度超过 5 mm 的焊件预热到 100 ~ 300 ℃。并且针对铝及铝合金的焊接，可以采用 3 种焊接方法，分别是气焊、手工电弧焊以及氩弧焊。

①气焊。选用与焊件金属化学成分相同的焊丝或切条，气焊溶剂选"气剂 401"。

②手工电弧焊。板厚在 4 mm 以上的铝板才采用，使用 TAl、YAlSi、TAlMn 焊条。

③氩弧焊。钨极氩弧焊适用于薄板焊接，使用交流电源，而熔化极氩弧焊适用于焊接厚度大于 8 mm 的铝板。

（8）纯铜焊接。根据材料的最终焊接目的不同，可以分别采用气焊、手工电弧焊以及钨极氩弧焊等焊接方法。

①气焊。使用特制丝 201 或丝 202，焊粉可选用"气剂 301"，对中小焊件的预热温度为400 ~ 500 ℃，厚大件预热温度为 600 ~ 700 ℃。

②手工电弧焊。焊丝选用 TCu 或 TCuSnB。

③钨极氩弧焊。采用直流正接。

7.焊接检验

在环境工程施工管理中，针对各种不同的材料进行焊接后，需要对焊接的情况进行验证，以确保工程质量的良好性，对焊接不合格的，坚决拆除焊接，直到达到相应的焊接标准后才可以验收。针对不同材料的焊接情况的检验，主要有 6 种方法，分别是外观检验、致密性检验、无损探伤、力学性能试验、化学分析及腐蚀试验和金相试验。

（1）外观检验。主要是根据被焊接件的焊接外观情况进行检验，检验焊接构件的外观是否完整平坦，是否符合所需的外观标准，并且没有明显的缝隙。

（2）致密性检验。主要分为气密性试验、氨气试验、煤油试验、水压试验和气压试验。

①气密性试验。在密闭容器中，通入远低于容器工作压力的压缩空气，在焊缝外侧涂上肥皂水。如果焊接接头有穿透性缺陷时，由于容器内外的压力差，肥皂水就有气泡出现。

②氨气试验。对被试容器通入 1%（体积分数，在常压下）氨气的混合气体，并在容器的外壁焊缝表面贴上一条比焊缝略宽，用 5%（质量分数）硝酸汞水溶液浸过的纸带，加压至所需压力时，如焊缝有不致密的地方，就会在外面的纸带上呈现出黑色斑纹。

③煤油试验。在焊缝表面（包括热影响区部分）涂上石灰水溶液，待干燥后便呈现一白色带状，再在焊接的另一面涂上煤油。如焊缝有缺陷，煤油便会透过缺陷使石灰水以免显示明显的油斑点或带条状油迹。

④水压试验。试验压力一般为产品工作压力的 1.25 ~ 1.5 倍。

⑤气压试验。将气压加至产品技术条件的规定值，停止加压，用肥皂水涂在焊缝上，检查焊缝是否漏气，或检查工作压力表数值是否有下降。进行气压试验时要注意安全，要采取有效的隔离措施。

（3）无损探伤。主要分为荧光检验、着色检验、磁粉检验、超声波检验和射线检验。

① 荧光检验。将被检验焊件先浸入煤油中数分钟,待表面干燥后,在焊缝处撒上氧化镁粉末,并将氧化镁粉末清除干净。在暗室中用水银石英灯发出的紫外线进行照射,如有缺陷,残留在表面缺陷内的氧化镁就会发光。这是用来发现表面缺陷的一种方法。

② 着色检验。将焊件浸入着色剂中,随后取出,将表面擦净并涂以显现粉,如有缺陷,浸入缺陷的着色剂遇到显现粉,便会显现出缺陷的位置和形状。灵敏度一般为 0.01 mm,深度不小于 0.03 mm。

③ 磁粉检验是利用在强磁场中,铁磁性材料表层缺陷产生的漏磁场吸附磁粉的现象而进行检验。这是用来探测焊缝表面微裂纹的一种检验方法。

④ 超声波检验。主要是利用超声波波长的反射,从而判断焊接的内部有无焊接缺陷。

⑤ 射线检验。主要是利用各种常见的射线来判断焊接的内部情况,这是一种比较先进并且高端的检验技术。

（4）力学性能试验。主要分为拉伸试验、疲劳试验、硬度试验、冲击试验、断裂韧性试验和弯曲试验。

（5）化学分析及腐蚀试验。

（6）金相试验。主要分为宏观金相检验和微观金相检验。

12.2.3　气焊与气割

1.气焊

焊丝的选用应根据焊件材料的力学性能或成分来选择。

焊丝直径根据板厚选择。焊接 5 mm 以下的板材时,焊丝直径应与焊件厚度相近,一般选用 1 ~ 3 mm 焊丝。

焊接有色金属及不锈钢、耐热钢、铸铁时,必须使用气焊溶剂。

在焊接过程中,焊丝与焊件表面的倾斜角一般为 30° ~ 40°。

焊接方向分为右向焊接法和左向焊接法,左向焊接法使用较广。

2.气割

气割的实质是铁在纯氧中的燃烧过程。气体保护焊主要是二氧化碳气体保护焊和氩弧焊。

（1）二氧化碳气体保护焊。

① 焊接用二氧化碳的纯度应大于 99.5%,含水量、含氮量不超过 0.1%。

② 二氧化碳气体保护焊接设备有半自动焊和自动焊设备。

常用的二氧化碳半自动焊设备主要由焊接电源、焊枪及送丝机构、二氧化碳供气装置、控制系统等部分组成。

（2）氩弧焊。主要分为钨极氩弧焊和熔化极氩弧焊。

① 钨极氩弧焊。常用板厚小于 4 mm 的薄板。焊接除铝、镁采用交流钨极氩弧外,其余常采用直流钨极氩弧焊。常用设备为手工钨极氩弧焊设备,其主要包括主电路系统、焊枪、供气系统、冷却系统和控制系统等部分。

② 熔化极氩弧焊。适用于中等或大厚度的板件焊接。

12.3　典型环保机械安装、调试、运行与维护

12.3.1　设备的选择及注意事项

1.设备的选择

水处理设备的选择除了应根据水处理设备自身特点及一般选用原则外,还应根据水处理的工艺特点及处理量来选择。具体地讲,应从以下几个主要技术经济指标选择水处理设备。

(1) 工艺指标。工艺指标是指设备的处理能力与效率,该指标是选择设备的首要指标。即只有在达到工艺处理能力与效率的前提下,才可以进一步考核其他指标,否则该设备应排除在选择范围之外,因此工艺指标是水处理设备选型的前提与基础。

(2) 耗费指标。耗费指标是设备的投资总额、运行费用、有效运行时间以及使用寿命的总称。在水处理设备选型中,除了应满足工艺要求外,耗费指标也是选型的重要指标之一。

一般选用设备时,总是尽可能选择耗费指标低的设备,即设备投资总额少(包括设备购买与安装费用、建筑费用、管理费用等)、运行费用低(如能耗、药剂费用等)、有效运行时间与使用寿命应长。

(3) 操作管理指标。操作管理指标主要指设备操作与使用的简便性。在水处理设备选型中,应尽可能选择操作简单、维修方便的设备。根据自身经济承受能力,也可选用自动化程度较高的设备。

上述各项指标相互间往往是有矛盾的,比如自动化程度高的设备,操作管理指标比较好,但耗费指标相对较差一些。即使同一指标内,也不可能同时满足,如运行费用低的设备,可能投资较大一些。因此,在选择设备时,必须根据水处理设备使用的实际情况,全面分析综合考虑,寻求各项指标的最佳交叉点或最佳重合区域。

2.注意事项

(1) 设备的选型和处理能力及处理工艺紧密相关。应根据设备自身特点和处理工艺与能力的要求,对各项指标进行综合分析,寻求最佳的设备。

(2) 在设备选用时,除了考虑前面几个技术经济指标外,还应结合企业自身的经济承受能力以及管理水平等因素。有时这些因素可能成为设备选型的主要因素,因此,在设备选型时,还应注意使用者的情况。

(3) 应考虑企业的发展状态。比如有些处在发展中的企业,往往当前产污量不多,但经若干年产污量会大大增加,则在水处理设备选择时就应注意以后的规模,使设备有较大的富余量或具有增加的预流量。

12.3.2　设备的安装

1.设备安装的要求

水处理设备的安装,必须严格按该设备安装工艺及要求进行,否则将影响整个水处理工艺,严重时可使整个处理系统瘫痪。曝气设备安装时,如曝气头或穿孔管安装不水平,在同

一水池中会出现有的地方充氧过多而有的地方充氧不足,影响生化处理效果;又如填料的安装,填料安装过稀或过密均不符合工艺要求。

设备安装的一般要求如下:

(1) 开箱。根据安装要求,开箱逐台检查设备的外观,按照装箱单清点零件、部件、工具、附件、合格证和其他技术文件,检查是否有因运输途中受到震动而损坏、脱落、受潮等情况,并作出记录。

(2) 清洗。设备上需要装配的零部件应根据装配顺序清洗洁净,并涂以适当的润滑脂。加工面上如有锈蚀或防锈漆,应进行除锈及清洗。各种管路也应清洗洁净并使之畅通。

(3) 装配。主要分为过盈配合零件装配、螺纹与销连接装配、滑动轴承装配、滚动轴承装配、联轴器装配、转动皮带、链条和齿轮装配、密封件装配和润滑和液压管路装配。

① 过盈配合零件装配。装配前应测量孔和轴配合部分两端和中间的直径。每处在同一径向平面上互成 90° 位置上各测一次,得平均实测过盈值。压装前,在配件表面均需加合适的润滑剂。压装时与相关限位轴肩等靠紧,不准有串动的可能性。实心轴与不通孔压装时,允许在配合轴颈表面上磨制深度不大于 0.5 mm 的弧排气槽。

② 螺纹与销连接装配。螺纹连接件装配时,螺栓头、螺母与连接件接触紧密后,螺栓应露出螺母 2 ~ 4 螺距。不锈钢螺纹部分应加涂润滑剂。用双螺母且不使用黏结剂防松时,应将薄螺母装在厚螺母下。设备上装配的定位销,销与销孔间的接触面积不应小于65%,销装入孔的深度应符合规定,并能保证顺利取出。销装入后,不应使销受剪切力。

③ 滑动轴承装配。同一转动中心上所有轴承中心应在一条直线上,即具有同轴性。轴承座必须紧密牢靠地固定在机体上,当机械运转时,轴承座不得与机体发生相对位移。轴瓦合缝处放置的垫片不应与轴接触,离轴瓦内径边缘一般不宜超过 1 mm。

④ 滚动轴承装配。滚动轴承安装在对开式轴承座内时,轴承座和轴承的结合面间应无空隙,但轴承外圈两侧的瓦口处应留出一定的间隙。凡稀油润滑的轴承,不准加润滑脂;采用润滑脂润滑的轴承,装配后的轴承空腔内注入相当于 65% ~ 80% 空腔容积的清洁润滑脂。滚动轴承允许采用机油加热进行热装,油的温度不得超过 100 ℃。

⑤ 联轴器装配。各类联轴器的装配要求应符合有关联轴器标准的规定。

⑥ 转动皮带、链条和齿轮装配。每对皮带轮或链轮装配时两轴的平行度不应大于0.5/1 000;两轮的轮宽中央平面应在同一平面上(指两轴平行),其偏移三角皮带轮或链轮不应超过 1 mm,平皮带不应超过 1.5 mm。安装好的齿轮和蜗杆转动的啮合间隙应符合相应的标准或设备技术文件规定。可逆传动的齿轮两面均应检查。

⑦ 密封件装配。各种密封毡圈、毡垫、石棉绳子等密封件装配前必须浸透油。钢板纸用热水泡软。

⑧ 润滑和液压管路装配。各种管路应清洗洁净并畅通。并列或交叉的压力管路,其管子之间应有适当的间距,防止震动干扰。弯管的弯曲半径应大于 3 倍管子外径。吸油管应尽量短,减少弯曲。吸油高度应根据泵的类型决定,一般不超过 500 mm;回油管水平坡度为0.003 ~ 0.005,管口宜为斜口伸到油下面,并朝向箱壁,使回油平稳。液压系统管路装配后,应进行试压,试验压力应符合《管子及管路附件的公称压力和试验压力》(QJ 203—86)的规定。

2.设备的安装

主要水处理设备的安装:

(1)卧式水泵的安装。

(2)风机的安装。

(3)格栅的安装。

(4)搅拌设备的安装。

(5)刮泥机的安装。

(6)曝气机的安装。

12.3.3　设备运行维护

设备选型、安装完毕后,即投入运行维护阶段。设备的运行维护好坏直接影响到水处理设备的效率和使用寿命,如沉淀池刮泥运行不当,则影响沉淀效果;又如在腐蚀性废水中,设备维护不当,则直接加重设备的老化腐蚀,缩短设备使用寿命。因此,在水处理系统中,如何用好设备、维护好设备是整个水处理设备或整个水处理系统正常运转的重要环节之一。由于水处理设备种类很多,对所有水处理设备的运行与维护做详细说明可参考设备随机的样本说明书。

设备运行维护一般要求如下:

(1)每次启动设备前,做常规的清扫、检查。

(2)及时清扫各构筑物的杂物,防止有害物质进入设备而损坏设备。

(3)严格按水处理设备的操作说明书进行操作运转,严禁设备空载或超负荷运行。

(4)风机、水泵等动力设备在启动前必须确认其相应管道畅通,旋转方向正确。

(5)定期做好设备的检修并及时更换润滑油及易损零部件等。

(6)药剂储存器应及时放空清洗。

(7)根据工艺需求,及时调整设备的运行参数。

(8)做好防锈防腐工作。

(9)做好设备台账和运行维修记录台账。

(10)做好易损零部件的配备工作。

12.3.4　电除尘器的安装、验收与调试

1.电除尘器的安装

电除尘器安装时除了遵照一般机械设备的安装要求外,要特别注意下列3点:

(1)应有良好的密闭性。除尘密闭性能不好是造成除尘器漏风的主要原因,尤其是除尘器处于大负压下工作时更为严重,它将严重影响除尘器的性能和使用寿命。为了保证其密闭性,壳体的所有焊接应采用连续焊缝,且应采用煤油渗透法检查其密闭性。

(2)除去所有飞边、毛刺。除尘器在安装、焊接过程中产生的飞边、毛刺往往是使操作电压不能升高的原因,所以,电场内的焊缝均需用手提式砂轮打光。

(3)两极间距的精确度直接关系到除尘器的工作电压。为此,安装过程必须仔细调整。

2.电除尘器的进、出口处应安装温度计

安装温度计的目的在于随时反映进入除尘器的烟气温度及除尘器的散热情况,如果除尘器某处有严重漏风(如排灰装置漏风)的情况,则出口处的温度将大大降低。在任何情况下,烟气温度均应高于烟露点温度(20 ~ 30 ℃),否则将造成内部构件的严重腐蚀。

电除尘应装设一氧化碳检测装置,当烟气中含有一氧化碳时(例如水泥回转窑尾气),在除尘器的入口处应装设一氧化碳检测装置,以防除尘器的燃烧和爆炸。水泥回转窑窑尾电除尘器产生燃烧、爆炸的原因是回转窑操作不正确,喷入过量的煤粉,大量煤粉和一氧化碳流入除尘器。实践表明,流入电除尘器的煤粉和一氧化碳是伴随发生的。所以,只要控制进入电除尘器的一氧化碳含量,它随之也相应地控制进入电除尘器的煤粉量,防止除尘器的燃烧、爆炸事故的发生。

3.电除尘器的验收

电除尘器在安装完毕之后,由运行管理单位和安装单位对电除尘器的安装质量及构件性能、电气设备状况进行检查验收。其内容主要有以下方面:

(1) 设备本体。其主要包含设备安装、测定进出口气体量、气体分布装置的检查、振打装置的检查、保温箱电加热器的检查、排风装置和锁风装置和极板振动加速度的测定。

① 设备安装。安装是否与图纸相符,相应的管道、检查门、测试孔等是否完善,飞边、毛刺是否打掉,杂物是否清除,如有则做相应的处理。

② 测定进出口气体量。关闭除尘器各检查门,对除尘器通以气体,测定其进出口气体量。计算除尘器的漏风率,若漏风率小于 7%,则应仔细检查除尘器的焊缝和连接处。

③ 气体分布装置的检查。对除尘器通以空气,检查装置布气的均匀性。通气时在第一电场的前端测定气流沿电场断面分布的均匀性。其断面各点的风速应符合图纸设计要求,如不符合要求应进行适当调整。

④ 振打装置的检查。启动两极振打装置,使其运行 8 h,测定除尘器的振打周期;检查振打装置轴的转向、电机运转、锤头敲击的位置,其轴向偏差应不大于 2 mm,其竖直方向偏差应不大于 5 mm;检查各连接螺栓是否紧固,发现松动可用电焊固定。

⑤ 保温箱电加热器的检查。接通保温箱内的电加热器,检查升温速度与温控范围是否满足设计要求,必要时适当调节恒温控制器。

⑥ 排风装置和锁风装置。启动除尘器下部的排灰装置和锁风装置,使其运行 4 h,检查运转状况和电机状况。对链式输送机,要注意链条是否跑偏和轻松,连接销轴是否脱落,如有则进行相应处理。

⑦ 极板振动加速度的测定。每个电场至少应测定 3 排集尘板面上若干点的振动加速度,若个别振动加速度偏小,可对极板主撞击杆连接进行加固。

(2) 电源装置。

① 高压硅整流器及附属设备安装是否与图纸要求相符。

② 各处接线是否完好、可靠。

③ 各熔断器是否良好,有无松动。

④ 各印刷板插件是否插紧,器件有无脱落。

⑤ 电除尘器外壳和高压变压器正极均应良好接地。

⑥ 高压电缆头、高压硅整流器均无漏油现象。

⑦ 三点式（或四点式）开头操作机构灵活,位置正确。

⑧ 用 1 000 V 兆欧姆表检查振打装置电动机、排灰装置电动机的绝缘情况,绝缘电阻不应低于 0.5 MΩ。

⑨ 用 2 500 V 摇表检查整流器高压端对地(反向时) 及低压端对地的绝缘电阻值。整流变压器高压端对地电阻应大于 1 000 MΩ,低压端对地电阻值应大于 300 MΩ。

4.电除尘器的调试

经验收的电除尘器本体安装合格,结构部件及电器、测定仪器均处于正常状态时,可通入生产烟气进行调试工作。通过调试制订出切实可行的操作规程,以保证除尘效率。

第13章　环境工程建设项目的招投标

13.1　工程建设的基本知识

环境工程是指为了达到治理环境污染、改善项目所在地环境质量的预期目标,而进行的规划、勘察、设计、施工、竣工验收等各项技术工作和完成的新建、改建或扩建的工程实体。按环境要素分,环境工程主要包括水污染防治工程、大气污染治理工程、噪声污染治理工程、固体废物处理与处置工程和生态保护建设工程等。

13.1.1　工程建设程序及投资控制过程

工程建设程序是人们对建设项目从酝酿、规划到建成投产所经历的整个过程中各项工作开展的先后顺序的规定,它反映了工程建设各阶段之间的逻辑关系。工程项目的建设过程往往周期长,影响因素多。按照基本建设程序,纳入城市市政公用工程建设的环境工程建设程序及投资控制过程比较复杂。图 13 - 1 所示为工程建设投资控制流程。

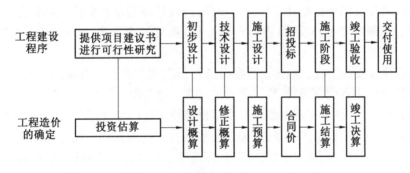

图 13 - 1　工程建设投资控制流程

1.环境工程建设程序

环境工程建设项目作为基本建设项目中的一类,其建设程序遵循国家基本建设程序。按照工程建设项目发展的内在规律,投资建设一个工程项目都要经过投资决策和建设实施两个时期。这两个时期又可分为若干个阶段,它们之间存在着严格的先后次序,可以进行合理的交叉,但不能任意颠倒次序。通常拟建项目按设想、论证、评估、决策、设计、施工、验收、投入生产或交付使用的先后顺序进行建设。该顺序反映了建设工作的客观规律,是建设项目科学决策和顺利进行的重要保证。

(1) 前期论证准备阶段。环境工程项目前期论证准备阶段的工作,包括成立项目、项目评估与决策。在环境工程立项阶段,政府主管部门将根据国家对污染物控制的目标、城市远期与近期发展规划、当前国民经济发展状况和污染物排放现状,提出建设环境工程的设想,安排环保部门和市政管理部门负责组织编制项目建议书和项目可行性研究报告,同时委托环境评价单位编制项目环境影响评价报告。

环保类的工程建设项目的项目建议书的主要内容包括:项目建设的目的、意义和依据;建设规模;治理方法、工艺流程;资源情况、建设条件等的初步分析;环境保护及"三废"治理的设想;工厂组织和劳动定员,资金来源和投资估算;工厂建设地点、占地面积和建设进度安排;投资经济效益、社会效益和环境效益,投资回收年限的初步估计等。

项目建议书经有关部门批准后方可开始项目建设的可行性研究。可行性研究是在投资决策前,对拟建项目在技术要求、经济建设环境等方面进行大量调查研究,在拥有充分材料基础上,提出拟建项目的必要性,并对项目的建设规模、生产能力、产品方案及市场竞争力,资源、原材料的供需情况,项目建设的条件(如厂址选择、水文地质状况、交通运输条件等)进行分析,详细说明生产工艺的选用及主要设备的选型,并对投资估算和资金筹措、经济效益、社会效益进行估计,从而为项目投资决策提供可靠依据。

总论:项目建设背景必要性、可行性,项目产品市场分析,项目产品规划方案,项目建设地与上建总规,项目环保、节能与劳动安全方案,项目组织和劳动定员,项目实施进度安排,项目财务评价分析,项目财务效益、经济和社会效益评价,项目风险分析及风险防控,项目可行性结论与建议。

(2) 项目评估与决策阶段。项目评估是指对项目可行性研究报告进行评价、审查与核实。评价工作可以由项目专家组或由具有相应资质的咨询机构进行。评估须经技术经济分析比较与论证,以求得建设项目最优投资方案,最佳质量目标和最短的建设周期。项目决策应根据国民经济发展的中长期计划和资源条件,正确处理局部与整体、近期与远期、社会效益与经济效益之间的关系,对项目进行全面分析,搞好综合平衡,合理地控制投资规模与速度。

(3) 投资建设实施阶段。拟建项目在可行性研究报告经评估并做出投资决策后,即可委托勘察设计单位进行勘察设计,投资项目即进入实施阶段。

勘察设计阶段,在环境工程勘察中是指根据环境工程的要求,查明、分析、评价建设场地的地质地理环境特征和岩土工程条件,编制工程勘察文件的活动。设计是指根据环境工程的要求,对建设工程所需的技术、经济、资源、环境等条件进行综合分析、论证、编制工程设计文件的活动。环境工程应坚持先勘察、后设计、再施工的原则。

设计单位依据设计招标书,或设计邀请书参加设计竞标,中标后进行设计或依据直接委托书进行设计。建设项目的设计工作是分阶段进行的。一般大中型项目采用两阶段设计,即初步设计和施工图设计。对于技术复杂、工艺新颖的重大项目,可根据行业特点和要求,采用三阶段设计,即初步设计、技术设计和施工图设计。对于一些小型项目也可直接进行施工图设计。环境工程中有些中小型项目或工艺技术不很复杂的项目,一般采用两阶段设计,即初步设计和施工图设计。其中初步设计一般要求对建筑物主要尺寸经过详细计算,工艺方法确定,设备材料有明细清单;而施工图设计是在初步设计或技术设计基础上的深化设计。施工图应能满足施工和制造的要求,建筑物与构筑物应有平面图,剖面图,土建工程和安装工程的局部详图,非标设备加工制作详图,文字说明,设备的型号、规格、材料、质量要求,材料明细表,工序施工质量等。

(4) 施工阶段。环境施工阶段按工作程序可分为申请批准工程项目建设、施工准备、组织施工和试运行四个步骤。

项目施工前准备工作主要包括征地、拆迁、平整场地、通水、通电、通路,编制招标文件,组织施工招标,寻找施工单位,签订承包合同,报批开工报告,办理施工许可证,委托施工监理单位。同时,落实设备采购计划,施工单位进行施工。建设单位成立工程部、施工环境协调部,委派甲方项目负责人和驻工地代表等。在施工过程中,督促施工单位严格按照设计要求和施工规范及操作规程施工,与此同时,建设单位还要加强施工阶段的经济核算和技术管理,控制投资,确保工程质量。

(5) 竣工验收和交付使用阶段。竣工验收是项目建设的最后阶段,该阶段是全面考核项目建设成果、检验设计和施工质量、实施建设过程事后控制的重要步骤,是项目建设过程结束的标志,同时也是确认建设项目能否交付使用的关键步骤。一般情况下,施工单位完成施工内容后,首先进行自检,然后由质检部门、监理单位、设计单位、施工单位和建设单位共同对工程进行竣工验收。

《建设项目竣工环境保护验收管理办法》要求:为加强建设项目竣工验收阶段的环境保护管理,防治环境污染和生态破坏,确保建设项目环境保护设施与主体工程同时投产或使用,国务院环境保护行政主管部门可直接组织建设项目环境保护设施的竣工验收,也可委托下一级环境保护行政主管部门组织验收。建设项目试生产前,建设单位应会同施工单位、设计单位检查其环境保护设施是否符合"三同时"要求,并将检查结果和建设项目准备试生产的开始时间报告当地地市级、省级环境保护行政主管部门和国务院环境保护行政主管部门、行业主管部门,经当地地市级环境保护行政主管部门检查同意后,建设项目方可进行试生产。建设单位应当委托环境保护行政主管部门所属的地、市级以上(含地市级) 环境保护监测站,对建设项目排污情况及清洁生产工艺和环保设施运转效果进行检测。建设项目在正式投入生产或使用之前,建设单位必须向国务院环境保护行政主管部门提出环境保护设施竣工验收申请。国务院环境保护行政主管部门自接到《验收申请报告》之日起,一个月内组织审查验收。单独进行环境保护设施竣工验收时,由国务院环境保护行政主管部门组织各地方各级环境保护行政主管部门、行业或企业主管部门等成立验收委员会或验收小组提出验收意见,作为批准《验收申请报告》的依据。建设单位、设计单位、施工单位、环境影响报告书(表) 编制单位应参加验收。

验收的相关要求:

① 建设项目建设前期环境保护审查、审批手续完备,技术资料齐全,环境保护设施按批准的环境影响报告书和设计要求建成。

② 环境保护设施安装质量符合国家和有关部门颁发的专业工程验收规范、规程和检验评定标准。

③ 环境保护设施与主体工程建成后经负荷试车合格,其防止污染能力适应主体工程的需要。

④ 外排污染物符合经批准的设计文件和环境影响报告书中提出的要求。

⑤ 建设过程中受到破坏并且可恢复的环境已经得到修整。

⑥ 环境保护设施能正常运转,符合交付使用的要求,并具备正常运行的条件,包括经培训的环境保护设施岗位操作人员的到位、管理制度的建立、原材料和动力的落实等。

⑦ 环境保护管理和检测机构,包括人员、检测仪器、设备、检测制度、管理制度等符合环

境影响报告书和有关规定的要求,验收合格,国务院环境保护行政管理部门批准由建设单位提交的《验收申请报告》。各省、自治区、直辖市环境保护行政主管部门负责审批环境影响报告书的建设项目的环境保护设施竣工验收,可参照上述规定执行。未经验收或验收不合格的工程不能交付使用。

2.环境工程建设项目投资控制过程

依照工程建设程序,整个建设过程一般分成多个阶段,按阶段逐步投入资金。为了提高建设项目的投资效益,减少投资风险,在建设过程中应该合理地、科学地投入资金,对工程项目的建设全过程进行投资控制。投资控制的有效手段是对工程项目建设的各个阶段预先设定一个投资控制目标,在实施过程中,分阶段按既定投资控制目标进行控制。建设项目投资控制过程主要包括如下几部分:

(1)投资估算。在编制项目建议书、进行可行性研究阶段,一般可按规定的投资估算指标、类似工程的造价资料、现行的设备材料价格,并结合工程实际情况进行估算。投资估算是在项目的可行性研究阶段为工程造价控制设计的一个大致目标,是项目评估决策的重要依据,是设计方案选择和进行初步设计时项目投资的控制目标。由于投资估算是在设计文件编制前进行,编制依据并不十分详细,因此只能是粗线条的估算。

(2)设计概算。在初步设计阶段,工程项目建设的设想第一次具体化,投资控制目标逐渐清晰,人们可在初步设计基础上按照有关规定编制并审批初步设计概算,作为技术设计或施工图设计时项目投资的控制目标。设计概算是由设计单位编制,是确定一个建设项目或工程项目从筹建到竣工结束所发生的全部建设费用的文件。它依据初步设计图纸、概算定额或概算指标、设备预算价格、有关收费标准、市场价格信息和建设地点的自然、技术经济条件等资料进行计算,比投资估算略为准确。

(3)修正概算。对于大型项目或技术复杂、涉及面广、不可预见因素多的工程项目,设计单位需要在初步设计与施工图设计之间增加技术设计环节,技术设计的成果使得初步设计进一步深入、细化,必然使设计规模、建筑物结构性质、工艺流程、设备型号等与初步设计对比有所出入。为此,设计单位根据技术设计图纸、概算指标或概算定额、取费标准、材料设备价格等资料,对初步设计概算进行修正,形成技术设计的修正概算。修正概算的作用与设计概算基本相同,一般情况下,修正概算不能超过原批准的设计概算投资额。

(4)施工图预算与工程量清单计价。施工图预算与工程量清单计价是两个不同的概念,但都是反映工程造价的结果,都属于施工图设计阶段的预算。

施工图预算是在施工图设计完成之后,由设计单位或施工单位的预算人员以施工图为依据,根据预算定额、取费标准以及工程所在地区人工、材料、机械台班的预算价格编制的确定建筑安装工程预算造价的文件。施工图预算经过建设单位或有关部门的审查批准,就正式确定了该工程的预算价值。所以,施工图预算是工程施工阶段项目投资的控制目标。同时也是建设单位与施工承包单位签订工程施工承包合同的依据,也是银行贷款的主要依据。

工程量清单计价也是单位工程预算的一种,对于采用招投标制的建设项目,可由建设单位或受建设单位委托的有资质的咨询机构按照施工图纸及有关规定,编制工程项目的工程量清单,作为招标文件的一部分,招标单位可据此计算招标标底;投标单位根据工程量清单,考虑企业自身的技术经济条件、施工组织设计,按照企业定额及企业投标策略进行工程投标报价。工程量清单计价是国际工程承包市场中一种通用的计价模式。

施工图预算和工程量清单计价都是反映和确定工程预算造价的技术经济类文件,均产生于施工图设计阶段,是签订建筑安装工程施工合同、实行工程预算包干、银行拨付工程款、进行竣工结算和竣工决算以及合同管理与索赔的重要依据,是施工企业加强经营管理,搞好企业内部经济核算的重要依据。

(5) 合同价。在签订建设项目或工程项目总承包合同,建筑安装工程承包合同和设备、材料采购合同时,通过招标、投标,由工程发包方和承包方共同确定一个双方都愿意接受的价格,作为双方结算的基础。合同价按付款方式可划分为:总价合同、单价合同、成本价酬金合同等多种类型。合同价是按合同规定或协议条款约定的各种取费标准计算、用以支付承包方按照合同要求完成工程内容时的价款总额。

(6) 施工结算。施工结算是指一项工程的局部或全部完成之后,经建设单位及有关部门验收或验收点交之后,施工单位根据施工过程中现场实际情况的记录、设计变更通知书、现场工程更改签证、预算定额、材料和设备的预算价格与各项费用标准以及承包合同等资料,按规定编制的向建设单位办理结算工程价款、取得收入、用以补偿施工过程中的资金耗费的经济行为。施工结算价反映了建筑安装工程的全部造价。

(7) 竣工决算。建设单位的竣工决算是建设项目完工后,由建设单位编制的建设项目从筹建到建成投产使用全过程的费用文件,包括建筑工程费用,安装工程费用,设备、工器具购置费用和其他费用。竣工决算造价是建设工程的实际造价。竣工结算是工程结算中最终的一次性结算。

建设项目投资控制目标是随着工程建设的实施程序不断深入细化而分阶段设置的。相应地,计价过程各环节之间相互衔接,前者约束后者,后者补充前者。从投资估算、设计概算、施工图预算到招投标合同价,再到结算价和最后在结算价基础上编制的竣工决算,整个计价过程是一个由粗到细、由浅到深,最后确定工程实际造价的过程。

13.1.2　工程建设项目的分类

由于工程建设项目种类繁多,为了适应科学管理的需要,正确反映工程建设项目的性质、内容和规模,可从不同角度对工程建设项目进行分类。

1.按建设性质划分

基本建设项目可分为新建项目、扩建项目、迁建项目和恢复项目。

(1) 新建项目。新建项目是指根据国民经济和社会发展的近远期规划,按照规定的程序立项,从无到有、"平地起家"的建设项目。现有企、事业和行政单位一般不应有新建项目。有的单位如果原有基础薄弱需要再兴建的项目,其新增加的固定资产价值超过原有全部固定资产价值(原值)3 倍以上时,才可算新建项目。

(2) 扩建项目。扩建项目是指现有企、事业单位在原有场地内或其他地点,为扩大产品的生产能力或增加经济效益而增建的生产车间、独立的生产线或分厂的项目;事业和行政单位在原有业务系统的基础上扩充规模而进行的新增固定资产投资项目。

(3) 迁建项目。迁建项目是指原有企、事业单位,根据自身生产经营和事业发展的要求,按照国家调整生产力布局的经济发展战略的需要或出于环境保护等其他特殊要求,搬迁到异地而建设的项目。

（4）恢复项目。恢复项目是指原有企、事业和行政单位，因在自然灾害或战争中使原有固定资产遭受全部或部分报废，需要进行投资重建来恢复生产能力和业务工作条件、生活福利设施等的建设项目。这类项目，不论是按原有规模恢复建设，还是在恢复过程中同时进行扩建，都属于恢复项目。但对尚未建成投产或交付使用的项目，受到破坏后，若仍按原设计重建的，原建设性质不变；若按新设计重建，则根据新设计内容来确定其性质。

基本建设项目按其性质分为上述 4 类，一个基本建设项目只能有一种性质，在项目按总体设计全部建成以前，其建设性质是始终不变的。

更新改造项目包括挖潜工程、节能工程、安全工程、环境保护工程等。

2.按投资作用划分

工程建设项目可分为生产性建设项目和非生产性建设项目。

（1）生产性建设项目。生产性建设项目是指直接用于物质资料生产或直接为物质资料生产服务的工程建设项目。主要包括：

① 工业建设。包括工业、国防和能源建设。

② 农业建设。包括农、林、牧、渔、水利建设。

③ 基础设施建设。包括交通、邮电、通信建设，地质普查、勘探建设等。

④ 商业建设。包括商业、饮食、仓储、综合技术服务事业的建设。

（2）非生产性建设项目。非生产性建设项目是指用于满足人民物质、文化、福利需要的建设和非物质资料生产部门的建设。主要包括：

① 办公用房。国家各级党政机关、社会团体、企业管理机关的办公用房。

② 居住建筑。住宅、公寓、别墅等。

③ 公共建筑。科学、教育、文化艺术、广播电视、卫生、博览、体育、社会福利事业、公共事业、咨询服务、宗教、金融、保险等公共建设。

④ 其他建设。不属于上述各类的其他非生产性建设。

3.按项目规模划分

为适应对工程建设项目分级管理的需要，国家规定基本建设项目分为大型、中型、小型3 类；更新改造项目分为限额以上和限额以下 2 类。不同等级标准的工程建设项目国家规定的审批机关和报建程序也不尽相同。划分项目等级的原则如下：

（1）按批准的可行性研究报告（初步设计）所确定的总设计能力或投资总额的大小，依据国家颁布的《基本建设项目大中小型划分标准》进行分类。

（2）凡生产单一产品的项目，一般按产品的设计生产能力划分；生产多种产品的项目，一般按其主要产品的设计生产能力划分；产品分类较多，不易分清主次，难以按产品的设计能力划分时，可按投资总额划分。

（3）对国民经济和社会发展具有特殊意义的某些项目，虽然设计能力或全部投资不够大、中型项目标准，经国家批准已列入大、中型计划或国家重点建设工程的项目，也按大、中型项目管理。

（4）更新改造项目一般只按投资额分为限额以上和限额以下项目，不再按生产能力或其他标准划分。

（5）基本建设项目的大、中、小型和更新改造项目限额的具体划分标准，根据各个时期经济发展和实际工作中的需要而有所变化。

现行国家的有关规定如下：

①按投资额划分的基本建设项目，属于生产性建设项目中的能源、交通、原材料部门的工程项目，投资额达到 5 000 万元以上为大中型项目；其他部门和非工业建设项目，投资额达到 3 000 万元以上为大中型建设项目。

②按生产能力或使用效益划分的建设项目，以国家对各行各业的具体规定作为标准。

③更新改造项目只按投资额标准划分，能源、交通、原材料部门投资额达到 5 000 万元及其以上的工程项目和其他部门投资额达到 3 000 万元及其以上的项目为限额以上项目，否则为限额以下项目。

（6）一部分工业、非工业建设项目，在国家统一下达的计划中，不作为大中型项目安排。

①分散零星的江河治理、国有农场、植树造林、草原建设等；原有水库加固，并结合加高大坝、扩大溢洪道和增修灌区配套工程的项目，除国家指定者外，不作为大中型项目。

②分段整治，施工期长，年度安排有较大伸缩性的航道整治疏浚工程。

③科研、文教、卫生、广播、体育、出版、计量、标准、设计等事业的建设（包括工业、交通和其他部门所属的同类事业单位），新建工程按大中型标准划分，改、扩建工程除国家指定者外，一律不作为大中型项目。

④城市的排水管网、污水处理、道路、立交桥梁、防洪、环保等工程城市的一般民用建筑包括集资统一建设的住宅群、办公和生活用房等。

⑤名胜古迹、风景点、旅游区的恢复、修建工程。

⑥施工队伍以及地质勘探单位等独立的后方基地建设（包括工矿业的农副业基地建设）。

⑦采取各种形式利用外资或国内资金兴建的旅游饭店、旅馆、贸易大楼、展览馆、科教馆等。

4.按行业性质和特点划分

根据工程建设项目的经济效益、社会效益和市场需求等基本特性，可将其划分为竞争性项目、基础性项目和公益性项目 3 种。

（1）竞争性项目。主要是指投资效益比较高、竞争性比较强的一般性建设项目。这类建设项目应以企业作为基本投资主体，由企业自主决策、自担投资风险。

（2）基础性项目。主要是指具有自然垄断性、建设周期长、投资额大而收益低的基础设施和需要政府重点扶持的一部分基础工业项目，以及直接增强国力的符合经济规模的支柱产业项目。对于这类项目，主要应由政府集中必要的财力、物力，通过经济实体进行投资。同时，还应广泛吸收地方、企业参与投资，有时还可吸收外商直接投资。

（3）公益性项目。主要包括科技、文教、卫生、体育和环保等设施，公、检、法等政权机关以及政府机关、社会团体办公设施、国防建设等。公益性项目的投资主要由政府用财政资金安排的项目。

5.按管理权限和投资规模划分

中国石油天然气股份有限责任公司，按管理权限和投资规模把建设项目分为限上项目和限下项目,以便实行对投资项目集中决策,股份公司、专业公司和地区公司分级管理。股份公司规划计划部负责限上项目的管理,主要负责组织有关专家对限上项目的项目建议书(预可研)、可行性研究报告进行评审,提出审查意见,经批准后,办理批复文件。需报国家审批的项目,负责向国家有关部门办理立项审批手续,经国家批准后下达。限下项目由专业公司和地区公司实行分级管理。其中3 000万元及以上项目的前期论证材料,由专业公司报股份公司规划计划部备案。股份公司管理的限上项目包括:

(1)新申请勘查登记的勘探项目;预探发现储量(控制或预测)规模石油在5 000万t、天然气300亿 m³ 以上的整装油气田,需转入评价勘探的项目。

(2)动用石油可采储量400万t(或30万t∕年产)及以上,动用天然气可采储量100亿 m³(或5亿 m³∕年产)及以上的开发建设项目。

(3)投资在5 000万元以上(含5 000万元,下同)的新建、改扩建油气长输管道项目。

(4)新建炼化厂及现有炼油厂扩大一次加工能力的项目;投资在5 000万元以上的炼油、化工、天然气化工及配套项目。

(5)油库、加油站销售网络建设总体方案。

(6)利用外资(外汇)贷款项目和合资合作项目。

(7)50万美元及以上的引进项目(含20万美元及以上软件项目)。

(8)对外投资项目和楼、堂、馆、所建设项目。

(9)按规定应上报国家计委、国家经贸委和国务院审批的建设项目。

13.1.3　工程造价的特点

工程造价的特点是由工程建设的特点所决定,其特点如下:

(1)工程造价的大额性。能够发挥投资效用的任一项工程,不仅实物形体庞大,而且造价高昂,动辄数百万、数千万、数亿、十几亿,特大型工程项目的造价可达百亿、千亿元人民币。工程造价的大额性使其关系到有关各方面的重大经济利益,同时也会对宏观经济产生重大影响。这就决定了工程造价的特殊地位,也说明了造价管理的重要意义。

(2)工程造价的个别性、差异性。任何一项工程都有特定的用途、功能、规模。因此,对每一项工程的结构、造型、空间分割、设备配置和内外装饰都有具体要求,因而使工程内容和实物形态都具有个别性、差异性。产品的差异性决定了工程造价的个别性差异。同时,每项工程所处地区、地段都不相同,使这一特点得到强化。

(3)工程造价的动态性。任何一项工程从决策到竣工交付使用,都有一个较长的建设期间,而且由于不可控因素的影响,在预计工期内,许多影响工程造价的动态因素,如工程变更,设备材料价格,工资标准以及费率、利率、汇率会发生变化。这种变化必然会影响到造价的变动。所以,工程造价在整个建设期中处于不确定状态,直至竣工决算后才能最终确定工程的实际造价。

(4)工程造价的层次性。造价的层次性取决于工程的层次性。一个建设项目往往含有多个能够独立发挥设计效能的单项工程(车间、写字楼、住宅楼等)。一个单项工程又是由能够各自发挥专业效能的多个单位工程(土建工程、电气安装工程等)组成。与此相适应,工程造价有3个层次:建设项目总造价、单项工程造价和单位工程造价。如果专业分工更细,单位工程(如土建工程)的组成部分 —— 分部分项工程也可以成为交换对象,如大型土方工程、基础工程、装饰工程等,这样工程造价的层次就增加分部工程和分项工程而成为 5 个层次。即使从造价的计算和工程管理的角度看,工程造价的层次性也是非常突出的。

(5) 工程造价的兼容性。工程造价的兼容性首先表现在它具有两种含义,其次表现在工程造价构成因素的广泛性和复杂性。在工程造价中,成本因素非常复杂。其中为获得建设工程用地支出的费用、项目可行性研究和规划设计费用,与政府一定时期政策(特别是产业政策和税收政策) 相关的费用占有相当的份额。再次,盈利的构成也较为复杂,资金成本较大。

13.2　环境工程造价管理

13.2.1　环境工程造价管理的目标和任务

1.造价管理的目标

利用科学管理方法和先进管理手段,合理地确定造价和有效地控制造价,以提高投资效益和环境工程企业的经营效果。

2.造价管理的任务

加强工程造价的全过程动态管理,强化约束机制,维护相关个方面的经济利益,规范价格行为,合理地确立工程概预算。

13.2.2　环境工程造价管理的基本内容

环境工程造价管理的基本内容是合理确定和有效控制环境工程造价。

1.合理确定工程造价

工程造价的合理确定,就是在建设程序的各个阶段中,合理确定投资估算、概算造价、预算造价、承包合同价、结算价、竣工决算价等。

2.有效控制工程造价

工程造价的有效控制,就是在优化建设方案、设计方案的基础上,在建设程序的各个阶段,采用一定的方法和措施把造价控制在合理的范围和核定的造价限额内。具体就是用投资估算价控制设计方案选择的初步设计概算造价,用概算造价控制技术设计和修正概算造价,用修正概算造价控制施工图设计和预算造价,从而合理使用人力、物力和财力,控制好环境工程项目的投资。

有效控制工程造价应体现以设计阶段为重点,建设全过程造价控制的原则。工程造价控制的关键在于施工前的投资决策和设计阶段的设计质量控制。据有关数据统计,一般情况下,设计费仅占建设工程全寿命费用的 1% 以下,但正是这少于 1% 的费用对工程造价的影响程度达 75% 以上,设计质量对整个工程建设的效益至关重要。而施工阶段对施工图预算的审核、建设工程的决算价款审核也很重要。实践证明:技术与经济相结合控制工程造价是最有效的手段。要有效地控制工程造价,应从组织、技术、经济等多方面采取措施。

从组织上采取的措施,包括明确项目组织结构,明确造价控制者及其任务,明确管理职能分工;从技术上采取措施,包括重视设计多方案选择,严格审查初步设计、技术设计、施工图设计、施工组织设计,深入技术领域,研究节约投资的策略;从经济上采取措施,包括动态地比较造价的计划值和实际值,严格审核各个项目费用支出,最大可能地降低造价。

13.3　环境工程造价的编制依据

环境工程造价的计算在不同设计阶段,依据不同定额及有关设计图纸等资料确定。定额是最重要的工程造价依据之一。因此,在研究工程造价依据时,必须首先对定额和工程建设定额的基本原理有一个基本认识。

13.3.1　定额的重要性

1.定额的地位

定额是现代科学管理的重要内容,在现代化管理中有极其重要的地位。

(1) 定额是节约社会劳动,提高劳动生产率的重要手段。降低劳动消耗,提高劳动生产率,是人类社会发展的普遍要求和基本条件。节约劳动时间是最大的节约,定额为生产者和管理者树立了评价劳动成果和经营效益的标准尺度,同时使劳动者自觉节约消耗,努力提高劳动生产率和经济效益。

(2) 定额是组织和协调社会化大生产的工具。随着生产力的发展,分工越来越细,生产社会化程度越来越高。任何一件商品都是许多劳动者共同完成的社会产品,所以必须借助定额实现生产要素的合理配置,组织、指挥和协调社会生产,保证社会生产的顺利、持续发展。

(3) 定额是宏观调控的依据。我国社会主义市场经济是以公有制为主体,既要发展市场经济,又要有计划地指导和调节,就需要利用定额为预测、计划、调节和控制经济发展提供有依据的参数和计量标准。

(4) 定额是实现分配,兼顾效率与公平的手段。定额作为评价劳动成果和经济效益的尺度,也就成为资源分配和个人消费品分配的依据。

2.定额在市场经济条件下的作用

(1) 定额与市场经济的共融性是与生俱来的,它不仅是市场供给主体加强竞争能力的手段,而且是体现市场公平竞争和加强国家宏观调控与管理的手段。

(2) 在工程建设中,定额仍然有节约社会劳动和提高生产效率的作用,定额所提供的信息为建设市场的公平竞争提供了有利条件。定额既是投资决策的依据,又是价格决策的依据,对规范建设市场行为能起到积极的作用。对于投资者来说,他可以利用定额来权衡自己的财务状况和支付能力,预测资金投入和预期回报,还可利用有关定额的信息,有效提高项目决策的科学性,优化其投资行为;对承包商来说,在投标报价时,应充分依据定额做出正确的价格决策,才能获得较大的市场份额。

(3) 定额还有利于完善市场信息系统。定额的编制需要对大量市场信息进行加工,对信息进行市场传递和反馈,信息是市场体系中的重要因素,它的可靠性、完整性和灵敏性是市场成熟和市场效率的标志。以定额形式建立和完善市场信息系统,是我国以公有制为主体的社会主义市场经济的特色。

3.定额在建设工程管理中的作用

（1）每个建设工程都是由单项工程、单位工程、分部分项工程组成,需分层次计算,而分层次计算则离不开定额。我国的定额管理已经有了较大的改革,定额的指令性已经转向指导性,并且按照建设工程投资动态管理和调整的需要,依据量价分离以及工程实体性消耗与施工措施性消耗相分离的原则,将属于工、料、机等消耗量水平的标准由国家统一制定,实现国家对定额的宏观调控。

（2）国家应制定统一的工程量计算规则、项目划分、计量单位,企业在这三个统一的基础上,在国家定额指导下,结合本企业的管理水平、技术装备程度和工人的操作水平等情况,编制本企业的投标报价定额,依据企业定额形成的报价才能在市场竞争中获取较大的优势。

（3）在建设工程投资的形成过程中,定额有其特定的地位和作用。首先要依据定额做出一个基本的价格标准,然后再采取投标报价技巧,根据工程具体情况、难易程度、竞争因素、价格变动情况等对该价格进行适当调整,最终形成有竞争优势的报价。

（4）定额编制的依据之一是指有代表性的且完成工程价格的资料,通过对其整理、分析、比较,作为编制的依据和参考,有其真实性、合理性和适用性,对建设工程投资的形成也有指导意义。因此,建设工程投资的编制离不开定额的指导。

13.3.2　定额的分类

1.按反映的物质消耗的内容分类

按反映的物质消耗的内容分类,可将定额分为人工消耗定额、材料消耗定额和机械消耗定额。人工消耗定额是指完成一定合格产品所消耗的人工的数量标准;材料消耗定额是指完成一定合格产品所消耗的材料的数量标准;机械消耗定额是指完成一定合格产品所消耗的施工机械的数量标准。

2.按建设程序分类

（1）预算定额是完成规定计量单位分项工程计价的人工、材料、施工机械台班消耗量的标准,是统一预算工程量计算规则、项目划分、计量单位的依据,是编制地区单位计价表,确定工程价格,编制施工图预算的依据,也是编制概算定额的基础;也可作为制订招标工程标底、企业定额和投标报价的基础。预算定额一般适用于新建、扩建、改建工程。

（2）概算定额是在预算定额基础上以主要分项工程综合相关分项的扩大定额,是编制初步设计概算的依据,还可作为编制施工图预算的依据,也可作为编制估算指标的基础。

（3）估算指标是编制项目建议书、可行性研究报告投资估算的依据,是在现有工程价格资料的基础上,经分析整理得出的。估算指标为建设工程的投资估算提供依据,是合理确定项目投资的基础。

3.按建设工程特点分类

按照建设工程的特点,可将定额分为建筑工程定额、安装工程定额、铁路工程定额、公路工程定额、水利工程定额。

（1）建筑工程定额是建筑工程的基础定额或预算定额、概算定额的统称。建筑工程一般理解为房屋和构筑物工程,目前我国有土建定额、装饰定额等,都属于建筑工程定额范畴。

（2）安装工程定额是安装工程的基础定额或预算定额、概算定额的统称。安装工程一般是指对需要安装的设备进行定位、组合、校正、调试等工作。目前我国有机械设备安装定额、电气设备安装定额、自动化仪表安装定额、静置设备与工艺金属结构安装定额等，都属于安装工程定额范畴。

（3）铁路、公路、水利工程定额等分别也是各自基础定额或预算定额、概算定额的统称。

4.按定额的适用范围分类

（1）国家定额是指由国家建设行政主管部门组织，依据现行有关的国家产品标准、设计规范、施工及验收规范、技术操作规程、质量评定标准和安全操作规程，综合全国工程建设情况、施工企业技术装备水平和管理情况进行编制、批准、发布，在全国范围内使用的定额。目前我国的国家定额有土建工程基础定额、安装工程预算定额等。

（2）行业定额是指由行业建设行政主管部门组织，依据行业标准和规范，考虑行业工程建设特点，本行业施工企业技术装备水平和管理情况进行编制、批准、发布，在本行业范围内使用的定额。目前我国的各行业几乎都有各自的行业定额。

（3）地区定额是指由地区建设行政主管部门组织，考虑地区工程建设特点，对国家定额进行调整、补充编制并批准、发布，在本地区范围内使用的定额。目前我国的地区定额一般都是在国家定额的基础上编制的地区单位计价表。

（4）企业定额是指由施工企业根据本企业的人员素质、机械装备程度和企业管理水平，参照国家、部门或地区定额进行编制，只在本企业投标报价时使用的定额。企业定额水平应高于国家、行业或地区定额，才能适应投标报价，增强市场竞争能力的要求。

5.按构成工程的成本和费用分类

按照构成工程的成本和费用，可将定额分为构成直接工程成本的定额、构成间接费的定额以及构成工程建设其他费用的定额。

（1）构成直接工程成本的定额是指直接费定额、其他直接费定额和现场经费定额。

①直接费定额是指施工过程中耗费的构成工程实体和有助于工程形成的各项费用的消耗标准，包括人工、材料、机械消耗定额。我国目前的土建工程基础定额、安装工程预算定额都属于直接费定额。

②其他直接费定额是指施工过程中发生的直接费以外其他费用的消耗标准，包括冬雨季施工费、夜间施工增加费、二次搬运费等定额。其他直接费定额由于其费用发生的特点不同，只能独立编制，它也是编制施工图预算和设计概算的依据。

③现场经费定额是指为施工准备、组织施工生产和管理所发生的费用的消耗标准，包括临时设施费和现场管理费定额。

（2）构成工程间接费的定额。

构成工程间接费的定额是指与建筑安装生产的个别产品无关，而为企业生产全部产品所必须发生的各项费用的消耗标准，包括企业管理费、财务费用和其他费用定额。由于间接费中许多费用的发生和施工任务的大小没有直接关系，因此，通过对间接费定额的管理，有效控制间接费的发生对控制建设工程投资是十分必要的。

（3）构成工程建设其他费用的定额。

构成工程建设其他费用的定额是指应列入建设工程总成本的其他费用的消耗标准,包括土地征用费、拆迁安置费、建设单位管理费定额等。这些费用的发生和整个建设工程密切相关,要按各项费用分别编制,合理确定标准。总而言之,定额的产生与管理科学的产生和发展密切相关。社会化大生产的发展使劳动分工和协作越来越精细和复杂,"管理"作为一门学科就有了需求的土壤。19 世纪末 20 世纪初,西方"管理之父"泰勒制定出了工时定额、工具、器具、材料和作业环境的标准化原理以及计件工资制度。泰勒制的实质就是提倡科学管理,着眼于提高劳动生产率和劳动效率。从其主要内容来看,就是通过制定定额,来提高劳动效率,降低产品成本,增加企业盈利。所以,定额起源于科学管理,它不仅是一种强制制度,而且也是一种激励机制,它的产生给企业管理带来了根本性的变革,产生了深远的影响。

降低工程成本的潜力,最大限度地节约活劳动和物化劳动的消耗,争取施工企业的最佳经济效益。施工定额是施工经营管理的有力工具,以施工定额为依据进行单机核算、班组核算、发放工资、奖金等劳动报酬,是科学管理工程成本的有效途径。

13.4　环境工程招投标

13.4.1　环境工程招投标概述

1.工程施工招标范围

阶段承包的内容是建设过程中某一阶段或某些阶段的工作。例如,可行性研究、勘察设计、建筑安装施工等。在施工阶段,还可依承包内容的不同细分为两种方式,工程施工招标范围及承包方式招标范围。

《中华人民共和国招标投标法》对工程建设项目招标总的范围有如下规定:在中华人民共和国境内进行下列工程建设项目包括项目的勘察、设计、施工、监理以及与工程建设有关的重要设备、材料等的采购,必须进行招标:

（1）大型基础设施、公用事业等关系社会公共利益、公众安全的项目。

（2）全部或者部分使用国有资金投资或者国家融资的项目。

（3）使用国际组织或者外国政府贷款、援助资金的项目。

前款所列项目的具体范围和规模标准,由国务院发展计划部门会同国务院有关部门制定,上报国务院批准。法律或者国务院对必须招标的其他项目的范围有规定的,依照其规定。

据此,中华人民共和国建设部于 2001 年 6 月 1 日以第 89 号令发布施行的《房屋建筑和市政基础设施工程施工招标投标管理办法》规定:本办法所称房屋建筑工程,是指各类房屋建筑及其附属设施和与其配套的线路、管道、设备安装工程及室内外装修工程。

本办法所称市政基础设施工程,是指城市道路、公共交通、供水、排水、燃气、热力、园林、环卫、污水处理、垃圾处理、防洪、地下公共设施及附属设施的土建、管道、设备安装工程。

房屋建筑和市政基础设施工程(以下简称工程)的施工单项合同估算价在 200 万元人民币以上,或者项目总投资在 3 000 万元人民币以上的,必须进行招标。

省、自治区、直辖市人民政府建设行政主管部门报经同级人民政府批准,可以根据实际情况,规定本地区必须进行工程施工招标的具体范围和规模标准,但不得缩小本办法确定的必须进行施工招标的范围。

2.工程施工承包方式

承包方式指工程发包方(一般即招标方)与承包方(一般即投标中标方)二者之间经济关系的形式。承包方式有多种多样,受承包内容和具体环境条件的制约。

(1)按承包范围(内容)划分承包方式。按工程承包范围即承包内容划分的承包方式,有建设全过程承包、阶段承包、专项承包和"建造－经营－转让"承包4种。

① 建设全过程承包。建设全过程承包也称为"统包"或"一揽子承包",即通常所说的"交钥匙"。采用这种承包方式,建设单位一般只要提出使用要求和竣工期限,承包单位即可对项目建议书、可行性研究、勘察设计、设备询价与选购、材料订货、工程施工、生产职工培训直至竣工投产,实行全过程、全面的总承包,并负责对各项分包任务进行综合管理、协调和监督工作。为了有利于建设和生产的衔接,必要时也可以吸收建设单位的部分力量,在承包单位的统一组织下,参加工程建设的有关工作。这种承包方式要求承包双方密切配合,涉及决策性质的重大问题仍应由建设单位或其上级主管部门做最后的决定。这种承包方式主要适用于各种大中型建设项目。它的好处是可以积累建设经验和充分利用已有的经验节约投资,缩短建设周期并保证建设的质量,提高经济效益。当然,也要求承包单位必须具有雄厚的技术经济实力和丰富的组织管理经验来适应这种要求。国外某些大承包商往往和勘察设计单位组成一体化的承包公司,或者更进一步扩大到若干专业承包商和器材生产供应厂商,形成横向的经济联合体。这是近几十年来建筑业一种新的发展趋势。改革开放以来,我国各部门和地方建立的建设工程总承包公司即属于这种性质的承包单位。

② 阶段承包。阶段承包的内容是建设过程中某一阶段或某些阶段的工作。例如,可行性研究、勘察设计、建筑安装施工等。在施工阶段,还可依承包内容的不同,细分为3种方式:

a.包工包料。即承包工程施工所用的全部人工和材料。这是国际上采用较为普遍的施工承包方式。

b.包工部分包料。即承包者只负责提供施工的全部人工和一部分材料,其余部分则由建设单位或总包单位负责供应。我国改革开放前曾实行多年的施工单位承包全部用工和地方材料,建设单位负责供应统配和全部材料以及某些特殊材料,就属于这种承包方式。改革后已逐步过渡到包工包料方式为主。

c.包工不包料。即承包人仅提供劳务而不承担供应任何材料的义务。在国内外的建筑工程中都存在这种承包方式。

③ 专项承包。专项承包的内容是某一建设阶段中的某一专门项目,由于专业性较强,多由有关的专业承包单位承包,因此称专业承包。例如,可行性研究中的辅助研究项目,勘察设计阶段的工程地质勘查、供水水源勘察、基础或结构工程设计、工艺设计、供电系统、空调系统及防灾系统的设计,建设准备过程中的设备选购和生产技术人员培训,以及施工阶段的基础施工、金属结构制作和安装、通风设备和电梯安装等。

④"建造－经营－转让"承包。国际上通称BOT(Build－Operate－Transfer)方式。这是20世纪80年代新兴的一种带资承包方式。其程序一般是由某一个大承包商或开发商牵

头,联合金融界组成财团,就某一工程项目向政府提出建议和申请,取得建设和经营该项目的许可。这些项目一般是大型公共工程和基础设施,如隧道、港口、高速公路、电厂等。政府若同意建议和申请,则将建设和经营该项目的特许权授予财团。财团即负责资金筹集、工程设计和施工的全部工作;竣工后,在特许期内经营该项目,通过向用户收取费用,回收投资,偿还贷款并获取利润;特许期满即将该项目无偿地移交给政府经营管理。对项目所在国来说,采取这种方式可解决政府建设资金短缺问题,且不形成债务,又可解决本地缺少建设、经营管理能力等困难;而且不用承担建设、经营中的风险。因此,在许多发展中国家受到欢迎和推广,并有向某些发达国家和地区扩展的趋势。对承包商来说,则是跳出了设计、施工的小圈子,实现工程项目由前期至后期的全过程总承包,竣工后并参与经营管理,利润来源也就不限于施工阶段,而是向前后延伸到可行性研究、规划设计、器材供应及项目建成后的经营管理,从坐等招标的经营方式转向主动为政府、业主和财团提供超前服务,从而扩大了经营范围。当然,这也不免会增加风险,所以要求承包商有高超的融资能力和技术经济管理水平,包括风险防范能力。

(2) 按承包者所处地位划分承包方式。在工程承包中,一个建设项目上往往有不止一个承包单位。承包单位与建设单位之间,以及不同承包单位之间的关系、地位不同,也就形成不同的承包方式,常见的有 5 种。

① 总承包。一个建设项目建设全过程或其中某个阶段(例如施工阶段)的全部工作,由一个承包单位负责组织实施。这个承包单位可以将若干专业性工作交给不同的专业承包单位去完成,并统一协调和监督其工作。在一般情况下,建设单位仅同这个承包单位发生直接关系,而不同各专业承包单位发生直接关系,这样的承包方式称为总承包。承担这种任务的单位称为总承包单位,或简称总包。通常有咨询设计机构、一般土建公司以及设计施工一体化的大建筑公司等。我国的工程总承包公司就是总包单位的一种组织形式。

② 分承包。分承包简称分包,是相对总承包而言的,即承包者不与建设单位发生直接关系,而是从总承包单位分包某一分项工程(例如土方、模板、钢筋等)或某种专业工程(例如钢结构制作和安装、卫生设备安装、电梯安装等),在现场上由总包统筹安排其活动,并对总包负责。分包单位通常为专业工程公司,例如工业炉窑公司、设备安装公司、装饰工程公司等。国际上通行的分包方式主要有两种:一种是由建设单位指定分包单位,与总包单位签订分包合同;另一种是由总包单位自行选择分包单位签订分包合同。

③ 独立承包。独立承包是指承包单位依靠自身的力量完成承包任务,而不实行分包的承包方式。通常仅适用于规模较小、技术要求比较简单的工程以及修缮工程。

④ 联合承包。联合承包是相对于独立承包而言的承包方式,即由两个以上承包单位组成联合体承包一项工程任务,由参加联合的各单位推定代表统一与建设单位签订合同,共同对建设单位负责,并协调它们之间的关系。但参加联合的各单位仍是各自独立经营的企业,只是在共同承包的工程项目上,根据预先达成的协议,承担各自的义务和分享共同的收益,包括投入资金数额、工人和管理人员的派遣、机械设备和临时设施的费用分摊、利润的分享以及风险的分担等。

这种承包方式由于多家联合、资金雄厚,技术和管理上可以取长补短,发挥各自的优势,有能力承包大规模的工程任务。同时由于多家共同协作,在报价及投标策略上互相交流经验,也有助于提高竞争力,较易得标。在国际工程承包中,外国承包企业与工程所在国承包企业联合经营,也有利于对当地国情民俗、法规条例的了解和适应,便于工作的开展。

⑤ 直接承包。直接承包就是在同一工程项目上,不同的承包单位分别与建设单位签订承包合同,各自直接对建设单位负责。各承包商之间不存在总分包关系,现场上的协调工作可由建设单位自己去做,或委托一个承包商牵头去做,也可聘请专门的项目经理来管理。

(3) 按获得承包任务的途径划分承包方式。根据承包单位获得任务的不同途径,承包方式可划分为 4 种。

① 计划分配。在计划经济体制下,由中央和地方政府的计划部门分配建设工程任务,由设计、施工单位与建设单位签订承包合同。在我国曾是多年来采用的主要方式,随着改革的深化已为数不多见。

② 投标竞争。通过投标竞争,优胜者获得工程任务,与建设单位签订承包合同。这是国际上通行的获得承包任务的主要方式。我国实行社会主义市场经济体制,建筑业和基本建设管理体制改革的主要内容之一,就是从以计划分配工程任务为主逐步过渡到以在政府宏观调控下实行投标竞争为主的承包方式。

③ 委托承包。委托承包也称协商承包,即不需经过投标竞争,而由建设单位与承包单位协商,签订委托其承包某项工程任务的合同。

④ 获得承包任务的其他途径。《中华人民共和国招标投标法》第六十六条规定:"涉及国家安全、国家机密、抢险救灾或者属于利用扶贫资金实行以工代贩、需要使用农民工等特殊情况,不适宜进行招标的项目,按照国家规定可以不进行招标。"此外,依国际惯例,由于涉及专利权、专卖权等,只能从一家厂商获得供应的项目,也属于不适宜进行招标的项目。对于此类项目的实施,可以视不同情况,由政府主管部门以行政命令指派适当的单位执行承包任务;或由主管部门授权项目主办单位(业主)或听其自主,与适当的承包单位协商,将项目委托其承包。

(4) 按合同类型和计价方法划分承包方式。工程项目的条件和承包内容的不同,往往要求不同类型的合同和报价计算方法。因此,在实践中,合同类型和计价方法就成为划分承包方式的重要依据。

① 固定总价合同。固定总价合同就是按商定的总价承包工程。它的特点是以图纸和工程说明书为依据,明确承包内容和计算报价,并一笔包死。在合同执行过程中,除非建设单位要求变更原定的承包内容,承包单位一般不得要求变更报价。这种方式对建设单位比较简便,因此为一般建设单位所欢迎。对承包商来说,如果设计图纸和说明书相当详细,能据以比较精确地估算造价,签订合同时考虑得也比较周全,不致有太大的风险,也是一种比较简便的承包方式。如果图纸和说明书不够详细,未知数比较多,或者遇到材料突然涨价以及恶劣的气候等意外情况,承包单位须承担应变的风险;为此,往往加大不可预见费用,因而不利于降低造价,最终是对承包单位不利。这种承包方式通常仅适用于规模较小、技术不太复杂的工程。

② 按量计价合同。按量计价合同以工程量清单和单价表为计算报价的依据。通常由建设单位委托设计单位或专业估算师(造价工程师或测量师)提出工程量清单,列出分部分项工程量,例如,挖土若干立方米、填土夯实若干立方米、混凝土若干立方米、墙面抹灰若干平方米等,由承包商填报单价,再算出总造价。因为工程量是统一计算而来,承包商只要经过复核并填上适当的单价就能得出总造价,承担风险较小;发包单位也只要审核单价是否合

理即可,对双方都方便。目前,国际上采用这种承包方式的较多。在我国作为工程造价计算方法的改革方向,已开始推行。

③ 单价合同。在没有施工详图就需开工,或虽有施工图而对工程的某些条件尚不完全清楚的情况下,既不能比较精确地计算工程量,又要避免凭运气而使建设单位和承包单位任何一方承担过大的风险,采用单价合同是比较适宜的。在实践中,这种承包方式可细分为 3 种。

a.按分部分项工程单价承包:即由建设单位开列分部分项工程名称和计量单位,例如,挖土方每立方米、混凝土每立方米、钢结构每吨等,多由承包单位逐项填报单价;也可以由建设单位先提出单价,再由承包单位认可或提出修订的意见后作为正式报价,经双方磋商确定承包单价,然后签订合同,并根据实际完成的工程数量,按此单价结算工程价款。这种承包方式主要适用于没有施工图、工程量不明即须开工的紧急工程。

b.按最终产品单价承包:是按每一平方米住宅、每一平方米道路等最终产品的单价承包。其报价方式与按分部分项工程单价承包相同。这种承包方式通常适用于采用标准设计的住宅,中、小学校舍和通用厂房等工程。但考虑到基础工程因条件不同而造价变化较大,我国按每一平方米单价承包某些房屋建筑工程时,一般仅指 ±0 标高以上部分,基础工程则以按量计价承包或分部分项工程单价承包。单价可按预算定额或加调价系数一次包死,也可商定允许随工资和材料价格指数的变化而调整。具体的调整办法在合同中明确规定。

c.按总价投标和决标,按单价结算工程价款:这种承包方式适用于设计已达到一定的深度,能据以估算出分部分项工程数量的近似值,但由于某些情况不完全清楚,在实际工作中可能出现较大变化的工程。例如,在铁路或水电建设中的隧洞开挖,就可能因反常的地质条件而使土石方数量产生较大的变化。为了使承发包双方都能避免由此而来的风险,承包单位可以按估算的工程量和一定的单价提出总报价,建设单位也以总价和单价为评标、决标的主要依据,并签订单价承包合同。随后双方即按实际完成的工程数量与合同单价结算工程价款。

④ 成本加酬金合同。这种承包方式的基本特点是按工程实际发生的成本(包括人工费、材料费、施工机械使用费、其他直接费和施工管理费以及各项独立费,但不包括承包企业的总管理费和应缴税金),加上商定的总管理费和利润来确定工程总造价。这种承包方式主要适用于开工前对工程内容尚不十分清楚的情况,例如,边设计边施工的紧急工程或遭受地震、战火等灾害破坏后需修复的工程。在实践中主要有 4 种不同的具体做法。

a.成本加固定百分数酬金。计算方法可用下式说明:

$$C = C_a(1 + P)$$

式中,C 为总造价;C_a 为实际发生的工程成本;P 为固定的百分数。

从式中可以看出,总造价 C 将随工程成本 C_a 的增大而增大,显然不能鼓励承包商缩短工期和降低成本,因而对建设单位是不利的。现在这种承包方式已很少被采用。

b.成本加固定酬金。工程成本实报实销,但酬金是事先商定的一个固定数目。计算式为

$$C = C_a + F$$

式中,F 为酬金,通常按估算的工程成本的一定百分比确定,数额是固定不变的。这种承包方式虽然不能鼓励承包商降低成本;但从尽快取得酬金出发,承包商将会缩短工期,这是其

可取之处。为了鼓励承包单位更好地工作,也有在固定酬金之外,再根据工程质量、工期和降低成本情况另加奖金的情况。在这种情况下,奖金所占比例的上限可大于固定酬金,以充分发挥奖励的积极作用。

c.成本加浮动酬金。这种承包方式要事先商定工程成本和酬金的预期水平。如果实际成本恰好等于预期水平,工程造价就是成本加固定酬金;如果实际成本低于预期水平,则增加酬金;如果实际成本高于预期水平,则减少酬金。这3种情况可用算式表示如下:

$$C_a = C_0, \quad C = C_a + F$$
$$C_a < C_0, \quad C = C_a + F + \Delta F$$
$$C_a > C_0, \quad C = C_a + F - \Delta F$$

式中,C_0 为预期成本;ΔF 为酬金增减部分,可以是一个百分数,也可以是一个固定的绝对数。

采用这种承包方式时,通常规定,当实际成本超支而减少酬金时,以原定的固定酬金数额为减少的最高限度。也就是在最坏的情况下,承包人将得不到任何酬金,但不必承担赔偿超支的责任。从理论上讲,这种承包方式既对承发包双方都没有太多风险,又能促使承包商关心降低成本和缩短工期;但在实践中准确地估算预期成本比较困难,所以要求当事双方具有丰富的经验并掌握充分的信息。

d.目标成本加奖罚。在仅有初步设计和工程说明书即迫切要求开工的情况下,可根据粗略估算的工程量和适当的单价表编制概算,作为目标成本;随着详细设计逐步具体化,工程量和目标成本可加以调整,另外规定一个百分数作为酬金;最后结算时,如果实际成本高于目标成本并超过事先商定的界限(例如5%),则减少酬金,如果实际成本低于目标成本(也有一个幅度界限),则加给酬金。用算式表示如下:

$$C = C_a + P_1 C_0 + P_2(C_0 - C_a)$$

式中,C_0 为目标成本;P_1 为基本酬金百分数;P_2 为奖罚百分数。

此外,还可另加工期奖罚。这种承包方式可以促使承包商降低成本和缩短工期,而且目标成本是随设计的进展而加以调整才确定下来的,故建设单位和承包商双方都不会承担多大风险,这是其可取之处。当然也要求承包商和建设单位的代表都须具有比较丰富的经验和充分的信息。

⑤ 按投资总额或承包工作量计取酬金的合同。这种承包方式主要适用于可行性研究、勘察设计和材料设备采购供应等项承包业务。即按概算投资额的一定百分比计算设计费,按完成勘察工作量的一定百分比计算勘察费,按材料设备价款的一定百分比计算采购承包业务费等,这些都要在合同中作出明确规定。

⑥ 统包合同。统包合同即"交钥匙"合同,其内容见上文"建设全过程承包"一节。下面说明达成统包合同与确定报价的一般步骤。

a.建设单位委托承包商作拟建项目的可行性研究;承包商在提出可行性研究报告的同时,提出初步设计和工程概算所需的时间和费用。

b.建设单位委托承包商作初步设计并着手施工现场的准备工作。

c.建设单位委托承包商作施工图设计并着手组织施工。

每一步都要签订合同,规定支付给承包商的报酬数额。由于设计是逐步深入,概预算是逐步完善的,而且建设单位要根据前一步工作的结果决定是否进行下一步工作,所以不大可能采用固定总价合同、按量计价合同或单价合同等承包方式；在实践中以采用成本加酬金合同者为多，至于采用哪一种成本加酬金合同，则根据实际情况由建设单位和承包商双方协商确定。

13.4.2　招投标方式、程序与相关规定

1.建设工程招标的种类与方式

建设工程招标是指招标人在发包建设工程项目设计或施工任务之前，通过招标通告或邀请书的方式，吸引潜在投标人投标，以便从中选定中标人的一种经济活动。建设工程招标的种类可根据招标范围和内容不同，将建设工程招标分为以下 5 种：

（1）建设工程项目总承包招标，又称建设项目全过程招标（或"交钥匙"承包）。

（2）建设工程勘察、设计招标。

（3）建设工程施工招标。

（4）建设工程咨询或监理招标。

（5）建设工程材料设备供应招标。

2.建设工程招标方式

《中华人民共和国招标投标法》规定，建设工程招标方式分为公开招标和邀请招标。

（1）公开招标是指招标人通过报刊、广播、电视或网络等公共传播媒介介绍、发布招标公告或信息而进行招标。它是一种无限制的竞争方式。

（2）邀请投标是指招标人以投标邀请书的方式邀请特定的法人或者其他组织投标。招标人采用邀请招标方式的，应当向 3 个以上具备承担招标项目的能力、资信良好的特定的法人或者其他组织发出投标邀请书。邀请招标虽然也能够邀请到有经验和资信可靠的投标者投标，保证履行合同，但限制了竞争范围，可能会失去技术上和报价上有竞争力的投标者。

按照《工程建设项目施工招标投标办法》的规定，国务院发展计划部门确定的国家重点建设项目和各省、市、自治区、直辖市人民政府确定的地方重点项目，以及全部使用国有资金投资或者国有资金投资占控股或者主导地位的工程建设项目，应当公开招标；有下列情况之一的，经批准可以进行邀请招标。

① 项目技术复杂或有特殊要求，只有少量几家潜在投标人可供选择的。

② 受自然地域环境限制的。

③ 涉及国家安全、国家秘密或者抢险救灾，适宜招标但不宜公开招标的。

④ 拟公开招标的费用与项目的价值相差较大。

⑤ 法律、法规规定不宜公开招标的。

3.建设工程施工招标应具备的条件

建设工程施工招标应具备的条件主要有：招标人已经依法成立；初步设计及概算应当履行审批手续的，已经批准；招标范围、招标方式和招标组织形式等应当履行核准手续的，已经核准；有相应资金或资金来源已经落实；有招标所需的设计图纸及技术资料。

13.4.3　建设工程招标程序

下面主要阐述建设工程施工公开招标的程序，共有 15 个环节。

（1）建设工程项目报建。主要包括：工程名称、建设地点、投资规模、资金来源、当年投资额、工程规模、结构类型、发包方式、计划竣工日期、工程筹建情况等。

（2）审查建设单位资质。招标人具有编制招标文件和组织评标能力的，可以自行组织招标。不具备条件的必须委托招标。

（3）招标申请。招标单位填写"建设工程施工招标申请表"，连同"工程建设项目报建登记表"报招标管理机构审批。

（4）资格预审文件、招标文件编制与送审。资格预审文件的内容：投标单位组织与机构和企业概况、企业资质等级、企业质量安全环保认证；近3年完成工程的情况；目前正在履行的合同情况；资源方面，如财务状况、管理人员情况、劳动力和施工机械设备等方面的情况；其他情况（各种奖励和处罚等）。

招标文件可以分为以下几大部分内容：第一部分是对投标人的要求，包括招标公告、投标人须知、标准、规格或者工程技术规范、合同条件等；第二部分是对投标文件格式的要求，包括投标人应当填写的报价单、投标书、授权书和投标保证金等格式；第三部分是对中标人的要求，包括履约担保、合同或者协议书等内容。

（5）工程标底价格或工程量清单的编制。标底价应由成本、利润、税金及风险系数组成。除外资或保密等特殊工程外，我国现行建设工程主要采用工程量清单形式招标。

（6）刊登资审通告、招标通告。采用公开招标方式的工程，应当通过公开媒介发布招标公告。招标公告应当载明招标人的名称和地址，招标项目的性质、数量、实施地点和时间以及获取招标文件的办法等事项。

（7）资格预审。主要程序：一是资格预审公告；二是编制、发出资格预审文件；三是对投标人资格的审查和确定合格投标人名单。

（8）发放招标文件。招标单位对招标文件所做的任何修改或补充，须报招标管理机构审查同意后，在投标截止时间之前，发给所有获得招标文件的投标单位。

（9）勘查现场。勘查现场的目的在于了解工程场地和周围环境情况，以获取投标单位认为有必要的信息。勘查现场一般安排在投标预备会的前1～2天。

（10）投标预备会。投标预备会的目的在于澄清招标文件中的疑问，解答投标单位对招标文件和勘查现场中所提出的疑问问题。投标预备会可安排在发出招标文件7日后28日以内举行。

（11）投标文件的编制与递交。投标人应当在招标文件要求提交投标文件的截止时间前，将投标文件送达投标地点。

（12）开标。在招标文件确定的提交投标文件截止时间的同一时间公开进行开标；开标地点应当为招标文件预先确定的地点。开标由招标人主持，邀请所有投标人、评标委员会委员和其他有关单位代表参加。

（13）评标。评标人和中标人不由招标人依法组建的评标委员会负责。

（14）中标。招标人根据评标委员会提出的书面评标报告和推荐的中标候选人确定中标人。招标人可以将确定中标人的权力授权给评标委员会。

（15）合同签订。中标人确定后，招标人应当向中标人发出中标通知书，并同时将中标结果通知所有未中标的投标人。招标人和中标人应当自中标通知书发出之日起30日内，按照招标文件和中标人的投标文件订立书面合同。招标人和中标人得再行订立背离合同实质性内容的其他协议。

13.4.4　建设工程标底的编制

我国的《招标投标法》没有明确规定招标工程是否必须设置标底价格,招标人可根据工程的实际情况自己决定是否需要编制标底。

1.标底的编制依据

招标项目编制标底应根据批准的初步设计、投资概算,依据有关计价办法,参照有关工程定额,结合市场供求状况,综合考虑投资、工期和质量等方面的因素合理确定。一个工程只能编制一个标底。

2.标底的编制程序

当招标文件中的商务条款一经确定,即可进入标底编制阶段。工程标底的编制程序如下:

(1) 确定标底的编制单位。标底由招标单位自行编制或委托经建设行政主管部门批准具有编制标底资格和能力的中介机构代理编制。

(2) 收集编制资料,包括:全套施工图纸及现场地质、水文、地上情况的有关资料;招标文件;领取标底价格计算书、报审的有关表格。

(3) 参加交底会及现场勘察。标底编、审人员均应参加施工图交底、施工方案交底以及现场勘察、投标预备会,便于标底的编审工作。

(4) 编制标底。编制人员应严格按照国家的有关政策、规定,科学公正地编制标底价格。

(5) 标底审核。

3.标底文件的主要内容

(1) 标底综合编制的说明。

(2) 标底价格审定书、标底价格计算书、带有价格的工程量清单、现场因素、各种施工措施费的测算明细以及采用固定价格工程的风险系数测算明细等。

(3) 主要人工、材料、机械设备用量表。

(4) 标底附件:如各项交底纪要,各种材料及设备的价格来源,现场的地质、水文、地上情况的有关资料,编制标底价格所依据的施工方案或施工组织设计等。

(5) 标底价格编制的有关表格。

4.标底价格的编制方法

我国现行建设工程施工招标标底的编制,主要有定额计价和工程量清单计价两种方法。

13.4.5　建设工程投标程序

建设工程投标是指具有合法资格和能力的投标人根据招标条件,经过初步研究和估算,在指定期限内填写标书,提出报价,并等候开标,决定能否中标的经济活动。

1.建设工程投标单位应具备的基本条件

施工招标的投标人是响应施工招标、参与投标竞争的施工企业。投标人应具备的条件包括：

（1）投标人应当具备承担招标项目的能力。

（2）投标人应当符合招标文件规定的资格条件。当两个以上法人或者其他组织组成一个联合体，以一个投标人的身份共同投标时，联合体各方均应当具备承担招标项目的相应能力；由同一专业的单位组成的联合体，按照资质等级较低的单位确定资质等级。联合体各方应当签订共同投标协议，明确约定各方拟承担的工作和责任，并将共同投标协议连同投标文件一并提交招标人。联合体中标的，联合体各方应当共同与招标人签订合同，就中标项目向招标人承担连带责任。

2.建设工程投标程序

建设工程投标一般应遵循如下程序：

（1）投标报价前期的调查研究，收集信息资料。

（2）对是否参加投标做出决策。

（3）研究招标文件并制订施工方案。

（4）工程成本估算。

（5）确定投标报价的策略。

（6）编制投标文件。

（7）投递投标文件。

（8）参加开标会议。

（9）投标文件澄清与陈述。

（10）若中标，签订工程合同。

13.4.6　建设工程投标策略

投标策略是指承包商在投标竞争中的系统工作部署及其参与投标竞争的方式和手段。投标策略作为投标取胜的方式、手段和艺术。常用的投标策略主要有：

（1）根据招标项目的不同特点采用不同报价。投标报价时，既要考虑自身的优势和劣势，也要分析招标项目的特点。按照工程项目的不同特点、类别、施工条件等来选择报价策略。

（2）不平衡报价法。一个工程项目总报价基本确定后，通过调整内部各个项目的报价，以期既不提高总报价、不影响中标，又能在结算时得到更理想的经济效益。

（3）计日工单价的报价。如果是单纯报计日工单价，而且不计入总价中，可以报高些，以便在业主额外用工或使用施工机械时可多盈利。但如果计日工单价要计入总报价时，则需具体分析是否报高价，以免抬高总报价。总之，要分析业主在开工后可能使用的计日工数量，再来确定报价方针。

（4）可供选择的项目的报价。有些工程项目的分项工程，业主可能要求按某一方案报价，而后再提供几种可供选择方案的比较报价。

（5）暂定工程量的报价。暂定工程量有 3 种：

① 分项工程量不准确，业主允许将来按投标人所报单价和实际完成的工程量付款。这种情况下，由于暂定总价款是固定的，对各投标人的总报价水平竞争力没有任何影响，因此，投标时应当对暂定工程量的单价适当提高。

② 业主列出了暂定工程量的项目的数量,但并没有限制这些工程量的估价总价款,要求投标人既列出单价,也应按暂定项目的数量计算总价,当将来结算付款时可按实际完成的工程量和所报单价支付。这种情况下,这类工程量可以采用正常价格。如果承包商估计今后实际工程量肯定会增大,则可适当提高单价,使将来可增加额外收益。

③ 招标文件只有暂定工程的一笔固定总金额,将来这笔金额的用途由业主确定。这种情况对投标竞争没有实际意义,按招标文件要求将规定的暂定款列入总报价即可。

(6) 多方案报价法。如果发现招标文件规定的工程范围不很明确,条款不清楚、不公正或技术规范要求过于苛刻时,则要在充分估计投标风险的基础上,先按原招标文件报一个价,然后再提出如某某条款做某些变动,报价可降低多少,由此可报出一个较低的价。这样可以降低总价,吸引业主。

(7) 增加建议方案法。如果招标文件规定可以增加建议方案,即是可以修改原设计方案,提出投标者的方案。投标者应抓住机会,组织一批有经验的设计和施工工程师,对原招标文件的设计和施工方案仔细研究,提出更为合理的方案以吸引业主,促成自己的方案中标。

(8) 分包商报价的采用。总承包商通常应在投标前先取得分包商的报价,并增加总承包商摊入的一定的管理费,而后作为自己投标总价的一个组成部分一并列入报价单中。

(9) 无利润算标。缺乏竞争优势的承包商,在不得已的情况下,只好在算标中根本不考虑利润去夺标。

第14章 水处理的自动化工程技术

14.1 水处理项目基本介绍

废水处理项目可以是成本驱动型、时间驱动型，或者两者兼而有之。成本驱动的项目旨在限制预算超支，使时间表能够调整到最佳设计效率。时间驱动的项目更加强调最后期限，但会限制工程师更改时间表的能力。

14.2 项目结构

水务公司通常用固定成本（一次性）、成本加成或设计－建造费用结构来支付项目设计的费用。在固定成本方法中，公用事业公司向工程公司支付预定的费用，提供项目的设计文件，从建议到最终设计。在成本加成方法中，公用事业公司按每小时的费率向工程公司支付明确规定的服务费用。在设计－建造方法中，所有者或者雇佣设计工程师来制订合同文件，然后雇佣项目团队和工程团队、分包顾问、总承包商和分包商来设计和建造污水处理厂。上述方法也可以混合使用，比如公用事业公司向一家工程公司支付固定的设计费用，并向另一家公司支付每小时的建设监督费用。

公用事业公司可以对其自动化项目的控制系统集成商进行资格预审。预审时需要对各项决策标准分配权重，标准包括资格、独特性、项目理解、硬件和软件推荐、项目方法以及价格。有了标准之后，要考虑的其他因素包括能否在项目启动、调试和系统验收期间提供现场服务支持；项目管理能力，包括成本控制方法和计划；问题解决方法和问题解决方式的文档记录；隶属的控制系统设备制造商；保险限额和担保能力；项目积压程度，包括其他同时处理的项目；能否为项目提供足够的人员。最后的选拔过程是基于对财务、技术和管理能力的综合考虑。对于废水处理行业来说，比起与工业相关的项目经验，与废水相关的项目经验更值得参考。

14.3 项目设计过程

典型的中型污水处理厂控制系统设计项目有 4 个阶段：前期设计、详细计划阶段、最终设计和设计后阶段。

14.3.1 前期设计阶段

前期设计阶段对整个项目和设计过程本身有很大影响，特别是时间驱动型的项目。此阶段的目标是使项目目标和实现目标的过程达成一致。公用工程师、项目经理和工厂操作人员作为最终使用者,他们的参与十分重要。

这个阶段需要选择设计团队成员、确定工作方法以及解决安全问题。理想情况下,设计团队应该包括项目经理、所有者代表、所有相关工程学科的代表以及所有主要的子顾问。团队要建立项目的运作和控制体系、设计标准、设计文件,并同步建立项目采购战略。之后,审查制定的监控和数据采集(SCADA)系统安全标准和指南。在该阶段结束时,编写一份预设计报告。

14.3.2　详细计划阶段

这一阶段的设计团队应该开发工艺流程图(PFDs)以及由此产生的工艺和仪表图(P&IDs)。工艺和仪表图通常是第一个设计图纸,详细地描绘了最终设计阶段工作蓝图。所有者通过参与 P&IDs 的开发,了解图纸上显示的控制策略和由此对处理厂操作产生的影响。

14.3.3　最终设计阶段

这一阶段的目标是完成最终设计所需的剩余图纸和规范。控制系统规范中提到承包商必须提供的设备、方法和功能的书面细节,这一条在本阶段十分重要。通常规范是根据建筑规范协会(CSI)建立的格式编写,CSI格式结构化,因此很少与其他部分重叠。最后,将完成的规范提交给最终用户或所有者,征求他们的意见和批准。

14.3.4　设计后阶段

设计文档的完成并不意味着设计团队的工作结束。在项目实施期间,团队还要参与审查施工图、处理更改订单、信息请求、承包商和供应商会议、定期现场访问和其他施工活动,以确保最终控制系统按预期运行。

1.审查施工图

承包商和系统集成商通常会在安装仪器系统之前准备好详细的图纸。设计团队应严格审查图纸是否符合设计要求。

2.处理更改订单

用户请求、设计遗漏、设计错误、现场条件或不可预见的情况都会造成订单的更改。当订单发生变化时,设计工程师要在评估成本后生成更改文件。

3.信息请求

在施工阶段,承包商和系统供应商经常会向设计团队提出问题,即信息请求(RFIs),由问题产生的影响须被记录下来,并与其他设计和项目文档一起归档,以供将来参考。

4.承包商和供应商会议

设计团队需要与承包商和系统供应商开会解决设计问题。在合同的早期阶段,设计工程师与系统供应商进行月度会议。之后就供暖、通风和制冷等问题和其他分包商进行协调。

5.定期现场访问

虽然由施工管理团队(即驻地工程师、现场检查员等)处理日常施工活动,但设计团队需定期访问工作现场,解决可能影响设计和整个项目成功的实施问题,如替代安装程序。

6.工厂验收测试

仪表和控制系统的合同规定系统在装运前必须在制造商的工厂进行全面测试。设计工程师、系统用户或其他相关方参与控制系统测试,以确保系统经过全面调试符合设计要求,并且在设备出厂时没有内部接线错误。

7.系统性能

在工厂验收测试前,系统供应商应该自主进行全系统测试,按照规范和图纸的要求,确保连续运行 100 h 不出现故障。

8.硬件测试

对每个硬件组件进行测试,验证是否正常工作,测试包括以下内容:交流(AC)/ 直流(DC)电源检查、断电和重启测试、诊断检查、指定功能检查。此外,所有输入 / 输出(I/O)设备及其组件都应进行测试,确保其可操作性和基本校准。在适用的情况下,验证系统组件之间的通信和远程 I/O 与控制面板之间的通信。

9.软件测试

软件测试是测试系统软件是否按预期工作,尤其是安全组件。对于小型或简单系统,该测试涉及将一些模拟信号(拨动开关、灯、信号发生器的模拟信号等)连接到控制面板。对于更大或更复杂的系统,使用安装在单独计算机上的仿真软件进行测试。测试期间,承包商基于 100% 模拟和离散 I/O 的模拟,演示所有软件的操作和显示。

10.仿真软件

现在许多系统供应商在安排工厂测试之前会通过仿真软件来测试程序逻辑。本软件应具备以下特点:

(1)单元操作和物理属性特定于流程的库。

(2)在控制系统模型中定义离散设备、回路和对象的特性(如流量、液位、温度和压力)的能力。

(3)能够实时模拟所有过程控制系统信号、警报和关机场景。

(4)能够使用图形和符号对所有流程反馈进行建模。

(5)对模型中每个对象的行为进行完全的、基于工作站的控制。

(6)开发自定义图形的能力。

(7)当对象参数在后台执行时,指向并单击它们。

(8)能够直接与操作员界面终端(OIT)软件进行通信。

(9)能够与指定的 PLC 进行通信。

(10)符合职业安全与健康管理局(OSHA)建议的操作人员培训工具。

(11)模拟软件中使用的面板、设备和仪器的标签号应与 P&IDs 合同中的相同。

此外,承包商应保留模拟软件供应商的工厂培训技术员的服务至少 2 天。技术员在工厂测试、启动和现场测试以及培训期间提供帮助,但由承包商承担服务相关的费用(包括交通和住宿费用)。

11.操作员界面终端

在对控制系统进行测试之前,要配置 OIT 显示器,将其加载到过程控制系统服务器或独立 PC OIT 上进行测试。控制系统的 OIT 软件应包括项目过程示意图的图形符号,字段面板的图形符号,现场仪表的图形符号。在 OIT 测试期间,测试人员的做法如下:

(1)检查主菜单显示内容并演示操作员如何在整个显示结构中导航(主菜单显示所有可用显示的列表和到各个子系统显示的链接)。

(2)演示显示器对应工作站键盘上的哪些键。

(3)确认图形显示组件(如布局、符号和配色方案)正确。

(4)验证标准报警管理显示(如当前报警显示、报警历史)功能符合预期。

(5)显示可以生成和打印每种指定类型的报告。

14.4　项目设计文件

14.4.1　过程控制说明

过程控制说明(PCNs)也称控制策略,它记录了所有者的目标和团队意图,并促进与 I&C 设计师的讨论。在其他细节中,过程控制说明应注明控制系统及其部件如何手动启动、自动启动,在正常条件下停止、在紧急情况下停止以及对故障和警报做出反应。所有的启动和停止都应按照顺序进行。如果启动需要许可,则显示相关的监控、验证和时间限制。设计团队应尽可能使用表格来简化描述。各种设计文件和行业标准见表 14 - 1。

表 14 - 1　各种设计文件和行业标准

设计文件	产业标准
计算机规格	提供最新的计算机处理器和超大型硬盘,确保 I&C 系统的最长寿命
导管、布线和配电盘明细表	提供所有电缆和导管的表格,包括尺寸、数量和布线[a]
控制面板设计	提供所有控制面板的完整设计,外部和内部视图尺寸适当
控制室布局	提供显示所有控制室设备位置的图纸
控制系统规格	以 CSI 格式提供所有硬件、软件、配置服务和测试(工厂和现场)的功能规格和性能标准
基本接线图(EWD)	为所有新设备提供完整的工程设计文件,至少为所有涉及的现有设备提供部分工程设计文件
仪表和面板位置图	提供所有电缆和导管的表格,包括尺寸、数量和布线[a]
仪表 - 安装细节	提供所有主要类型仪器的安装细节
仪器规格	提供 CSI 格式的规范,包括一般条件和 30 ~ 35 个单独的仪器规范
仪器列表	提供所有仪器的完整列表,包括所有要求的细节,包括描述、标签号范围、规格号、P&IDS 号和备注
I/O 列表	提供一份所有输入/输出点的清单,包括所有要求的细节,包括输入/输出类型(数字输入、模拟输入等)和最小和最大值的工程单位
回路图	提供每个控制回路的回路图及所有要求的细节[b]

设计文件	产业标准
面板列表	提供所有控制面板的完整列表,包括 NEMA 等级、图纸位置和相关规范
预先设计报告	提供一份预先设计报告,包括选项、建议和设计标准(例如,所需图纸的类型和标准)
工艺和仪表图(P&IDS)	为每个过程或子系统提供工艺和标识,并符合国际标准
过程控制叙事	为每个控制回路提供规格和过程控制说明
控制系统配置和通信示意图	提供完整的配置图纸,包括所有需要的通信
工艺流程图	提供工艺系统机械配置的简化示意图
安全问题	符合 ISA - TR99.00.01 标准
不间断电源分配 - 框图	显示所有 UPSs 的位置,以及额定值和连接的负载

a.通常不是仪器设计文件的一部分。它们包含在电气设计文件中,在此列出仅供参考。

b.通常不是设计文件的一部分。回路图常由系统集成商在项目的施工图阶段完成,在此列出仅供参考。

不管表格多么详细都不能代替 PCN,而 I&C 设计人员应该将 PCN 作为仪器规范的一部分。当处理一个大型或复杂的系统时,设计者应将其划分成多个子系统,并为每个子系统制订控制策略。主演示的流程保持连续,子系统的细节应该在主序列完成后显示,并且子系统之间的联锁应该被记录下来,否则显示会十分混乱脱节。

编写 PCN 时需要考虑的关键细节:

(1)标签数字。

每个仪器应在 PCNs 中通过其标识或标签号进行描述。

(2)控制变量。

在表中编制系统所监测的变量,注意每个变量的预期范围,考虑是否设置固定或可调的设定值。一般来说,设定值都是可调的,除非设备制造商、保修或其他相关机构另有规定。此外,表格应说明设定值的初始设置、有权限的更改人员(如操作人员、主管、车间主管等)以及是否有密码保护。

(3)开关和指示灯。

在开发关闭阀时,测控设计人员应了解阀门位置的重要性(全开、全关或介于两者之间)。设计人员应该在 PCN 中指出阀门是调节型还是简单地开启和关闭。所有自动阀门都包括双位限位开关(开启和关闭)。调节阀配置一个连续的阀位变送器,它将向本地控制站(LCS)、远程控制面板或操作工作站发出阀门开度(0 ~ 100%)的信号。所有电动阀门都应具备就地手动控制条件。如果阀门不能从地面或平台上接触到,则必须提供一个单独的、可接触的低压断路器。这个规定须在 PCN 中注明,因为它同时影响系统布线和设备供应。

(4)警报。

过程控制说明应该列表说明可能的故障和警报条件,以及对这些事件如何响应。警报信息应涵盖故障发生位置和发现原因,对应激活的控制功能。过程控制说明应该列表说明可能的故障和警报条件,以及对这些事件如何响应。设计人员还需保证警报从本地级联到远程位置(例如,当一个警报在本地控制面板上响起时,当另一个警报在中央远程控制面板或操作员工作站响起)。级联描述应该指定单个位置是发出两个特定的警报,还是本地警报特定,远程警报是面板或系统的公共警报。如果中央控制现场将使用普通警报,PCN 应考虑在第一个警报清除之前,第二个警报在本地控制面板上响起,是否重新激活中央控制现场的普通警报。设计人员还应注意警报是警告状态还是闭锁警报。闭锁警报要求操作员即使系统自行纠正问题后也要重新设置系统,只有当系统复位时,才能释放闭锁。

(5) 重置功能。

如果系统在故障或报警后必须进行检查才能重新启动,那么在问题纠正后,系统需要复位功能来重启。在编写系统重置的 PCN 时,设计者应阐明需重置的情况,以及含多个子系统的复杂系统如何重置。通常情况下,复位装置释放所有锁定的警报和相关的许可,让自动控制系统恢复正常工作。

(6) 远程指示器。

远程指示器是设备的本地控制面板或站以外的位置信号。过程控制说明应包括所有远程指示器,如警报、监控设定值、状态灯等。

(7) 本地按钮站。

本地按钮控制站用于手动操作、维护和测试,设计人员指定控制和指标的类型,如启动／停止、本地／远程、速度和状态灯(运行、停止、故障等)。

(8) 不间断电源。

过程控制说明应说明在公用事业的主电源发生故障时,哪些设备必须具有不间断电源(UPS)。设计人员不仅要注意这一点,还要阐明哪些设备能够承受短时间的电力中断(分钟),直到发电机完全联机,以及计算所需的电力负荷和持续时间(分钟)。

(9) 包装设备面板和控制。

设计师应向 I&C 和电气工程师提供供应商信息,如功能描述、控制面板图纸、接线示意图和设备目录。

14.4.2　基本接线图

基本接线图表明了一个特定的设备如何进行电气控制。设计团队为每个控制系统设备创建一个单独的接线图。图表内容包括开关、按钮、灯、继电器、保险丝、电磁阀和流量开关,还可以显示控制系统的输入和输出。

14.4.3　系统配置和通信原理图

系统配置是控制系统组件及其位置的基本图。系统配置和通信原理图显示了过程控制系统的所有主要组件,包括工作站、打印机、调制解调器、RTUs、PLCs、单元、网络、通信媒体和通信协议之间的接口。

14.4.4　控制面板设计

控制面板设计是控制系统工程的一个基本组成部分。如果没有详细的设计,I&C 承包商就缺少关于控制面板的尺寸和布局的指导。一个好的控制面板设计必须具备:适当调整面板的大小(以确保它们能适合分配的空间);显示门和铰链的面板的外部视图;提供所有组件的内部面板布局,以及命名和编号标准。

14.4.5 仪表和面板位置图

仪表和面板位置图图纸应显示测控设备的实际位置,具体可以包括在电气管道布置图或机械设备布置图中(后者情况下,应根据机械图纸分别绘制电气图纸)。

14.4.6 仪表回路图

ISA 标准 S5.4 详细说明了循环图的内容和格式标准。每个图都跟踪控制回路的连接的完整路线。仪器回路图是在施工图阶段创建的,设计阶段因涉及实际的供应商施工图和文档,所以无法编制。通常需要先确认所有者为此服务付费的意愿之后再让设计工程师绘制回路图。

14.4.7 仪器安装详图

只有按安装图纸规范方法安装的工厂仪器才能正常工作。设计师在绘制图纸时要确保每个仪器都可以进行维护,还应注意制造商对具体安装细节的特殊要求。

14.4.8 仪器输入 / 输出表

完整的仪表清单和 I/O 表能帮助承包商规划和建立一个有效的控制系统。

14.4.9 规格及投标文件

为保持项目的正常进行,设计团队应该为所有的设计文件建立进度日期。在截止日期到期的文件数量取决于所有者和设计工程师之间的合同,但在发布投标文件之前,至少要有一个进度日期,以确保设计人员及时取得进展并实现项目目标。

14.5 自动化工程技术基本知识

14.5.1 自动化优势

1.符合管理规定

样品可以由操作员采集,并根据采样期间的流量手动合成,也可以由流量计信号控制的自动采样器采集。设计工程师和污水处理厂的工作人员应仔细研究设计标准和许可证要求,并确保所有所需的仪器正确安装和维护。

2.提高工艺性能和可靠性

适当的仪表控制是提高工艺性能和可靠性的关键。例如硝化需要足够的溶解氧浓度,而反硝化则需要溶解氧浓度接近于零。因此,需要采用适当的仪表进行控制。

3.记录数据并创建报告

所有污水处理设施必须收集各种数据,并利用这些数据编制报告,以达到监管和管理的目的。然而,对许多公用事业公司来说,这些工作内容过于耗时。与之相较,自动化系统可以通过收集数据生成相关报告来简化这些过程。公用事业的自动化应该包括在可行的情况下自动收集数据,只输入一次手工收集的数据,使所有需要的人都可以通过电子方式获得数据,并且将数据存储在一个数据库中。

4.节约药品和能源

许多污水处理厂通过化学投药和其他过程的闭环控制来节约化学药品和能源。然而,要做出好的设计决策,微孔过滤生物反应器(FBR)自动化需要对这些节省进行准确的估计。通常,化学添加剂的闭环控制可节省 10% ~ 20%。例如,在一个 375 000 m^3/d (100 mg/d)的处理厂中节省 1.0 mg/L 的氯,可以抵消几个氯分析仪和一名兼职技术人员的成本,从而节省大量资金。然而,在一个 375 m^3/d (100 mg/d)的污水处理厂中节省 1.0 mg/L 的氯,可能并不足以证明安装任何自动化设备的合理性。在氯化过程中,流量和出水质量的变化导致对氯的需求变化。如果自动化系统能够满足这一需求,就能大量节省氯。因此,控制氯化反应需要精确的流量和氯残留测量。对于大型设施,Hill 和 Martin 报告了每年节省氯的价值约 20 万美元(33%),而只需要增加 12 500 美元的维护劳动力。

5.节省劳动力

在废水处理中通常有许多节省能源的方法。例如,控制溶解氧可以节省 15% ~ 20% 的电费,还可以节省劳动力。自动化节省劳动力通过以下几个方面:整合数据,让员工可以在一个地点观察所有数据,而不必在工厂里来回走;消除了 FBR 检查设备运行是否正常的必要性;消除重复的工作,如填满油箱和排水;不需要检查和调整化学物质的流动;减少不必要的电梯站和其他非现场设施。不过,自动化需要增加维护人员,一个设计良好的项目要能显示出净劳动力的节省。

6.降低风险

对风险管理不当的处罚包括浪费资源,以及公众对植物气味、不雅观的水和排放有毒物质。通过控制仪表可以减少违规,并减少公共事业的财务。

7.自动化

自动化的最大好处是让工作人员在自动化系统监督运营的情况下得到休息。

14.5.2　自动化设计信息来源

自动化系统设计人员可使用多种信息来源,如技术协会、供应商、网站、书刊和过往经验。

1.技术协会

技术协会提供大量关于仪表和控制系统设计的会议、在线论坛、期刊、标准、教科书、视频、研讨会等资料。其中,水环境联合会(WEF)和仪器测试协会(ITA)有专门提供给污水处理厂的信息,ITA 甚至提供污水处理厂使用的仪器测试报告。

2.供应商

设计工程师应该及时了解供应商的信息,以确保控制系统能够发挥出最佳技术。

3.选择供应商和技术

在选择废水处理项目的设备和供应商之前,设计师应全面审查产品规范、参考资料和详细手册。设计师对特定产品及其制造商的经验也会影响最终的决定。

4.技术融入设计

公共工程项目通常交给出价最低的投标人,成本控制使得设计中的仪器必须在符合项目规格的基础上价格低廉。因此,工程师必须考虑到这种可能性,并相应地调整设计。

5.网站

互联网本身就是一个巨大的信息库,只要有合适的检索工具,加以耐心和毅力,就是一项很好的信息来源。

6.书刊

"低技术"媒体,如书籍、期刊和杂志,同样是技术信息的重要来源。

7.过往经验

许多工程公司提供丰富的经验实例,对用户来说非常有效,因为用户往往缺乏时间或资源来了解实例。

14.5.3 自动化的成本

自动化设备包括传感仪器、控制元件、控制器、软件和编程,通常会增加4% ~ 12%或更多的建设成本。项目成本取决于所涉及的处理过程和管理者关于自动化和人工之间权衡的决定。一旦安装,自动化系统就会有持续的维护成本。这些成本应该在早期设计阶段就考虑到,因为一个没有得到适当维护的自动化系统最终会毁坏并废弃。

14.5.4 投资回报

衡量投资回报的常用方法包括投资回收期、成本效益比或回报率。这3种方法都将在下面的溶解氧控制实例中进行演示,以下为成本估算: 初始投资 = \$500 000;耗电 = \$200 000/ 年;额外维护需求 = \$50 000 / 年;设备寿命 = 10 年;利率 = 每年5%。

1.投资回收期

投资回收期是一个相对简单的计算方法,将初始投资除以每年的净储蓄。基本假设利率是0%。计算式为

$$投资回收期 = 初始投资 50 万 \div 每年净储蓄(5 万 ~ 20 万)$$

通常投资回报期少于5年被认为是好的投资。如果回收期超过6年或7年,项目工作组应在作出投资决定之前全面评估所有估计数的准确性。

2.成本效益比

成本效益比是将初始投资(成本)与总体净节约(效益)进行比较的一种计算方法。然而,设计者必须首先计算出这些储蓄的现值 —— 即今天存入计息账户以在未来某一日期产生储蓄总额的数额。

大多数工程经济学书籍都有各种计算现值和相关参数的公式。将未来价值与现在价值联系起来的公式为

$$F = P(1 + i)^n$$

式中,P 为现在的钱;F 为未来支付或储蓄;i 为每个利息期的利率;n 为利息期数。

例如,现值为 \$1 158 260.24(表 14 - 2),因此成本效益比为 2.32∶1。计算式为

成本效益比 = \$1 158 260.24/ \$500 000 = 2.32∶1

一项好的投资,成本效益比至少要达到 1.2、1.3 或更高。

表 14 - 2　现值计算

年份	投资 / 美元	净储蓄 / 美元	P/F 值	现值 / 美元
0	500 000		1	
1		150 000	0.952 381	142 857.14
2		150 000	0.907 029	136 054.42
3		150 000	0.863 838	129 575.64
4		150 000	0.822 702	123 405.37
5		150 000	0.783 526	117 528.92
6		150 000	0.746 215	111 932.31
7		150 000	0.710 681	106 602.20
8		150 000	0.676 839	101 525.90
9		150 000	0.644 609	96 691.34
10		150 000	0.613 911 3	92 086.99
				总计 = 1 158 260.24

P/F 值 = 货币的现值除以未来价值的比率。

3.回报率

回报率是所需的利率(i),未来年度净储蓄的等值现值等于初始投资。下面的方程描述了年度储蓄(A) 和初始投资(P) 之间的关系:

$$A = P \cdot \left[\frac{i(1 + i)^n}{(1 + i)^n - 1} \right]$$

式中,A 为连续 n 个时期同一系列的期末付款或收款,整个系列相当于利率 i 下的 P。

例如,$A = \$150 000$,$P = \$500 000$,迭代求解,得到 $i = 0.273$,即27.3%。如果 i 远远大于贷款利率,则认为该项目是一项良好的投资。

14.6　项目成功因素

1.系统支持

任何自动化项目的成功或失败都取决于领导者。成功的项目通常有一个提倡者,一个熟练掌握技术的人,对项目非常感兴趣,并在整个组织中受到尊重。

2.管理支持

成功的项目必须有管理人员的支持,为项目提供充足的资源(采购和维护),并支持其集成到组织中。

3.所有者参与

大型控制系统项目通常由咨询工程师规划、设计和实施,相关的风险和工作级别需要合同敲定。

4.运营商参与

创建一个满足操作员需求的系统,并让操作员使用新控制系统参与项目。系统能反馈有价值的信息,帮助咨询工程师设计和建立更好的控制系统。

5.利益相关者参与

涉众想要控制系统的原因是不同的,项目目标需要反映每个涉众的具体需求。

6.维护计划

控制系统要维持水平可靠性的方法之一是按照制造商的要求维护设备。

7.完整的测试系统

完整的控制系统测试是至关重要的,一个新控制系统的任何部分不工作,就会导致整个系统工作不正常。

8.应急计划

项目的每个方面并不是都能完全按照计划进行,因而需要工作队的灵活性、应急计划和创造性解决方案,使偏离轨道的项目回到正轨。

9.培训

在系统移交之前应该安排培训,培训计划应该包括多种方法 - 培训教练、正式的课堂培训、实践、自我指导、现场操作等,通过不同的学习风格来使效果最大化。

10.目标

目标需要阐明从实现控制系统中获得的具体好处。该计划应由经理和主要人员授权,并在出现意图、目标、进度和优先级问题时提供参考。它将成为该项目的理由和成功的衡量标准。

第 15 章　水处理的信息化工程技术

15.1　信息化工程技术基本知识

15.1.1　信息技术组织

加拿大某城市的给水和废水处理部门最近将其与企业信息技术(IT)的合作关系评为3.1分,目标得分为5.0,评分最低为1(非常不同意),最高为6(非常同意)。根据许多受访者的说法,尽管内部 IT 费用被认为是很高的,但 IT 部门的局限性仍然存在。那么当今信息技术如何为公用事业服务?具体内容如下:

(1)明确信息技术决策和职能的责任。

(2)信息技术需要客户关注。

(3)要提供清晰的组织架构和 IT 治理结构。

(4)改善工程师、操作员、IT 专业人员和财务专家之间的沟通问题。

15.1.2　定义和分类 IT 组织状态

能力成熟度模型(CMM)是业界公认的一种定义和分类 IT 组织状态的方法。在本节中,CMM 已经被调整为专注于组织特征,而不是包括所有与服务有关的特征。使用更多量化指标来跟踪结果,如生产率提高和服务水平的提高,可以应用于整个公用事业和团队。当特定的机会被识别和追踪时,还可以开发其他指标。

与 CMM 中显示的模型相比,许多企业的 IT 组织的成熟度水平较低。因此,对于大多数组织来说,将整个 IT 响应统一到公用事业业务需求之下,共同的战略方向和不受阻碍的团队合作将会带来巨大的好处。从组织的角度来说,这将需要提高 IT 的企业形象,更好地确定 IT 角色和责任,改善企业之间的合作关系共享一线部门的 IT 资源(如给水和废水)以及整个公用事业中的各种功能专家。这还需要创造 IT 组织及其服务之间的一个不可分割的联系,以交付电力公司的使命和战略愿景。

15.1.3　组织结构

有 3 种公认的实用程序设计模型供公用事业 IT 组织考虑采用以实现愿景,如下:

(1)部门模式。大多数 IT 服务是分散的,IT 部门负责桌面、公司网络以及一线部门未涉及的应用程序和IT服务。从应用程序的角度来看,企业 IT 只负责那些分布式部门无法提供支持并请求协助的应用程序。主要应用是一线部门的责任。例如,财务管理系统是财务部门的职责,运营部门负责运营管理体系,实验室负责实验室信息管理系统(LIMS),运营和维护负责 CMMS 系统。大多数 IT 部门和人力资源部门被分配给线路部门,而不是企业 IT

部门。

（2）共享模式。IT 服务在企业 IT 部门和前线部门之间共享，企业 IT 负责桌面、企业网络以及一系列企业范围的应用程序和 IT 服务。从应用程序角度来看，企业 IT 负责更好地管理整体效用的关键企业级应用程序。通常情况下，这将包括金融系统、人力资源系统、地理信息系统和企业资产管理系统等系统。专业的应用程序是前线部门的责任。例如，操作部门负责操作管理系统，实验室负责实验室信息管理系统。信息技术和人力资源平均分配到线路部门和企业 IT 部门。

（3）企业模式。企业 IT 部门负责创建和管理整个企业的信息架构；制定并执行企业范围内的集成，包括电信、安全、数据和信息管理的标准，并提供所有的 IT 服务。从应用程序的角度来看，企业 IT 负责所有主要的应用，包括运营管理系统、LIMS 和 CMMS。从信息角度来看，它将从 SCADA 和过程控制系统获取数据，这些数据很可能在基于时间的数据包中传递，以便在集成网络上的其他系统中使用。公用事业组织将剩下的负责定义为他们各自的部门的业务需求。大部分 IT 部门和人力资源部门分配给企业 IT 部门，而不是线路部门。

除了这 3 种不同的模型之外，还有无数的组合可以使用。混合模型将由应用程序的结果得出更详细的 IT 决策矩阵（即建立合同／承包商管理中心）。

随着组织设计流程更接近首选的高层次结构，决策也需要在 IT 组织的下一级进行。对于 IT 专业知识、业务解决方案交付和客户关系管理的每个区域，IT 组织都将建立负责专业技术中心或 IT 中心的团队。可以建立的中心类型包括架构中心、硬件环境中心、电子公用事业中心、客户／客户关系中心、业务解决方案中心、项目／程序管理中心和合同／承包商管理中心。

企业 IT，其中枢以及其他公用事业部门如何分配具体的 IT 职责取决于许多设计因素，可能包括以下几点：

（1）IT 部门和企业 IT 层次的内部能力。

（2）所选组织对能力的影响。

① 提供高效和有效的整合过程交付。

② 适应新的项目／计划。

③ 利用专业知识（即相同的功能）。

④ 提供一个友好的客户界面。

⑤ 响应客户的要求和需求。

（3）可管理的报告结构（例如，工作量平衡／合理数量的报告）。

（4）地理客户分布的水平。

（5）本地 IT 服务市场提供资源的能力。

公用事业 IT 组织接近客户的一个策略是 IT 员工与客户部门的分配和合作。此外，具体的客户关系经理可以负责构建客户与前线部门的紧密联系。

15.1.4 信息技术组织挑战

当今典型的公用事业 IT 部门面临的十大组织挑战，包括：

（1）将公用事业 IT 愿景与公用事业业务愿景相结合。

（2）公用事业管理的"工程意图"缺乏对 IT 战略意义的充分认识。

（3）缺乏强大的 IT 治理框架来指导 IT 投资,并确保遵守架构和政策。

（4）公用事业执行委员会缺乏 IT 的"声音"。

（5）真正了解公用事业运营和业务需求的 IT 人才资源不足。

（6）技术改变的速度超过了客户组织可以接纳的速度。

（7）公用事业高层管理人员与最新一代技术精英员工之间的技术意识和使用差距很大。

（8）公共部门公用事业机构的 IT 薪酬水平低于 IT 行业的其他部门。

（9）吸引和保留优秀的 IT 资源。

（10）IT 人员需要与来自计划、工程、运营、维护和财务等不同文化的员工充分合作。

其他相关的挑战包括 IT 预算压力、离岸政策(特别是在公共部门)、软件即服务(SAAS)和其他外包和立法(如萨班斯－奥克斯利法案)。当地因素决定了每个挑战的优先级。

在许多公用事业中,IT 挑战的根源可以追溯到组织和治理。限制性采购政策、公务员约束和工会问题也是实现公用事业 IT 组织全面战略潜力的重大障碍。

15.1.5　信息技术负责人员

当今典型的公用事业有大量负责 IT 系统工作人员。为了讨论用于监测和控制给水、废水处理设备的硬件和软件等,相关人员在 IT 基础设施管理和支持、应用程序支持、系统管理以及可能的项目管理等方面都表现得很熟练。他们擅长规划和工程、过程控制和 SCADA 系统管理、网络优化或仪器维护。具体的职责范围从仪表和控制技术人员到企业业务架构师及 CIO 都包括在内。

15.1.6　信息技术愿景

不久将来,公用事业 IT 组织将会出现一种趋势,即雇用更多的资源为业务解决方案的开发、客户服务管理、企业架构设计以及创建全企业架构框架的过程中提供价值。此外,这些资源将与所有内部客户、合作伙伴和外部服务提供商进行沟通,并就预期的服务水平达成明确的协议。

为了在未来成功地争夺日益稀缺的 IT 资源,有竞争力的薪水、系统的指导计划、明确的职业路径发展以及对环境和公共服务的强大的营销吸引力都将会被用来竞争。公用事业机构中很多 IT 经理的技术专长和市场价值水平将得到比当前更高的薪酬。因此,未来将会建立一个能够识别技术流和工作流程管理流的薪酬标准,这两者都是在市场条件下进行。

15.2　污水处理信息化工程

有一些国家的给水和污水处理需求是由一个单一的全国性公用设施来满足。这些国家的给水和污水公用事业往往依赖于政府各部门的资源,政策方向和数据以及应用支持。在发展中国家,这些公用事业往往难以找到本地资源来满足他们的 IT 需求。例如,当这些企业通过雇佣供应商、顾问和承包商来寻求解决方案弥补这一缺口时,并不能真正长期解决问题。

15.2.1　应用与挑战

IT 部门在市政给水和污水处理部门和公用事业服务方面有广阔的前景。但在一些市镇,信息技术系统和应用的责任之争往往在于过程控制和监督控制和数据采集(SCADA) 系统、CMMS、GIS、项目管理系统、远程通信以及最近的资产管理系统。通常信息技术面临的最大挑战是大城市的给水和污水处理部门需要负责提供广泛的公共服务。这些部门经常面临 IT 资源、资金和优先事项的艰难战斗。另外,他们有时还需要与其他一线服务机构建立和维护更多的合作伙伴关系,以反映他们在共享应用程序和数据中的需求。例如,与道路和公路部门共享 CMMS,与财务部门共享企业资产管理系统,或与公共工程和公司服务中的各种组织共享 GIS。但无论谁负责什么系统,成功最重要的因素就是责任明确,各利益相关者之间有明确的关系界定。

15.2.2　通用计算机网络

1.业务网络

业务网络与企业办公室、政府办公室和其他商业企业中的其他业务网络类似。它们依靠网络硬件、软件和广域网(WAN) 与外界通信,并通过局域网(LAN) 进行内部通信。在介绍段落中提到,业务网络包括企业所有至关重要的应用软件和数据库。业务网络包括以下几个信息管理系统:

(1) 财务计划(会计、工资) 和人力资源管理系统。

(2) 实验室信息管理系统。

(3) 地理信息系统。

(4) 企业资产管理系统。

(5) 内联网/互联网,允许客户和员工在各地通过公共网络随时与业务网络进行交互。

2.控制网络

设备控制网络共享业务网络中使用的相同底层操作系统。通过使用单独的网络电缆和设置合适的防火墙将控制网络与业务网络隔离开。目前的技术随着开放系统的发展和对信息需求的不断增加,正在推动两个网络之间更紧密地连接。现在越来越多的企业将过程控制器产生的大量过程数据向业务网络系统传输。例如,可以将他们的工艺设备运行时间与资产管理系统联系起来,以合理安排各种设备的维护任务。典型的控制网络可能包括以下几个部分:

①计算机(SCADA 服务器、操作员工作站和编程工作站)。

②网络设备,如路由器、交换机、集线器、防火墙、调制解调器和串行接口。

③通信媒介,如网络电缆、电话线、无线硬件和天线。

④控制设备,如 PLC、远程终端单元(RTU) 和 DCS。

(1) 专有平台。许多企业具有定制开发的控制系统。这些系统大多是开发商通过使用现有技术和通信协议为企业定制的工厂过程控制系统和 SCADA 系统。专有系统的性质使得它们不易受到恶意攻击,因为有关如何访问和修改这些系统的信息需要每个系统的专用通信协议的知识和专业知识,并没有得到广泛地传播且不易获得。

(2) 非专有平台。目前用于供水和污水处理的 SCADA 和过程控制系统采用"开放式架构",该架构依赖的微处理器技术是控制硬件和符合英特尔(Intel Corporation、Santa Clara、California) 标准的硬件,或其他制造商提供的个人电脑和基于 Microsoft Windows 操作系统的 HMI 软件。最近的趋势是通过基于 Web 的技术提供远程监控。在这种情况下,浏览器(如 Microsoft Internet Explorer) 将显示来自 Web 服务器的超文本标记语言(HTML) 页面,该页面使用 SCADA 收集的实时数据动态创建网页。然后将这些页面发布在供水或污水处理系统运营商的局域网(LAN) 上,如果需要还可以在互联网上发布。

虽然 Microsoft Windows 操作系统在供水和污水处理系统中很普遍,但其他操作系统(即 Linux 和 UNIX) 也是可以选用的。由于其成本优势,PLC 现在通常用作 RTU,并用于供水和污水处理厂的过程控制部分。但是,与 RTU 不同的是,PLC 能够在没有主控方向的情况下执行远程站点的控制。这些 PLC 的编程采用国际标准,如国际电工委员会(IEC)(日内瓦,瑞士)61131 - 3(IEC,2003)。该标准是可编程控制器编程语言的国际标准。因此,它规定了以下 PLC 编程语言套件的语法、语义和显示:

① 梯形图。

② 顺序功能图。

③ 功能框图。

④ 结构化文本。

⑤ 指令列表。

通信链路也已经标准化并且依赖于几种网络协议。业务网络和过程控制系统网络(PCS) 最常用的通信协议是以太网传输控制协议/互联网协议。尽管在 PCS 的控制级别使用了许多标准协议, 包括 ControlNet、DeviceNet、以太网 / 互联网协议、Modbus RTU、Modbus/ 传输控制协议、现场总线等。这些非专有协议在业务系统中的普及增加了对这些系统的网络攻击风险,因为这些信息处于公共领域并且随时可用。

15.3　信息技术安全

信息技术(IT) 安全,更具体地说是工业网络安全(以下简称网络安全),涉及保护企业信息系统免受来自工业环境(包括供水和污水处理设施) 的外部和内部的攻击。因此,网络安全包括对人员、生产、资产、数据的保护以及防御故意侵入基础设施控制系统的行为。一个典型的污水处理厂依靠自动过程控制系统,包括监控和数据采集(SCADA) 、分布式控制系统(DCS) 和可编程逻辑控制器(PLC) 系统,以协助工厂的监控和管理;利用通用计算机网络使其财务系统和资产管理系统有效运行。由于监管机构的报告要求越来越高,同时工厂的预算不断减少,因此在大多数自动控制设施中员工减少,如果没有比较完善的信息系统必将难以长久运作。

15.3.1　网络入侵

网络安全威胁包含互联网入侵、电话系统入侵、无线入侵,而入侵防御也有很多方法。可以使用软件工具进行入侵检测,以便"观察" 并寻找异常程序的入侵行为,这些工具也被称为基于主机的入侵检测系统。其中的一个变种是基于网络的入侵检测系统,它由一个或多个放置在局域网/广域网上的计算机组成。

1.互联网入侵

互联网的安全通常由公众网络的 IT 部门负责。 IT 部门在某些情况下可能需要专门的培训来维护网络互联网关的安全。如果公众网络部门的工作人员没有这种专门的培训,应该由专业顾问来提供服务。

2.电话系统入侵

如前所述,许多过程控制系统的 SCADA 服务器和一些业务网络系统的远程访问服务器仍然使用调制解调器进行通信。通过这种调制解调器连接的未经授权的访问,容易使电话系统受到入侵的风险。

3.无线入侵

目前许多电力公司依靠无线传输来实现远程 SCADA 组件与中央监控系统之间的通信,以此进行监控和控制。这些数据交换通常是以加密方式广播传输,可能会被拦截并改变为有害的信息重新广播传输。

15.3.2 网络入侵防护设计实践

许多技术和设备可用于提供互联网入侵保护,包括虚拟专用网络以此防止来自互联网和防火墙"有状态"分组检查或"代理"服务器的未经授权的访问。状态数据包检测(也称为动态数据包过滤)是一种工作在网络层的防火墙体系结构。有状态的防火墙不仅可以检查报头信息,而且还可以检查通过应用层的分组内容,以确定关于分组的更多信息,而不仅仅是关于其源和目的地的信息。状态检测防火墙还监视连接的状态,并在状态表中编译信息。因此,过滤决策不仅基于管理员定义的规则(如在静态数据包过滤中),还基于已通过防火墙的先前数据包建立的上下文。作为针对端口扫描的附加安全措施,状态检测防火墙关闭端口,直到请求连接到特定端口(Webopedia.com,2009a)。

尽管都涉及网络安全,但入侵检测系统(IDS)与防火墙的区别在于,防火墙寻找入侵阻止其发生。防火墙通过限制网络之间的访问来防止入侵,不会发出网络内部的攻击。 IDS 一旦发现可疑入侵并发出警报,就会对其进行评估。IDS 还监视来自系统内的攻击(Webopedia.com,2009b)。但是,用户应该意识到 IDS 的局限性。

15.3.3 网络安全威胁对策

为保护上述企业信息管理系统免受威胁,企业必须制订相应的对策。目前 IT 和企业信息系统所需的技术知识、技能和工具已广泛应用。企业信息管理系统的安全性是 IT 与设备工程的重要部分,它的日常维护和处理问题的操作人员之间的协作至关重要。制订与物理安全计划相关的网络安全对策是保证安全性的前提。这样的对策必须包括系统及系统访问的规则、专用的程序与信息传输的方向,以减少系统被入侵的风险以及内部员工的渎职行为。一旦确定了网络安全计划,就必须制订一个具体的实施办法以落实网络安全计划。制订的实施办法必须以符合企业的有关文件规定,并以标准化的文件格式描述所有的实施办法。

15.4　信息技术发展管理

未来的信息技术领导者讨论决定应该交付哪些 IT 服务。他们将引入市场力量,并在不损害内部 IT 团队的情况下创造适当的竞争。这可以通过定期的基准测试和在内部和外部提供的 IT 服务之间保持合理的平衡来实现。

在应对业务挑战和机遇时,IT 部门在管理和整合信息系统解决方案方面应该发挥领导作用。这一趋势将在未来 10 年持续下去,因为技术越来越被视为为客户提供更多价值和应对日益严格的监管环境的关键工具。未来,一些服务可能由企业 IT 提供;其他由专业部门、非实用性前线组织或支持服务小组提供;还有一些通过外部合作伙伴关系,这些合作关系可能包括顾问、系统集成商、硬件维护提供商和 SAAS 提供商。像圣地亚哥市这样的一些组织已经建立了独立的公司,为所有部门(包括水务公司) 提供 IT 服务。

15.4.1　治理原型

无论谁提供 IT 服务,决策责任都应该在治理结构、IT 组织结构和总体企业体系结构中得到明确的分配。Weill 和 Ross 提出了一种 IT 决策矩阵,其中包括 6 种类型的治理原型、5个 IT 决策领域以及为每个组或个人的每个领域分配决策权或输入权的机会。这个矩阵可以帮助公用事业明确地分配与 IT 相关的关键决策的责任。原型包括以下 6 种:

(1) 商业君主制是一种集中式的以企业为中心的模式,把 IT 决策和资源分配的责任分配给高级业务主管或 IT 治理委员会,用于一个或多个关键 IT 决策领域。

(2) 信息技术君主制是一种集中的以企业 IT 为中心的模式,负责将 IT 决策和资源分配的责任给首席信息官和 IT 领导人,用于一个或多个关键 IT 决策领域。

(3) 联邦模式是一种共享模式,负责将 IT 决策和资源分配的责任分配给前线部门和企业 IT 部门。前线部门与企业 IT 部门之间的业务驱动协作促进了整个组织范围内的 IT 优化及其在公用事业中的角色广泛化。

(4) 信息技术双头垄断是一种共享模式,负责将 IT 决策和资源分配的责任分配给部门负责人、专员以及 CIO 和 IT 领导。 IT 在全组织范围内的优化取决于前线部门和企业 IT 之间的协作。

(5) 封建模式是一种分散的以业务单元为中心的模式,负责将 IT 决策和资源分配的责任分配给业务部门或业务流程经理。

(6) 无政府状态是最分散的模式,负责将 IT 决策和资源分配的责任分配给个人或小组。

15.4.2　决策领域

(1) 信息技术原则和政策描述信息技术如何为实用性提供最大价值的高层次战略。

(2)IT 体系架构描述为所有 IT 系统提供背景的技术、标准和规范的整体框架。

(3)IT 基础设施描述在公用设施中提供访问和信息共享所需的特定硬件和通信基础设施。

(4) 业务应用程序需求描述运行公用事业所需的业务需求和相关的应用软件能力。

(5)IT 投资描述将多少资金投入服务或组织的哪个部分。

这些决策域中的每一个都可以分配给企业、部门、业务部门或集团以及各个层面。Weill 和 Ross 提出,根据上述原型利益相关者团体或个人在每个领域都可以分配投入或决定权。

有效地管理变更是公用事业 IT 组织承担的最后一步,旨在确保从当前状态到目标未来成熟度、组织结构和治理框架的成功转型。虽然管理变革的方法有很多,但由于权宜之计或缺乏可用的变更管理技巧,这个过程常常被缩短。成功的变革是确保所有重要变革要素得到及时关注。一个引人注目的愿景已经到位,一种共同的紧迫感将推动这一过程,强有力的领导力将引导这一过程,一个清晰的计划将被遵循,并且适当的资源将被应用于激励,以在合理的时间框架内交付。要认识到,如果方程中分子中的任意一个元素是零,那么就没有改变的可能。

参 考 文 献

[1] 王怀宇,王惠丰. 环境工程施工技术[M]. 北京:化学工业出版社,2009.

[2] 白建国. 环境工程施工技术北京[M]. 北京:中国环境科学出版社,2007.

[3] 闫波,姜薇. 环境工程土建施工[M]. 北京:化学工业出版社,2010.

[4] 陈刚,李慧敏. 建筑安装工程概预算与施工组织管理[M]. 北京:机械工业出版社,2009.

[5] 丁云飞. 建筑安装工程造价与施工管理[M]. 北京:机械工业出版社,2009.

[6] 王瑛. 建筑设备施工技术[M]. 北京:化学工业出版社,2009.

[7] 北京土木建筑学会. 建筑装饰装修工程[M]. 北京:冶金工业出版社,2008.

[8] 李君. 建设工程绿色施工与环境管理[M]. 北京:中国电力出版社,2013.

[9] 朱维益,张玉凤. 简明模板工程施工手册[M]. 北京:中国环境科学出版社,2003.

[10] 朱国梁. 简明混凝土工程施工手册[M]. 北京:中国环境科学出版社,2003.

[11] 赵毓英. 建筑工程施工组织与项目管理[M]. 北京:中国环境科学出版社,2012.

[12] 石光明,邹科华. 建筑工程施工质量控制与验收[M]. 北京:中国环境科学出版社,2006.

[13] 王云江. 市政工程施工技术资料管理与编制范例[M].2 版. 北京:中国建筑工业出版社,2011.

[14] 安松柏. 建筑力学[M].3 版. 北京:中国环境科学出版社,2012.

[15] 董重成. 建筑设备施工技术与组织[M]. 哈尔滨:哈尔滨工业大学出版社,2006.

[16] 武树春,邱德隆. 钢结构工程[M]. 北京:中国建筑工业出版社,2008.

[17] 武树春,杨军霞. 地基与基础工程[M]. 北京:中国建筑工业出版社,2008.

[18] 杨俊峰,武树春. 施工组织设计纲要与施工组织总设计[M]. 北京:中国建筑工业出版社,2008.

[19] 刘均. 工程概预算与招投标[M]. 上海:同济大学出版社,2007.

[20] 袁建新. 建筑工程识图及预算快速入门[M]. 北京:中国建筑工业出版社,2009.

[21] 褚振文. 建筑识图入门[M].3 版. 北京:化学工业出版社,2013.

[22] 林密. 工程项目招投标与合同管理[M].2 版. 北京:中国建筑工业出版社,2007.

[23] 刘汾涛. 土方与地基基础工程施工[M]. 北京:水利水电出版社,2012.

[24] 苏娜. 土方工程施工安全技术[M]. 北京:中国劳动社会保障出版社,2006.

[25] 候东君. 砌体工程施工工作页[M]. 厦门:厦门大学出版社,2010.

[26] 孙培详. 砌体工程施工技术[M]. 北京:中国铁道出版社,2012.

[27] 北京土木建筑学会. 砌体结构工程施工技术速学宝典[M]. 武汉:华中科技大学出版社,2012.

[28] 中国建筑标准设计研究院.市政排水管道工程及附属设施[M].北京:中国计划出版社,2009.

[29] 巩玉发.管道工程施工速学手册[M].北京:中国电力出版社,2010.

[30] 张金和,张从菊.管道工程设计施工常见病例及防治[M].北京:化学工业出版社,2011.

[31] 徐志嫱,李梅.建筑消防工程[M].北京:中国建筑工业出版社,2009.

[32] 郭树林,孙英男.建筑消防工程设计手册[M].北京:中国建筑工业出版社,2012.